"十四五"时期国家重点出版物出版专项规划项目

先进制造理论研究与工程技术系列

机床电气控制与PLC应用技术

主　编　洪荣晶　张　浩　刘树青

副主编　袁　鸿　柏志富　王铁军

哈爾濱工業大學出版社
HARBIN INSTITUTE OF TECHNOLOGY PRESS

内容简介

本书围绕“智转数改”大背景，以高端数控机床为产品设定，在阐述电气控制及 PLC 技术原理的基础上，全面介绍电气控制及 PLC 技术在数控机床控制上的应用，使读者通过学习初步具备 PLC 应用系统的设计、安装和调试等能力。本书内容翔实，结构清晰，突出操作与实践，主要包括：常用低压电器、基本电气控制电路、可编程控制器 S7-1200 PLC、S7-1200 PLC 基本指令及程序设计、扩展指令与顺序功能图、S7-1200 PLC 通信与网络、PLC 控制系统综合设计、机床数控系统案例。

本书可作为自动化、电气工程、电气技术、机电一体化、机械设计制造及其自动化等专业的本科生教材，也可供相关专业的研究生、教师以及工程技术人员参考。

图书在版编目(CIP)数据

机床电气控制与 PLC 应用技术/洪荣晶，张浩，刘树青主编. —哈尔滨：哈尔滨工业大学出版社，2025.3.
(先进制造理论研究与工程技术系列).
ISBN 978-7-5767-1685-6

Ⅰ.TG502.35；TM571.6

中国国家版本馆 CIP 数据核字第 2024K9H139 号

策划编辑　王桂芝
责任编辑　王会丽　陈雪巍
出版发行　哈尔滨工业大学出版社
社　　址　哈尔滨市南岗区复华四道街 10 号　邮编 150006
传　　真　0451-86414749
网　　址　http://hitpress.hit.edu.cn
印　　刷　哈尔滨起源印务有限公司
开　　本　787 mm×1 092 mm　1/16　印张 19.5　字数 438 千字
版　　次　2025 年 3 月第 1 版　2025 年 3 月第 1 次印刷
书　　号　ISBN 978-7-5767-1685-6
定　　价　59.00 元

前　　言

推进新型工业化、孕育新质生产力，智能制造是重要一环。机床电气控制与 PLC 应用技术在制造业智能化改造、数字化转型中具有重要地位。智能制造作为整体概念，涵盖了设备层、车间层、企业层以及供应链层等不同层面，机床电气控制身处设备层，主要控制设备功能、实现制造工艺，但同时也以网络形式，数联车间层和企业层，支持制造产线智能运行。

本书围绕“智转数改”大背景，以高端数控机床为产品设定，在阐述电气控制及 PLC 技术原理的基础上，全面介绍电气控制及 PLC 技术在数控机床控制上的应用，使读者通过学习初步具备 PLC 应用系统的设计、安装和调试等能力。本书主要内容包括：常用低压电器、基本电气控制电路、可编程控制器 S7-1200 PLC、S7-1200 PLC 基本指令及程序设计、扩展指令与顺序功能图、S7-1200 PLC 通信与网络、PLC 控制系统综合设计、机床数控系统案例。

考虑到应用型教学的基本要求与教学规律，本书的立意即以理论够用、注重应用为原则。本书在编写过程中，聘请了西门子（中国）有限公司高级工程师担任副主编，紧跟先进制造技术动态，内容翔实，结构清晰，突出操作与实践。教材中的案例由浅入深、循序渐进，将理论知识融合到机床的实际应用中去。

本书可作为自动化、电气工程、电气技术、机电一体化、机械设计制造及其自动化等专业的教材，也可供相关专业的研究生、教师以及工程技术人员参考。

本书由洪荣晶、张浩、刘树青任主编，袁鸿、柏志富、王铁军任副主编。洪荣晶对本书的编写思路与大纲进行了总体规划，张浩和刘树青对全书进行了统稿，袁鸿对全书内容进行了审核。具体编写分工如下：刘树青负责第 1、2 章，洪荣晶负责第 3、4、6 章，袁鸿负责第 5 章，张浩负责第 7 章，柏志富和王铁军负责第 8 章。崔君君、高凌宇、高晗、彭加兵、叶连鹏、张明、李梦环等参与了本书内容的校对、图片的绘制等工作，在此一并表示感谢。

由于编者的水平有限，书中难免存在疏漏和不足之处，真诚欢迎各位读者对本书提出批评和建议。

编　者

2025 年 1 月

目　录

第 1 章　常用低压电器

低压电器是数控机床的重要组成部分,低压电器的优劣直接影响电气控制系统的性能。本章主要介绍电气控制系统中常用的低压电器,如接触器、继电器等,并详细介绍其功能、结构、工作原理及选用原则。要求掌握常用低压电器的图形符号、文字符号及工作原理,为后续可编程逻辑控制器(PLC)控制电路的学习奠定基础。

1.1　概　述

1.1.1　低压电器的定义和分类

1. 低压电器的定义

低压电器一般是指额定电压在直流 1 500 V 或交流 1 200 V 及以下的电气元件,主要用于控制电路通断,部分低压电器也可用于电路保护。机床电气控制中所用的电器多属于低压电器。

2. 低压电器的分类

低压电器的功能和用途多样,种类繁多,分类方法也有多种。

(1) 按动作方式分类,可分为手动操作电器和自动执行电器。手动操作电器通过外力(一般为人力)控制低压电器完成特定功能。自动执行电器通过设定的参数发生变化而自动控制电路通断。

(2) 按使用场合分类,可分为通用电器、机床用电器、化工用电器、矿用电器、航天用电器等。

(3) 按动作原理分类,可分为电磁式电器和非电磁式电器。电磁式电器一般通过电磁感应原理控制触点通断达到控制电路的目的。非电磁式电器一般依靠外力或某种非电量的变化而动作。

(4) 按作用分类,可分为控制电器和配电电器。控制电器用于控制电路的接通或断开,以实现特定控制功能,如接触器、继电器、主令电器等;配电电器主要用于在低压供电系统中进行电能分配与管理,如断路器、熔断器、刀开关等,具体见表 1.1。

表 1.1　低压电器产品按作用分类

分类	名称	主要品种	用途
控制电器	接触器	交流接触器 直流接触器	远距离频繁启动或停止交、直流电动机以及接通和分断正常工作的主电路和控制电路
	继电器	电流继电器 电压继电器 中间继电器 时间继电器 热继电器 速度继电器 固态继电器 压力继电器	主要用于控制系统中控制其他电器或做主电路保护之用
	主令电器	控制按钮 限位开关 微动开关 万能转换开关 接近开关 光电开关	用来闭合和分断控制电路以发布命令
	控制器	凸轮控制器 平面控制器	转换主回路或励磁回路的接法，以达到电动机的启动、换向和调速目的
配电电器	断路器	塑料外壳断路器 框架式断路器	用作线路过载、短路、漏电或欠压保护，也可用作不频繁接通和分断电路
	熔断器	有填料熔断器 无填料熔断器 半封闭插入式熔断器	用作线路和设备的短路和严重过载保护
	刀开关	负荷开关	主要用作电气隔离，也能接通分断额定电流

1.1.2　常用的低压控制电器

1. 接触器

接触器是一种可以根据输入信号控制电磁铁接通或断开主电路及大容量控制电路的电器，不仅可以实现远距离操作，还具有操作频率高、控制容量大、具有低压释放保护、工作可靠、使用寿命长和体积小等优点，是继电器－接触器控制系统中最重要和最常用的元件之一。

2. 继电器

继电器是一种当输入信号满足一定条件时,使被控量发生阶跃变化的控制器件。它在电气控制系统中连接控制电路和被控制电路,用小电流控制大电流,起着自动调节、安全保护、转换电路等作用。

3. 控制按钮

控制按钮(简称按钮),是一种手动且一般可以自动复位的低压电器。按钮通常用于电路中发出启动或停止指令,以控制电磁启动器、接触器、继电器等电器线圈电流的接通和断开。按钮一般用于交直流电压 440 V 以下、电流小于 5 A 的控制电路中,一般不直接操纵主电路,也可以用于互联电路中。

4. 低压断路器

低压断路器主要用在交直流低压电网中,既可手动也可自动分合电路,且可对电路或用电设备实现过载、短路和欠电压等保护,也可用于不频繁启动电动机,其功能相当于熔断器式开关、过(欠) 电流/电压继电器和热继电器等的组合。而且在分断故障电流后一般不需要变更零部件,广泛应用于电气控制系统中。

5. 熔断器

电路中的大电流流经熔断器中的熔体时产生大量热能,熔体受热累积到一定程度会发生断裂,起到断开电路的作用。熔断器广泛应用于高低压配电系统和控制系统及用电设备中,实现短路和过电流保护,是应用最普遍的保护器件之一。

6. 刀开关

刀开关又名闸刀,一般用于不需要经常切断与闭合的交、直流低压(不大于 500V) 电路,在额定电压下其工作电流不能超过额定值。在机床上,刀开关主要用作电源开关,它一般不用来接通或切断电动机的工作电流。刀开关分为单极、双极和三极,常用的三极刀开关长期允许通过的电流有 100 A、200 A、400 A、600 A 和 1 000 A。

在实际使用中,为了防止误操作,通常在按钮上做出不同的标记或涂以不同的颜色加以区分,其颜色有红、黄、蓝、白、黑、绿等。一般红色表示“停止” 或“危险” 情况下的操作;绿色表示“启动” 或“接通”。急停按钮必须用红色蘑菇头按钮。

1.2　接触器

1.2.1　接触器的结构和工作原理

接触器是一种可频繁接通和断开交、直流主电路及大容量控制电路的自动切换电器,分为交流接触器和直流接触器。接触器不仅能接通和切断电路,而且还具有低电压释放保护作用,其控制容量大,适用于频繁操作和远距离控制,是自动控制系统中的重要元件之一。

电磁式接触器实物图如图 1.1 所示，其由电磁系统、触点系统和灭弧装置组成。图1.2 所示为电磁式接触器工作原理，其主触点的动触点安装在与衔铁相连的绝缘连杆上，静触点则固定在壳体上。当线圈通电后产生磁场时，会将衔铁吸合，衔铁带动动触点动作，使常闭触点断开，常开触点闭合，分断或接通相关电路。当线圈断电时，电磁吸力消失，衔铁在反作用弹簧的作用下释放，各触点随之复位。

图 1.1　电磁式接触器实物图

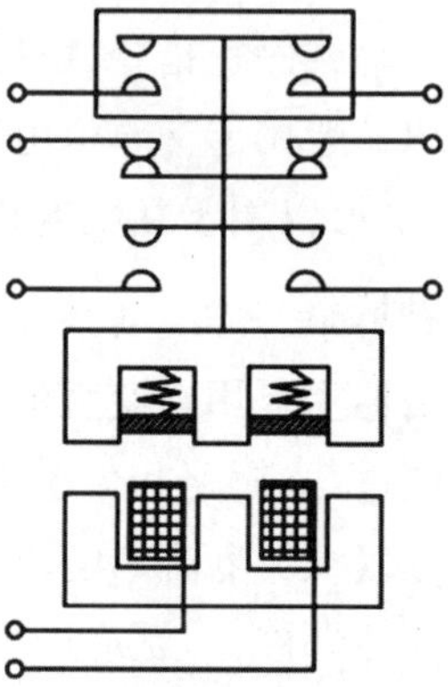

图 1.2　电磁式接触器工作原理

图 1.3 所示为电磁式接触器图形符号，其文字符号为 KM。

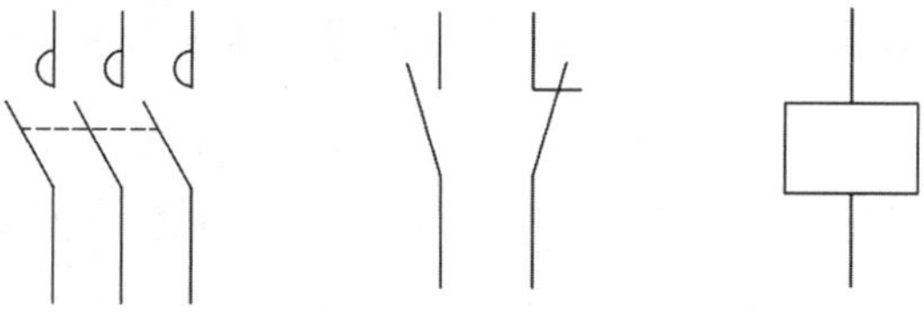

(a) 主触点　　(b) 辅助触点　　(c) 线圈

图 1.3　电磁式接触器图形符号

1.2.2　交、直流接触器的特点

接触器按主触点控制的电流类型可分为交流接触器与直流接触器；按主触点的数量可分为单极式、双极式、三极式、四极式和五极式；按电磁机构励磁电流种类可分为交流励磁和直流励磁两种。

1. 交流接触器

交流接触器主要由电磁系统、触头系统和灭弧装置构成，其结构示意图如图 1.4 所示。

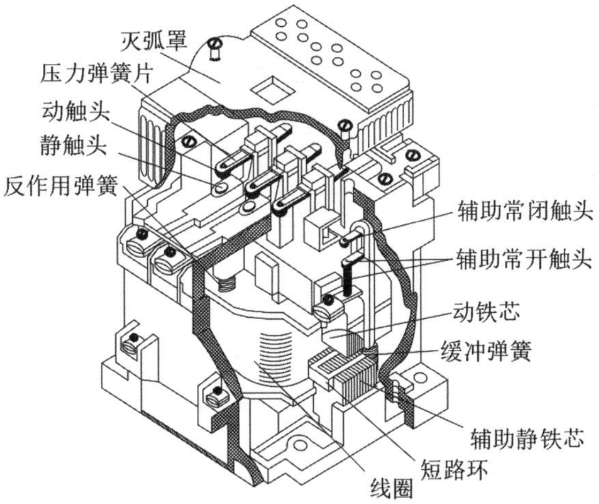

图 1.4　交流接触器结构示意图

（1）电磁系统。

电磁系统由线圈、动铁芯、辅助静铁芯及提供反作用力的压力弹簧片构成，触头的动作通过电磁感应实现。为了减小电磁损耗，铁芯由硅钢片叠制而成。铁芯中嵌入了短路环，是为了减小衔铁抖动产生的接触不良和噪声。

（2）触头系统。

交流接触器的触头用来控制电路的通断。触头材料采用导电性能良好的紫铜，并采用合金触点提高耐用度。触头系统分为主触点和辅助触点，主触点用于控制主回路中的大电流通断；辅助触点较小，用于辅助电路实现自锁、互锁等功能。

（3）灭弧装置。

当交流接触器的触点断开时，如果电流超过一定数值，则会在触点间产生电弧，使主电路继续导通，延长了电路的断开时间，电弧产生的高温会对触点表面产生损坏，降低接触器的使用寿命。灭弧装置可以迅速降低电弧电压，使电弧快速熄灭。

2. 直流接触器

直流接触器与交流接触器在内部结构组成上有着很多相似之处，均包括电磁系统、触头系统及灭弧装置，如图 1.5 所示。电磁系统由铁芯、吸合线圈及衔铁组成，多采用绕棱角转动的拍合式结构。由于工作电流为直流，铁芯不会产生涡流而发热，因此铁芯可以采用整体铸铁或铸钢制成。直流接触器的线圈匝数要远多于交流接触器的线圈匝数，所以电阻值也较大。

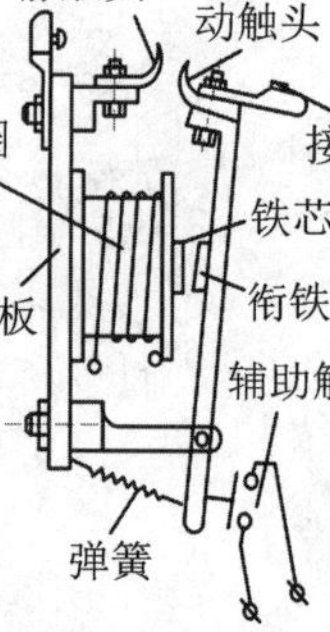

图 1.5　直流接触器结构示意图

1.2.3　接触器的选择与使用

选择接触器时主要考虑控制对象的功率大小、使用类别、控制方式、操作频率、工作寿命、安装方式、安装尺寸及经济性，具体选择依据如下：

① 主触点的极数和电流种类；

② 主触点的额定工作电压和额定工作电流；

③ 辅助触点的数量及其额定电流；

④ 电磁线圈的电源种类和额定工作电压；

⑤ 额定操作频率；

⑥ 维修和走线的距离；

⑦ 接触器的动、热稳定性。

1.3　继电器

1.3.1　电磁式继电器

1. 电磁式继电器的构成及工作原理

电磁式继电器主要由铁芯、线圈、衔铁、复位弹簧等部分构成。当在线圈上施加一定的电压时产生电磁效应，衔铁克服弹簧的拉力被吸向铁芯，使常开触点闭合，常闭触点断开。当线圈断电后，衔铁在弹簧拉力下返回原位，使常开触点断开，常闭触点闭合。电磁式继电器结构如图 1.6 所示。

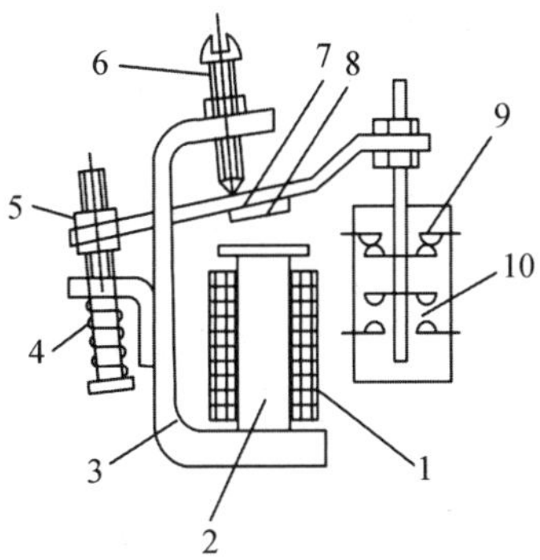

图 1.6　电磁式继电器结构

1— 线圈;2— 铁芯;3— 铁轭;4— 复位弹簧;5— 调节螺母;6— 调节螺钉;7— 衔铁;8— 非磁性垫片;9— 常闭触头;10— 常开触头

2. 电磁式继电器的分类

常见的电磁式继电器主要分为电流继电器、电压继电器和中间继电器。

(1) 电流继电器。

电流继电器的工作由电流的变化触发,可以用较小的电流控制较大的电流,在电路中起着自动调节、安全保护、转换电路等作用,主要用于发电机、变压器和输电线的继电保护装置中,作为过电压保护或低电压闭锁的启动元件。如将电流继电器串接入直流串励电动机的励磁线圈中,当励磁电流不足时,继电器的触点会断开,切断电动机供电,防止电动机受损,此类继电器称为欠电流继电器。相反,为避免电动机因短路或过载产生的过大电枢电流破坏电动机,必须使用过电流继电器。

电流继电器的线圈匝数少,线径较粗,因而可承载较大的电流。常用的型号有 JT3、JL9、JT10 等,电流继电器主要依据电路中的电流类型及其额定值进行选型。

(2) 电压继电器。

电压继电器依据电压变化来判断是否动作,从而接通和断开电路。电压继电器线圈导线细、匝数多,与主电路并联,按功能可分为过电压保护继电器和欠电压保护继电器。

一般过电压继电器在电压为 1.1 ~ 1.5 倍额定电压以上时动作;欠电压继电器在电压为 0.4 ~ 0.7 倍额定电压时动作;零压继电器在电压降为 0.05 ~ 0.25 倍额定电压时动作,对电路进行保护。常用的电压继电器有 JT4P 系列。

① 过电压保护继电器:在监测到控制电路中的电压为 1.1 ~ 1.5 倍额定电压及以上时,自动切断电路,停止电动机等设备的运行,从而防止电气系统因电压过高遭受损害。

② 欠电压保护继电器:当线圈电压降至 0.4 ~ 0.7 倍额定电压时,自动断开电路,避免设备在低电压状态下运行。电压恢复正常后,需要按启动按钮继续运行,这种保护措施称为失压防护。

(3) 中间继电器。

中间继电器的工作原理与交流接触器类似,主要区别是触点的数量和容量。中间继电器通常被用来控制多个电路,所以触点的数量比较多,且触点容量小。在选用中间继电器时,主要考虑电压等级和触点数量。

3. 电磁式继电器的图形符号和文字符号

电磁式继电器的图形符号和文字符号如图 1.7 所示。电流继电器的文字符号为“KI”,电压继电器的文字符号为“KV”,中间继电器的文字符号为“KA”。

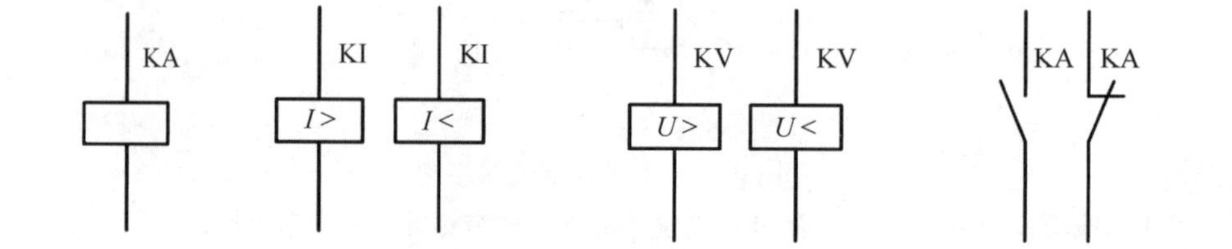

(a) 中间继电器线圈　(b) 过电流、欠电流继电器线圈　(c) 过电压、欠电压继电器线圈　(d) 继电器常开、常闭触点

图 1.7　电磁式继电器的图形符号和文字符号

1.3.2　时间继电器

时间继电器是基于电磁效应和机械原理实现延迟通断的自动控制电器。其特点是,自线圈通电至触点动作中间有一段延时,线圈通电后计时器开始工作,计时结束后控制触点闭合或断开。时间继电器因延时精度高,体积小,调节方便,使用寿命长而得到广泛应用。随着技术的不断发展,时间继电器已经发展成智能数显式,使用更加方便。

1. 时间继电器的分类

按工作原理的不同,时间继电器可分为空气阻尼式时间继电器、电子式时间继电器、电动机式时间继电器、电磁式时间继电器等。

(1) 空气阻尼式时间继电器。

空气阻尼式时间继电器利用下方进气口的空气阻力实现延时,其结构包括电磁系统、延时装置及触点系统 3 部分,用于实现电路延时接通和断开。JS7 - A 型时间继电器工作原理示意图如图 1.8 所示。可以通过改变零部件的安装位置,实现不同的延时控制方式,图 1.8(a) 所示为通电延时型,图 1.8(b) 所示为断电延时型。下面以通电延时型时间继电器为例介绍其工作原理。

当线圈通电后,在电磁力的作用下衔铁被铁芯吸合向上运动,活塞杆受到塔状弹簧的作用力,带动活塞及橡胶隔膜向上运动。由于橡胶隔膜下方产生负压作用,因此活塞向上移动缓慢,实现了延时功能。延时时间由进气孔的大小决定,可通过调节螺钉进行调整。进气孔大,延时时间短;进气孔小,延时时间长。

当线圈断电后,复位弹簧使衔铁复位,活塞杆带动活塞及橡胶隔膜向下运动,空气通过橡胶隔膜上方的缝隙迅速排出,使得杠杆和微动开关(图中 15) 迅速复位。

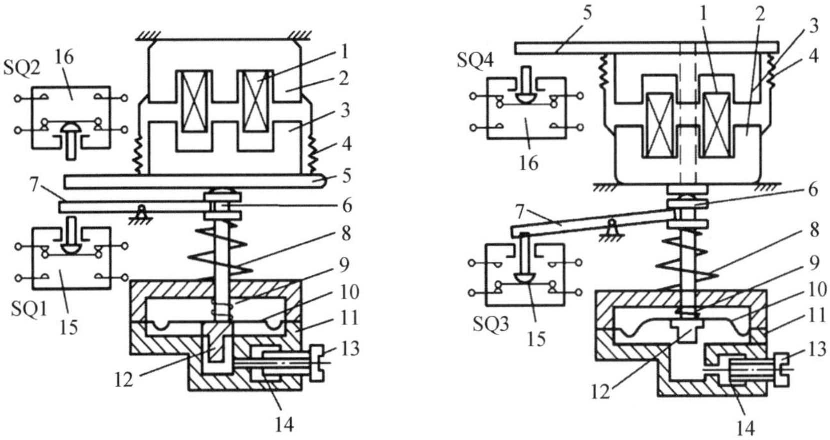

(a) 通电延时型　　(b) 断电延时型

图 1.8　JS7 - A 型时间继电器工作原理示意图

1—线圈;2—铁芯;3—衔铁;4—复位弹簧;5—推板;6—活塞杆;7—杠杆;8—塔状弹簧;9—弱弹簧;10—橡胶隔膜;11—空气室;12—活塞;13—调节螺钉;14—进气孔;15、16—微动开关

(2) 电子式时间继电器。

电子式时间继电器根据电阻尼特性,即电路中电容的电压按指数规律变化,不会产生跃变的原理实现延时。其特点是延时时间长,最长可达 3 600 s;精度高,一般为 5% 左右;体积小;耐冲击振动;调节方便。

(3) 电动机驱动式时间继电器。

电动机驱动式时间继电器通过减速齿轮实现延时功能。其优点是延时时间不受温度影响,延时精度和范围较优于其他时间继电器;缺点是内部结构复杂,工作寿命较低,成本高,电源频率会影响延时精度。

(4) 电磁式时间继电器。

电磁式时间继电器利用线圈通断电后残余磁通量缓慢衰减原理实现衔铁的延时动作,其特点是触点容量大,控制容量大,延时时间较短,精度稍差,主要用于直流电路的控制。

2. 时间继电器的选择与使用

(1) 时间继电器的选择主要是考虑延时方式和参数配合问题,具体考虑以下几个方面。

① 延时方式。

时间继电器可分为通电延时和断电延时,应根据控制电路的要求选用。

② 类型选择。

对延时精度要求不高的场合,一般采用价格较低的电磁式或空气阻尼式时间继电器;反之,对延时精度要求较高的场合,可采用电子式时间继电器。

③ 线圈电压。

时间继电器的线圈电压应根据控制电路的电压进行选择。

④ 电源参数变化。

在电源电压波动大的场合,优先选用空气阻尼式或电动式时间继电器;在电源频率波动大的场合,不宜采用电动式时间继电器;在温度变化较大时,不宜采用空气阻尼式时间继电器。

(2) 时间继电器的使用需要注意以下几点。

① 应注意时间继电器的清洁,否则会影响延时精度;

② 应选择与时间继电器工作电压和频率相符的电源;

③ 应根据用户要求选择时间继电器控制时间的长短;

④ 要注意按电路图接线,注意直流电源的极性;

⑤ 尽量避免在振动明显、阳光直射、潮湿及接触油污的场合使用。

3. 时间继电器的图形符号和文字符号

时间继电器的图形符号和文字符号如图 1.9 所示。

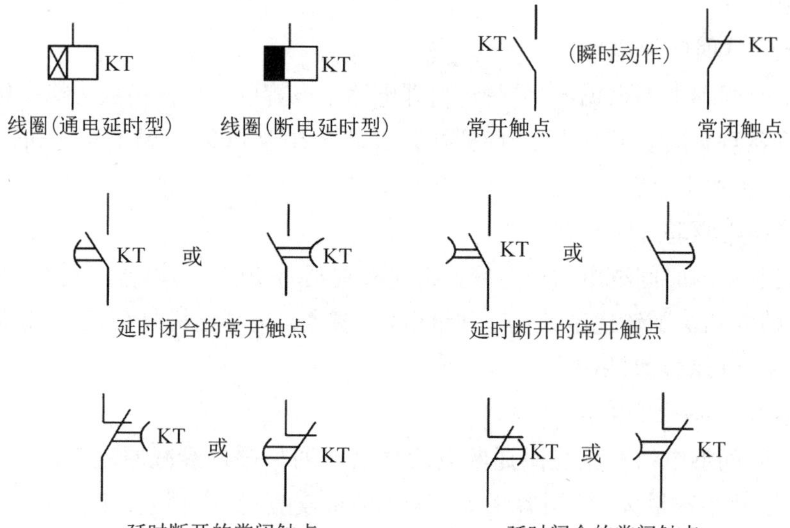

图 1.9　时间继电器的图形符号和文字符号

1.3.3　热继电器

热继电器(图 1.10) 是利用电流流过热元件时产生的热量,使双金属片发生弯曲而推动执行机构动作的一种保护电器,主要用于交流电动机的长期过载保护、断相及电流不平衡运行的保护及其他电气设备发热状态的控制。电动机工作时是不允许超过额定温升的,否则会降低电动机的寿命。熔断器和过电流继电器只能保护电动机不超过允许最大电流,不能反映电动机的发热状况,虽然电动机短时过载是允许的,但长期过载时电动机就要发热,因此必须采用热继电器进行保护。

图 1.10　热继电器实物图

热继电器的工作原理如图 1.11 所示。热继电器由发热元件、双金属片、动断触点及一套驱动与调节机构组成。双金属片由两片具有不同热膨胀系数的金属片通过轧制组合而成,图 1.11 中双金属片的下层热膨胀系数大,上层热膨胀系数小,发热元件串接在被保护电动机的主电路中,当电动机过载时,通过发热元件的电流超过整定电流,双金属片受热向上弯曲脱离扣板,使常闭触点断开。由于常闭触点是接在电动机的控制电路中的,它的断开会使与其相接的接触器线圈断电,从而使接触器主触点断开,电动机的主电路断电,实现过载保护。热继电器的图形符号和文字符号如图 1.12 所示。

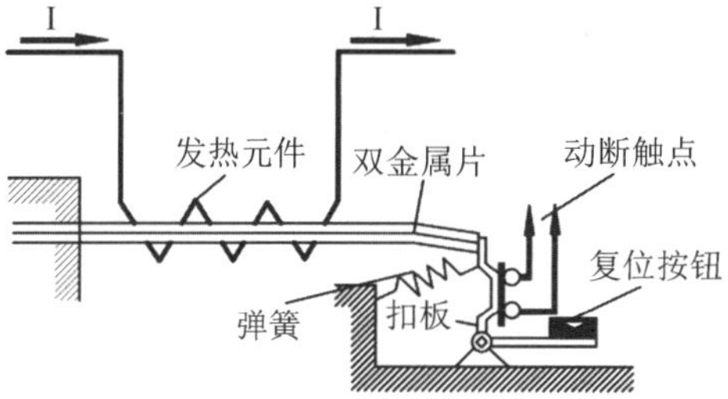

图 1.11　热继电器工作原理

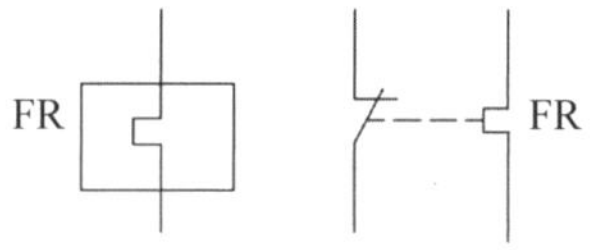

(a) 热元件　(b) 常闭触点

图 1.12　热继电器的图形符号和文字符号

1.3.4　速度继电器

速度继电器又称反接制动继电器,其主要结构包括转子、定子及触点 3 部分。速度继电器主要用于三相异步电动机反接制动的控制电路中,当三相电源的相序改变以后,产生与转子转动方向相反的旋转磁场,从而产生制动力矩,使电动机在制动状态下减速,当转速接近零时切断电源使之停车(否则电动机开始反方向启动)

1. 速度继电器的结构及工作原理

速度继电器结构原理图如图 1.13 所示,其转子是一个永久磁铁,与电动机的主轴连接,由电动机带动旋转。转子在旋转过程中产生感应电动势和感应电流,这与电动机的工作原理相同,定子随着转子转动而转动起来。定子转动时带动杠杆,杠杆推动触点使之闭合或断开。当电动机旋转方向改变时,继电器的转子与定子的转向也改变,定子触动另外一组触点使之接通或断开。当电动机停止时,继电器的触点恢复原位。

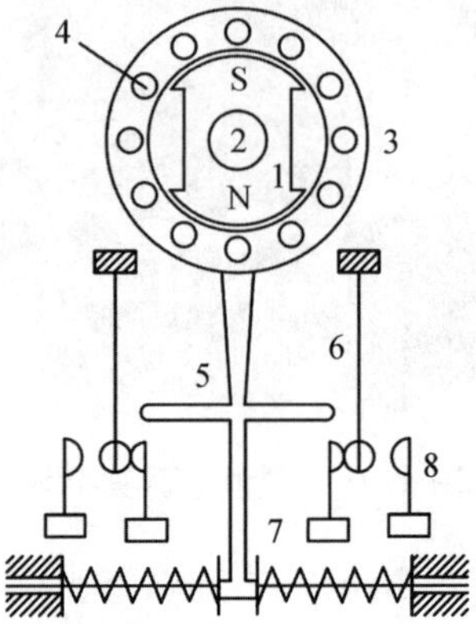

图 1.13　速度继电器结构原理图

1— 转子;2— 电动机轴;3— 定子;4— 笼型绕组 5— 定子柄;

6— 动触头;7— 复位弹簧;8— 静触头

常用的速度继电器有 JY1 型与 JFZ0 型。JY1 型在转速 700 ~ 3 600 r/min 范围内能可靠工作;JFZ0 - 1 型工作于 300 ~ 1 000 r/min;JFZ0 - 2 型适用于 1 000 ~ 3 600 r/min。这两类继电器均具有两个常开触点、两个常闭触点,触点额定电压为 380 V,额定电流为 2 A。一般速度继电器的转轴在 130 r/min 左右即能动作,在 100 r/min 时触点即能恢复到正常位置,可以通过螺钉来调节速度继电器动作的转速,以适应控制电路的要求。

2. 速度继电器的图形符号和文字符号

速度继电器的图形符号和文字符号如图 1.14 所示。

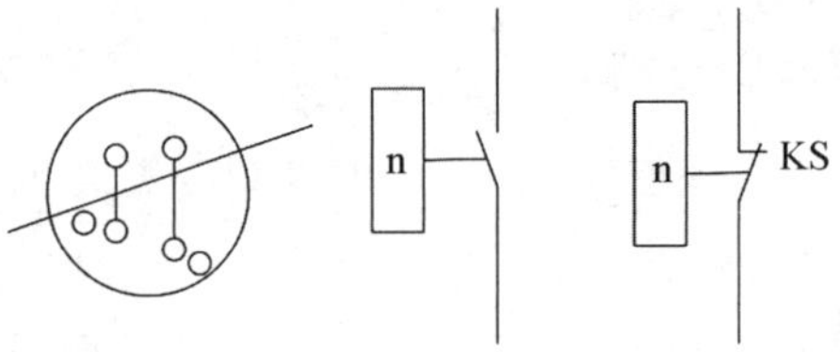

(a) 转子　(b) 常开触点　(c) 常闭触点

图 1.14　速度继电器的图形符号和文字符号

1.3.5　固态继电器

固态继电器是由半导体器件组成的无触点开关器件,与电磁继电器相比具有工作可靠、寿命长、对外界干扰小、能与逻辑电路兼容、抗干扰能力强、开关速度快、无火花、无动作噪声和使用方便等优点,有逐步取代传统电磁继电器的趋势,并进一步扩展到许多传统电磁继电器无法应用的领域，如计算机的输入输出接口、外围和终端设备等。在一些要求耐振、耐潮湿、耐腐蚀、防爆等特殊工作环境中，以及要求高可靠性的工作场合，更表现出其优越性。固态继电器的缺点是过载能力低，易受温度和辐射影响。固态继电器分为直流固态继电器和交流固态继电器，前者的输出采用晶体管，后者的输出采用晶闸管。

1.3.6　压力继电器

压力继电器是一种通过将内部流体的压力转变为电信号，从而控制触点动作的元器件。可以调节设定压力值，当流体压力达到设定压力值时，压力继电器的触点即产生动作。

常用的压力继电器分为单柱塞压力继电器和膜片式压力继电器。

(1) 单柱塞压力继电器。

单柱塞压力继电器的结构如图 1.15 所示。当压力达到设定的阈值时，作用于柱塞上的液压力大于弹簧的阻力，柱塞推动顶杆上升，使微动开关的触点闭合，发出电信号。通过调节螺母可改变弹簧的预压缩量，设定不同的压力值。单柱塞压力继电器适用于高压系统。

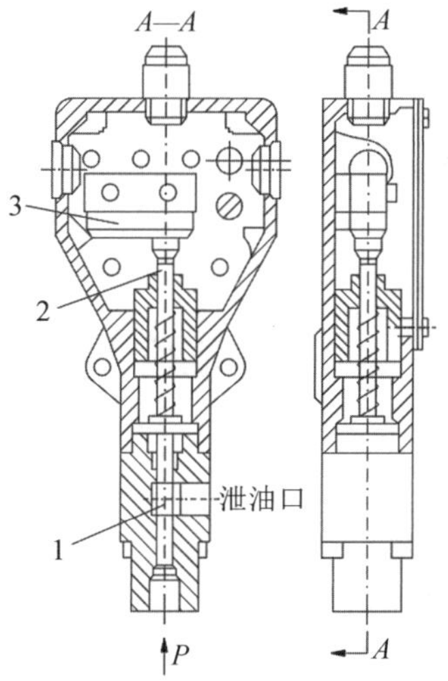

图 1.15　单柱塞压力继电器的结构

1— 柱塞；2— 顶杆；3— 调节螺母

(2) 膜片式压力继电器。

膜片式压力继电器的结构如图 1.16 所示。控制油口 K 与系统相连，当压力达到继电器的设定压力时，薄膜片变形，柱塞及芯杆上升，芯杆的凸肩和套筒之间的轴向间隙就是膜片最大的位移，此位移量很小。柱塞向上移动时，利用其锥面，一边通过钢珠 7 挤压弹簧 9，一边通过钢珠 6 推动杠杆绕销轴逆时针方向旋转，压下微动开关的触点，发出电信号。当控制油口 K 处的压力下降至设定值以下时，柱塞在弹簧力的作用下被推回原位，微动开关的触点断开，电路随之断开。通过调节螺钉 1 和 8，分别可以调节弹簧 2 和 9 的预压缩量,从而改变调压阀的设定压力。膜片式压力继电器的位移小,精度高,反应灵敏,但易受流体压力波动的影响,所以只适用于压力较低的系统中。

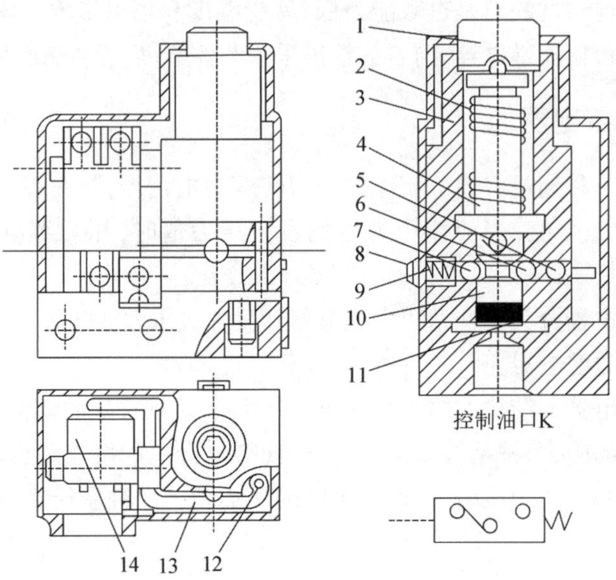

图 1.16 膜片式压力继电器的结构

1,8— 调节螺钉;2,9— 弹簧;3— 套筒;4— 芯杆;5,6,7— 钢珠;10— 柱塞;11— 膜片;12— 销轴;13— 杠杆;14— 微动开关

1.4 熔断器

1. 熔断器的工作原理

熔断器是当通过熔体的电流超过规定值达一定时间后,产生的热量使熔体熔化,从而分断电路的电器。其结构简单、使用方便、价格低廉,普遍应用于低压配电系统和控制系统中,以实现短路和严重过载保护。

2. 熔断器的主要技术参数

(1) 额定电压。

熔断器的额定电压是指熔断器安全工作所能承受的最高电压。熔断器的额定电压是从安全使用熔断器角度提出的,控制电路的电压必须小于熔断器的额定电压,否则熔体熔断时会出现持续飞弧和被电压击穿的现象,危害电路。

(2) 额定电流。

熔断器的额定电流是指熔断器基座长时间内允许通过的最大电流值,而熔体的额定电流是指熔体在不熔断前提下长时间内允许通过的最大电流值。一般熔断器的额定电流大于熔体的额定电流。

（3）极限分断能力。

熔断器的极限分断能力是指在短路情况下，熔断器可以切断的最大电流值。在使用过程中，熔断器的极限分断能力必须大于电路中的最大短路电流。

3. 熔断器的选择与使用

选择熔断器时，需要考虑其类型、额定电压、熔断器的额定电流及熔体的额定电流等技术参数，应确保熔断器的额定电压不低于被保护电路的工作电压，熔断器的工作电流大于所装熔体的额定电流，熔断器的分断能力大于电路的最大短路电流。熔体额定电流是熔断器选择的关键参数，对于照明电路等没有冲击电流的负载，熔体额定电流等于或稍大于电路工作电流即可；对于保护电动机的熔断器，选用时需考虑启动电流带来的冲击，一般熔体的电流值为

$$I_R \geqslant I_m/2.5 \tag{1.1}$$

式中，I_R 为熔体额定电流；I_m 为电路中可能出现的最大电流。

4. 熔断器的图形符号和文字符号

熔断器的图形符号和文字符号如图 1.17 所示。

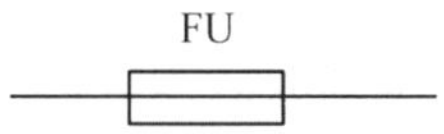

图 1.17　熔断器的图形符号和文字符号

1.5　开关电器

1.5.1　组合开关

组合开关是一种在平面内左右旋转操作的手动电器，因此又称为转换开关。在机床的电气控制线路中，常用作接通电源的开关。组合开关的分断能力较低，不带过载和短路保护功能，故不能用来分断故障电流，常用于不带载分断电路，为设备提供电气隔离断点。

组合开关主要由动触点、静触点、转轴、手柄、定位机构及外壳等部分组成，其动触点、静触点分别叠装于数层绝缘垫板之间，各自附有连接线路的接线端子，当转动手柄时，旋转轴带动每层的动触点一起转动，实现对电路的接通和断开。组合开关的图形符号、文字符号及实物图如图 1.18 所示。

组合开关分为单极、双极、三极和多极，额定电流有 10 A、25 A、60 A、100 A 等多种，应根据用电设备的电压等级、电流容量和极数进行选用。组合开关用于控制电动机时，其额定电流通常取电动机额定电流的 1.5 ～ 2.5 倍。

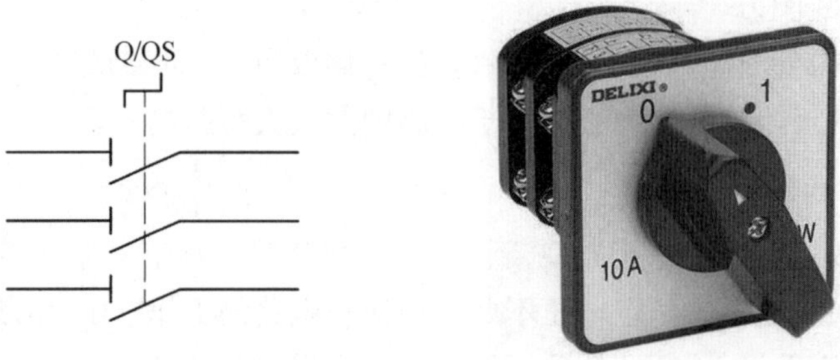

(a) 图形符号　　　　(b) 实物图

图 1.18　组合开关的图形符号、文字符号及实物图

1.5.2　低压断路器

低压断路器又称自动空气开关或自动开关，可用作设备低压配电的总电源开关及各主回路的电源开关，能接通、承载和分断正常电路条件下的电流，实现电能的分配，也能在短路、严重过载或欠电压等非正常条件下分断电路，实现对电源线路及电动机等的保护。低压断路器还可用于线路的不频繁转换及电动机的不频繁启动。它相当于刀开关、熔断器、热继电器、过电流继电器和欠电压继电器的组合，是一种既有手动开关作用又能自动进行欠压、失压、过载和短路保护的电器，在分断故障电流后一般不需要更换零部件，就可以重新合闸工作，因而得到广泛应用。

断路器按结构形式的不同可分为塑壳式和框架式(图 1.19)；按操作机构的不同可分为手动操作、电动操作和液压传动操作；按触点数量可分为单极、双极和三极。断路器主要由触点、灭弧装置、脱扣器与操作机构、自由脱扣机构组成。低压断路器的结构与工作原理如图 1.20 所示，主触点靠操作机构手动或电动合闸，可在正常工作状态下接通和分

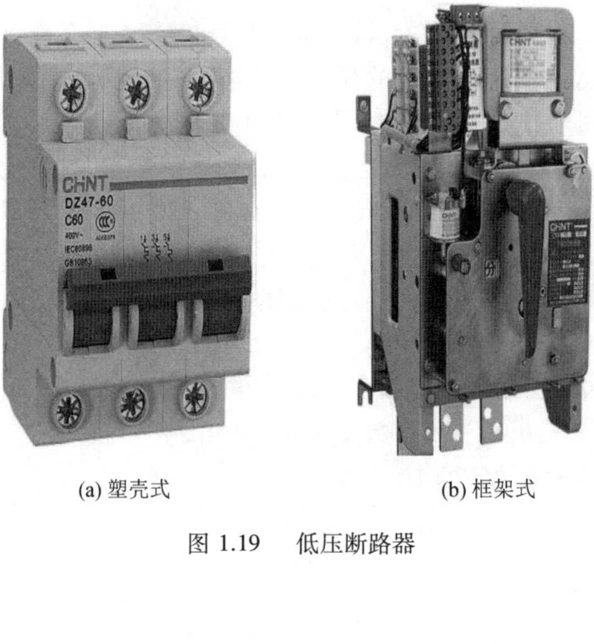

(a) 塑壳式　　　　(b) 框架式

图 1.19　低压断路器

断工作电流，当电路发生短路或过流故障时，过流脱扣器的衔铁吸合，自由脱扣机构的钩子脱开，主触点在分断弹簧作用下被拉开。若电压过低或零压时，失压脱扣器的衔铁释放，自由脱扣机构动作，断路器触点分离，切断电路。

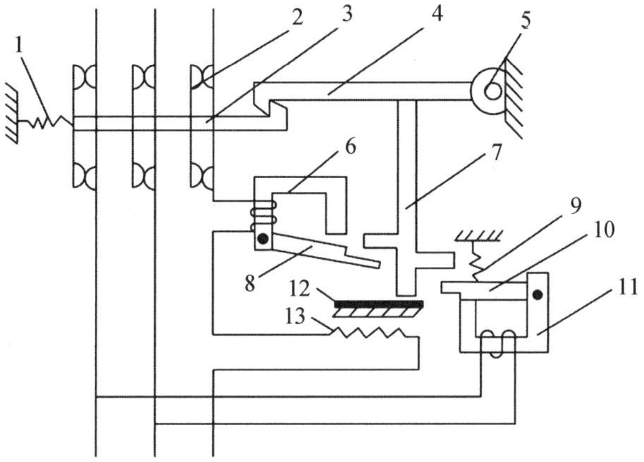

图 1.20　低压断路器的结构与工作原理

1、9— 弹簧；2— 触点；3— 锁键；4— 搭钩；5— 轴；6— 过电流脱扣器；7— 杠杆；8、10— 衔铁；11— 欠电压脱扣器；12、13— 热脱扣器

当额定电流不超过 600 A 且短路电流不大时，可选用塑壳式断路器；反之，如果额定电流较大且短路电流也较大时，应采用框架式断路器。塑壳式断路器的主要参数有额定工作电压、壳架额定电流等级、极数、脱扣器类型以及额定电流、短路分断能力等。

低压断路器的图形符号和文字符号如图 1.21 所示。

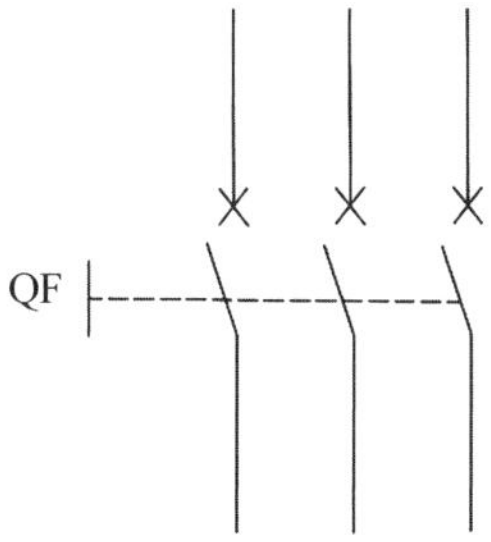

图 1.21　低压断路器的图形符号和文字符号

1.5.3　剩余电流动作保护器

剩余电流动作保护器是具有漏电保护功能的开关设备，当电路或设备发生故障时，利用电路中的剩余电流切断故障线路和电气设备。

1. 剩余电流动作保护器的结构

剩余电流动作保护器主要由剩余电流互感器、脱扣器、信号放大装置构成。

(1) 剩余电流互感器。

剩余电流互感器作为一个重要的检测元件,其工作性能直接影响保护器的性能和可靠性。它将一次回路中的剩余电流转换为二次回路中的输出电压,放大后施加在脱扣线圈上,使脱扣器动作。一般采用空心式环形互感器,其工作原理是:将一次回路的导线穿过剩余电流互感器,二次回路的导线绕在环形铁芯上,通过互感器的铁芯实现一次回路与二次回路的电磁耦合。

(2) 脱扣器。

脱扣器用来判别剩余电流是否达到预定值,从而确定剩余电流保护装置是否应该动作。动作功能与电源电压无关的剩余电流保护装置,采用灵敏度较高的释放式脱扣器;动作功能与电源电压有关的剩余电流保护装置,采用拍合式脱扣器或螺管电磁铁。

(3) 信号放大装置。

剩余电流互感器二次回路的输出功率一般仅达到 mV · A 的等级,因此需要在剩余电流互感器和脱扣器之间增加一个信号放大装置。信号放大装置一般采用电子式放大器,不仅可以降低对脱扣器灵敏度的要求,还可以减少对剩余电流互感器的输出信号要求,减轻互感器负担,从而大大缩小互感器的质量和体积,降低剩余电流保护装置的成本。

2. 剩余电流动作保护器的分类

(1) 按照中间环节所采用的元件分类。

按照中间环节所采用的元件分类,剩余电流动作保护器可分为电磁式和电子式两种。电子式较电磁式应用更加广泛,因为电子式剩余电流动作保护器制造成本较低,价格更加低廉。

(2) 按照功能分类。

① 剩余电流开关。当电路中的剩余电路达到一定数值或出现故障时,剩余电路开关可以通过检测和判断电路中剩余电流的情况,控制主电路的通断。

② 剩余电流继电器。当电路中出现漏电情况时,剩余电流继电器具有检测功能,但是不能切断主电路,通过与自动开关配合,可以实现对电路的保护。

③ 剩余电流保护插座。剩余电流保护插座是一种能够探测剩余电流的电源插座,并可以在判断后断开电路。其敏感度较强,通常用于便携式电动器具防护,以及居家、教育场合等民用区域的安全保障。

(3) 按照灵敏度分类。

① 高灵敏度型。剩余电流小于 30 mA,用于防止各种人身触电事故。

② 中灵敏度型。剩余电流为 30 ~ 1 000 mA,用于防止触电事故。

③ 低灵敏度型。剩余电流大于 1 000 mA,用于防止因剩余电流引发的事故。

(4) 按动作时间分类。

① 高速型。接到触发信号时,高速型剩余电流动作保护器将立即启动,这种设备适宜作为一级或多级保护系统中的最后一道防线。采用高速型剩余电流动作保护器时,其

响应时间与触发电流值的乘积应当保持在 30 mA · s 以内。

② 延时型。延时型剩余电流保护装置适用于多级保护中的首级保护，剩余动作电流一般大于 30 mA，延时时间可以根据需要进行人为设定。

③ 反时限型。反时限型剩余电流保护装置适用于直接接触保护。根据电路中剩余电路的大小，装置的动作时间也不同。

1.5.4　智能断路器

智能断路器由计算机技术、微电子技术和新型传感器技术融合而成，具有智能操作功能，包含数据采集、智能识别和调节装置三大主要部件。智能识别模块是智能控制单元的核心，能自动地识别操作时断路器所处电网的工作状态，根据仿真分析的结果决定合适的分合闸运动特性，并对执行机构发出调节信息，待调节完成后再发出分合闸信号；数据采集模块主要由新型传感器组成，随时把电网的数据以数字信号的形式提供给智能识别模块，以进行处理分析；执行机构由能接收定量控制信息的部件和执行器组成，用来调整操动机构的参数，以便改变每次操作时的运动特性。此外，还可根据需要加装显示模块、通信模块及各种检测模块，以扩展智能断路器的智能化功能。

智能断路器通过数字化装置取代了传统的继电器，可依靠微电子技术实现微秒量级的精准操控，系统整体可靠性得到提高。智能断路器还可以采集运行时的工作参数进行分析，预测设备故障并及时发出报警信号，以防发生重大事故。

1.6　主令电器

1.6.1　控制按钮

控制按钮是一种手动主令电器，用于短时接通或分断控制电路（不直接用于主电路），控制按钮的结构示意图如图 1.22 所示。

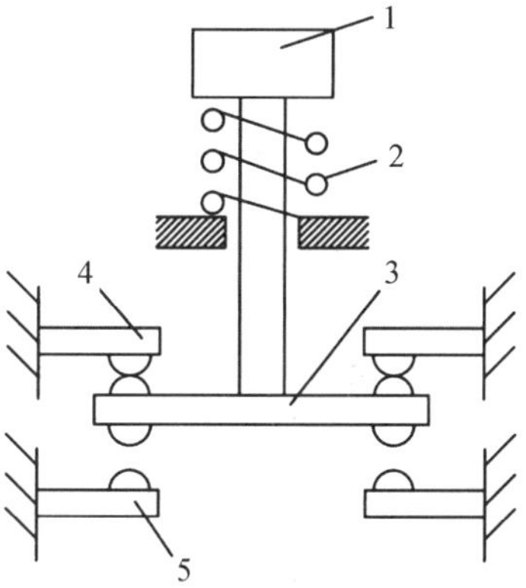

图 1.22　控制按钮的结构示意图

1— 按钮；2— 复位弹簧；3— 动触头；4— 常闭触头；5— 常开触头

按下控制按钮,常闭触点分离,常开触点接通,可实现对电路的控制;松开控制按钮,触点在弹簧力作用下恢复原位。选择控制按钮应考虑使用场合、所需触点数量、按钮帽的颜色等多个因素,通常红色表示停止,绿色表示启动,黄色表示干预;紧急控制选用蘑菇形按钮。

控制按钮的图形符号和文字符号如图 1.23 所示。

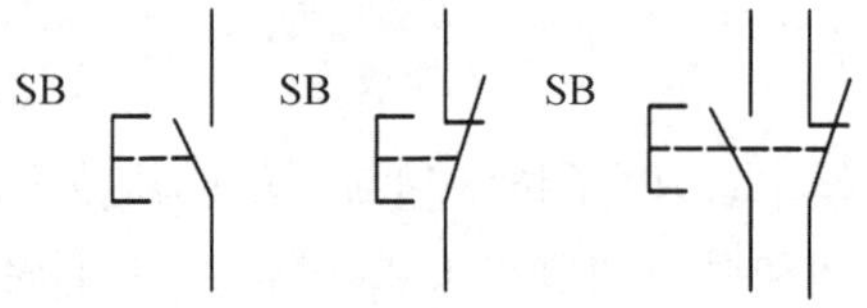

图 1.23　控制按钮的图形符号和文字符号

1.6.2　行程开关、接近开关和光电开关

行程开关、接近开关和光电开关都是用来反映工作机械的行程,发出命令以控制其运动方向或行程的主令电器。如果安装在工作机械行程的终点处,可限制其有效行程,又称为限位开关或终点开关。

行程开关利用运动部件的碰撞,使其内部触点动作,分断或切换电路,从而控制生产机械的行程、位置或改变其运动状态。行程开关根据动作方式可分为瞬间动作型和缓慢动作型;按照头部结构可分为平动、滚轮平动、杠杆、单轮、双轮、滚轮摆杆可调、弹簧杆式等不同类型。

接近开关是非接触式检测装置,当运动物体接近它至一定距离范围内时,能发出信号,从而进行相应操作。按照工作原理不同,接近开关分为高频振荡型、霍尔效应型、电容型、超声波型等多种类型,其中高频振荡型使用最为普遍。接近开关的主要技术参数有动作距离、重复精度、操作频率、复位行程等。

光电开关也是非接触式检测装置,根据光的发射装置和接收装置的位置及光的接收方式分为对射式和反射式,其检测范围可从数厘米至数十米。

选用上述开关,要根据控制对象和使用场合的特点确定。例如,当控制对象的移动速度不太快时,可以选择行程开关;若控制对象的工作频率较高且对稳定性和精度有较高的要求,则应选用接近开关;在无法靠近控制对象的场合,应选用光电开关。

1.6.3　主令控制器

主令控制器(又称主令开关)的触头按一定顺序通断,从而控制电路通断或实现与其他电路联锁、转换等功能,适用于需要频繁切换电路状态的场合,其结构示意图如图 1.24 所示。主令控制器一般由触头系统、操作机构、转轴、齿轮减速机构、凸轮、外壳等几部分组成,通过转轴带动凸轮旋转控制不同的触头通断。其工作原理与万能转换开关类似,都是靠凸轮来控制触头系统的通断。但与万能转换开关相比,它的触点容量更大,操纵挡位也较多。

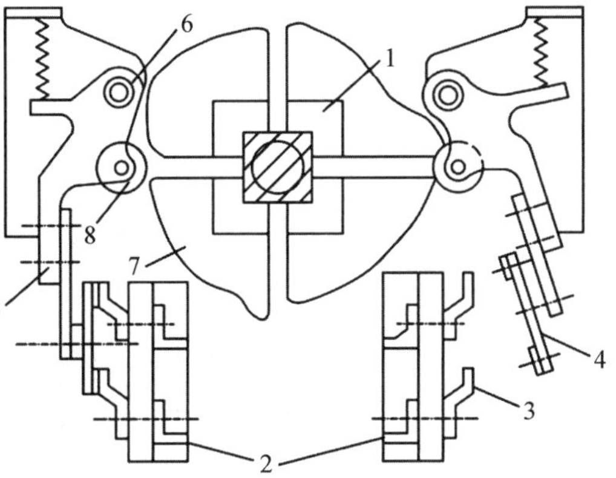

图 1.24　主令控制器结构示意图

1、7— 凸轮块;2— 接线柱;3— 固定触头;4— 动触头;5— 支杆;6— 转动轴;8— 小轮

触点的激活次序取决于凸轮的外形,凸轮的转角取决于控制器的结构,而凸轮的数量由电气控制的需求决定。由于主令控制器一般不用于主电路的控制,所以触头的工作电流较小。

1.7　电磁执行器件

1.7.1　电磁铁

电磁铁是一种通电以后对铁磁物质产生引力,把电磁能转换为机械能的电器。在电气控制系统中,电磁铁的应用主要分两类:一类是作为控制元件,如电动机的抱闸制动电磁铁;另一类是电磁吸引的工作台,电磁力起到夹具的功能。

电磁铁由激磁线圈、铁芯和衔铁 3 部分组成。线圈通电产生磁场,衔铁吸合时带动机械装置完成动作。线圈中通以直流电的电磁铁称为直流电磁铁,通以交流电的电磁铁称为交流电磁铁。交流电磁铁适用于操作不频繁、行程较大和动作迅速的执行机构,使用时避免有卡住现象。直流电磁铁工作可靠性好、动作平稳、寿命长,适用于需要频繁动作或强调稳定性的场合。

对于经常制动和惯性较大的机械系统,常采用电磁制动,又称为电磁抱闸,其制动原理如图 1.25 所示。

图 1.25 中,制动轮与电动机同轴安装,当电动机启动时,电磁铁线圈通电,将衔铁吸上使弹簧拉紧,联动机构把压紧在制动轮上的抱闸提起,使制动轮可以和电动机一起旋转运行。当电动机电源切断时,电磁铁线圈断电,弹簧复位, 抱闸重新紧压制动轮,使与之同轴的电动机迅速制动。

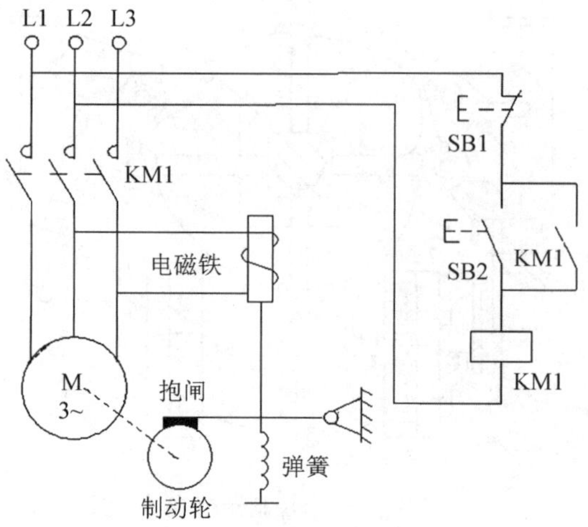

图 1.25　电磁抱闸制动原理

1.7.2　电磁工作台

电磁工作台是一种用于固定工件的设备，在平面磨床上应用广泛，其结构如图 1.26 所示。

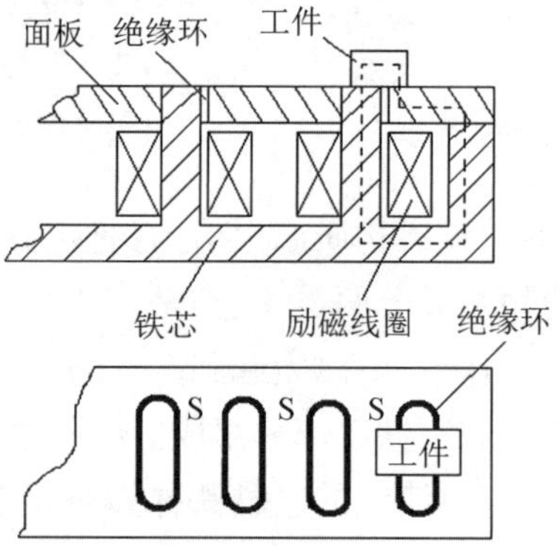

图 1.26　电磁工作台结构

电磁工作台的外形为一钢质箱体，内部装有一排凸起的铁芯，铁芯上绕有励磁线圈。工作台上表面为钢质带孔的面板，铁芯嵌入孔内并与板面平齐。孔与铁芯之间的间隙内嵌入铅锡合金，把面板划分为许多极性不同的 N 区和 S 区。通入直流励磁电流后，磁通由铁芯进入面板的 N 区，穿过被加工的工件进入 S 区，然后经箱体外壳返回铁芯，形成闭合磁路，待加工的工件就被紧紧吸在面板上。切断励磁电流后，因剩磁的存在，工件仍被吸在工作台上。若要取下工件，必须在励磁线圈中通入脉动电流去磁。电磁工作台简化了夹具，装卸工件迅速，加工精度高。其不足之处在于常需要对加工后的工件做去磁处理。

1.7.3　电磁制动器

电磁制动器是一种利用电磁效应产生制动力的元器件，具有结构紧凑、操作简单、响应灵敏、寿命长久、使用可靠、易于实现远距离控制等优点。常用的电磁制动器有电磁粉末制动器、电磁涡流制动器和电磁摩擦式制动器。

1. 电磁粉末制动器

励磁线圈通电时产生磁场，磁粉被磁化形成磁粉链，并在固定的导磁体与转子间聚合，靠磁粉的结合力和摩擦力实现制动。励磁电流断开时磁粉会处于自由松散状态，制动作用消失。电磁粉末制动器体积小、质量轻、功率小，而且制动力矩与转动件转速无关，但磁粉会引起零件磨损。

2. 电磁涡流制动器

励磁线圈通电产生磁场，制动轴上的电枢旋转切割磁力线产生涡流，涡流与磁场相互作用产生制动力矩。电磁涡流制动器坚固耐用、维修方便、调速范围大，但低速时效率低、温升高，需采取散热措施。

3. 电磁摩擦式制动器

电磁摩擦式制动器内的线圈通电时产生磁场，吸合衔铁，衔铁与法兰连接，实现制动。

1.8　软启动器

1.8.1　软启动器工作原理

软启动器是一种新式电动机控制装置，目前广泛应用于各种电动机的启动，可以实现软停车、轻载节能等多种功能。内置微控制器的软启动器能够在启动电动机时依据电动机的性能参数自动优化启动电流，确保在一定负载条件下电动机能够顺利启动。在运行过程中，软启动器能够避免给电力系统带来冲击，其实质上是一种电压调节设备，在保持输出频率不变的情况下，调整输出电压的高低。

软启动器串接在三相交流电源与被控电动机之间，核心部分是三相反并联晶闸管及电子控制电路，其原理图如图 1.27 所示。利用晶闸管的电子开关特性，通过控制其触发脉冲、触发角的大小改变晶闸管的导通程度，改变加到电动机定子绕组上的电压值，从而动态调节电动机的启动电流。在软启动器的控制作用下，电机启动时的峰值电流略小于直接启动模式下的电流，同时启动时产生的最高扭矩为直接启动时的80%，而在过载情况下，电路能承受的电流为额定电流的 1 ~ 5 倍，此外还能够实现连续无级启动。

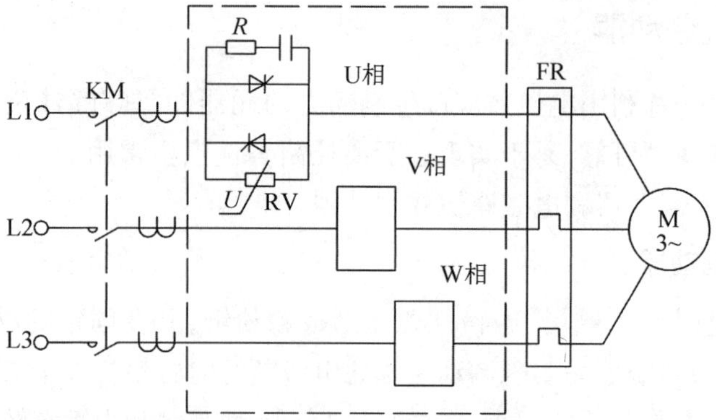

图 1.27　软启动器原理图

1.8.2　软启动器启动方式

1. 斜坡升压软启动

斜坡升压软启动只需要调整晶闸管的导通角,使之随时间增大,控制简单。其缺点是:不限流在电动机启动工程中会产生较大的冲击电流,可能会导致晶闸管烧毁或对电网产生较大冲击。

2. 阶跃启动

阶跃启动可以在很短的时间内使电动机从停机达到额定转速,通过控制电路中的额定电流值,实现快速启动。

3. 陡坡恒流电源软启动

陡坡恒流电源软启动在初始启动阶段使电动机的电流缓慢增大,当电流值达到预先设定值时,电流保持不变,直到电动机达到额定转速。该启动方法应用最为广泛,对电网几乎无冲击,尤其适用于负载较大的风机和泵类负荷的启动。

4. 单脉冲冲击性启动

单脉冲冲击性启动在初始启动阶段会产生较大的电流,但持续时间极短。大电流产生后在一定时间内会先逐渐下降,再按原额定值线性升高。单脉冲冲击性启动适用于轻载并需克服较大静摩擦力的设备的启动。

5. 工作电压双陡坡启动

工作电压双陡坡启动方法通过设置一个初始电压来启动电动机,随着工作电压的逐步升高,电动机的扭矩也随之提升,而当输出电压升高至所需的运行电压时,电动机的转速也接近于额定值。

6. 过流保护启动

过流保护启动是一种控制电动机在启动过程中启动电流不超过预先设定值的启动方

法。当电动机启动时，电流快速升高达到设定值后保持不变，直到电动机启动完成。

1.8.3　软启动器的优点

软启动器相比于传统启动器主要有以下优势。

(1) 软启动器有着多种启动方式。

软启动器的多种启动方式可以满足绝大多数工况下电动机的启动要求，相较于传统的启动方式更加灵活，工作人员可以根据实际情况选择合适的启动方式。利用软启动技术，工作人员还可以自由设置电动机的启动参数，达到最佳的启动效果，既可以保护电动机，也不会对电网产生冲击。

(2) 采用软启动器有助于更有效地维护设备。

若遇电路短路等故障时，电流将出现不正常增大，如果使用了软启动器，就可以在发生故障时更好地保护电动机不被损坏。同时，当电动机发生故障时，软启动器可以自动识别并分析故障原因，为工作人员提供准确的参考方向，更加精准和快速地对设备进行检修。软启动器在工作中还可以对设备进行自动监测，在后期维护时可以调取软启动器中记录的工作参数，相较于传统检测技术大大降低了检查成本和时间。

(3) 采用软启动器能确保设备平稳运行。

软启动器中不包含触点系统，所以不会因触点接触不良，导致电动机工作产生波动。软启动器可以实现的功能非常全面，并且按可视化菜单进行参数设置，实现电动机的自动化操作。

(4) 采用软启动器能够显著降低能耗。

软启动器在电动机启动完成并正常工作一段时间后会自动关机，且本身并不属于用电设备，只控制电路进行工作，消耗的能量较少。软启动器还可以减少启动电流对变压器的冲击，提高变压器的运行效率。使用软启动器后，电动机的启动参数得到优化，使电动机达到最佳的启动效果，相较于传统的启动方式减少了电动机启动所需能耗，因此采用软启动器可以有效地节约能源。

1.9　电抗器与滤波器

1.9.1　电抗器

电抗器也被称为电感器，由于电磁感应的效果，电路中总是存在一定的电感，能够起到阻止电流变化的作用。因为通电导体的形状为长直型，电磁感应产生的电感较弱，所以电抗器通常采用螺旋式结构。

1. 电抗器的工作原理

电抗器的工作原理如图 1.28 所示。电抗器本质上是一个无导磁性材料的空芯线圈，可以根据需要布置为垂直、水平和品字形 3 种装配形式。电路在短路时会产生短路电流，为了避免给系统带来严重的破坏，常在电路中串联电抗器，以增大短路阻抗，限制短路电流。在电气系统内串接电抗器之后，短路时电抗器两端的电压降较大，可起到维持母线电压的功能，保证非故障线路上用电设备的运行稳定性。

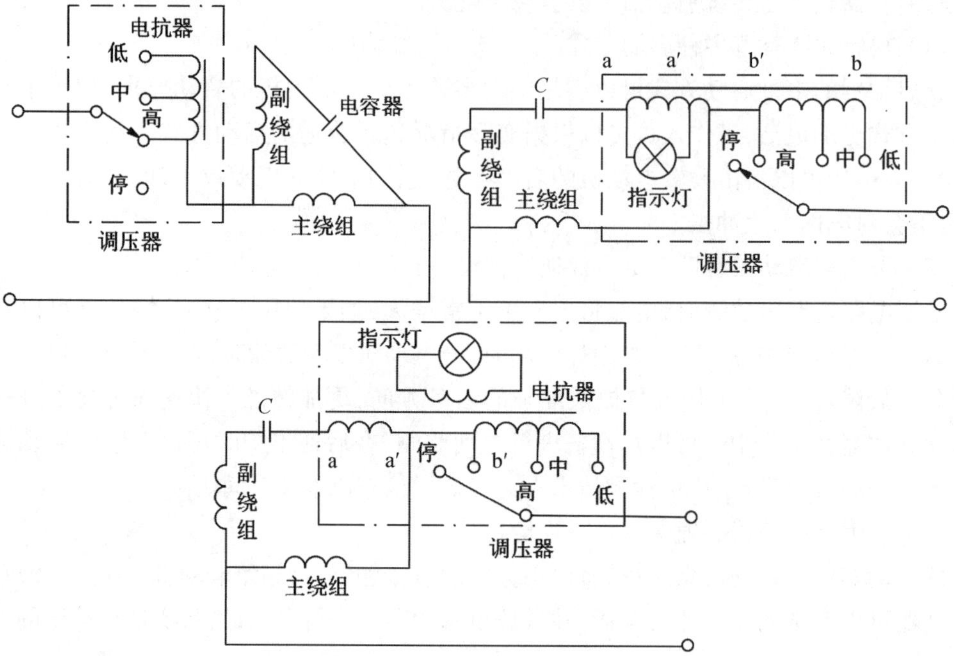

图 1.28　电抗器的工作原理

电抗器的核心功能体现在：抑制电流流动过程中谐波成分的生成，确保电流更顺畅地输送；调节电压与电流的大小及其相位关系，便于各类电气设施之间的匹配运作；降低在电路传输过程中电压与电流造成的能量流失，从而提升电路的能量传递效率。

2. 电抗器的分类

根据结构和冷却介质、连接方式、功能及应用场景，对电抗器进行分类。

（1）根据结构和冷却介质的不同，电抗器可分为空心式、铁芯式、干式、油浸式等多种类型，如干式空心电抗器、干式铁芯电抗器、油浸式铁芯电抗器、油浸式空心电抗器等。

（2）根据连接方式的不同，电抗器可分为并联式电抗器与串联式电抗器。

（3）根据功能的不同，电抗器可分为限流电抗器和补偿电抗器。

（4）根据应用场景的不同，电抗器可分为用于限制电流功能的限流型、用于过滤的滤波型、用于平滑波动的平波型、用于提高功率因数的补偿型、串接使用的串联型、用于均衡系统的平衡型、连接地线使用的接地型、用于消除电弧的消弧线圈型、连接进电线路的进线型、连接出电线路的出线型等。

3. 电抗器的选用

选择电抗器时,需重点考虑 3 个要素:电抗率、电抗器的结构(空心、铁芯)及电抗器的安装位置(电源处或中性点处)。

(1) 电抗率。

当电路中的电流谐波分量可以忽略时,一般电抗率为 0.5% ~ 1% 即可满足电路控制需要,但此时的电抗器会放大电流中 3 ~ 5 次谐波分量;当电路中的电流谐波分量不可忽略时,需要根据电路中的谐波分量合理地确定电抗率。在实际工程应用中,电网中的 5 次谐波分量最大,一般电抗率配置为 4.5% ~ 6%,可以有效地抑制电路中的谐波分量,保证电路的传输性能。

(2) 电抗器的结构。

电抗器的结构形式主要分为空心和铁芯两种结构。

空心电抗器的主要优点是:在工作过程中产生的噪声较小,并且在短路时对电流的限制能力强。主要缺点是:体积较大,能量损耗大。空心电抗器适合安装在户外,一般采用分相“品”字的布置方式,可以有效避免相间短路和缩小事故范围。如果场地受限无法分相布置时,可采用叠装式布置代替。

铁芯电抗器的主要优点是:体积小,能耗小,具有较强的电磁兼容性。主要缺点是:在工作过程中会产生强烈噪声,当短路电流超过一定值时铁芯饱和失去限流能力。铁芯电抗器适合安装在电气柜中使用。

(3) 电抗器的安装位置。

电抗器一般安装在电源处或中性点处,电抗器的安装位置不会影响抑制电流谐波分量的效果。

当电抗器安装在中性点处时,其工作电压较低,且短路电流不会对电抗器产生影响,可以适当降低对电抗器的要求,所以干式空心电抗器、干式铁芯电抗器、油浸式铁芯电抗器均可采用。

若将电抗器安置于电源端,其可能遭受短路电流的强烈冲击,同时工作电压将增加,因而对电抗器的品质要求较为严苛,须使用环氧树脂玻璃纤维制成的空心电抗器,而不宜使用铁芯电抗器。

1.9.2　滤波器

1. 滤波器的结构及工作原理

滤波器是由电容、电感和电阻组成的滤波电路,其本质上是一种选频装置,可以使信号中特定的频率成分通过,而极大地衰减其他频率成分。利用滤波器的这种选频作用,可以有效地滤除干扰噪声或进行频谱分析。滤波器的工作原理图如图 1.29 所示。

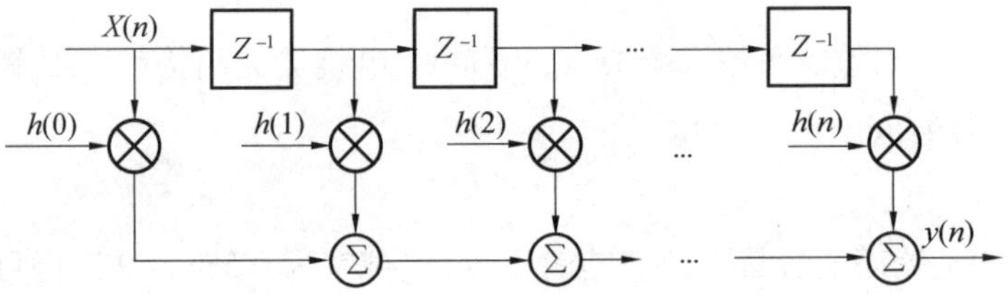

图 1.29　滤波器的工作原理图

2. 滤波器主要参数

① 中心频率。中心频率是描述带通和带阻滤波器性能的核心指标,其反映了滤波器传输信号的主要频率位置。

② 截止频率。截止频率是指在低频滤波器中能够通过的频谱最高边缘的频率,以及在高频滤波器中能够通过的频谱最低边缘的频率,其标志着滤波器输出信号开始显著下降的频率点。

③ 插入损耗。插入损耗是指信号在经过滤波器前后的损耗的大小,一般用中心频率或者截止频率的损耗值来描述,其反映了滤波器对信号功率的衰减程度。

④ 通带带宽。通带带宽是衡量滤波器通频带范围的重要参数,其决定了滤波器能通过的最大频率范围,通常与滤波器的通透性紧密相关。

⑤ 阻带带宽。阻带带宽是指滤波器在频域上可以有效抑制信号的范围。

⑥ 阻带抑制度。阻带抑制度是评估滤波器选频特性的关键标准。随着阻带抑制度的增加,滤波器在抵消外界噪声方面的性能明显提升。

⑦ 带内相位线性度。带内相位线性度量化了滤波器在传递通带信号时所产生的相位失真程度。基于线性相位特性设计的滤波器相位一致性较好。

3. 滤波器的选择

通常依据干扰源的性质、频率范围、电压大小、阻抗及负载特性等参数,考虑以下几个方面选择滤波器。

(1) 滤波器的衰减量应满足要求,若单一滤波器的衰减量无法满足,则可以考虑同时使用多个滤波器对电路信号进行处理,从而获得良好的衰减特性。

(2) 滤波器的阻抗必须与其连接的电源和负载阻抗相匹配,才能确保电路性能的稳定与高效。

(3) 滤波器必须具有一定的耐压能力,要根据电源额定电压和干扰源来选择滤波器,以保证其可靠工作,并能够经受输入瞬时高压的冲击。

(4) 滤波器的额定电流应与电路的额定电流一致,若滤波器的额定电流较大,则会导致滤波器的体积变大;若滤波器的额定电流较小,则会导致滤波器的工作性能下降。

（5）滤波器应安装方便、环境兼容性好，可以满足不同环境下的工作要求。

习题与思考题

1.1　举例说明数控机床中常用的低压电器有哪些？它们的作用分别是什么？
1.2　电磁式电器的线圈通电时，常开触头和常闭触头如何动作？
1.3　接触器在电器控制线路中的主要作用是什么？如何选型？
1.4　中间继电器在电器控制线路中的作用是什么？如何选型？
1.5　电磁式继电器与电磁式接触器在使用中有何异同？
1.6　简要说明电磁式低压电器的基本结构和工作原理。
1.7　直流与交流电磁机构在结构和性能上有哪些不同？
1.8　熔断器在电路中的用途是什么？一般应如何选择熔断器？
1.9　熔断器、过电流继电器及热继电器对电路的保护性能有什么区别？
1.10　什么是主令电器？机床上常用的主令电器有哪些？
1.11　简述电路中剩余电流的危害，如何防止剩余电流造成人身和设备危害？
1.12　用软启动器启动电动机有什么优点？软启动器常用的启动方式有哪些？
1.13　电抗器在电路中主要有什么作用？对电抗器选型主要考虑哪些因素？

第 2 章　基本电气控制电路

机床的功能不同,对电气控制的要求也不同。对于普通机床,一般多采用三相异步电动机作为动力源,采用继电接触器控制系统对电动机实现启动、停止、正反转、制动、有级调速等运行控制及保护。本章 2.1 节介绍机床电气控制系统图的种类、作用、电气制图规范、绘图注意事项。2.2 节介绍普通机床电气控制线路,包括三相异步电动机的启动、反向、制动等运行控制及保护环节,各种机床的电气控制电路无论简单还是复杂,都是由一些基本控制环节组合而成的。在设计、分析控制电路和判断故障时,一般也从这些基本控制环节入手。2.3 节介绍数控机床电气控制线路。对于现代数控机床,其主运动和进给运动通常采用伺服电动机及其驱动技术,且 PLC 已经取代了继电接触器控制,所以数控机床的电气控制原理与普通机床有很大区别。2.4 节介绍变频调速控制电路在数控机床中的应用。2.5 节介绍典型机床电气控制系统。

2.1　机床电气控制系统图

电气控制系统是由电动机和各种控制电器所组成的,为了清晰地表达电气控制系统的工作原理,便于其安装调试、使用维护,需将电气系统中的各电气元件用统一的、国家标准规定的图形符号和文字符号来表示,再将连接、布置、接线情况用图表达出来,这种图称为电气控制系统图,具体有电气原理图、电器布置图和安装接线图。电气控制系统图必须采用国标统一的图形符号和文字符号,并遵循国标规定的电气制图标准。现行有效的标准有 GB/T 4728 系列《电气简图用图形符号》和 GB/T 6988 系列《电气技术用文件的编制》。

2.1.1　电气原理图

电气原理图是用图形符号和文字符号表示各个电气元件连接关系的线路图,用来描述电气设备的工作原理,电气原理图示例如图 2.1 所示。

电气原理图绘制的是各电气元件导电部件之间的连接关系,简单清晰地反映电气系统的工作原理,而不考虑各电气元件的外形、大小及实际安装位置。它是电气图的核心,是电气线路安装、调试和维修的理论依据。电气原理图的基本绘图要求如下。

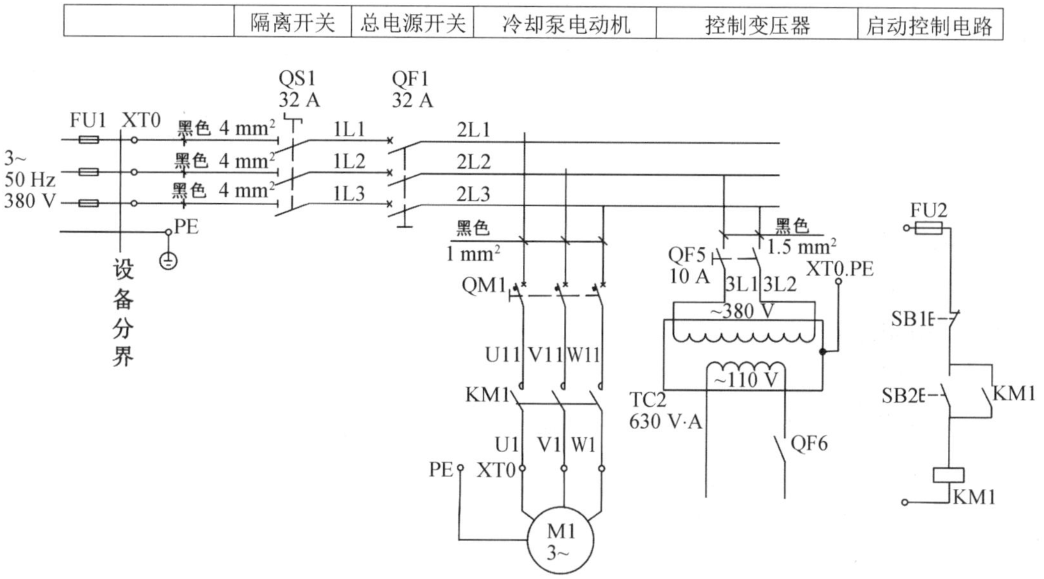

图 2.1　电气原理图示例

1. 电气原理图的组成

普通机床的电气控制系统为继电接触器控制系统，由主电路和辅助电路组成。主电路是从电源到电动机的大电流通过的电气线路，拖动电动机使机床实现主要功能，通常由熔断器、断路器、接触器主触头、热继电器发热元件与电动机等组成，一般用粗线条绘在原理图的左侧（或上部）。辅助电路包括控制电路、照明电路、信号电路及保护电路等，由接触器和继电器的线圈、接触器的辅助触头、继电器和其他控制电器的触头、控制按钮等组成，一般用细线条绘在原理图的右侧（或下部）。

现代数控机床的主运动和进给运动通常采用伺服电动机进行驱动，其电气控制系统中不仅包括电动机或执行机构，还包括数控装置、伺服放大器、PLC 输入输出模块等电子装置或部件。其原理图不仅包括辅助电动机主电路、控制电路，还包括 CNC 装置、驱动放大器及 PLC 输入输出模块等电子装置的供电和连接电路。数控机床自动化程度提高，辅助功能、安全保护功能更加完善，如自动换刀、自动换挡、自动冷却和润滑、自动装夹、自动排屑、自动防护门等功能，这都要求有相应的电气控制电路。

2. 电气原理图中的图形符号及文字符号

在电气原理图中，所有的电气元件都应当使用国家标准规定的图形符号与文字符号。为了确保原理图绘制的条理性和清晰度，可以将同一电气设备的各个部件（如线圈和触点）分散绘制。如图 2.1 所示，接触器 KM 的主触点被绘制于主电路图上，而线圈与辅助触点则分布于辅助电路图内，但图中必须用统一的文字符号标示。若存在多个同种类的电气元件，可在其文字符号之后附加数进行区分，如 KA1、KA2 等。

3. 电源线的画法

三相交流电源线集中水平画在图面上方，相序自上而下依次是 L1、L2、L3、中性线

N(如果图中有中性线 N,为三相五线制;如果图中没有中性线 N,则为三相四线制)、保护接地线 PE。直流电源用水平线画出,一般直流电源的正极画在图面上方,负极画在图面下方。主电路垂直于电源电路画出,辅助电路一般垂直地绘于两条水平电源线之间。耗能元件(如线圈、电磁阀、信号灯等)应垂直连接在接地的水平电源线上,而控制触头等应连在上方电源线与耗电元器件之间。

4. 电气原理图中触点的状态及画法

所有电气元件的触点都按照没有外力作用或吸引线圈没有通电时的自然状态画出,二进制逻辑元件是置“零”时的状态,手柄置于“零”位。如按钮、行程开关的触点,按照不受外力作用时的状态画出;继电器、接触器的触点按照线圈未通电时的状态画出。当电器触头的图形符号垂直放置时,以“左开右闭”原则绘制;当触头的图形符号水平放置时,以“上闭下开”原则绘制。

5. 电气线路的多线图示法和单线图示法

如图 2.2 所示,每根导线各用一条图线表示的方法为多线表示法,这种方法能够清晰地表达各个相位或导线的具体信息,一般当各相或各线的内容不对称时使用此作法;若将两条或多条导线简化为一条线表示,这种作图方法称为单线表示法,此方法通常适用于三相或多线对称的场合。根据具体情况绘图时也可以采用混合表示法,混合法作图既有单线表示法的简洁,也有多线表示法的详尽和精确。

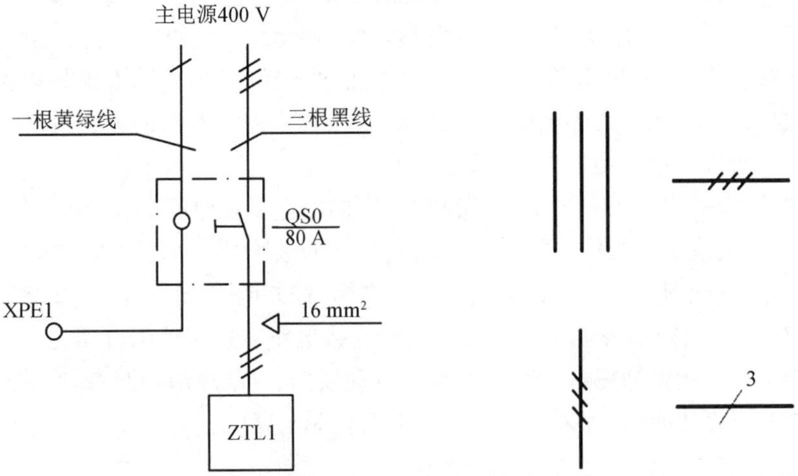

图 2.2　多线表示法与单线表示法

6. 导线的标注

各导线必须标注,导线的标注用线号来表示,线号一般由字母和数字组成,直流回路正极按奇数顺序标号,负极按偶数顺序标号。交流回路用第一位数字区分相数,用第二位数字区分不同线段。例如,第一相为 1、11、12,第二相为 2、21、22,第三相为 3、31、32。特殊导线标识,如直流电源的正负极分别用L+和L-表示;中间导线用M标识;而交流电源的三个相线依次标为 L1、L2、L3，中性线标记为 N，接地保护线用 PE 表示，接地保护线与中性线的共用标识为 PEN；三相交流电动机的相线端子分别用 U、V、W 标记。

7. 图面区域的划分

为了确定电气原理图的内容和元器件在图中的位置，便于读者检索电气线路，方便阅读分析，将原理图进行图面分区。纵向边缘从上到下用英文字母顺序排列，而横向边缘从左到右用阿拉伯数字表示，各分区的编号则由相对应的字母和数字表示，如 C3、E4。若在相同图号第 6 张 A6 区内，则标记为 6/A6。

8. 电气图中技术数据的标注

电气元件的技术规格可以在详细的元器件清单中体现，也可以用较小的字号在元器件的图形符号旁或文字符号下方进行标注。如图 2.2 所示，低压断路器 QS0 的额定电流为 80 A，与其连接的导线（黑色）截面积为 16 mm^2。另外，原理图还应标注每个回路中的额定电压值、极性或频率及相数，一些元器件的特性（如电阻、电容的值等）也需标明；常用电器（如位置传感器、手动触点等）的操作方式和功能也要注明。

9. 符号位置的索引

在原理图中，为便于阅读和分析，各电气元件的导电部件画在它们发挥作用的电路中，因此同一电气元件的不同部件可以不画在一起。在较复杂的电气原理图中，继电器、接触器的线圈的文字符号下方要标注其触点位置的索引；而在触点文字符号下方要标注其线圈位置的索引，如图 2.3 所示。

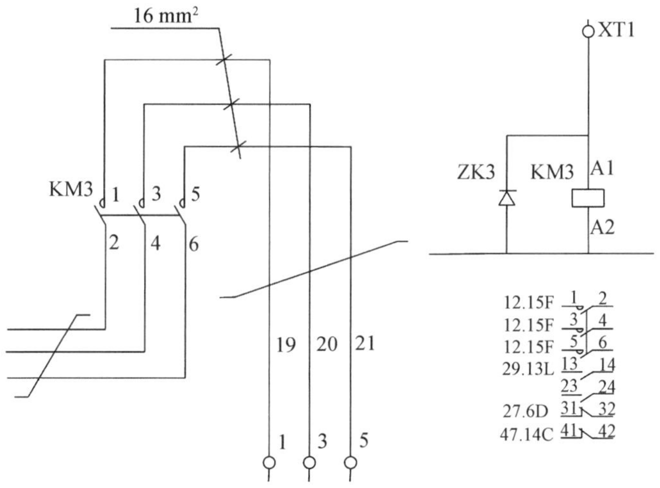

图 2.3　元器件的索引

电气元件的位置索引，用部件图号、页码和图区编号的组合表示。在电气原理图中，接触器和继电器的线圈与触点之间的从属关系，可用附图表示，即在原理图中相应线圈的下方，给出触点的图形符号并在其下面注明相应触点的位置索引，对未使用的触点用“×”表示（也可空白）。

10. 项目代号

标注项目代号是为了区分图纸、表格及设备上不同的项目类型,并给出项目的层次关系、实际位置等详细信息。项目代号由拉丁字母、阿拉伯数字、特定的前缀符号,按照一定规则组合而成。根据 JB/T 2740—2015《工业机械电气设备电气图、图解和表的绘制》规定的项目代号四段标志法进行标注。

高层代号段,其前缀符号为"=";

种类代号段,其前缀符号为"-";

位置代号段,其前缀符号为"+";

端子代号段,其前缀符号为":"。

11. 连接线的中断表示法

若需将一条图线连接到另外的图页上去,则必须用中断线表示,用符号标记表示连接线的中断。位于图纸不同位置的相连接的线,所标线号应该相互完全一致,如图 2.4 所示。

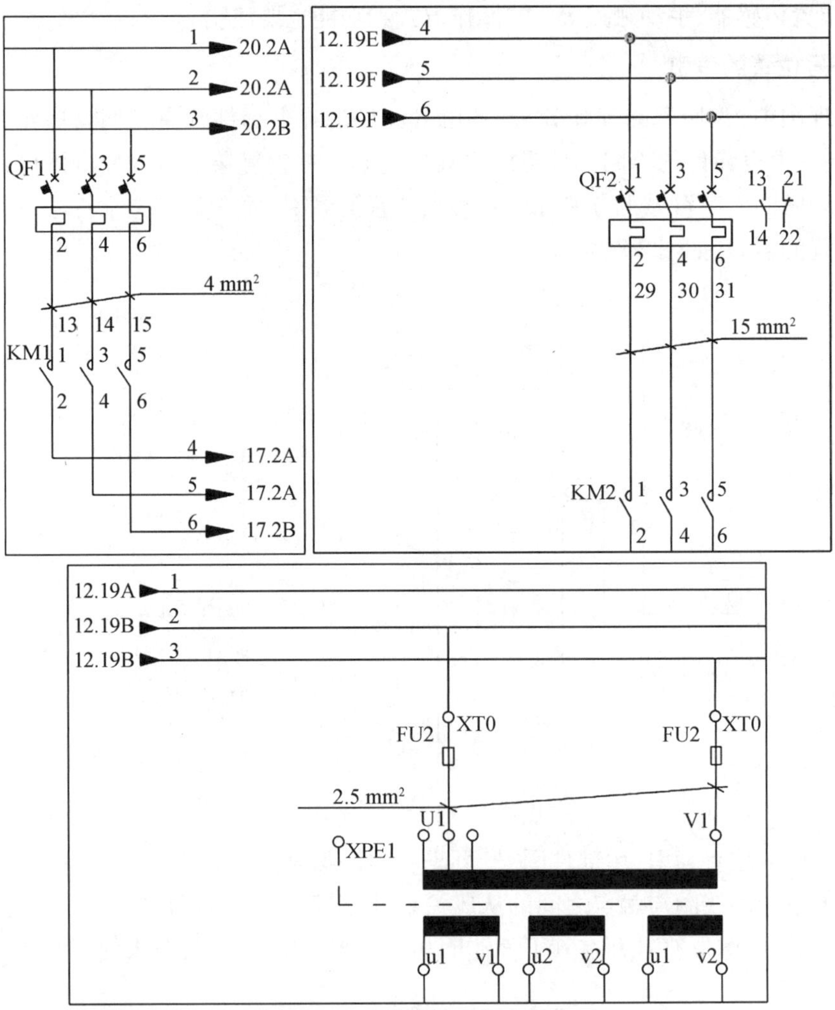

图 2.4　连接线的中断表示法

12. 其他细则

为了便于电气柜与设备本体之间的电气连接与拆卸，进、出电气柜的导线需经过电气柜内的端子排，端子排上的端子用空心圆表示；电路中相互导通的连接线之间用实心圆表示，在原理图中，导线线路尽量避免交叉。

总之，数控机床电气原理图的组成比较复杂，其原理图的阅读分析和设计不仅需要理论知识，更需要在理论知识的指导下，对实际数控机床设备的原理图进行多读、多分析、多比较，为数控机床电气原理图的设计打下一定基础。

2.1.2　电气安装布置图

电气安装布置图用来表明电气原理图中各电气元件及电气部件在机械设备和电气控制柜中的实际安装位置。布置图采用电气元件（或部件）简化的外形框图（如正方形、矩形、圆形），根据其外形尺寸及间距尺寸以统一比例绘制，不需标注尺寸。图中各电气元件的文字符号与电气原理图中的标注一致。布置图用于电气元件的安装、检查及维修。

电气元件的安装、布置和电缆布线方案应首先符合电磁兼容性的要求，其次考虑元器件安装的安全可靠，操作方便，维修容易，牢固可靠，整齐美观。

通常使用的布置图有电气控制柜中的电气元件安装布置图和机械设备中的电气元件安装布置图，图 2.5 和图 2.6 分别为某型号数控机床上电气元件的安装布置图及电气控制柜的安装布置图。各电气元件的安装位置由机械设备的结构和工作要求决定，如电动机

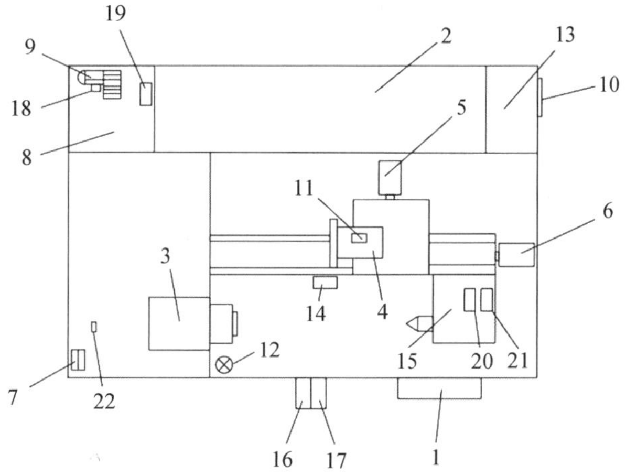

图 2.5　某型号数控机床上电气元件的安装布置图

1—LCD 模块和控制面板；2— 电气柜；3— 主轴电动机；4— 刀架；5—X 轴电动机；6—Z 轴电动机；7— 卡盘微动开关；8— 液压单元；9— 液压泵电动机；10— 冷却排屑器；11—XT2 端子板；12— 机床照明；13— 变压器；14— 门微动开关；15— 尾架；16— 脚踏开关（卡盘张开）；17— 脚踏开关（卡盘夹紧）；18—XTM1 端子板；19— 脚踏开关连接器；20— 套筒位置传感器；21— 套筒粗定位开关；22— 卡爪打开／关闭传感器

要和被拖动的机械部件安装在一起;行程开关应安装在要取得位置信号的地方;操作元件安装在操作方便的地方;而一般电气元件则应安装在控制柜内。

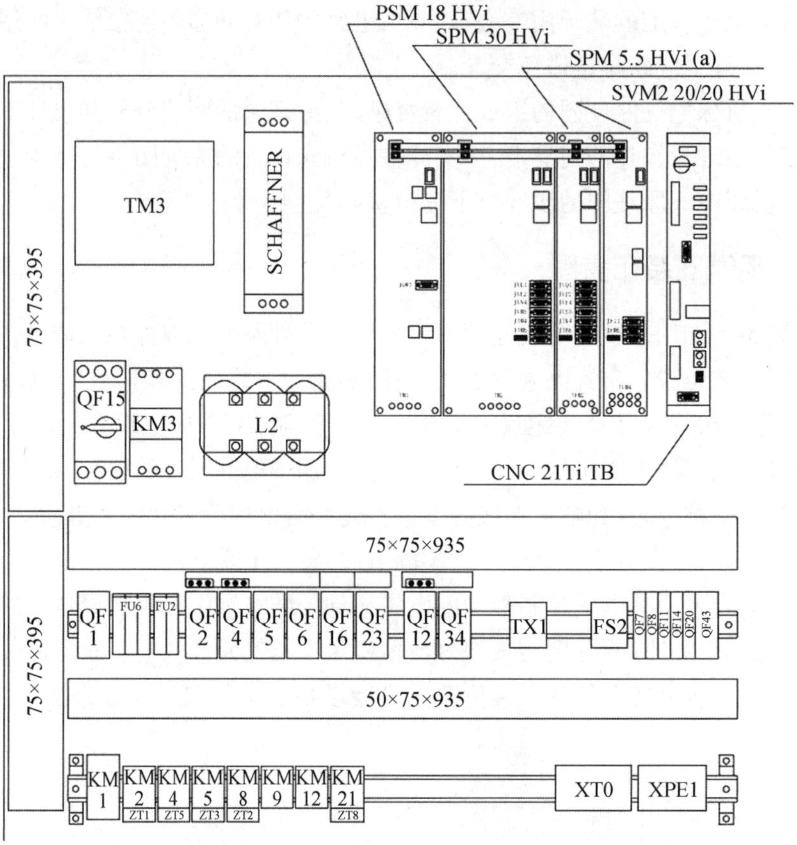

图 2.6　电气控制柜的安装布置图

电气控制柜中电气元件的布置应注意以下几方面:

① 体积大和较重的电气元件应安装在电气安装板的下方。

② 发热元件应安装在上面,充分考虑其散热情况,安装距离应符合发热元件规定。

③ 强电、弱电应分开,弱电应屏蔽,防止外界干扰。

④ 需要经常维护、检修、调整的电气元件安装位置不宜过高或过低,以方便操作。

⑤ 所有电气元件应按照其制造厂的安装条件(包括使用条件所需的飞弧距离,拆卸灭弧装置需要的空间等)进行布置,对于手动操作开关的安装必须保证开关的电弧对操作者不产生危险。

⑥ 电气元件的布置应考虑整齐美观,外形尺寸与结构类似的电气安装在一起,以便于安装和配线。

⑦ 电气元件布置不宜过密,应留有一定间距。往往留有 10% 以上备用面积及导线管(槽)的位置,以便于施工。

⑧ 电气控制柜内电气元件与柜外电气元件的连接应经过接线端子进行,在电气元件

安装布置图中应画出接线端子排,并按顺序标出接线号。

2.1.3　电气安装接线图

电气安装接线图用来表明电气设备各单元之间的电气接线关系,常与原理图及电气元件安装布置图配合使用,在设备的安装、线缆铺设及调试阶段,是关键的参考图纸之一。

电气安装接线图用来表明各个项目(如元器件、部件、组件、成套设备等)的相对位置、项目代号、端子号、导线号、导线型号、导线截面等内容,如图 2.7 所示。

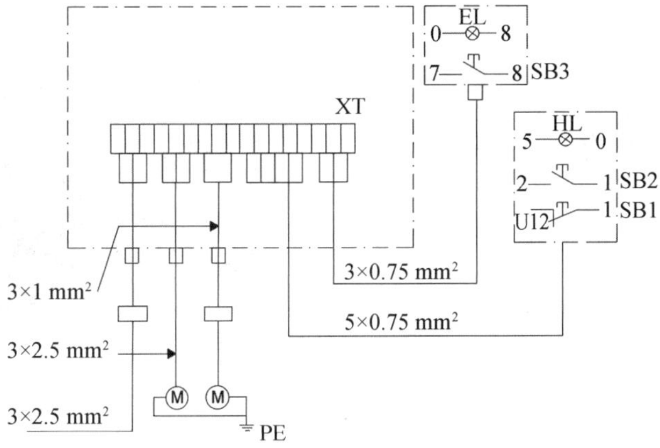

图 2.7　机床电气安装接线图

绘制电气安装接线图的原则如下。

① 同一电气的各部件画在一起,其布置尽可能符合电气的实际情况。

② 各电气元件的图形符号、文字符号和电气线路的标记与电气原理图严格保持一致。

③ 不在同一控制箱和同一配电屏上的各电气元件都必须经接线端子板连接。安装布置图中的电气互连关系用线束来表示,连接导线应注明导线规范(数量、截面积等),一般不表明实际走线途径,施工时由操作者根据实际情况选择最佳走线方式。

④ 对于控制装置的外部连接线应在图上或用接线表示清楚,并标明电源的引入点。

2.1.4　防止电磁干扰的措施

如果设备运行在一个对噪声敏感的环境中,可以采用 EMC 滤波器减小辐射干扰,并确保滤波器与安装板之间有良好的接触。

控制电缆最好使用屏蔽电缆,并将电缆的屏蔽层双端接地。如非必要,尽可能避免使用长电缆。模拟信号的传输线应使用双屏蔽的双绞线。低压数字信号线最好使用双屏蔽的双绞线,也可以使用单屏蔽的双绞线。模拟信号和数字信号的传输电缆应该分别屏蔽和走线,不要将弱电信号电缆和强电电缆共用同一条电缆槽。

电动机电缆应独立于其他电缆走线,同时应避免与其他电缆长距离平行走线。如果控制电缆和电源电缆交叉,则应按 90° 垂直交叉,用合适的夹子将电动机电缆和控制电缆的屏蔽层固定到安装板上。为了有效抑制电磁干扰,变频器的电缆必须采用屏蔽电缆,屏蔽层的电导率不低于每相导线电导率的 1/10。

良好的接地是保护操作者人身安全的必要条件,也是保护设备和系统正常运行的必要条件。所有元器件(部件)都需要良好的接地,通常电气柜中各部件接地导线的截面积要大于 6 mm^2。同时为保证有良好的接触,接地线的线头采用 O 型端子结构,导线采用黄绿色接地电缆,所有的接地线采用星形连接到电气柜中的接地排上,不允许串行连接。接地排采用导电好的铜排,不能用电气柜的底板代替。如图 2.8 所示。

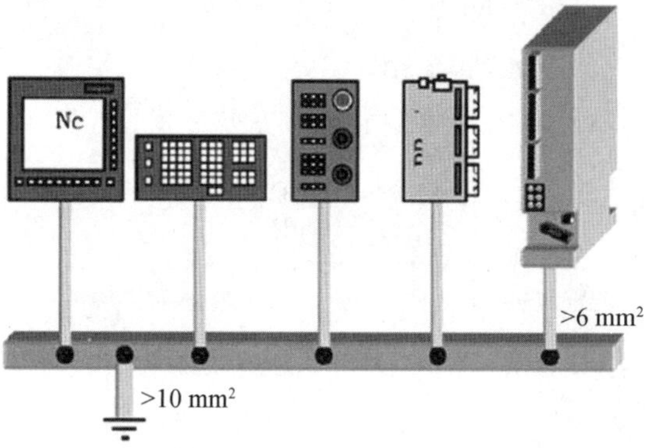

图 2.8　元器件的接地方法

不能把控制面板放置在靠近电缆及带有线圈的设备附近,因为这些设备能够产生很强的磁场。功率部件、变压器、负载功率电源等须与控制模块分开布置。功率部件与控制部件设计为一体的产品,变频器和滤波器的金属外壳应与电柜采用低阻抗连接,以降低电流冲击。最佳方案是把模块固定在一块具备优良导电性能的金属板上,并将该金属板安装到一个大的金属台面上。

对控制柜进行设计时,需按照 EMC 的分区原则,将设备划分至不同的区域内。各个区域对于噪声及抗扰度有不同的要求。在空间分布上,应采用金属外壳或在柜内设置接地隔板进行隔离。

2.2　普通机床电气控制线路

机床的运动多是由电动机拖动的,也有部分机床采用液压、气动、电磁铁或电磁离合器等进行传动,只有对电动机和传动装置进行必要的电气控制,才能使机床的工作机构按指令进行工作。

普通机床电气控制的主要任务是实现三相异步电动机的启动、正反转、有级变速、停止和制动等控制及保护,一般采用继电接触器控制系统。尽管机床及其他生产机械的电气控制已逐步向无触点、弱电化及微处理器控制的方向发展,但由于继电接触器控制系统具有线路直观、便于掌握等优点,因此在一些控制要求简单的生产设备中依然被普遍使用。并且掌握继电接触器控制技术,也是学习 PLC 控制技术的基础。

根据机床生产工艺的不同,其电气控制线路复杂程度差异很大,但不管多么复杂的控制线路,也都是由电动机的启动、停止、正反转、电气制动等基本线路及长动、点动、行程控制等基本环节组成。

2.2.1　三相异步电动机的启动控制电路

三相异步电动机有直接启动和降压启动两种方法,"电工学" 等相关课程中介绍了如何根据电动机和供电变压器的容量选择启动方式,这里重点讨论电气控制电路如何满足不同的启动要求。

1. 直接启动控制电路

(1) 开关控制。

对于控制要求不高的简单机械,如小型台钻、砂轮机、冷却泵等,可以直接用开关 Q 启动电动机,如图 2.9(a) 所示。

(2) 按钮 - 接触器控制。

图 2.9(b) 所示为采用按钮 - 接触器实现直接启动,其中开关 Q 仅做分断电源用,电动机的启动和停止由接触器 KM1 控制。电路工作原理是:合上电源开关 Q 并按下启动按钮 SB2,接触器 KM1 的线圈得电,其主触点闭合,电动机通电启动;同时,并联在 SB2 两端的 KM1 的辅助触点(自锁触点)也闭合,使得即使松开 SB2 后接触器 KM1 的线圈仍能继续得电以保证电动机连续工作。要使电动机停止,可按下停止按钮 SB1,接触器 KM1 线圈断电,其主触点断开,使电动机停止工作,其辅助触点也断开,解除"自锁"。

热继电器 FR 在控制电路中起过载保护作用。熔断器 FU1 和 FU2 分别对主电路和控

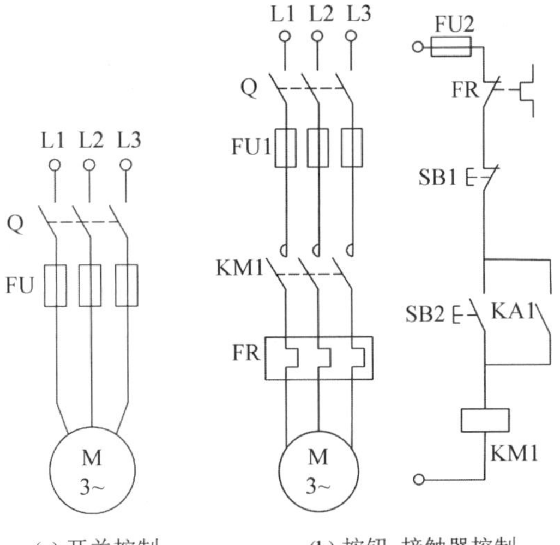

(a) 开关控制　　(b) 按钮–接触器控制

图 2.9　三相异步电动机直接启动电路

制电路进行短路保护。自锁电路还可以在发生失压或欠压时起保护作用,即当意外断电或电源电压跌落太大时接触器的衔铁释放使触点动作,自锁解除,当电源电压恢复正常后电动机不会自行启动,防止意外事故发生。

(3) 长动和点动控制。

机床在正常加工时需要连续不断地工作,称为长动。按住按钮时电动机转动运行,放开按钮时电动机即停止运行,这种方式称为点动。点动常用于机床刀架、横梁、立柱的快速移动,机床的调整或对刀。通常机床既要求能够正常启动、制动,又要求能够实现试车调整或对刀的点动工作。

图 2.10 所示为采用中间继电器实现的点动控制线路。按下启动按钮 SB2,中间继电器 KA1 通电,使接触器 KM1 的线圈通电并自锁;按下点动按钮 SB3,接触器 KM1 的线圈通电,由于 KM1 不能自锁,从而实现点动工作。

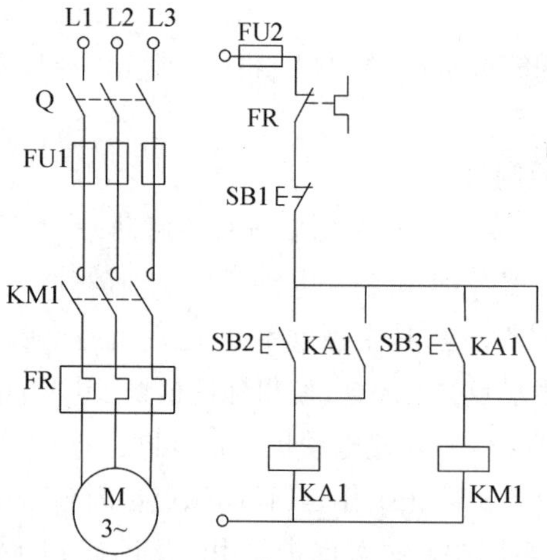

图 2.10　采用中间继电器实现的点动控制线路

2. 降压启动控制电路

当三相异步电动机不满足直接启动的条件时,必须降压启动,以限制启动电流,减小启动时的冲击。降压启动时,先降低加在电动机定子绕组上的电压,待启动后再将电压升高到额定值,使之在正常电压下运行。较大容量的鼠笼式异步电动机常采用星 - 三角(Y - △)降压启动,其控制线路如图 2.11 所示。

图 2.11 中星 - 三角降压启动是靠时间继电器 KT 实现的。线路的工作过程是:按下启动按钮 SB2,KM1、KM3 和时间继电器 KT 的线圈通电,KM1 和 KM3 的主触点吸合,电动机按照星形连接启动,延时一段时间后,KT 的常闭触点断开、常开触点接通,KM3 的线圈断电,KM2 的线圈通电,使得 KM3 的主触点断开,KM2 的主触点吸合,电动机切换到三角形连接启动至正常运行状态。星 - 三角启动方式设备简单、经济、使用广泛,是普通机床中常应用的启动方式。

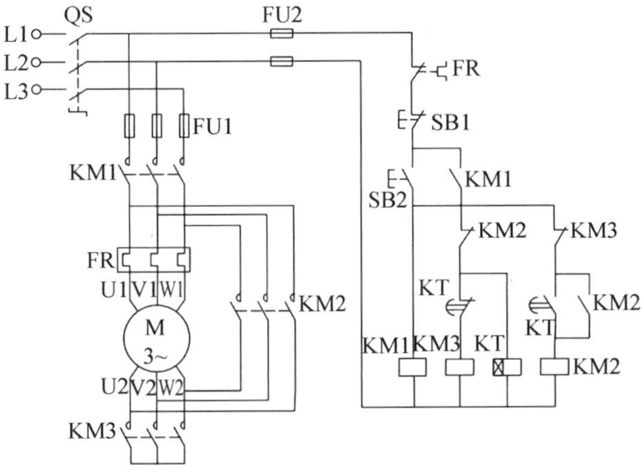

图 2.11　星 - 三角降压启动控制线路

2.2.2　感应电动机的正反转控制

生产机械往往要求运动部件可以实现正、反两个方向的运动，如工作台的前进和后退、机床主轴的正转和反转、电梯的上升和下降、机械装置的夹紧和松开等，都要求电动机能实现正转和反转。由“电工学”可知，调换电动机定子三相绕组的任意两相的相序，电动机便可反向旋转。

1. 正反转控制电路

(1) 接触器互锁的正反转控制电路。

在图 2.12(a) 所示的主电路中，接触器 KM1 与 KM2 分别实现电动机的正转和反转。

图 2.12(b) 所示为接触器互锁的正反转控制电路，其工作原理为：接通 QS 电源开关并按下正转启动按钮 SB2，使 KM1 绕组通电，KM1 的主触点与常开辅助触点同时闭合，带动电机正转并自锁。电动机反转控制的工作原理与正转类似。

从主回路的线路可以看出，如果 KM1、KM2 同时通电，就会造成电源短路。为避免发生短路故障，在控制回路中，将接触器 KM1、KM2 的常闭触点连接到彼此的线圈电路里。当 KM1 通电后，其常闭触点断开，导致 KM2 无法通电。此时按下 SB3，也不会引起短路的问题，反之亦然。在机床控制线路中，互锁控制普遍运用在有相反方向运动的设备中，如操作台的升降、前后和左右的移动。

(2) 双重互锁的正反转控制电路。

如果想将电动机由正转改为反转，在图 2.12(b) 所示电路中，必须先按停止按钮 SB1，再按反向启动按钮 SB3 才能实现，显然操作不够方便。图 2.12(c) 所示电路中使用复合按钮 SB3，便能实现两个旋转方向的直接切换。因为按下 SB2 后，仅 KM1 线圈通电启动，KM2 线圈的电路断电。相应地，当按下 SB3 后，仅 KM2 的线圈通电，而 KM1 的线圈被断开。但是仅依靠按钮实现互锁是不可靠的。在生产过程中可能会遭遇各种极端状况，

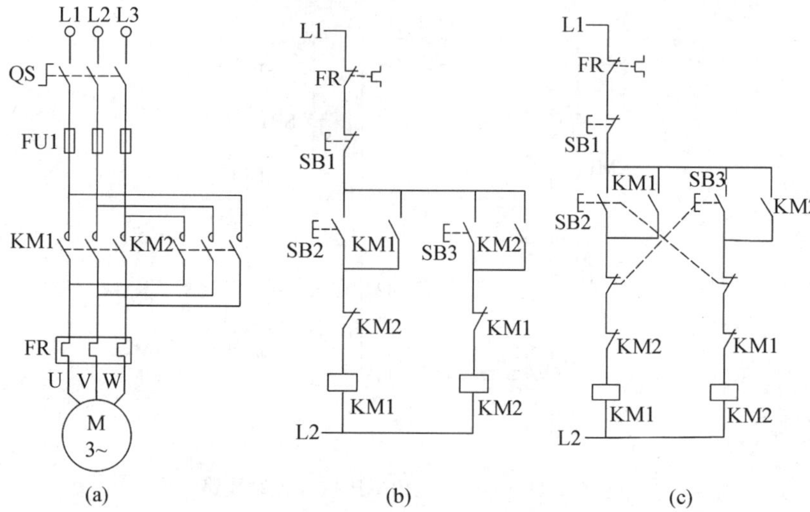

图 2.12　鼠笼式三相异步电动机正反转控制电路

如主触点因承受持续的大电流冲击或短路负荷影响,产生严重的电弧而发生"焊合"现象;或者因接触器机械故障导致动铁芯卡死,始终保持吸合状态,这些都会导致主触点无法正常断开。假如这时有其他接触器动作,将有可能造成电源短路。如果通过接触器的常闭触点实现互锁功能,无论发生何种状况,一旦某个接触器处于闭合状态,这个接触器的互锁触点必然会使另一个接触器的线圈失电,确保了互锁的可靠性。因此在生产实际中,通常采用复合按钮和接触器实现可靠的双重互锁。

2. 正反转自动循环(行程控制)电路

机床的运动机构常常需要根据运行的位置来决定其运动规律,如工作台的往复运动、刀架的快移、自动循环等。电气控制系统中通常采用直接测量位置信号的元件,如行程开关来实现限位控制的要求。

(1) 限位断电(停止)、限位通电(运行)控制线路。

图 2.13(a) 所示控制线路在工作台到达预停点后能实现自动断电,其工作原理是:按下启动按钮 SB,接触器 KM 线圈通电并自锁,电动机旋转,经丝杠传动使工作台向左运动。到达预停点时,撞块压下行程开关,KM 线圈断电,电动机停转,工作台便自动停止运动。图 2.13(b) 所示为工作台到达预定点后能自动通电的电气控制线路,行程开关相当于启动按钮的作用。

(2) 自动往复循环控制线路。

实际加工中,机床的工作台或刀架需要实现自动往复运动。图 2.14 所示为一种最基本的自动往复循环控制线路,其控制原理是:按下启动按钮 SB2,接触器 KM1 线圈通电并自锁,电动机正转,工作台向左运动;当撞块 1 使限位开关 SQ1 动作时,KM1 线圈断电,同时接触器 KM2 线圈通电并自锁,电动机经反接制动后转入反转,工作台向右运动;当撞块

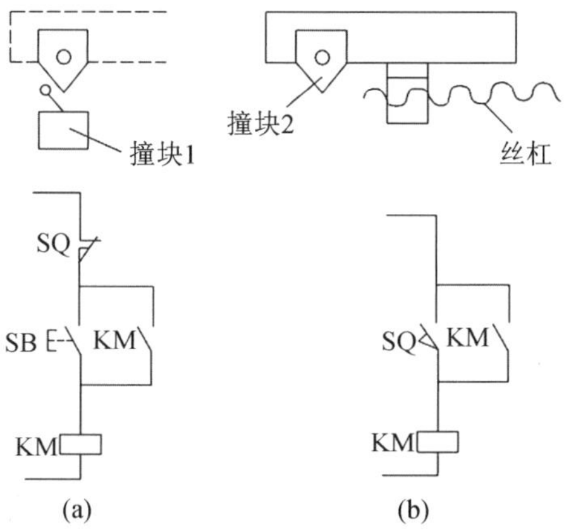

图 2.13　限位通断电控制线路

2 使限位开关 SQ2 动作时，KM2 线圈断电，KM1 线圈通电。这样便实现了工作台的自动往复运动，直至按下停止按钮 SB1，工作台停止运动。

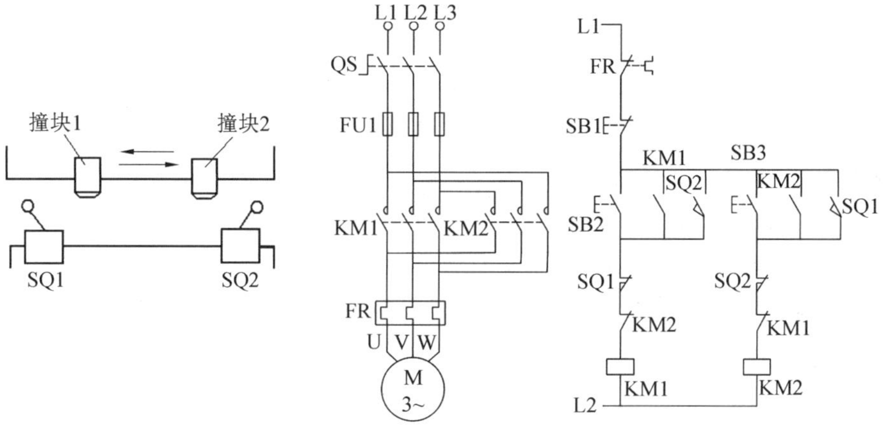

图 2.14　自动往复循环控制线路

2.2.3　电动机的制动控制

电动机断电时，因为惯性造成停机时间长，为了缩短辅助工作时间，提高生产率和获得准确的停机位置，必须对电动机采取有效的制动措施。

制动方法主要分为两类：一是电磁铁操纵制动器的电磁机械制动；二是电气制动，使电动机产生一个与转子转动方向相反的转矩来进行制动。应用较广泛的制动方法有能耗制动和反接制动两种。

1. 能耗制动控制线路

三相异步电动机的能耗制动是在断开其三相电源的同时，将定子的两相绕组与直流电源连接。待其转速降至零后，断开该直流电源。图 2.15(b)(c) 所示分别为采用复合按钮和时间继电器实现能耗制动的控制电路。

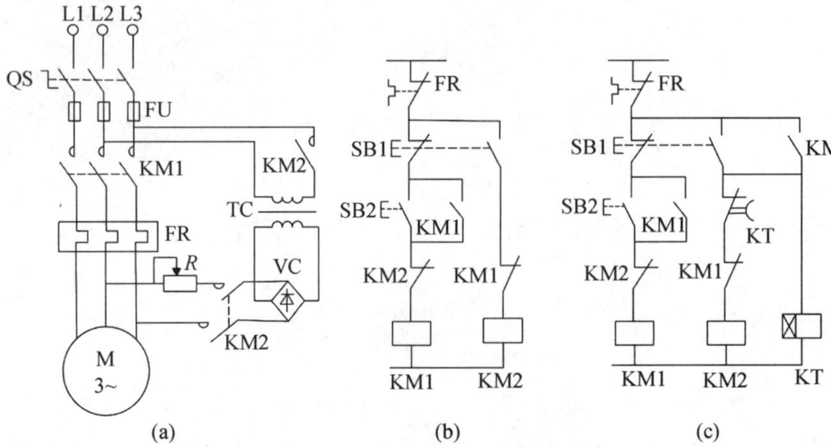

(a) (b) (c)

图 2.15　能耗制动控制线路

图 2.15(b) 所示为一种手动控制的简单的能耗制动线路。按下启动按钮 SB2,接触器 KM1 线圈通电并自锁,电动机启动。停车时,按下停止按钮 SB1,其常闭触点使 KM1 断电,同时其常开触点在 KM1 失电后接通 KM2,切断了电动机的交流电源,并将直流电源引入电动机定子绕组,电动机进行能耗制动并迅速停车。松开停止按钮,KM2 线圈断电,切断直流电源,制动结束。

为了简化操作,实现自动控制,图 2.15(c) 采用了时间继电器,时间继电器 KT 代替手动控制按钮。需要电动机停止时,按下 SB2, KM1 线圈断电,同时 KM2 线圈通电,实现能耗制动。当 KM2 通电时,KT 也得电,电动机在制动至速度为零后,经过预先设定的延迟时间,时间继电器的常闭触点断开,KM2 线圈断电,制动过程结束。KM2 断电,使 KT 也断电。

2. 反接制动控制线路

反接制动控制技术本质上是调整异步电动机三相定子线圈的相序,以此产生与转子旋转方向相反的扭矩,实现制动效果。当要停车时,首先将三相电源的相序改变,然后当电动机转速接近零时,再将三相电源切除。若不能适时切除制动电源,电动机将会反方向启动。因此,需要在电动机减速至零时,切断反接电源,电动机才能真正停下来。控制线路中零速信号的检测通常采用速度继电器。电动机与速度继电器的转子同轴,电动机转动时,速度继电器的常开触点闭合;电动机停止时,速度继电器的常开触点打开。

如图 2.16(b) 所示,按下启动按钮 SB1,接触器 KM1 得电动作并自锁,电动机正转。速度继电器 KS 常开触点闭合,为制动做好准备。需要停车时,按下停止按钮 SB2,使 KM1 失电,KM1 的常闭触点闭合,使 KM2 得电动作,电动机电源反接,电动机制动。当电动机转速下降到接近零时,速度继电器常开触点打开,KM2 失电,切除电源,电动机停止。

图 2.16(b) 所示线路存在的问题是:在停车期间,如果需要用手转动机床主轴进行调

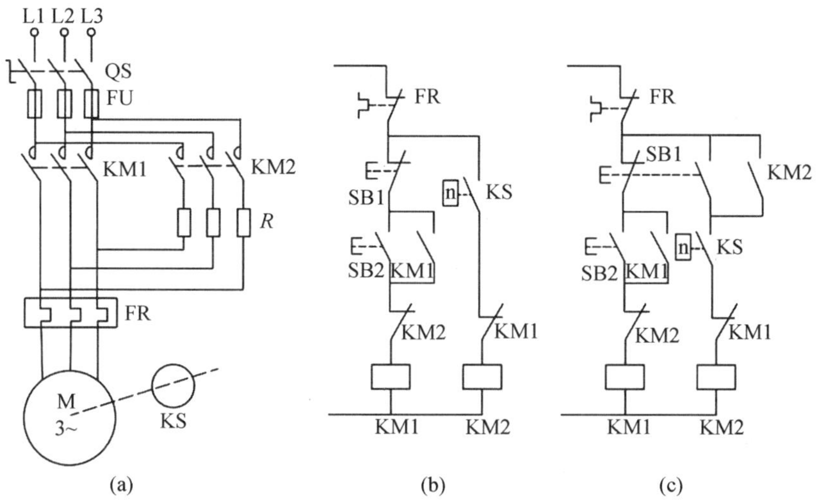

图 2.16　反接制动控制线路

整,速度继电器的转子也将随着转动,其常开触点闭合。接触器 KM2 得电动作,电动机接通电源发生制动作用,不利于调整工作。图 2.16(c) 所示线路克服了上述问题。在控制电路中,将停止按钮改为复合按钮,并且与 KM2 的常开触点并联,实现了 KM2 的自锁功能。当手动旋转电动机主轴时,速度继电器 KS 的常开触点闭合,除非按下停止开关,否则 KM2 不会通电,因此电动机也不会得电。仅当按下停止按钮 SB1 时, KM2 才会通电,从而接通制动电路。

为了避免电动机制动时,电流过大引起电动机线圈过热,在主电路中串入电阻 R 限制电流。反接制动时,磁场快速旋转导致了定子电流增大,制动效果显著。然而,制动时产生的冲击会对传动系统造成损害,并伴随较高的能量损耗。因此,常应用在不频繁启动和制动的设备中。

与反接制动相比,能耗制动具有制动准确、平稳、能量消耗小等优点,但制动力较弱,特别是在低速时尤为突出。另外,它还需要直流电源,故适用于要求制动准确、平稳的场合,如磨床、龙门刨床及组合机床的主轴定位等。这两种方法在机床中都有较为广泛的应用。

2.2.4　电气控制常用保护环节

电气控制系统除了满足生产机械的生产工艺要求外,还必须具有各种保护环节和措施,保护环节是所有电气控制系统不可缺少的组成部分。保护环节用来保护电动机(或用电设备)、电网、电气控制设备及人身安全等。电气控制系统中常用的保护环节有短路保护、过载保护、过电流保护、零压保护、欠电压保护、连锁保护及直流电动机的弱磁保护等。

1. 短路保护

电动机绕组的绝缘、导线的绝缘损坏或线路发生故障时，会造成短路现象，产生的短路电流会引起电气设备绝缘损坏，产生的强大电动力会使传动部件损坏。因此在产生短路现象时，必须迅速地将电源切断。常用的短路保护电器有熔断器和断路器。

（1）熔断器保护。

熔断器的熔体串联在被保护的电路中，当电路发生短路或严重过载时，熔体自行熔断，从而切断电路达到短路保护的目的。

（2）断路器保护。

断路器通常有过电流、过载和欠电压保护功能，并兼有短路保护功能，这种开关能在电路发生上述故障时快速地自动切断电源，是低压配电的重要保护电器之一，常作为低压配电的总电源开关或电动机、变压器的合闸开关。

熔断器适用于对动作准确度和自动化程度要求不高的系统，如小容量的笼型电动机、一般的普通交流电源等。用断路器实现短路保护比熔断器优越，因为当三相电路短路时，可能只有一相熔体熔断，造成单相运行，而使用断路器时，只要线路短路，断路器就跳闸，可使三相电路同时切断。

2. 过载保护

如果电动机长期超载运行，就会使绕组温升超过允许值，导致绝缘材料变脆，寿命减少，严重时使电动机损坏。过载电流越大，达到允许温升的时间就越短。常用的过载保护元件是热继电器和断路器中的热脱扣器。当电动机绕组流过额定电流时，热继电器不动作，过载电流较小时，热继电器要经过较长时间才会动作，过载电流较大时，热继电器则经过较短时间就会动作。

由于热惯性的存在，热继电器不会受电动机短时过载冲击电流或短路电流的影响而瞬时动作，因此在使用热继电器做过载保护的同时，还必须设置短路保护，并且做短路保护的熔断器熔体的额定电流不应超过热继电器热元件额定电流的 4 倍。

当电动机的工作环境温度和热继电器工作环境温度不同时，保护的可靠性会降低。用热敏电阻作为测量元件的热继电器，将热敏元件嵌在电动机绕组中，可以更准确地测量电动机绕组的温升。

3. 过电流保护

过电流保护广泛用于直流电动机或绕线式异步电动机，对于三相笼型电动机，由于其短时过电流不会产生严重后果，故不采用过电流保护而采用短路保护。过电流往往是由不正确的启动和过大的负载引起的，一般比短路电流要小。在电动机运行中产生过电流比发生短路的可能性更大，尤其频繁正反向启动、制动的重复短时工作制的电动机更是如此。直流电动机和绕线式异步电动机电路中的过电流继电器也起着短路保护的作用，一般过电流动作时的电流值为启动电流的 1.2 倍左右。

4. 零压保护与欠电压保护

当电动机正在运行时，倘若供电电压因故中断，当电源电压恢复时，电动机可能会自行启动，造成生产设备的损坏，甚至造成人身事故。对电网来说，同时有许多电动机及其他用电设备自行启动，也会引起过电流及瞬间电网电压下降。为了防止电压恢复时电动机自行启动的保护称为零压保护。

在电动机正常工作时，如果电源电压出现过度下降，那么某些电气设备会发生电气释放现象，导致控制回路失去正常功能，可能引发意外；同时，电压的过度下降也能导致电动机转速减缓，甚至完全停止旋转。所以，当电源电压下降至某一许可阈值以下时，必须进行断电操作，这便是欠电压保护。

常用电磁式电压继电器实现欠电压及零压保护，如图 2.17 所示。在此电路中，若遭遇供电电压不足或完全断电，电压继电器 KA 将释放。由于此刻主令控制器 SC 并未在零位，SC0 未接通，在供电电压得到恢复后，由于 KA 未通电，接触器 KM1 或 KM2 也无法得电动作。要使电动机重新运行，首先需要把 SC 开关转至零挡位置，以确保触点 SC0 闭合，使 KA 得电后自锁，之后才可以将 SC 切换至正转或反转的状态，使电动机重新启动。这样就通过 KA 继电器实现了欠电压和零压保护。

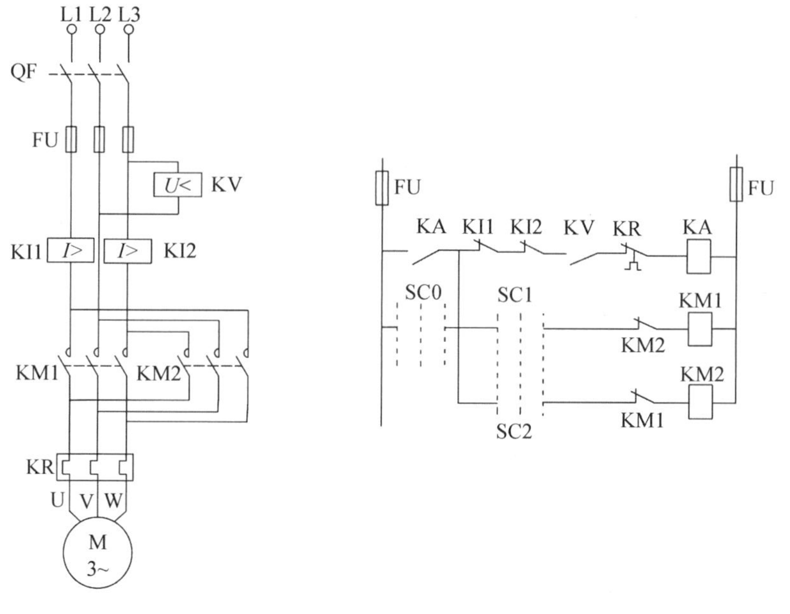

图 2.17　感应电动机常用保护电路图

在许多机床中不是用控制开关操作，而是用按钮操作，也能起到零压保护的效果。借助按钮和接触器的自锁功能，便能实现零压保护。一般的启保停(启动 - 保持 - 停止) 控制电路中，若电源电压过低或突然断电，接触器 KM1 的主触点及辅助触点就会一起断开，导致电动机停转并解除自锁。在电源得到恢复后，操作人员必须重新按下启动按钮，方可启动电动机。因此，这种带有自锁功能的电路就可以实现零压保护。在机床控制线路中，这种保护环节的应用非常广泛。

如图 2.17 所示,笼型交流异步电动机常用的保护有:熔断器 FU 的短路保护;热继电器 KR 的过载保护;过电流继电器 KI 的过电流保护;电压继电器 KA 的零压保护;欠电压继电器 KV 的欠电压保护;以及通过正向接触器 KM1 与反向接触器 KM2 的常闭触点实现的互锁保护。此外,采用断路器作为电压引入开关,其脱扣功能为系统设置了双重保护。

2.3 数控机床电气控制线路

2.3.1 数控机床电气控制系统的组成

通过前面章节的学习,可知普通机床的电气控制主要采用交流异步电动机拖动的继电接触器控制系统。这种由各种分立电气元器件组成的有触点、断续控制方式,机械动作寿命有限,影响系统可靠性;另外,由于工艺改变需要改变控制逻辑关系时,必须重新安装,修改线路,严重影响生产效率。此外,普通机床依靠皮带、齿轮等机械结构实现有级调速使得机床的机械结构复杂,并且限制了加工精度的提高。

机床电气控制向无触点、连续控制、弱电化、微机控制方向发展,包括两个方面,分别是机床控制技术的发展和电力拖动技术的发展。在机床的控制方面,PLC 已广泛应用于电气控制系统。PLC 融合了计算机技术和继电接触器控制技术,其控制逻辑被编程储存在存储器中,可以通过重新编程调整控制策略,实现无触点式的灵活控制,具备高度的可靠性。

20 世纪 40 年代起,伴随电力电子技术的进步,直流调速被广泛应用于机械设备的拖动系统中,极大地优化了机床的传动结构,并提升了加工精度。20 世纪 50 年代开始发展的数控(NC) 机床,到现在的计算机数控(CNC) 机床,能根据事先编制好的加工程序自动、精确地进行加工。20 世纪 60 年代,随着科技的进一步发展,交流调速的技术水平已经能够与直流调速技术的性能相媲美。并且鉴于其可靠性高、保养简单等优势,交流调速技术在现代机床领域普遍替代了直流调速系统。

数控机床采用了交流调速技术、CNC 控制技术及 PLC 控制技术,因此数控机床的电气原理与普通机床的有很大不同。数控机床电气控制系统的部件组成包括数控系统(装置)、驱动系统(伺服放大器 + 伺服电动机)、PLC 输入/输出装置、机床控制面板等,如图 2.18 所示。

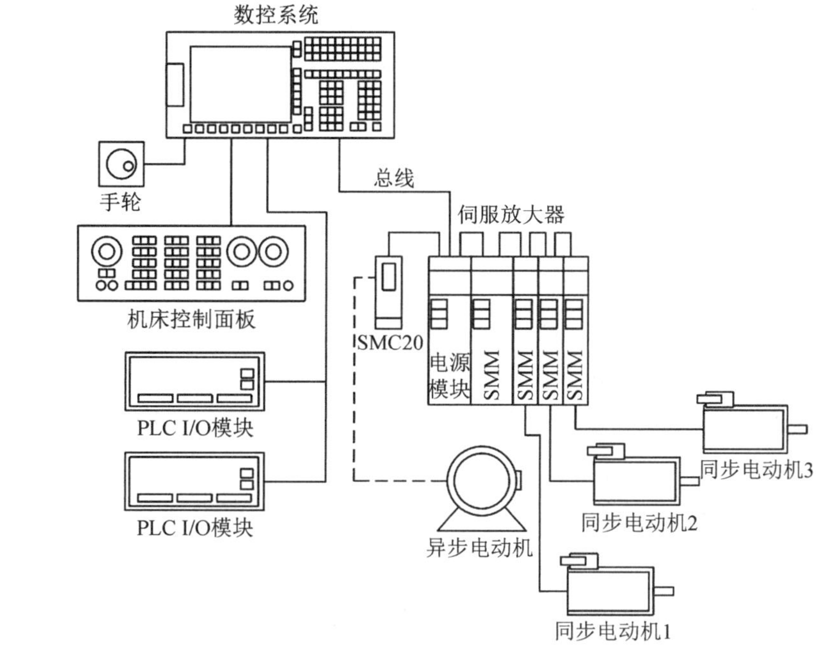

图 2.18　数控机床电气系统部件图

2.3.2　数控机床的配电电路

图 2.19 所示为数控机床配电电路,通常包括隔离开关和总电源开关。隔离开关通常采用组合开关,用作电源引入开关,不带载接通和分断电路。所谓“不带载接通和分断电路”是指在其后的所有开关都未合之前先合隔离开关,称为不带载接通电路(电源),而在其后所有开关都断之后再断隔离开关,称为不带载断开电路(电源)。

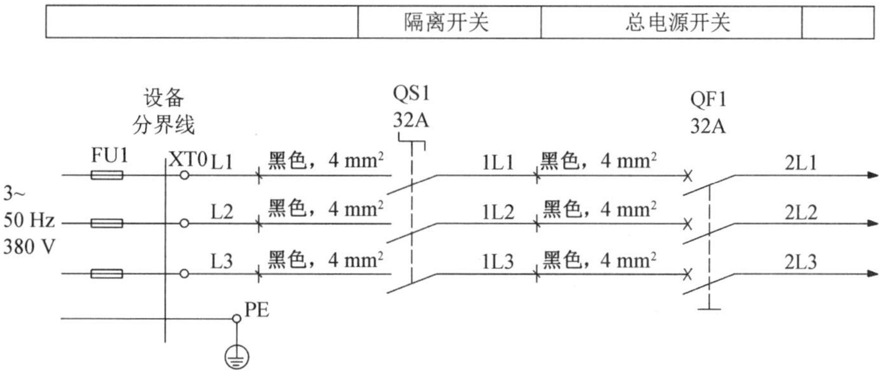

图 2.19　数控机床配电电路

隔离开关的作用是为设备提供电气隔离断点,它不起过载和短路保护作用。总电源开关通常采用带漏电保护的断路器,不仅是设备的总电源开关,还对设备总电源电路起着过载、过电流及短路保护。

三相 AC 380 V 电源从车间配电柜进入数控机床电气柜后,必须先接入机床电气柜的端子排 XT0,从端子排通过线槽走线,接入机床隔离开关的上面端子(上进下出)。隔离开关通常布置在机床电气柜的侧面或后面,从隔离开关出来后,接入安装在电气柜内电气底板上的总电源断路器。

2.3.3 电动机主回路

数控机床是多电动机拖动系统,在绘制或设计原理图主电路之前,必须首先明确机床的运动轴数及机床的辅助自动化功能,不同的运动轴数和自动辅助功能意味着数控机床电动机或其他执行电器的数量不同。最基本的数控机床都包含主轴电动机、进给轴电动机(进给轴电动机数量因轴数不同而不同),以及刀架(刀库)电动机、冷却电动机、润滑电动机等辅助电动机。

其次是了解各个电动机的控制要求及传动方式。例如,冷却泵电动机由 PLC 进行手动和自动的启停控制;刀架(刀库)电动机也是由 PLC 进行正反转的控制;但是,主轴和进给轴电动机都需要调速及连续的位置控制,需要有变频器或伺服放大器组成运动闭环控制对其速度和位置进行高速高精度的调节和控制,不同的运行要求对应不同的主电路和控制电路的设计和连接。主轴和进给轴的驱动电源电路如 2.3.4 节所述。数控机床辅助功能电动机(刀架或刀库、冷却、润滑等)的主电路如图 2.20 所示。

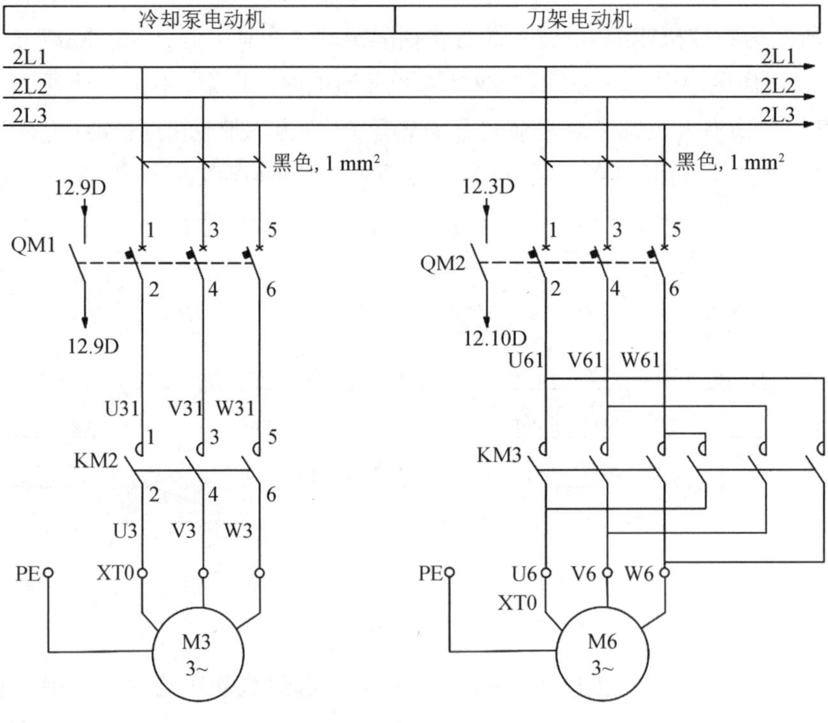

图 2.20　数控机床辅助功能电动机的主电路

2.3.4　驱动系统的电源电路

随着电力电子技术的发展，现代数控机床中，主轴和进给轴都采用了高性能的交流调速系统或伺服驱动系统。它们采用三相交流供电，电压为 AC 380 V 或 AC 220 V，通常伺服驱动器进线电源的标定容差为 ±10%，假如进线电源的电压超出上限或下限，或缺相，则驱动器产生进线电源故障报警，进入制动状态。

数控机床变频或伺服放大器的原理如图 2.21 所示，其由电力二极管不可控整流器和电力逆变器组成。整流器先将电网恒频恒压（50 Hz、AC 380 V）的交流电源变换为直流电源，再由逆变器将直流电变换为可调电压、可调频率和相位的可调三相交流电，供给交流伺服电动机，得到可调的电动机转速。因此，伺服驱动器工作时会对电气柜内三相进线回路上的电气部件及供电电网产生很强的高次谐波干扰，特别是采用回馈制动方式的伺服驱动器，所以要求在回馈制动式驱动器进线端强制配备平波电抗器。即使配备了平波电抗器，馈电时仍然可能产生干扰，所以在三相回路上如果具有敏感电气部件，或在车间内有其他敏感设备与数控机床共用同一路三相供电系统时，建议在机床的电气柜内主电源开关与电抗器之间配备滤波器。电源进线滤波器的作用是减少驱动系统在运行时其三相供电系统产生的高次谐波干扰。根据欧洲电磁兼容协议的要求，任何带有变频装置的用电设备，不能对所使用的供电系统产生高次谐波干扰，因此电源进线滤波器也是需要配置的。数控机床驱动系统电源电路的具体连接原理如图 2.22 所示。

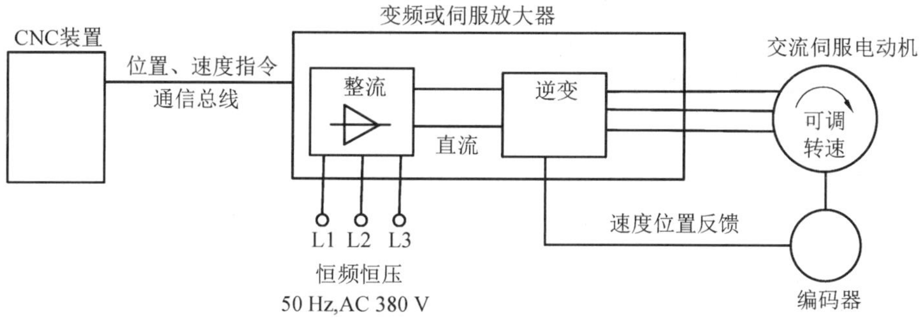

图 2.21　数控机床变频或伺服放大器的原理

即使安装了消除电流波动的电抗器，供电过程中也有可能受到干扰。因此，当三相电路中串联的电气元件敏感系数较高，或者当车间中其他敏感仪器与数控机床共用三相电源时，则需要在机床控制柜的总电源开关和电抗器之间加装滤波装置。

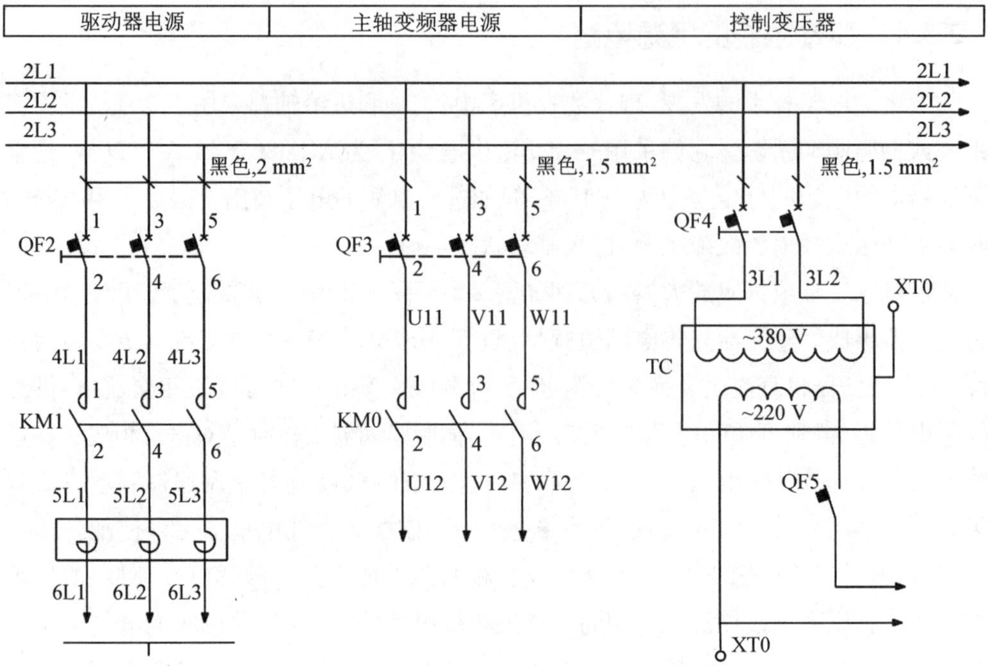

图 2.22　数控机床驱动系统电源电路的具体连接原理

2.3.5　直流控制电源

数控装置采用 24 V 直流供电,24 V 稳压电源是数控系统稳定可靠运行的关键。数控系统中需直流 24 V 供电的部件通常有数控装置、MDI 键盘、机床控制面板、数字输入输出模块和数字量输出外部供电(根据数字输出的点数确定)。在数控机床电气设计时,要根据数控系统中各部件的功耗指标和所需的供电电流指标来选择 24 V 直流稳压电源的容量。数控系统中各部件的功耗指标可以从数控系统相关手册中查得。

数控加工设备中输入输出模块通常依赖外接的 DC 24 V 电源进行数字量输出。因此,在挑选数控系统的电源时,务必要考虑数字量输出所需的电能,一般情况下,每路数字信号的驱动电流在 0.2 ~ 0.5 A 之间。例如,一个输出单元的数字输出端拥有 16 位宽度,能够提供 DC 24 V 的高电平,其驱动电流能达到 0.25 A,说明这 16 路数字输出能同时输出 0.25 A 的电流。

尽量使用独立的 DC24 V 电源对数字输出部分提供外部供电,以避免数字输出驱动的电感性负载对 DC 24 V 电源产生干扰。数控机床上有很多电感性负载,如继电器、接触器、电磁阀等。这些电感性负载在接通或断开时会产生很强的反电动势干扰。数控系统(数字控制单元、键盘和机床控制面板等)与数字输出分别采用两个 DC 24 V 电源分开供电,既保证了数控系统 DC 24 V 供电的质量,降低了单个电源的容量,又防止了由于数字输出驱动电感性负载产生的电源干扰。如图 2.23 所示。

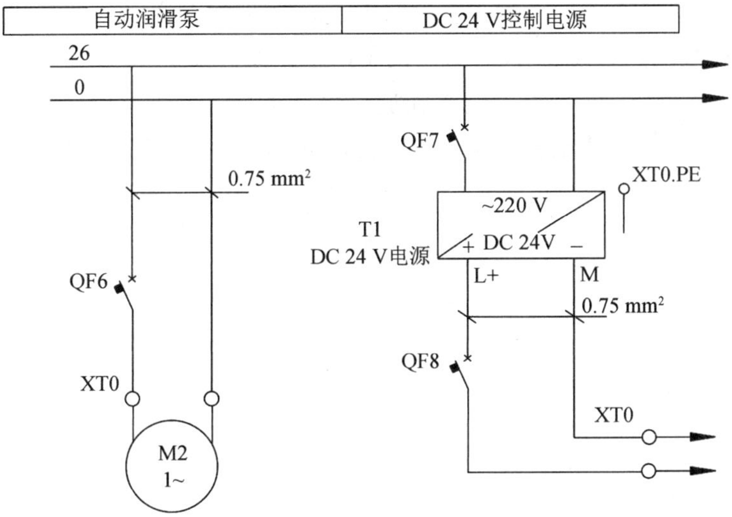

图 2.23　直流控制电源

数控系统的 DC 24 V 稳压电源还应具有掉电保护功能，掉电保护就是在直流稳压电源的交流输入端出现掉电时，DC 24 V 直流输出保持一定时间的直流稳定电压，然后迅速降至 0 V，如图 2.24 所示。无掉电保护的直流稳压电源在输入端出现掉电时，电源仍然处于稳压调节状态，使输出的直流电压出现锯齿状的波形，如图 2.25 所示。这种电源输出可能导致数控中存储器的数据问题，甚至导致硬件故障。

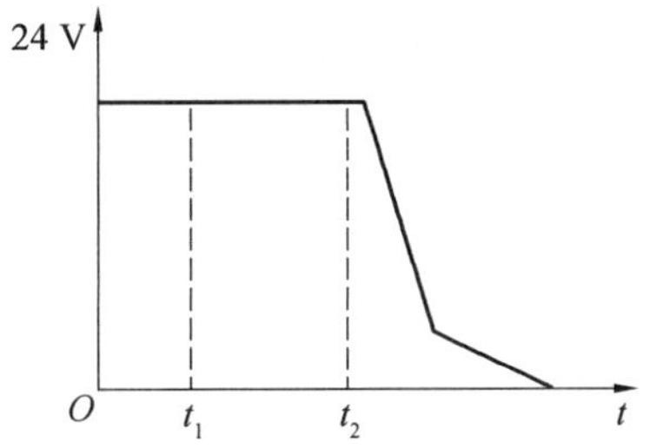

图 2.24　有掉电保护功能的稳压电源

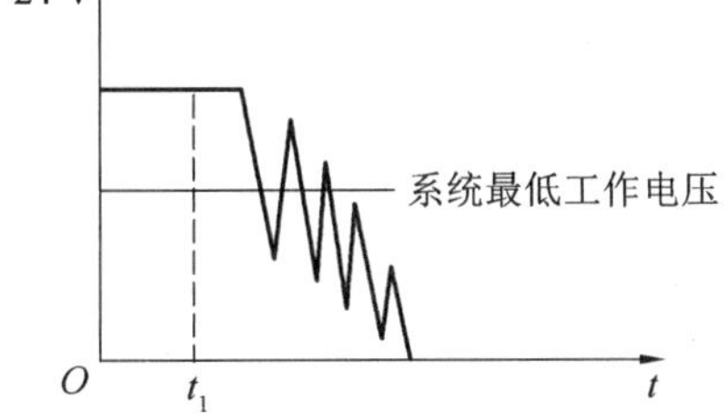

图 2.25　无掉电保护功能的稳压电源

如果选购的直流稳压电源没有掉电保护功能，可采用单独的上电控制电路对数控系统进行供电,如图 2.26 所示。当数控机床的主电源接通后,24 V 直流稳压电源开始工作,但并没有对数控系统供电,操作者需要在机床控制面板上按下“数控电源开”按钮 SA1,通过继电器自保持回路,24 V 直流电源施加到数控系统上。关电时,需按下“数控电源关”按钮 SA2。这种方式为数控系统供电,可以避免因稳压电源不具备掉电保护功能而引起的故障,但增加了操作的复杂性。

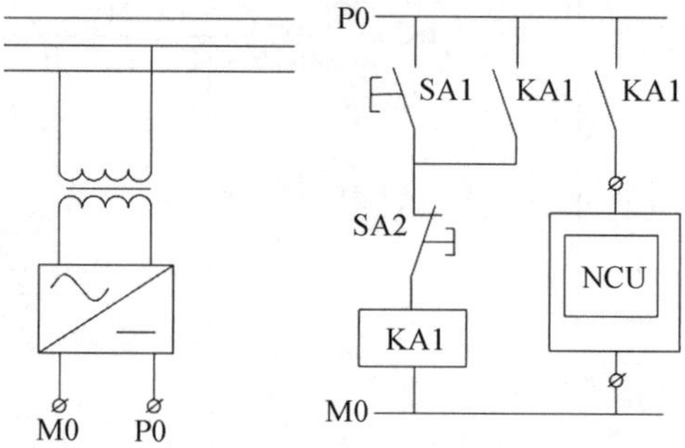

图 2.26　数控系统独立供电

2.3.6　数控机床的控制电路

在电气控制电路比较简单、电气元件不多的情况下,应尽量选用主电路的电源来为控制线路进行供电,达到简化电路的目的。当控制电路较为复杂时,从安全角度考虑,应采用控制电源变压器,把交流 380 V 或 220 V 降至 110 V、48 V 或 24 V。一般机床的照明电路所用电源电压均不超过 36 V,多个不同等级的控制电压通常由一个控制变压器提供。主电路交流接触器线圈所在的控制电路可以是单相交流 110 V、220 V、380 V,不同的控制电路电压等级意味着不同的交流接触器线圈额定电压,在交流接触器选型时必须注意匹配。图2.22 中的控制变压器就是为控制电路提供合适的电源。

数控机床采用了 PLC 控制技术,控制逻辑体现在 PLC 程序中,硬件线路只需要完成最基本的连接。例如,数控机床的主轴和进给轴的上电控制、冷却控制、刀架(刀库)正反转及自动换刀都采用 PLC 控制。如图 2.27 所示,刀架正反转的控制逻辑由 PLC 程序实现,程序的输出控制中间继电器 KA4、KA5 线圈是否得电。KA4、KA5 的触点控制相应接触器 KM3、KM4 线圈是否得电,如图 2.28 所示。最终通过接触器 KM3、KM4 的主触点控制刀架电动机主电路,实现正转或反转,如前面电动机主电路(图 2.20)所示。通过比较数控机床和普通机床刀架电动机正反转控制电路可知,由于采用了 PLC 控制系统,其相应的电动机控制电路比继电接触器系统简单。

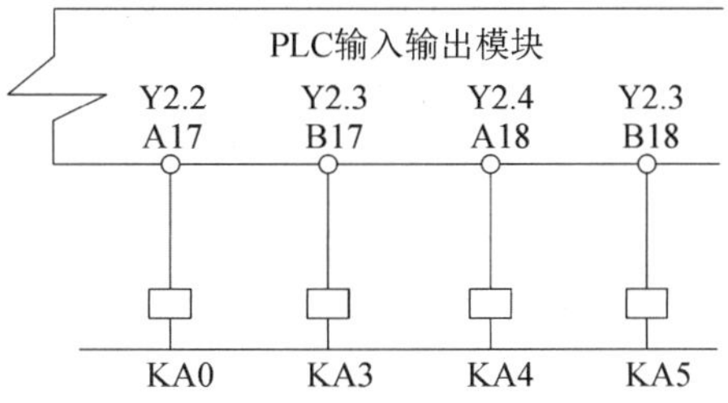

图 2.27　PLC 输出电路

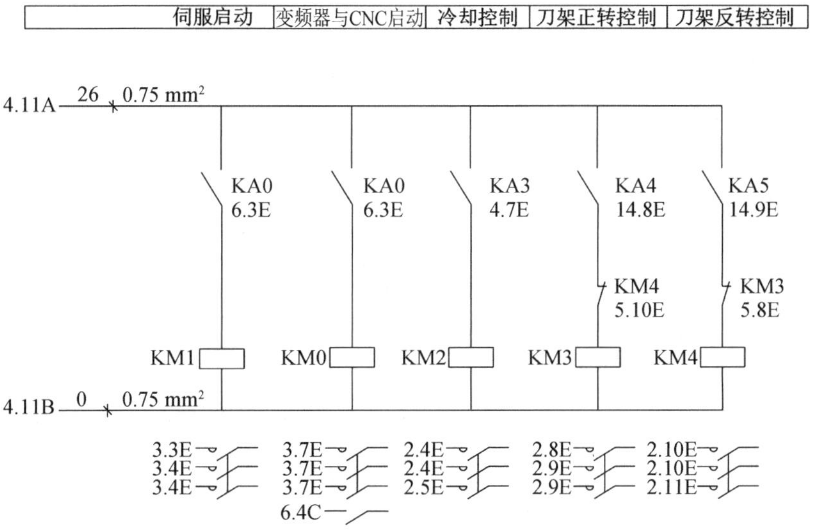

图 2.28　数控机床的控制电路

2.4　变频调速控制电路

2.4.1　变频调速概述

随着电力电子、计算机和自动控制技术的不断发展，交流调速技术逐步取代直流调速，尤其是交流异步电动机的变频调速技术，因具备优异的调速性能、制动效果及显著减少电能消耗的优点而得到广泛使用。

根据变频调速技术的原理，电动机的旋转速度与其工作电源的频率存在着如下关系：

$$n = \frac{60f(1 - s)}{p} \tag{2.1}$$

式中　n—— 转速；

f—— 电源频率；

s—— 电动机转差率；

p—— 电动机磁极对数。

调整电动机的供电电源频率可以控制其旋转速度,变频器正是根据此理论,运用交一直一交电源变换技术,并结合电力电子技术、微处理器控制等多种技术的电气设备。

2.4.2 变频器的额定参数和技术指标

1. 变频器的额定参数

变频器的额定参数主要包括输入侧的额定参数和输出侧的额定参数。

(1) 输入侧的额定参数。

① 额定电压。低频变频器的工作电压一般为单相 220 ~ 240 V,或三相 380 ~ 460 V。

② 额定频率。我国电网的额定频率为 50 Hz。

(2) 输出侧的额定参数。

① 额定输出电压。变频器的输出电压随频率的不同而波动,所以其额定输出电压为电压输出范围中可能达到的最高点,通常与输入端的额定电压一致。

② 额定输出电流。额定输出电流是指设备长时间工作所能达到的最高输出电流值,是变频器选型的关键技术参数。

③ 额定输出容量。额定输出容量是指额定输出电压与额定输出电流的乘积,即

$$S_e = 3\,U_e\,I_e \times 10^{-3} \tag{2.2}$$

式中 S_e—— 额定输出容量;

U_e—— 额定输出电压;

I_e—— 额定输出电流。

④ 配用电动机容量。配用电动机容量是指变频器使用手册中规定的可匹配的最高电动机容量,一般根据驱动持续稳定负荷的条件确定。

⑤ 过载能力。过载能力是指变频器允许工作电流大于额定电流的能力。

⑥ 输出频率范围。输出频率范围是指输出频率可以调节的极限区间,一般用最高输出频率f_{max} 和最低输出频率f_{min} 表示。不同类型的变频器所覆盖的频率区间有所区别,输出频率上限一般位于 200 ~ 500 Hz 之间,而最低输出频率则在 0.1 ~ 1 Hz 范围内。

⑦ 0.5 Hz 时的启动转矩。0.5 Hz 时的启动转矩是变频器的关键参数,指的是在 0.5 Hz 的工作状态下,变频器可以输出转矩的大小,一般高品质的变频器能够提供 180% ~200% 的启动转矩,能对负载变化做出敏捷反应。

2. 变频器的技术指标

(1) 基底频率f_b。

当变频器的输出电压与其标称电压相同时,所设定的输出频率最低限度为基准频率,它是用来调整输出频率的参照点。

(2) 最高频率f_{max}。

最高频率是指变频器可以设定的最高工作频率。

(3) 上限频率f_H 和下限频率f_L。

上限频率和下限频率是指依据系统的实际运行要求,变频器在允许设定的频率范围内的最高值和最低值,如图 2.29 所示。

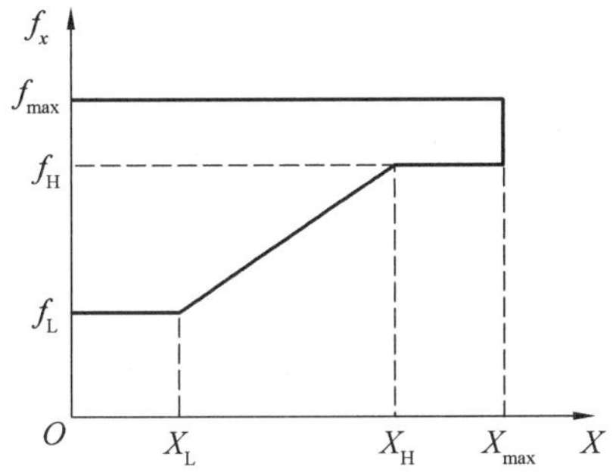

图 2.29　上限频率f_H 和下限频率f_L 关系图

(4) 跳变频率f_J。

设备在工作时不可避免地会产生振动,如果在某一转速时,机器的振动频率恰好与自身的固有频率相同,产生共振现象,此时的振动幅度会剧增,以至于机械设备无法正常运转,严重时可能使设备损坏。要确保机械系统不出现共振现象,必须避免工作在可能导致共振的转速。共振转速对应的工作频率称为跳变频率。

(5) 点动频率f_{JOG}。

生产设备调整期或新工序启动前,经常需要进行点动操作,以便检验设备各环节的工作状态。若每次点动操作都需要进行频率调节,则会大大降低加工效率。所以,依据设备的特性与加工需求,预先设置一个点动频率f_{JOG},每一次进行点动操作时均按照此频率执行,而不需要更改设备的给定频率。

2.4.3　变频器的选择

选择变频器时要确定以下几点。

(1) 变频器所连接的负载种类。如连接液压泵等设备时,需重点关注其负荷性能曲线,因为这些曲线将直接决定使用时的控制策略。

(2) 变频器与负载的匹配问题。

① 电压匹配。变频器的工作电压必须与负载设备的工作电压一致。

② 电流匹配。变频器的工作电流应该与电动机的工作电流一致。

(3) 使用变频器驱动高速电动机时,由于高速电动机的电抗小,高次谐波增加导致输出电流值增大,因此用于高速电动机的变频器的选型,其容量要稍大于普通电动机的选型。

(4) 若变频器需要长距离的电缆连接,必须限制电缆与地面之间耦合电容产生的干扰,以免造成变频器的输出能力下降。在该情况下,可考虑提升一级变频器的额定功率或者在其输出端接入输出电抗器,以确保正常工作。

(5) 在某些特定应用环境中,如高温或高海拔地区,变频器性能可能会受到影响,因此尽量选用更高一个等级的变频器。

2.4.4 变频器的应用举例

在数控机床的调速系统中,复杂的多级齿轮箱分挡调速技术已经被变频器连续无级变速技术所替代。通用变频器除了应用在数控机床上,与 CNC、伺服系统一起构成自动控制系统外,还可以作为独立的控制器,形成单机驱动系统。本节以某型号变频器在数控机床中的应用为例,介绍其具体配置、系统连接及应用效果。

1. 数控机床对变频器的技术要求

(1) 要求低频力矩大。

采用矢量变频器,在低频段(1 ~ 10 Hz) 可以产生 150% 的额定扭矩。

(2) 转矩动态响应速度快,稳速精度高。

采用矢量变频器,可以获得良好的动态反应性,根据负荷的波动,能够通过改变输出扭矩迅速调节,以此确保主轴转速的平稳。

(3) 减速停车速度快。

数控机床要求加减速过程时间短,动态响应快,其中加速阶段由变频器实现,减速阶段通过外接的制动电阻或者制动模块来完成。

(4) 进行电动机参数自适应学习。

在采用矢量变频器时,若想要实现更好的操控效果,往往需要对电动机的执行参数进行自适应学习来满足所需的计算。电动机在进行参数自适应学习的过程中,所需提供的铭牌参数包括:额定功率、额定频率、额定转速、额定电压及额定电流。

2. 变频器的连接

(1) 主电路的连接。

数控机床主轴电动机的功率一般较大,为了减小感性负载对电网功率因数的影响,可在变频器电源进线电路上安装电抗器。由于变频器对周围的部件产生的电磁干扰较大,因此在电源进线上安装滤波器以减小噪声,如图 2.30 所示。主回路的输入端子用 L1、L2、L3 标识,输出端子用 U、V、W 标识,不能接错,否则会导致变频器烧毁。在电气部件的安装上,CNC 等控制板、编码器信号电缆等弱电部件应远离变频器,防止干扰,为了进一步减少干扰,提高数控机床控制系统的稳定性,可以为变频器加装防护罩。变频器到主轴电动机的电缆应与信号电缆分开走线,且在电气柜中的长度尽可能短,此电缆最好采用屏蔽电缆。

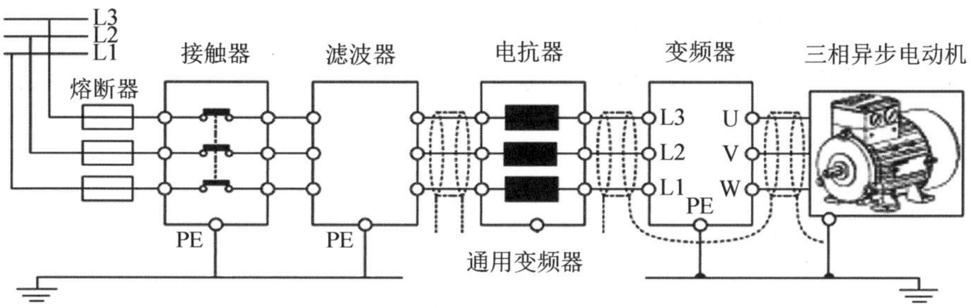

(a) 主电路的连接

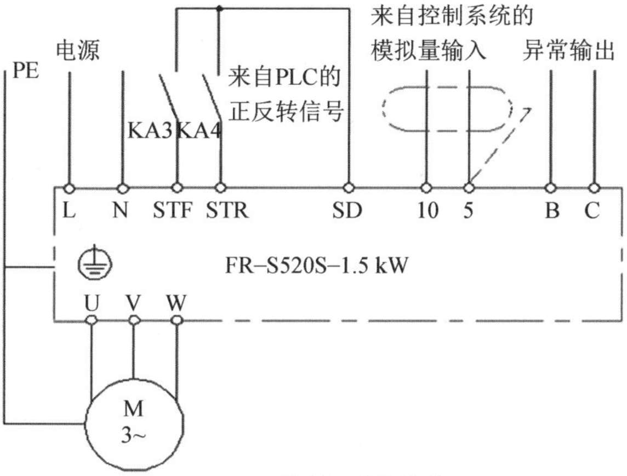

(b) 控制电路的连接

图 2.30　变频器的连接

(2) 控制信号的连接。

虽然通用变频器的型号规格众多,但是命令信号来源大致相同,主要有以下几种:面板控制、旋转电位器控制、固定挡位的开关量控制、上位机指令控制。变频器在数控机床主轴驱动系统的应用主要是最后一种控制方式,即上位机控制,也就是接收 CNC 或伺服放大器主轴模块的指令信号(模拟电压)。另外,数控系统或 PLC 发出控制主轴正反转的信号给变频器。

变频器的接线简单,图 2.30(b) 所示为某型号通用变频器控制电路的连接。

2.5　典型机床的电气控制系统

2.5.1　CA6140 型车床的电气控制系统

车床在各类机械加工设备中使用最为普遍,CA6140 型车床是该类设备的经典代表。CA6140 型车床的加工适用性广泛,可加工内外圆柱面、圆锥面及各种回转体零件,处理各类公制、英制尺寸,模数螺纹等,但其结构设计较为复杂,自动化水平不高,故更适合单件小批量生产。CA6140 型普通车床由机床本体和配套的电气控制系统构成。

1. CA6140 型车床及主要结构

CA6140 型车床为卧式车床，最大工件回转直径为 40 mm。CA6140 型车床的型号含义如图 2.31 所示。

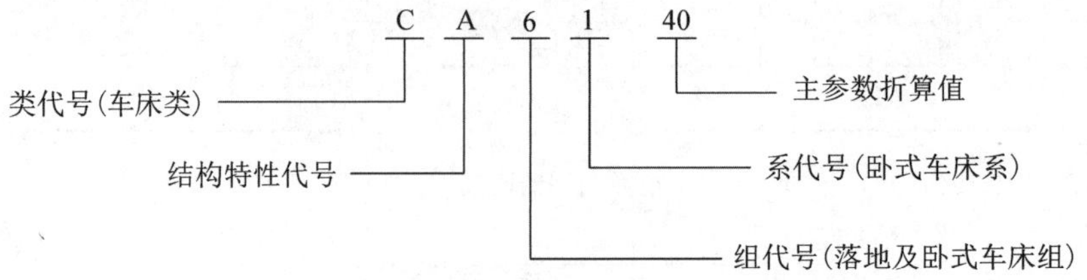

图 2.31　CA6140 型车床的型号含义

CA6140 型车床的主体结构包括主轴箱、床身、刀架、滑台、尾座、溜板箱、丝杠及导轨等核心组件，如图 2.32 所示。笼形异步电动机通过皮带将动力从主轴箱传递至主轴，并借助卡盘或顶尖使被加工工件旋转，调节主轴变速箱上的外部手柄可以调整主轴的旋转速度。主电动机还带动进给运动，动力通过主轴箱传递到丝杠，进而驱动刀架实现纵向或横向进给。

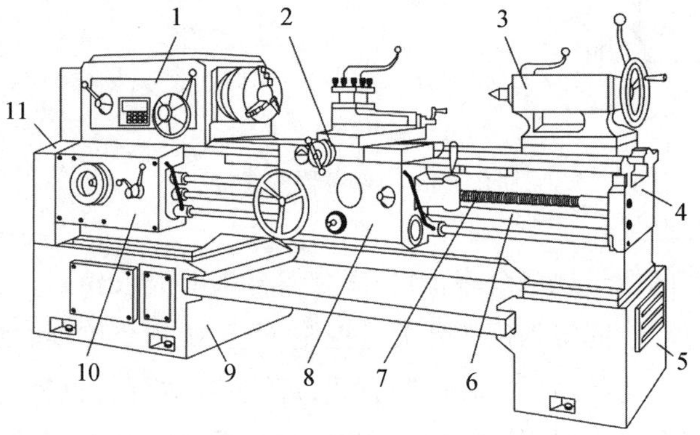

图 2.32　CA6140 型车床的主体结构图

1— 主轴箱；2— 刀架；3— 尾座；4— 床身；5、9— 床腿；6— 光杠；7— 丝杠；

8— 溜板箱；10— 进给轴；11— 交换齿轮变速机构

2. CA6140 型车床的电气控制图

（1）CA6140 型车床的电气控制要求。

CA6140 型车床对电气控制的要求如下：

①CA6140 型车床配置三相笼式异步电动机带动主轴旋转，通过机械传动方式实现变速，依靠摩擦式离合器实现正反转。电动机的功率较小，可以直接启动，并采用电气制动缩短停车时间。

② 主轴电动机的启停与冷却泵电动机的动作存在互锁机制，即仅当主轴电动机运行后，才能启动冷却泵电动机；一旦主轴电动机停止工作，冷却泵电动机也将随即停止。

③ 电路中应具有必要的保护环节、安全可靠的照明电路和信号提示。

(2)CA6140 型车床电路图分析。

CA6140 型车床电气控制图如图 2.33 所示,其主电路中有 3 台电动机。

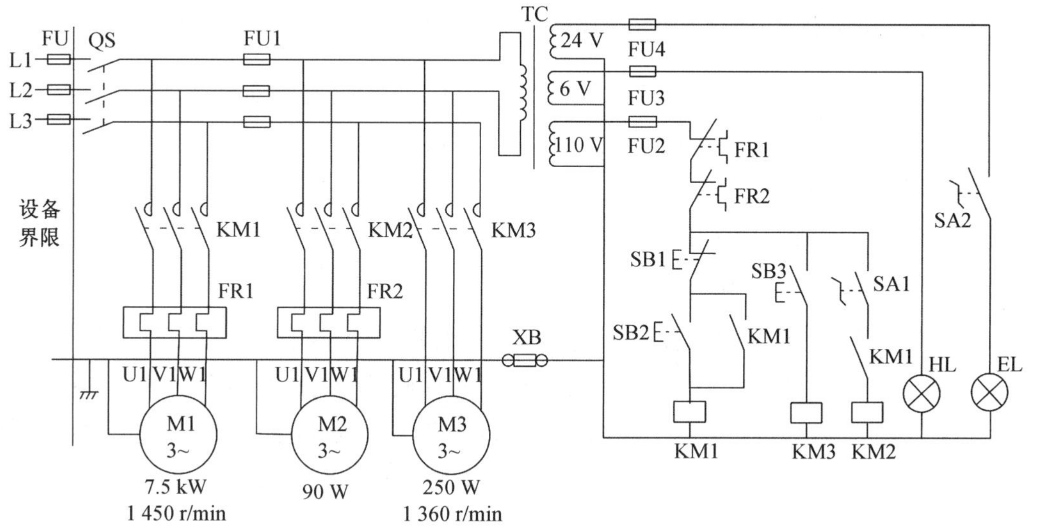

图 2.33　CA6140 型车床电气控制图

三相电动机 M1 负责驱动主轴运转及刀具的纵向与横向进给动作,主轴调速通过机械齿轮传动来实现。

冷却泵电动机 M2 负责冷却液的启停,用于设备的降温。

刀架由电动机 M3 驱动,可根据需要手动完成操作。

由于电动机 M1、M2、M3 的功率均不超过 10 kW,因此都采用全电压直接启动。接触器 KM1、KM2、KM3 分别负责控制电动机 M1、M2、M3 的启停。KM1 的通断电由按钮 SB1 与 SB2 决定,KM2 则由开关 SA1 控制。按钮 SB3 可以点动控制 KM3 的动作。主轴的正反转通过机械离合装置完成。

热继电器 FR1 和 FR2 对电动机 M1 和 M2 进行过载保护;熔断器 FU1 ~ FU4 对电路进行短路保护。

变压器 TC 为控制电路提供 110 V 的工作电压。

电动机 M1 的控制过程如下:按下 SB2,KM1 线圈得电并自锁,电动机 M1 随之启动。同时,KM1 的辅助触点也闭合,KM2 线圈只有在 KM1 辅助触点闭合的情况下才可能得电,按下 SB1,可以使 KM1 断电并解除自锁状态,随后电动机 M1 停止旋转。

冷却泵电动机 M2 运用了典型的顺序启动控制电路,主轴电动机开启之后,冷却泵电动机才能投入工作;在主轴电动机停止运转时,冷却泵电动机也将随之停止。在主轴电动机 M1 启动后,KM1 线圈得电,辅助触点闭合,开关 SA1 接通,KM2 的线圈得电,使冷却泵电动机 M2 启动。

刀架电动机采取点动控制方式实现电动机 M3 的快进。按下 SB3,KM3 线圈得电,电动机 M3 启动并以较快的速度驱动溜板箱进给,快速达到预定的位置。松开 SB3 后,电动机 M3 立刻停止。

2.5.2 Z3040 型摇臂式钻床的电气控制系统

钻床能够实现钻孔、扩孔、铰孔及螺纹加工等任务。钻床种类众多,包括摇臂式钻床、立式钻床、卧式钻床、工作台式钻床、多主轴钻床、深孔加工钻床及其他特种钻床等。Z3040 型摇臂式钻床因其出色的工作性能、广泛的适用性、便捷的操作性及高度的灵活性得到普遍使用。该钻床非常适合进行单件小批量的多孔加工生产。

1. Z3040 型摇臂式钻床的主体结构

Z3040 型摇臂式钻床的主体结构包括底座、内外立柱、摇臂、主轴箱及工作台等部分。钻床的底座上固定了一根内立柱,而空心外立柱则被套在内立柱的周围。在摇臂一侧有一个配套的套筒,该套筒与外立柱之间进行滑动配合,通过旋转螺纹杆的方式,使摇臂能够垂直移动。然而,内外立柱之间不会发生相对位移,因此摇臂会与外立柱一同沿着内立柱做旋转运动。

主轴箱由多个部分构成,其中包括主轴、变速机构和控制机构等。主轴箱能够沿摇臂进行轴向位移。在加工过程中,可以借助专用的紧固装置将外立柱固定于内立柱之上,将摇臂锁定到外立柱上,并将主轴箱锁紧到摇臂导轨上,之后展开钻孔和铣削作业。Z3040 型摇臂式钻床结构示意图如图 2.34 所示。

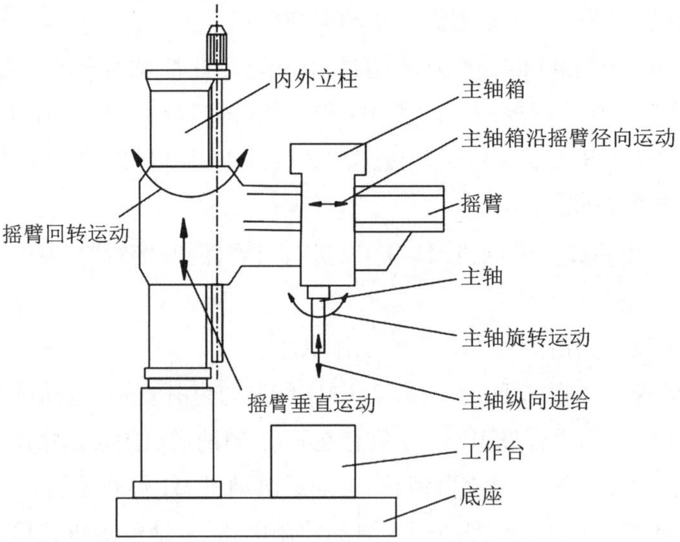

图 2.34 Z3040 型摇臂式钻床结构示意图

主运动是指主轴的旋转,进给运动是指主轴的轴向进给。除主运动与进给运动外,

Z3040 型摇臂式钻床还具备外立柱、主轴箱相关的辅助运动,并配备有相应的固定和夹持机构。摆臂的上升和下降、夹紧和释放动作由一台异步电动机驱动,而摇臂的旋转及主轴箱的横向位移则需通过人工操作实现。为确保生产作业安全,严禁主轴转动与摇臂上下移动同时进行。

2. Z3040 型摇臂式钻床的电气控制图

(1)Z3040 型摇臂式钻床的电气控制要求。

① 由于摇臂钻床由较多构件组成,为了简化其传动机构,使用了 4 个电动机分别为主轴、摇臂、液压泵及冷却泵提供动力。这 4 个电动机的负载均不大,所以采用直接启动方式。

② 为了使钻床能够满足各类加工需求,需要设定较大的主轴转速和进给速度调速范围,并通过机械式变速装置来实现。

③ 摇臂钻床主运动和进给运动均为主轴的运动,因此使用一台电动机对两个运动进行驱动,分别通过主轴的传动系统和进给传动系统实现。

④ 主轴电动机与摇臂电动机需要具备正反转功能。

⑤ 实现对内外主轴的夹紧与释放,以及对主轴和摇臂的夹紧与释放,可以采取电气 - 机械系统、电气 - 液压系统等控制技术。若使用液压设备,则必须配置一台液压泵驱动电动机。该液压泵驱动电动机需要具备正反转功能,并能进行点动操作控制。

⑥ 摇臂按照释放 — 位移 — 摆臂的既定顺序完成加工动作,要求摇臂的固定与升降应通过自动控制执行。

⑦ 冷却泵的电动机驱动冷却泵输出冷却介质,只要求单向旋转即可。

(2)Z3040 型摇臂式钻床的电路分析。

Z3040 型摇臂式钻床的主电路图如图 2.35 所示,其控制电路图如图 2.36 所示。

主轴电动机的控制通过按钮 SB1、SB2、交流接触器 KM1 和热继电器 FR1 实现,它们共同组成了一个自锁式的电动机控制回路。HL3 是主轴电动机工作指示灯。

摇臂的控制是通过按钮 SB3 和 SB4 实现上升和下降,其中 SQ1 和 SQ2 分别是上限位与下限位的行程开关,SQ3 和 SQ4 检测摇臂是否松开和夹紧到位;在摇臂处于夹紧状态时,SQ4 受压,其常闭触点断开。在摇臂的升降过程中,使用了另一套独立的液压系统控制摇臂的松开及夹紧动作,通过 KM4 与 KM5,使液压泵电动机正反转。摇臂上升时,按下 SB3,使 KM3 断电,实现互锁。同时,KT 通电,瞬时动作触点闭合,使 KM4 得电,液压油沿正方向送入系统;与此同时,KT 断电后,KM5 线圈失电,通过互锁实现对冷却泵电动机的保护。另外,KT 断电的延迟常开触点闭合,电磁阀 YA 得电,液压油控制摇臂夹紧或释放。摇臂一旦释放到位,SQ3 的常闭触点使 KM4 的线圈失电,液压泵停止向系统中输送正方向的液压油;与此同时,SQ3 的常开触点闭合,使 KM2 的线圈得电,摇臂在电动机的推动下升高。由于此时摇臂未夹紧,SQ4 的常闭触点保持闭合状态,同时使 KM5 和 YA 线

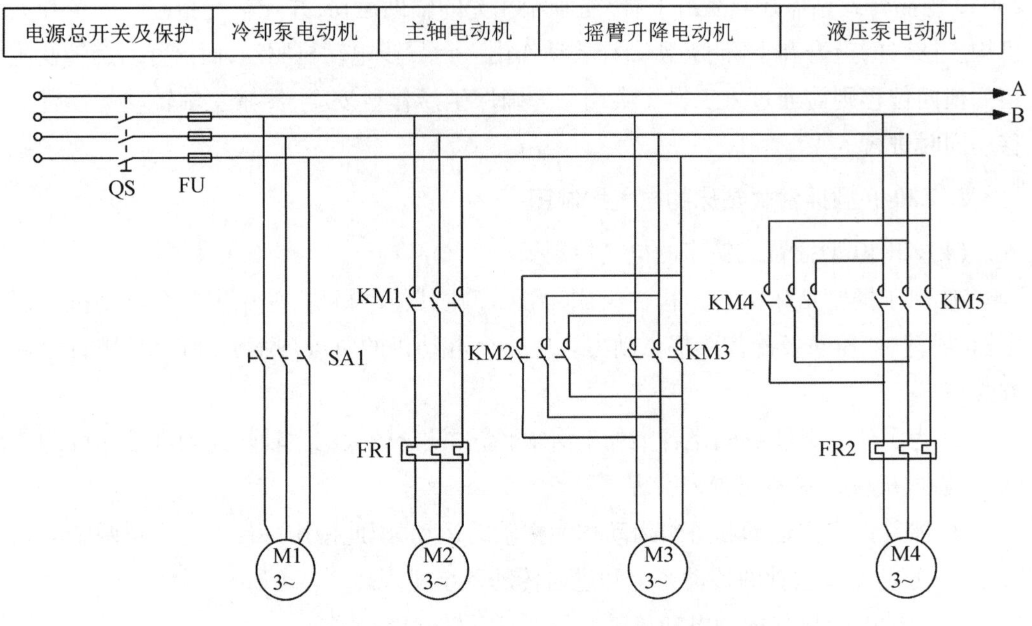

图 2.35　Z3040 型摇臂式钻床的主电路图

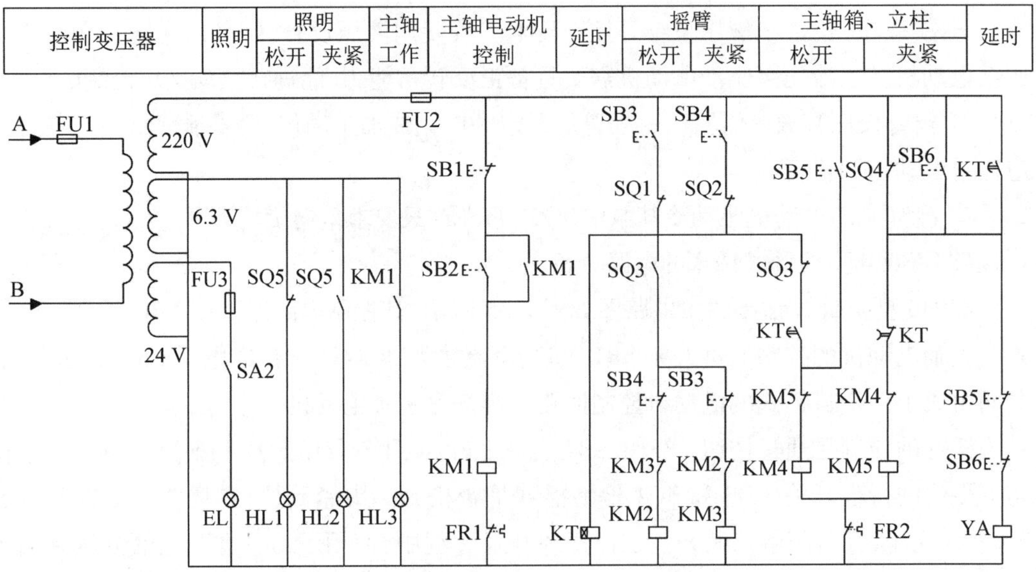

图 2.36　Z3040 型摇臂式钻床的控制电路图

圈得电，液压泵开始反向输送压力油使摇臂夹紧。一旦摇臂夹紧到位，SQ4 因受压力作用而切断 KM5 和 YA 的线圈，实现摇臂上升过程的控制。摇臂下降的工作原理与上升时的原理相似。

按下 SB5 和 SB6 分别使 KM4 与 KM5 的线圈得电，控制了主轴箱和立柱的松开与夹紧动作。同时，为了在主轴箱和立柱执行松开与夹紧动作时，切断电磁阀 YA 的电源，SB5 和

SB6 的常闭触点被串联在电磁阀 YA 的回路中，以确保液压油可以被送往主轴箱和立柱中，从而完成相应的动作。主轴箱、立柱的限位开关 SQ5，其常开和常闭触点分别与指示灯 HL1、HL2 串联，用以显示主轴箱、立柱的松开和夹紧状态。液压泵电动机 M3 设有热保护继电器 FR2，以实现温度保护。为了保护冷却泵电动机，将 FR2 的常闭触点并联到 KM4 和 KM5 的控制回路中。

冷却泵电动机的操作和控制可以直接通过 SA4 实现。

2.5.3　X62W 铣床的电气控制系统

铣床是一款加工效率高、功能强的设备，多用于加工表面，如平面、阶梯面及不同形式的凹槽。通过搭配分度装置可进行齿轮和螺纹的加工，而安装圆形工作台则能够实现凸轮的加工。铣床根据其结构特点及加工能力，可以分为立式和卧式铣床、仿形铣床、龙门铣床、特种铣床、万能铣床等类型。

普遍应用的万能铣床主要分为两种：一种是 X62W 型铣床，其铣刀头水平安装；另一种是 X52K 型铣床，其铣刀头垂直安装。本节以 X62W 型铣床为例，介绍其主要结构及电气控制的基本原理。

1. X62W 铣床的主要结构

X62W 铣床主要由底座、床身、主轴、悬梁、工作台、回转盘、横溜板、升降台等组成，其结构示意图如图 2.37 所示。

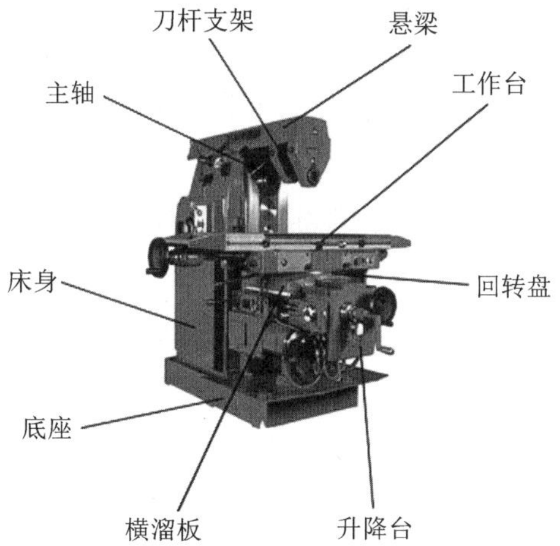

图 2.37　X62W 铣床结构示意图

箱型的床身内部配备了主轴传动系统及调速装置。床身顶端设有平行导轨，还配备了用于放置刀架的悬梁。铣刀支架承托着铣刀芯轴的一头，而芯轴对侧则被固定在主轴上，通过主轴的旋转实现铣削作业。刀杆支架可沿着悬梁横向滑动，并且悬梁也可以沿着床架顶端的水平导轨进行横向滑动，以此来适应各式芯轴的装配需求。床身正面安装了垂直导轨,使升降台能够上下滑动。水平导轨上还安装有一个溜板,溜板顶端安装能够旋转的工作台,待加工件通过 T 型槽时被固定在工作台上,并且可以在 6 个不同的方向上进行位移。

由于工作台能够沿轴心做左右摆动,角度通常设定在 ±45° 以内,因此工作台在水平面内不仅能沿着与主轴轴线平行或垂直的方向进行移动,也能沿斜角方向移动,适用于加工螺旋形槽,因此被誉称为万能铣床。

2. X62W 铣床的电气控制图

(1)X62W 铣床的电气控制要求。

① 铣床需要 3 台电动机,分别为主轴、急停及冷却泵提供动力。

② 铣削加工分为顺铣与逆铣,因此主轴电动机必须具备正反转的能力,同时还要求能实现快速制动。

③ 工作台要实现 3 种动作模式和 6 个方向的位移,且需通过机械传动实现。其中,提供动力的电动机必须具备正反转功能,并且应添加互锁机制使铣床只能同时进行纵、横、垂直其中一种运动,保护操作人员和设备安全。

④ 冷却泵电动机只要求正转。

⑤ 铣床应具有通过互锁实现主轴电动机工作后,其他电动机才能启动的功能。

(2) 主轴电动机的控制回路分析。

X62W 铣床的电气控制图如图 2.38 所示。

遥控启动开关 SB1 与 SB2 可实现铣床的远距离操控开启,使铣床在不同位置的刀具调校工作更加便利。遥控停止开关 SB3 与 SB4,可确保在铣床的前部与侧面均能对主轴进行控制。KM3 是控制主轴电动机 M1 运转的接触器,KM2 是控制主轴电源反接制动的接触器,SQ7 负责主轴的变速切换,KS 则用来监测主轴速度。

① 启动铣床的主轴电动机之前,必须将开关 QS 闭合。接下来,调整旋转开关 SA5 至预设的铣削模式。然后,压下启动键 SB1 或 SB2,此时控制电路开始工作,电动机 M1 启动。同时,KM3 的辅助触点也随之闭合,使 KM3 线圈自锁,确保电动机 M1 可以持续旋转。

② 带动主轴运动的电动机在完成零件加工后应迅速停止转动,以保持加工的精度。操作人员可以按下 SB3,切断控制电路的电流,断电后的主轴电动机因惯性还会持续旋转一段时间。与电动机轴直接串联的速度继电器 KS 会在转速超过 120 r/min 时闭合其常开触点,启动电气制动过程。随着电动机转速的降低,速度继电器 KS 的常开接点切断,使 KM2 的控制电路失去电流,反接制动状态停止,实现电动机 M1 快速停止运转。

③ 铣床在对刀过程中对主轴的控制是至关重要的。为了确保加工过程中有较好的定位精度,开始铣削作业前须进行刀具校准。开关 SQ7 用于实现该控制功能,按下 SQ7 可使接触器 KM2 线圈得电,电动机 M1 随即接通并瞬间启动。在松开 SQ7 后,刀具结束短暂的点动动作。

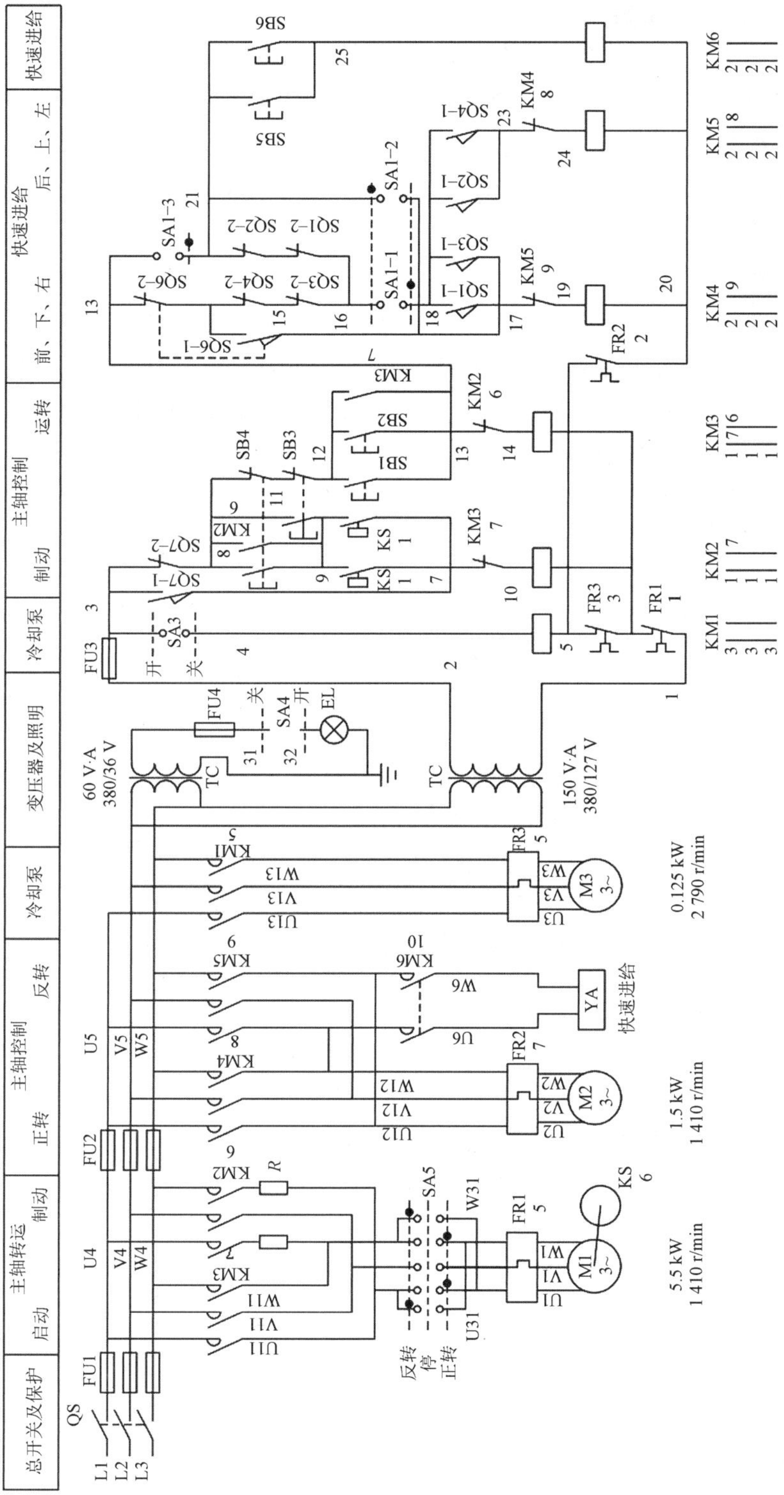

图 2.38　X62W铣床的电气控制图

(3) 工作台进给电动机控制分析。

转换开关 SA1 负责回转工作台的启停,若无须动作,仅需将 SA1 置于"断电"位,此时回转工作台停止旋转。在该状态下,触点 SA1 - 1 闭合,而触点 SA1 - 2 与 SA1 - 3 则分别断开和闭合。在需要进行铣削作业过程中,必须让回转工作台开始转动,此时将 SA1 切换至"通电"位置,触点 SA1 - 1 会断开,触点 SA1 - 2 和 SA1 - 3 则会相继闭合和断开。为了确保 6 个方向的控制准确无误,系统中并列设置了两套方向切换开关,从而确保了操作的精准性和一致性。

SQ1 和 SQ2 分别位于机床的两边,负责控制工作台进行横向移动。在执行进给动作时,将 SQ1 或 SQ2 置于规定位置。启动 SQ1,KM4 线圈便会得电,驱使 M2 电动机顺时针旋转,使工作台向一侧运动;要使工作台朝反方向运动,则需启动 SQ2,KM5 线圈得电,M2 电动机逆时针旋转。SQ3 和 SQ4 负责控制工作台的上下运动,这两个开关安置于床身两侧。在工作台上升过程中,一旦 SQ4 - 1 接通,工作台便无法同时后退。同理,工作台下降时,也不可能同时前进。电路中的保护环节是利用挡铁及行程开关来确保移动过程的安全。

2.5.4 数控铣床的电气控制系统

1. 数控系统的组成

计算机数控系统(CNC) 主要由数据输入输出端口、计算机数控单元、PLC、伺服系统等组成。数控系统的组成框图如图 2.39 所示。

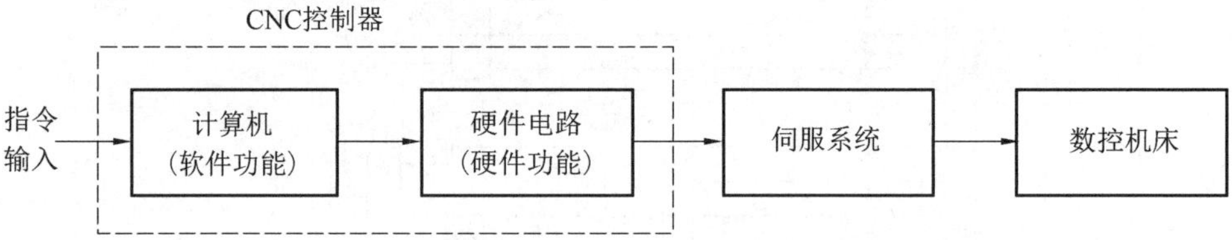

图 2.39　数控系统的组成框图

数控系统对根据零件图纸中的几何与工艺参数转换成的程序代码,进行必要的计算与处理,并输出相应的控制信号,控制刀具依照指令轨迹运行以完成零件的加工。

2. 数控铣床的电气原理图分析

(1) 主电路。

数控铣床的主电路主要由电源的进线、总开关、冷却、润滑、排屑和散热风扇等组成。若电源提供的工作电压低于 380 V,则要加装变压器将电压转换为 380 V。

如图 2.40 所示,电网的 380 V 三相交流电通过三相五线制供给数控铣床,通过电缆线路 L1、L2 及 L3 连至主电源开关 QF1,电流随后流向电气控制箱,并分配至不同的电路。QF1 配备有断电保护机制,当输入 M30 指令执行终止程序时,中间继电器 KA11 通电闭合,使 QF1 切断电源,实现停机。

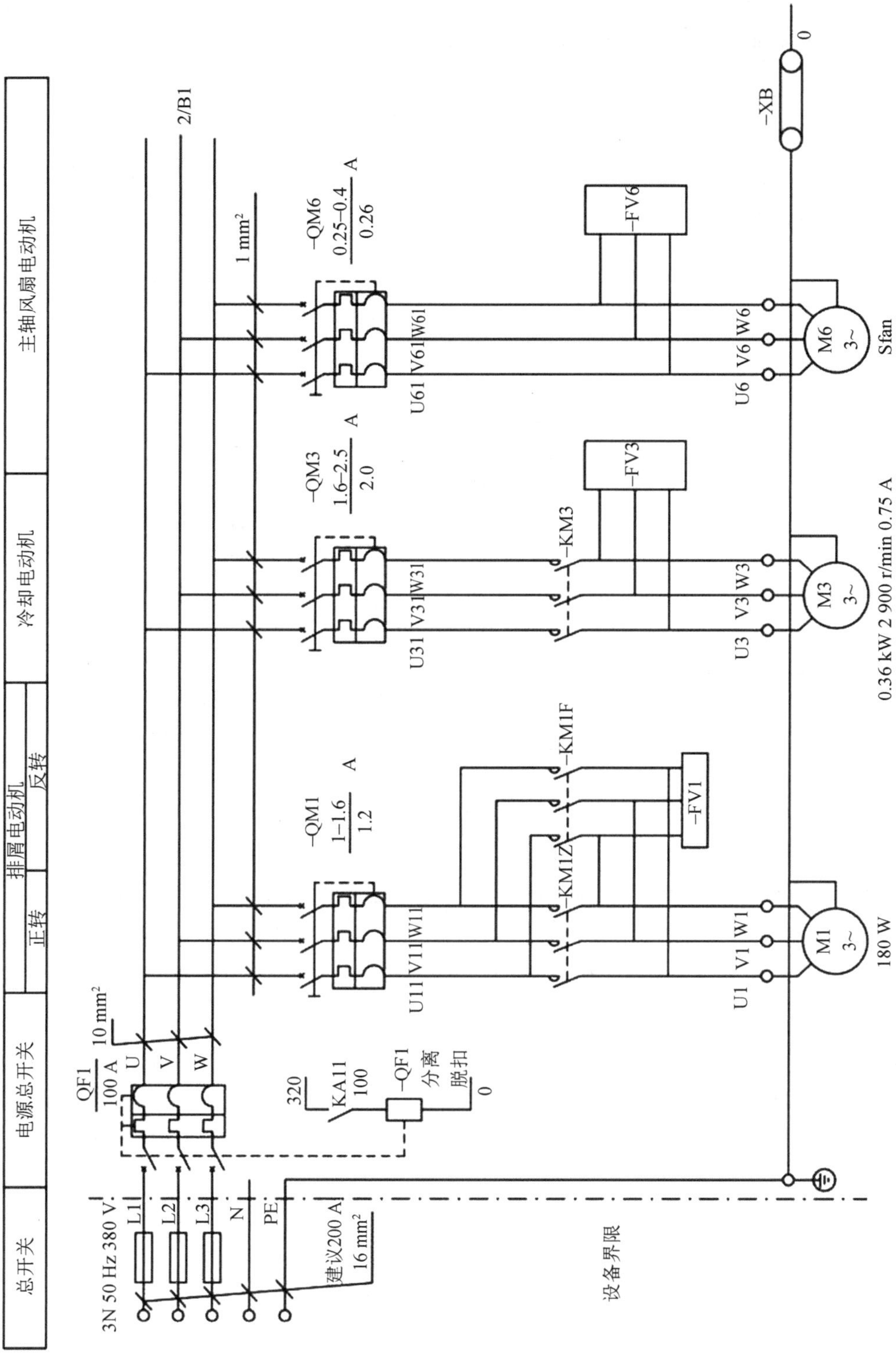

图 2.40　数控铣床主电路图一

如图 2.41 所示，利用一个双相开关 QF2 将单相变压器串联进电路，该变压器设有两种电压挡位，分别为 24 V 和 220 V。24 V 专门为机床的照明设备 EL1 与 EL2 供电，而 220 V 则为其他装置供电。开关电源 VC1 负责为系统及 PLC 输出的继电器供电，而开关电源 VC2 则为电磁阀与三色信号灯供电。

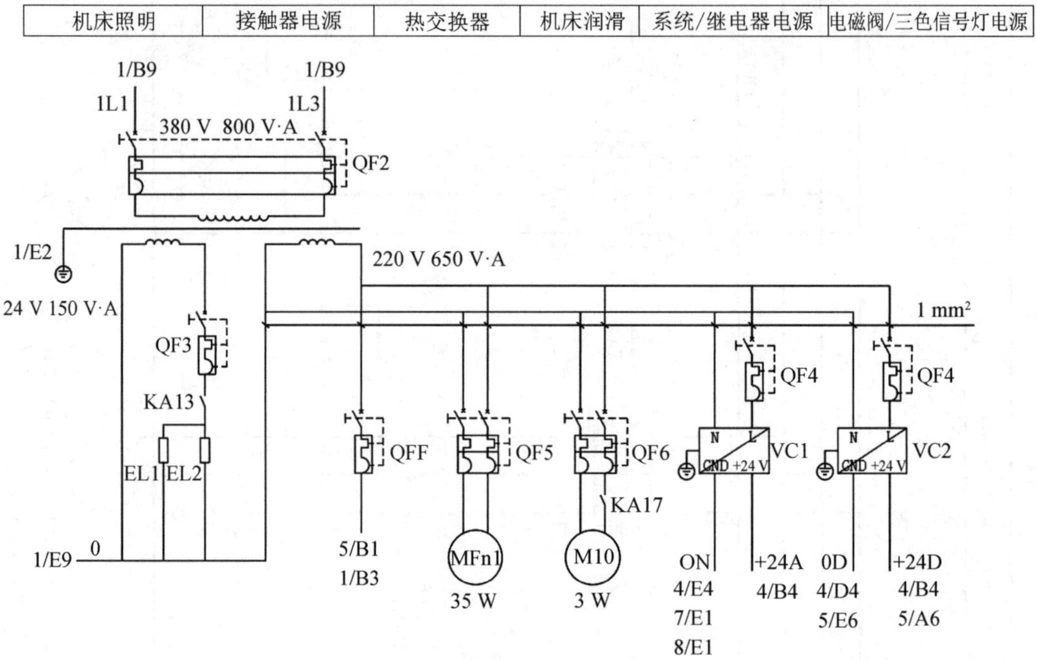

图 2.41　数控铣床主电路图二

（2）控制电路。

图 2.42 所示的控制电路中，数控机床的紧急停机电路设计将 X、Y、Z 等各轴的正反限位开关和紧急制动开关的常闭触点串接。一旦其中一个常闭触点断开，将导致伺服电动机断电，停止动作。为了解除系统的保护状态，必须按下超限解锁按钮，以便为伺服系统重新供电。

图2.43 所示的控制电路中，利用PLC使中间继电器KA9与KA10得电，控制排屑电动机正反转，并确保了正转 KM1Z 线圈与反转 KM1F 线圈之间互锁，利用 PLC 驱动中间继电器 KA8 进行冷却作业。为了消除电路中的干扰，可以在电路中并联阻容吸收器模块。

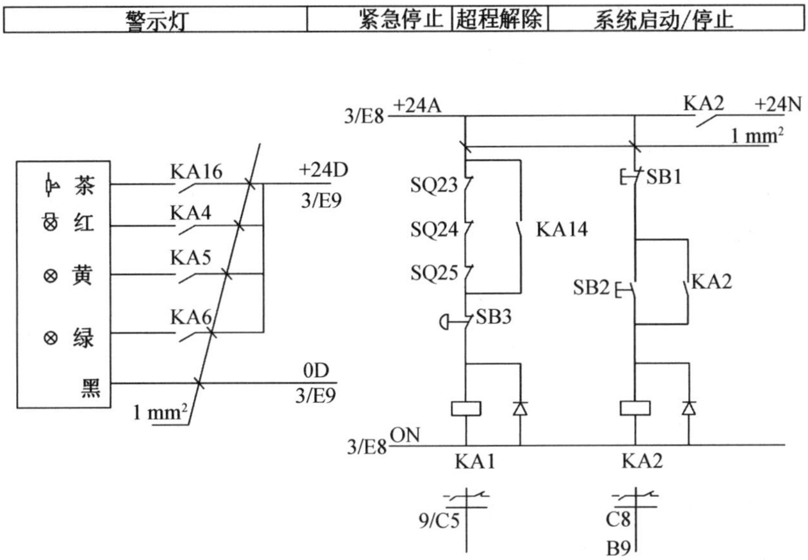

图 2.42　数控铣床控制电路图一

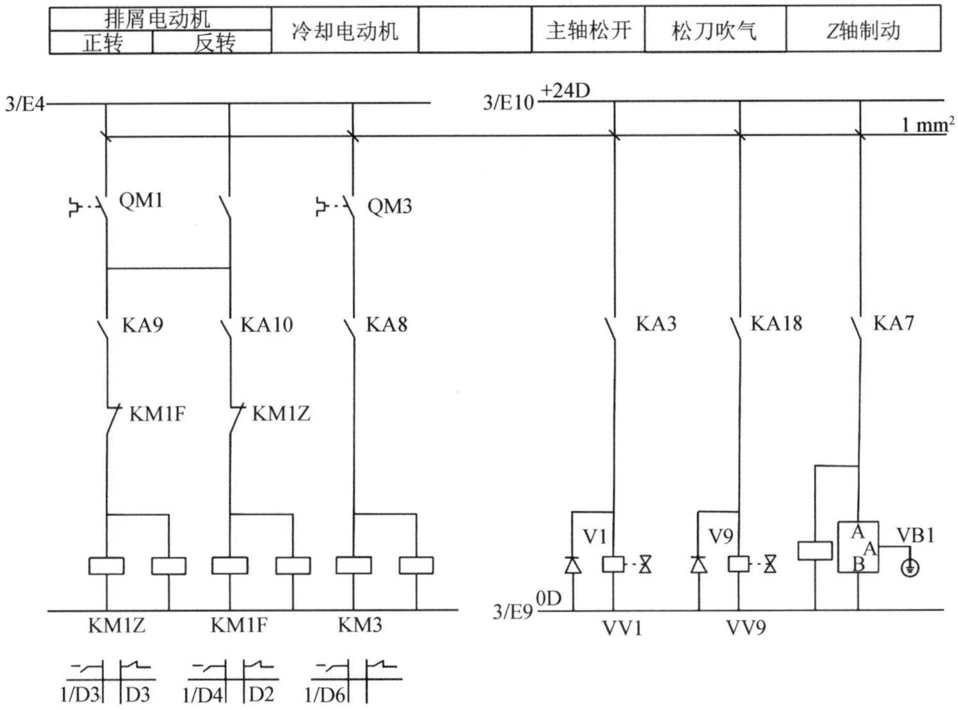

图 2.43　数控铣床控制电路图二

习题与思考题

2.1　简要阐述电气原理图、电气安装接线图、电气元件布置图的绘制原则。

2.2　什么是自锁？什么是互锁？举例说明其在数控机床电气控制系统中的应用。

2.3　试设计三相异步电动机正反转控制的电气原理图。

2.4　电动机单向全压启动电路常用的保护环节有哪些？各采用什么电气元件？

2.5　机床电气控制中常用的保护环节有哪些？

2.6　什么是电动机的降压启动？常用的降压启动方式有哪几种？

2.7　什么是电动机的反接制动和能耗制动？两种制动方式各有什么特点及适应什么场合？

2.8　某机床的主轴和润滑油泵各由一台笼型异步电动机拖动，为其设计主电路和控制电路，控制要求如下：

(1) 主轴电动机只能在油泵电动机启动后才能启动；

(2) 若油泵电动机停止，则主轴电动机应同时停止；

(3) 主轴电动机可以单独停止；

(4) 两台电动机都需要短路保护和过载保护。

2.9　简要描述数控机床电气控制系统的组成及各部分的作用。

2.10　结合机床的电气控制，说明继电接触器系统与 PLC 控制系统各有什么特点。

第 3 章　可编程逻辑控制器 S7 - 1200 PLC

3.1　可编程逻辑控制器概述

可编程逻辑控制器(PLC)是在继电器 - 接触器控制技术、计算机技术及现代通信技术的基础上逐步发展起来的一项控制技术。微处理器是其核心，能够利用编写的程序执行逻辑控制、定时、计数及其他计算任务，同时，通过输入/输出数字和模拟信息来管理各类生产流程。

3.1.1　可编程逻辑控制器的产生与发展

在 PLC 出现之前，工业控制领域主要依赖于继电器控制系统。然而，继电器的控制方式有许多不足之处，如尺寸大、高能耗、稳定性差、使用寿命低、操作速度慢和适配能力弱，尤其是在生产工艺有所改动的情况下，需要进行重新规划和重新布置，这无疑会造成大量的时间和资源的浪费。1968 年，美国最大的汽车制造商通用汽车公司(GM)为了满足汽车型号的持续更新需求，提出了被广泛认可的“GM 十条”。这些标准的目标是开发一种新型的工业控制装置，取代传统的继电器控制，以便在竞争激烈的汽车行业中保持领先地位。“GM 十条”具体如下：

① 编程简单，可在现场修改程序；

② 系统的维护方便，采用插件式结构；

③ 体积小于继电器控制柜；

④ 可靠性高于继电器控制柜；

⑤ 成本较低，在市场上可以与继电器控制柜竞争；

⑥ 可将数据直接送入计算机；

⑦ 能够直接采取 115 V 的交流电源进行输入(注意，美国的电网电压是 110 V)；

⑧ 通过交流 115 V 的输出，可以直接驱动电磁阀和交流接触器等设备；

⑨ 通用性强，扩展方便；

⑩ 该程序具备储存功能，其内存容量可增至 4 KB。

1969 年，美国数字设备公司(DEC)依据“GM 十条”成功开发出了全球首台 PLC。通用汽车公司的自动化装配线尝试使用了这一创新设备，并且产生了明显成效。自此以后，PLC 技术迅速发展，成为工业控制领域的重要技术之一。

如前所述,20 世纪 60 年代末,首台 PLC MODICON84 面世并投产。20 世纪 70 年代,PLC 开始大规模地应用于汽车生产流程中。20 世纪 80 年代的发展中,PLC 日益完善,并大规模地运用了微电子处理器技术,使得 PLC 得以普遍使用。在 20 世纪 90 年代,IEC61131 - 3 工控编程语言的正式发布标志着 PLC 进入了第三个发展阶段,PLC 在此阶段实现了技术的创新。PLC 的系统架构已经从传统的单机模式演变成了拥有多 CPU、分布式及可远程操作的系统。在编程语言上,PLC 的编程语言变得更加多样化,包括图形化和文本化语言。这些编程语言提供了一个更具表达控制要求、通信能力及文字处理的环境。在实际运用中,人们不仅在持续推进机械制造的自动化生产系统的进步,还进一步扩大了 PLC 作为核心的 DCS、SCADA、FMS、ESD 等系统的使用,这些都在各个层面上增强了 PLC 的使用广度与质量。

随着技术的进步和市场需求的提高,PLC 的发展趋势呈现以下特点。

(1) 高速度、高性能、高集成度、小体积、大容量。

PLC 不断追求更快的处理速度、更强的性能,同时体积逐渐缩小,容量不断增加,以适应不断变化的工业自动化需求。

(2) 信息化和标准化。

PLC 的开放性和标准化是未来的发展方向,包括统一的编程环境、通信协议、数据处理等,以便更好地适应不同应用场景。

(3) 软 PLC。

软 PLC 作为一种趋势,将进一步提高 PLC 的灵活性和可扩展性。软 PLC 可以在通用计算机上运行,使其更容易集成到现有系统中。

3.1.2 可编程逻辑控制器的特点

PLC 技术的快速进步,不仅是因为工业自动化的实际需求,更重要的原因在于其多样的优势,能够很好地应对工业领域内广泛关注的可靠性、安全性、灵活性、便利性和经济性等问题。PLC 的主要特性包括以下几点。

(1) 可靠性高、抗干扰能力强。

PLC 的稳定性和抵抗干扰的能力是其主要的特性之一。PLC 的稳定运作周期可长达数十万个小时,这是因为 PLC 的内部设备及软件实施了多种防止干扰的策略,从而保证它们在工厂环境下依然可以稳定地操作。这种抗干扰能力对于保障系统的稳定性至关重要。

(2) 硬件方面。

在 I/O 接口电路中使用光电隔离成功地减少了外界干扰因素对 PLC 的损害,从而有利于维持 PLC 的输入与输出信息。通过使用各类型的滤波技术,能够去除或者抑制高频干扰。利用优质的导电和导磁材料来屏蔽 CPU 等关键部件,从而降低了空间电磁干扰。模块设置联锁保护和自诊断电路,意味着 PLC 能够自动检测故障并采取相应的措施,以确保系统的正常运行。

(3) 软件方面。

PLC 的扫描工作模式有效地降低了外部环境干扰所导致的故障,保证了系统按照预设的流程进行操作。

PLC 系统具有故障检测和自诊断程序,能够对系统的硬件电路进行检测和判断,以及时发现和解决潜在的问题。

在受到外部影响导致的问题发生后,PLC 能够迅速保留现有的关键数据,并且禁止所有非稳定的读取或写入行为。在外部条件稳定之后,系统能够回到故障发生之前的状态,并保持其原有的运行。

(4) 控制系统结构简单、通用性强。

为了满足工业控制的多样化需求,大部分 PLC 设计为模块化,以便于根据实际应用进行灵活配置。这些 PLC 通常包括模块化的 CPU、电源和 I/O 组件,通过机架和电缆互联。用户可以根据需求自由组合这些模块来达到所需的系统规模和功能。在硬件设计层面,用户需要设定 PLC 的配置及 I/O 通道的连接。PLC 控制系统的构建仅需将 I/O 信号连接至 PLC 端子,无须使用继电器等传统电子元件或复杂的接线。PLC 的 I/O 接口能够直接连接至交流 220 V 或直流 24 V 的负载,并且具备良好的负载驱动能力。

(5) 丰富的 I/O 接口模块。

PLC 具备处理各类工业信号的能力,这些信号包含了各种电流、电压、开关和模拟信号,还有各种电位和脉冲等。该系统能够利用对应的 I/O 模块,将其与工厂内的多个部分,如按键、传感器、电磁线圈、开关等进行联系,从而实现多样化的控制要求。

此外,为了增强操作性能和实现工业网络互联,PLC 配备了多样的人机交互和通信接口模块。这些模块可以支持用户进行有效的操作控制并组成工业局部网络。

(6) 编程简单、使用方便。

目前,梯形图语言是 PLC 编程的主流选择,因其与电气控制图的相似性而受到工程师的青睐。这种语言不仅直观易懂,还能够适应生产流程的变化,通过简单的现场编程进行调整。PLC 编程软件的易用性也使其得到了广泛应用。此外,为了解决具体问题,PLC 还提供了多种专用编程指令和编程方法,使得编程过程更加高效。

(7) 设计安装简单、维修方便。

PLC 替代了传统的电气控制系统,大幅度减少了控制柜的设计和连接工作量。故障率低,所需要的维修工作量小且简单。PLC 还具有自诊断功能,在出现问题时,通过指示信息能进行迅速的排除。

(8) 体积小、质量轻、能耗低。

PLC 的集成电路设计使其成为机电一体化中理想的控制设备,具有结构紧凑、体积小和低能耗的特点。

简而言之,PLC 是一种专门针对工业环境应用而制造的控制设备,其具备丰富的 I/O 接口及强大的驱动性能。PLC 的硬件和软件配置都需要根据具体的应用需求来进行选择和编程,这种灵活性能够让 PLC 适应各种不同的工业环境。

3.2 可编程逻辑控制器的工作原理

PLC 整合了计算机技术和继电器逻辑控制技术。PLC 在广义上被视为一种计算机系统,其运作原理与计算机的运作原理基本相同。然而,PLC 的任务执行方法与传统的计算机系统存在显著差异,它是通过循环扫描来运作的,并且使用串行方式来完成任务。

3.2.1 可编程逻辑控制器的等效电路

继电器控制系统由输入模块、逻辑电路和输出模块 3 个核心部分构成。输入模块主要用于接收各种开关及传感器的数据,而输出模块则用来展现电磁阀、接触器及指示灯等设备的运行情况。利用如继电器、计数器等元器件的触点按照一定的逻辑关系连接成逻辑控制电路部分,逻辑电路能够对输入的信息进行处理,同时也能够计算出相应的输出结果,从而完成控制工作。

PLC 系统也包括输入模块、逻辑电路及输出模块 3 个部分,然而其逻辑电路是通过软件来完成的,这使得它具有更强的灵活性和可编程性。以下将详细阐述它们的差异和关联,图 3.1 所示为典型的继电器启保停控制电路,其中的启动按钮(SF2)和停止按钮(SF1)为输入信号,而接触器线圈 QA 则为输出信号。硬件连接反映了信号间的逻辑关系,保证了信号的准确传输及操作的顺利执行。

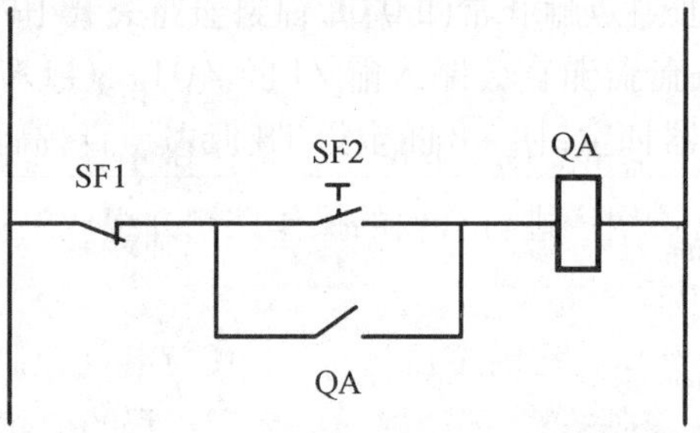

图 3.1　继电器启保停控制电路

图 3.2 所示为 PLC 等效电路,两个输入按钮信号通过 PLC 的连接端子进入输入接口电路。通过输出接口和输出端子,外部接触器线圈 QA 由输出信号驱动。用户编写的梯形图程序实现了输入与输出之间的逻辑关系。SF1 与 SF2 两个输入信号连接至I0.2 与I0.6 的输入接口,而 QA 则连接至 Q0.2 的输出接口。在执行梯形图过程中,I0.2 与 I0.6 的数据揭示了 PLC 的内部输入映像寄存器的情况,而 Q0.2 的数据则揭示了 PLC 的内部输出映像寄存器的情况。此外,映像寄存器的 ON 或 OFF 状态代表了对应的输入、输出接口的情况。在运行梯形图程序时,是由存储器中的位来表示的,而不是物理继电器,因此被称为"软元件"。"软元件"的触点可以在程序中重复使用,提供了极大的灵活性和便利性。

注意,在 PLC 的等效电路里,如果 SF1 的输入端子是常开触点,那么在用户程序中,I0.2 应设置为常闭触点;反之,假定 SF1 是常闭触点,I0.2 则需要调整为常开触点。

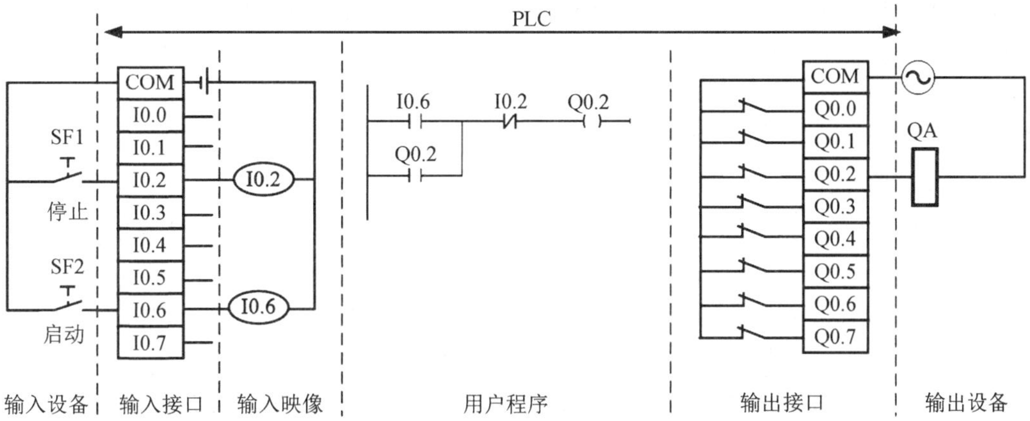

图 3.2　PLC 等效电路

3.2.2　可编程逻辑控制器的工作过程

PLC 的主要工作模式包括 RUN(运行) 和 STOP(停止) 两种。RUN 模式用于运行预定的程序,完成控制功能。而在 STOP 模式中,CPU 不运行用户程序,其利用编程软件创建并编辑用户程序,调整硬件功能,同时将用户程序和设置的信息下载到 PLC 中。

PLC 接通电源后,将会初始化系统的硬件和软件,然后在系统程序的监控下,按照一定的顺序,不断地执行系统内部的各项任务,这种循环运作的方式称为扫描工作方式。PLC 一旦接通电源或者从停止运行状态切换到 RUN 状态,CPU 将全面开始运行。

PLC 在运行状态下的周期包括 3 个基本阶段:输入采样、程序执行及输出刷新。

1.输入采样阶段

在每一轮的扫描周期开始之前,PLC 会逐一检查每一个输入接口,同时把所有输入设备当前的 ON/OFF 状态存储在对应的映像存储器中,以便程序能够访问。

在输入采样阶段结束后,输入映像寄存器的状态会更新,并且会持续不变,直到下一个循环的输入采样阶段才会进行重新更新。也就是说,当输入采集过程完成之后,若是外部设备的状况发生了变化,PLC 仅会在下一个扫描周期内进行检测。所以,接收到的信息的持续时长必须超过一个扫描周期,也就是说,接收到的信息的频次不应过高,否则可能导致信号的丢失。

2.程序执行阶段

PLC 在完成所有输入状态的采集之后,开始执行用户程序。用户程序是根据实际需求,采用编写的指令组成的,这些代码会按照一定的顺序排列在存储器里。若缺乏跳转指令,CPU 将根据系统监测程序的操作,以自顶向下、自左向右的方式逐一解析梯形图内的指令。在图 3.2 所示的梯形图中,CPU 会优先读取 I0.6 的当前输入映像寄存器状态,接着通过输出映像寄存器获取 Q0.2 的当前状态,并将这两个当前状态执行“或” 操作,最终的结果将被暂时保存下来;然后,CPU 会通过输入映像寄存器来读取 I0.2 常闭触点的当前状态,并且会把 I0.2 常闭触点的当前状态和之前暂存的数据做逻辑“与” 的计算;最后,该计算结果会传递给输出线圈 Q0.2，而它的 ON 或 OFF 状况会被储存在输出映像寄存器里，也就是说，它会对输出映像寄存器做一次更新。

一旦用户程序被执行或者扫描完毕，所有的输出映像寄存器状态将会被逐一更新，系统将进入下一个阶段，也就是输出刷新阶段。

3.输出刷新阶段

在输出刷新阶段，系统的监测程序会把输出映像寄存器的信息汇总后发送至输出锁存器，然后通过输出接口连接至输出端子，以此来驱动负载。在进入下一次的输出刷新阶段之前，输出锁存器的状态将保持不变，因此对应的输出端子的状态也将不变。

所以，循环扫描就是在执行程序的过程中，对各个步骤的输入信号进行采集，然后对这些采集到的信号进行计算和处理，最后将处理后的结果输出到 PLC 的输出端子。

4.PLC 的 I/O 滞后现象

PLC 的循环扫描工作模式具备诸多益处，如系统稳定、可靠等，然而它也存在一些缺陷，其中一个明显的问题就是输入与输出的响应会产生滞后。I/O 滞后时间也称为系统响应时间，即 PLC 的外界输入信号改变的一瞬间到其所控制的输出信号改变的一瞬间的时长。大部分的工业控制装置都能够允许这样的滞后，然而需要迅速反馈的设备，就要采取如立刻输入／立刻输出指令、高速计数器模块等能够脱离扫描周期的方法进行处理。

通过图 3.3 所示的输出滞后产生过程的案例探讨 I/O 滞后现象的成因。

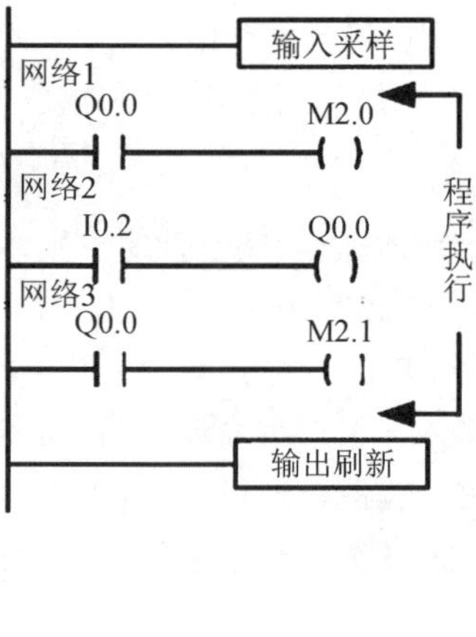

(a) 梯形图

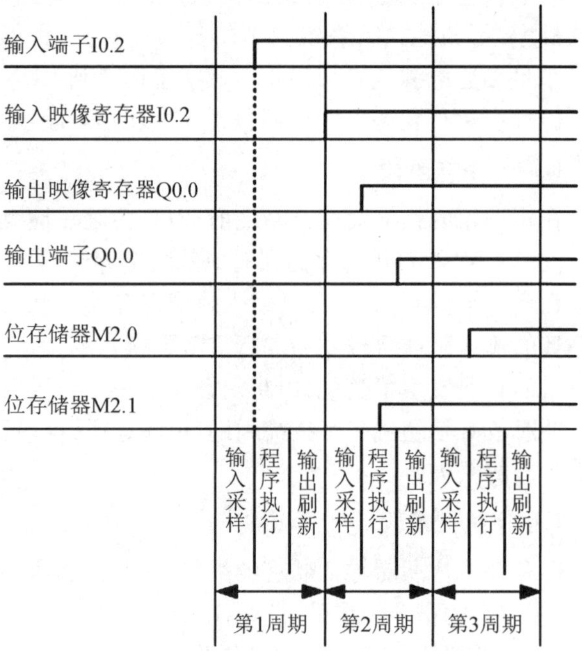

(b) 时序图

图 3.3　输出滞后产生的过程

图 3.3(a) 所示为梯形图,I0.2 代表的是连接到外部开关的输入信号;M2.0 与M2.1 构成了 PLC 内部的位存储器,它们的功能类似于中间继电器。Q0.0 作为输出信号,能够利用外部的输出端子连接负载。当 I0.2 的输入触点被闭合时,该程序将会接通M2.0、M2.1的线圈和 Q0.0 端子。图 3.3(b) 所示的时序图展示了该程序的执行过程。

当进入第 1 个扫描周期的输入采样时,I0.2 断开,则作为输入映像寄存器 I0.2 的状态变为 0。因此,这个周期中,M2.0、M2.1 位存储器及 Q0.0 输出映像寄存器的状态都保持为 0。

当进入第 2 个扫描周期的输入采样时,I0.2 闭合,则 I0.2 输入映像寄存器的状态设定为 1。在执行第 1 行指令时,由于输出映像寄存器 Q0.0 的状态为 0,因此 M2.0 的线圈保持不变。在执行第 2 行指令时,需要读取输入映像寄存器 I0.2 的状态,并确保线圈 Q0.0 的状态为 1,同时,输出映像寄存器的状态也应为 1。如果这样做,触点 Q0.0 将会闭合。在执行第 3 个指令时,触点 Q0.0 闭合,则 M2.1 线圈被设置为 1。当进入输出刷新阶段时,可把 Q0.0 输出映像寄存器的状态 1 传送到锁存器,以此来驱动负载。尽管线圈 M2.1 的状态设定为 1,但由于其作为一个内部组件,缺乏输出端子,因此无法直接连接到外部负载。

当进行第 3 个扫描周期的输入采样时,I0.2 闭合,则 I0.2 的输入映像寄存器的状态设定为 1。在执行第 1 行指令的过程中,由于前一个扫描周期的输出映像寄存器 Q0.0 的状态是 1,因此其常开触点闭合,从而将线圈 M2.0 设定为 1。在执行第 2 行指令的过程中,外部的输入信号并未改变,仍然在读取输入映像寄存器 I0.2 的状态,并且保持线圈Q0.0 的状态为 1。当执行第 3 行命令时,由于线圈 Q0.0 的状态是 1,因此触点 Q0.0 会闭合,从而确保 M2.1 线圈保持 1。在输出刷新阶段,如果输出映像寄存器 Q0.0 的状态仍然是 1,那么输出锁存器的状态就不会改变。

显然,由输入触点 I0.2 闭合至输出线圈 Q0.0 接通,该过程被延迟了一个多扫描周期。这种情况是由扫描的工作方式导致的,但是线圈 M2.0 接通却延迟了两个多扫描周期,这主要归咎于在编写程序的过程中,语句排列顺序不恰当。若将梯形图上的网络 1 和网络 2 进行位置互换,那么位存储器的线圈 M2.0 和线圈 M2.1 及输出线圈 Q0.0 就能够同时接通。

以下是影响输入和输出响应滞后的主要因素。

① 输入延时时间。输入滤波器时间常数是其主要影响因素。

② 扫描周期。PLC 的运行模式是循环扫描,这在根本上导致了输出响应滞后输入的问题。而且,扫描周期与编写的程序有关,如果扫描周期过长,那么输出滞后现象将变得更加明显。

③ 输出延迟时间。输出延迟时间主要是由输出继电器和其他执行设备的机械延迟造成的。

④ 程序语句的安排。在编写程序的过程中,如果语句的排列顺序不当,那么可能会导致输出响应滞后。

3.2.3 S7 - 1200 PLC 系统基本组成

1. S7 - 1200 PLC 硬件模块

S7 - 1200 PLC 作为西门子的一款小型 PLC，拥有 PROFINET 接口、卓越的集成工艺功能及高度的可拓展性等，能够在各类生产过程中提供便捷的通信与高效的解决方案，从而适应多样的自动化需求。

S7 - 1200 PLC 拥有极高的灵活度，使得用户能够依照个人需要来设计 PLC 的架构，同时其系统的扩展也非常方便。

2. CPU 模块

S7 - 1200 PLC 拥有 3 种不同的 CPU 模块(简称为 CPU)，如图 3.4 所示。CPU 模块由电源接口、位于上部保护盖下方的存储卡插槽、可以拆卸的用户连接线连接器、板载了 I/O 的状态 LED(发光二极管)，以及 PROFINET 以太网接口连接器组成。

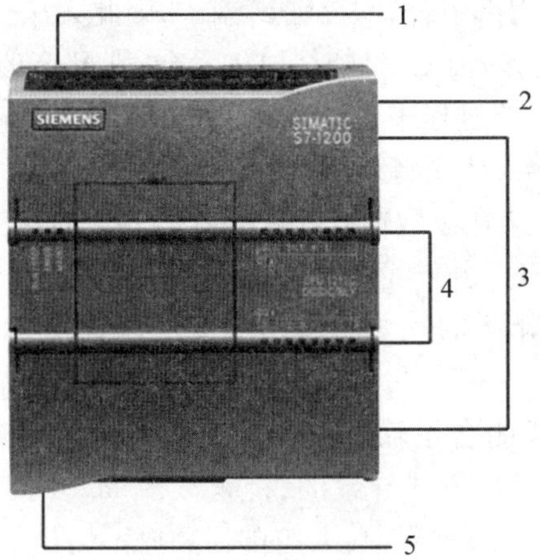

图 3.4 CPU 模块

1— 电源接口；2— 存储卡插槽；3— 用户连接线连接器；

4— 发光二极管；5—PROFINT 以太网接口连接器

(1) CPU 的共性。

① 24 V 的集成传感器 / 负载电源不仅可以供传感器和编码器使用，还能作为输入回路的电源。

② 2 点集成的模拟信号输入(0 ~ 10 V)，其输入电阻为 100 kΩ，具有 10 位分辨率。

③ PTO(2 点脉冲列) 或 PWM(脉冲宽度调制) 输出，其最大频率可达 100 kHz。

④ 执行每条位运算、字运算和浮点数数学运算指令的时间分别为 0.1 μs、12 μs 和 18 μs。

⑤ 最大的权限可允许 2 048 B 拥有断电保持功能的数据区域(包含位存储器、各个功能块的接口变量和全局数据块内的变量)。利用可选的 SIMATIC 存储卡，能够轻松地把程序传输至其他 CPU 上。此外，存储卡也能够进行各类文档的储存和所更新 PLC 系统固

件的储存。

⑥ 过程映像输入、输出各 1 024 B。DC 24 V 为数字量输入电路设置的额定电压，输入电流则为 4 mA。在状态 1 下，可以承受的最低电压/电流是 DC 15 V/2.5 mA，而在 0 状态下，可以承受的最高电压/电流是 DC 5 V/1 mA。当进行过程的输入信号处于上升沿或下降沿时，能够立即触发出中断输入。

DC/DC/DC 型 MOSFET 在 1 状态时，最低输出电压是 DC 20 V，而其输出的电流则是 0.5 A。在 0 的状态下，最高的输出电压是 DC 0.1 V。

⑦ CPU 有扩展 3 个通信模块和 1 个信号板的功能，并且可以通过信号板增加 1 路模拟量输出或数字量 I/O(2DI/2DO)。

⑧ 4 个时间滞后和循环中断，其分辨率达到 1 ms。

⑨ 硬件实时时钟的缓存时间典型值为 10 天，最小值为 6 天，25 ℃ 时的最大误差为60 s/月。

⑩ PROFINET 以太网接口的集合具备隔离功能，并且能够采用 TCP/IP 及 ISO - On - TCP 协议，支持 S7 通信功能，能够担任服务器与用户端的角色，其数据传输速度分别达到 10 Mbit/s、100 Mbit/s，能够建立最高 16 个连接。RJ - 45 连接器具备自协商和自动交叉网线(auto - cross - over) 功能。也就是说，无论使用一条直通网线还是交叉网线，CPU 与其他以太网设备或交换机都能够相互连接。

⑪ 可以使用梯形图和功能块图这两种编程语言。

⑫ 可以用 SIMATIC 存储卡扩展存储器。

⑬ 有 16 个参数自整定的 PID 控制器。

⑭ 通过使用可选的仿真器(如小开关板)，能够向数字量输入点发送输入信号以检测用户程序代码。

(2) CPU 的技术规范。

表 3.1 展示了 ST - 1200 CPU 的 3 种电源电压及输入、输出电压的版本。

表 3.1　S7 - 1200 CPU 的 3 种版本

版本	电源电压	DI 输入电压	DO 输出电压	DO 输出电流
DC/DC/DC	DC 24 V	DC 24 V	DC 24 V	0.5 A，MOSFET
DC/DC/Relay	DC 24 V	DC 24 V	DC 5 ~ 30 V， AC 5 ~ 250 V	2 A， DC 30 W/AC 200 W
AC/DC/Relay	AC 85 ~ 264 V	DC 24 V	DC 5 ~ 30 V， AC 5 ~ 250 V	2 A， DC 30 W/AC 200 W

图 3.5 所示为 CPU 1214C AC/DC/Relay(继电器) 的外部接线示意图。通常，人们会使用 CPU 内部的 DC 24 V(图中表示为 24 VDC) 电源作为输入回路，但在此情况下，需要移除外接的 DC 电源，将输入回路的 1M 端子与 24 V 电源的 M 端子相连，并将 24 V 电源的 L + 端子连接到外部接触点的公共端。

图 3.6 所示为 CPU 1214C DC/DC/DC 的外部接线示意图，其电源电压、输入回路电压及输出回路电压均为 DC 24 V。另外，还能利用内置的 DC 24 V 电源来进行输入。

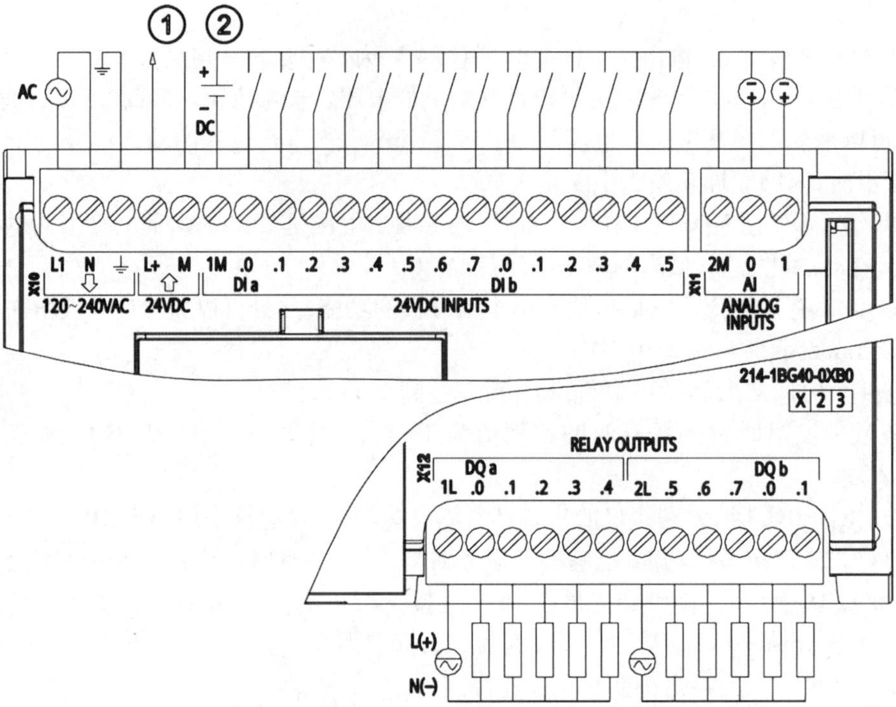

图 3.5　CPU 1214C AC/DC/Relay 的外部接线示意图

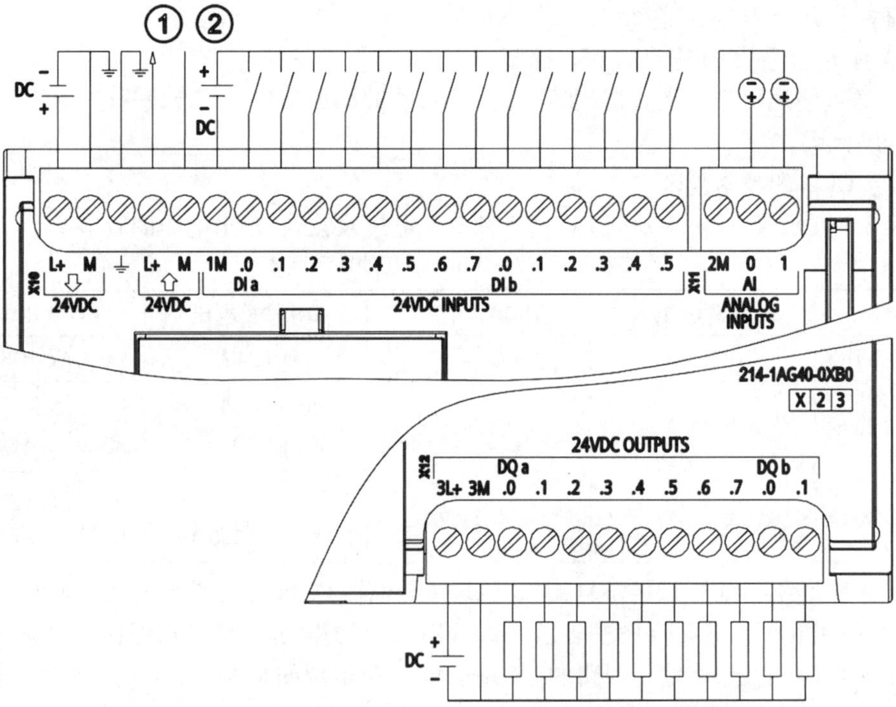

图 3.6　CPU 1214C DC/DC/DC 的外部接线示意图

(3) CPU 集成的工艺功能。

S7 - 1200 PLC 集合了高速计数和频率测量、高速脉冲输出、PWM 控制、运动控制及 PID 控制的特性。

① 高速计数器。S7 - 1200 PLC 上最多配备 6 个高速计数器,这些装置可以用来计数自增量式编码器及其他设备的频率信号,或者对过程事件实施高速计数。集成了 3 点的高速计数器的最大频率可以达到 100 kHz(单相) 或 80 kHz(AB 相信号的互差 90°)。其他点的最大频率是 30 kHz(单相) 或 20 kHz(AB 相信号互差为 90°)。

② 高速输出。S7 - 1200 PLC 搭载两个 100 kHz 的高速脉冲输出,在 PTO 模式时,能够产生 100 kHz 的 50% 的占空比的高速脉冲输出,使得步进电动机或伺服驱动器能够进行开环速度调节与定位控制,并且能够利用两个高速计数器来实现对高速脉冲输出的内部反馈。

③ PLC Open 运动功能块。S7 - 1200 PLC 能够通过步进电动机与伺服驱动器实现对开环速度与位置的调整。利用一个工艺对象与 STEP 7 Basic 里的 PLC Open 运动功能模块,便能够完成这项功能的配置。此外,它不仅具备回到起始点的功能,也提供了绝对位置、相对位置及速度的控制。

在 STEP 7 Basic 步骤中,驱动调试控制面板简化了步进电动机和伺服驱动器的启动和调试步骤。这个系统能够对每一个运动轴进行自动化和人工操作,并且能够实时提供诊断信息。

④ 用于闭环控制的 PID 功能。S7 - 1200 PLC 支持多达 16 个用于闭环过程控制的 PID 控制回路(S7 - 200 PLC 只支持 8 个)。

PID 控制器工艺对象与 STEP 7 Basic 的编程器能够实现这些控制回路的组态。此外,S7 - 1200 PLC 还具备 PID 参数自动调整功能,能够自动计算出增益、积分时间和微分时间的最优调节值。

3.信号板和信号模块

S7 - 1200 PLC 系列 CPU 为增加数字量或模拟量 I/O 点数可在右侧安装信号模块。CPU 1212C 的最大容量是 2 个信号模块,CPU 1214C、1215C 和 1217C 的最大容量是 8 个信号模块。所有 S7 - 1200 PLC 系列 CPU 左侧最多可配置 3 个通信模块,顶端配置 1 块信号板、通信板及电池板。

(1) 信号板。

① SB 1221 数字量输入信号板共有 2 种产品,即 4 点 DC 24 V 输入、4 点DC 5 V 输入,最高计数频率均为 200 kHz。

② SB 1222 的数字量输出信号板一共包括两种型号,分别是 4 点 DC 24 V 和 4 点 DC 5 V 输出,它们的最大计数频率都是 200 kHz。

③ SB 1223 的数字量 I/O 信号板一共包含 3 种类型,分别是 2 点输入 /2 点输出 DC 24 V、2 点输入/2 点输出 DC 24 V 200 kHz、2 点输出 DC 24 V 200 kHz 及 2 点输入/2 点

输出 DC 5 V 200 kHz。

④ SB 1231 的模拟量输入信号板配备了 1 路 12 位的输入，能够测量电压和电流，其输入为 ±10 V、±5 V、±2.5 V 或 0 ~ 20 mA。

⑤ SB 1231 型热电偶与热电阻的模拟量输入总计 2 款，也就是 1 路 16 位热电偶与 1 路 16 位热电阻，这两款产品都具备多种量程范围，包括 0.1 ℃/0.1 ℉ 及 15 位 + 符号位。

⑥ SB 1232 的模拟量输出信号板具备 1 路可以输出 12 位电压与 11 位电流的功能，其输出可达 ±10 V，并且可以在 0 ~ 20 mA 进行调整。

⑦ CB 1241（RS485）信号板配备了一个 RS485 接口。

⑧ BB 1297 电池板，可以进行实时时钟长期备份。

（2）数字量 I/O 模块。

标准的 35 mm DIN 导轨能轻松地放置数字量 I/O 模块，同时还配备了易于拆卸的接线连接器，无须再次进行接线就能快捷地替换组件。S7 - 1200 PLC 控制器能够执行 I/O 映射区的读取和写入，这样就能够实现主从架构的分布式 I/O 应用。

① SM 1221 数字量输入模块共有 2 种产品，即 8 点 DC 24 V 输入、16 点 DC 24 V 输入。

② M 1222 的数字量输出模块包含 5 种类型，分别是 8 点 DC 24 V 输出、16 点 DC 24 V 输出、8 点继电器输出、16 点继电器输出及 8 点继电器输出（双态）。

（3）模拟量 I/O 模块。

在工业控制过程中，常常需要获取压力、温度、流量等模拟参数，也有 PLC 发送模拟量输出信号来操作电动机、变频器、电磁阀等执行部件的情况。CPU 仅能做数字量处理，因此，在工业自动化领域，需要将模拟量转换为标准的电流或电压信号，PLC 再通过模/数（A/D）转换器将它们转换成数字量，带正负号的电流或电压在 A/D 转换后用二进制补码表示。

4.通信板和通信模块

S7 - 1200 PLC 具有 PROFIBUS、PROFINET、AS - i、RS232/RS485、PtP、USS、Modbus 和 I/O - Link 等通信功能。CM 通信模块与 CP 通信处理器的作用是扩展 CPU 的通信接口，这些模块能够让 CPU 支持 PROFIBUS、RS232/RS485（适合 PtP、USS、Modbus）和 AS - i 主站。CPU 是通过 GPRS、LTE、IEC、DNP3 或 WDC 网络与通信处理器连接的。

（1）集成的 PROFINET 接口。

PROFINET 是一种工业以太网驱动的开放式现场总线。PROFINET 接口集成在 S7 - 1200 PLC 中，可以用于编程、HMI 通信和 PLC 之间的通信。另外，它也利用开放的以太网协议来实现与其他设备的通信，包括 TCP、UDP、ISO - on - TCP、Modbus TCP 和 S7 等通信协议。

RJ45 连接器集成 PROFINET 接口，具备自动交叉网线（auto - cross - over）的功能，能够提供 10/100 Mbit/s 的数据传输速率，并且最大可以连接 23 个连接。

① 3 个连接用于 HMI 与 CPU 的通信；

② 1 个连接用来实现编程设备(PG) 和 CPU 之间的通信；

③ 8 个连接用于开放式用户的编程通信，可用于 S7 - 1200 PLC 之间的通信，以及 S7 - 1200 PLC 与 S7 - 300/400 的通信；

④ 3 个连接可以用于 S7 通信的服务器端连接，并且能够与 S7 - 200、S7 - 300/400 的以太网 S7 进行通信。

⑤ S7 通信客户端可以通过 8 个连接进行通信，这些连接可以与 S7 - 200、S7 - 300/400 的以太网 S7 进行通信。

(2) PROFIBUS 通信。

PROFIBUS 现场总线是一种开放式的现场总线标准，它既是欧洲现场总线 EN50170 标准，又是国际现场总线 IEC61158 标准。PROFIBUS 拥有 DPPA 与 FMS 这 3 个可兼容的组成部分，使其成为唯一可以完整地涵盖工业生产与流程控制的现场总线，并且 PROFIBUS 也被认为是全球使用最广泛的现场总线。

(3) 点对点 PtP 通信。

S7 - 1200 PLC 通过点对点通信，可以直接将信息发送到打印机等外部设备，或者从条码阅读器 RFID 读写器和视觉系统等设备中获取信息。

S7 - 1200 PLC 能够通过 CM 1241 RS485 通信模块和 CB1241 RS485 通信板，利用通用串行接口协议(UUS) 指令来实现与众多驱动器的通信，也能通过 Modbus 指令来连接多个设备。

(4) AS - i 通信与通信模块。

AS - i 是一种广泛采用的、结构简单且价格低廉的现场总线，这种方式利用一条拥有高柔性与高可靠性的单一电缆将现场的传感器与执行器相互连接，形成了 AS - i 现场总线网络。AS - i 系统自身具备相对独立的运行能力，也能够通过连接单元与多个现场总线和通信系统相互连接。AS - i 是单主多从式网络，支持总线供电。通过 CM 1243 - 2 主站，AS - i 网络可以与 S7 - 1200 PLC 的 CPU 相互连接。

(5) 远程控制通信与通信模块。

通过 GPRS 通信处理器 CP 1242 - 7，S7 - 1200 PLC 能够与中央控制站、远程站、移动设备、编程设备及实用的开放式用户通信设备等进行无线通信，从而达到简洁的远程监控功能。

(6) I/O - Link 主站模块。

I/O - Link 是一种应用在传感器/执行器领域的点对点通信接口。I/O - Link 主站模块 SM1278 拥有 4 个 I/O - Link 端口，SM1278 用于连接 S7 - 1200 PLC 的 CPU 和 I/O - Link 设备，既可以作为通信模块使用，也可以作为数字量信号模块使用。

3.3　S7 - 1200 PLC 硬件安装及规范

S7 - 1200 PLC 的尺寸相对较小，安装起来也比较方便，能够有效地利用空间。S7 -

1200 PLC 的安装方式包括水平和垂直放置于面板和标准导轨上，具体如图 3.7 所示。

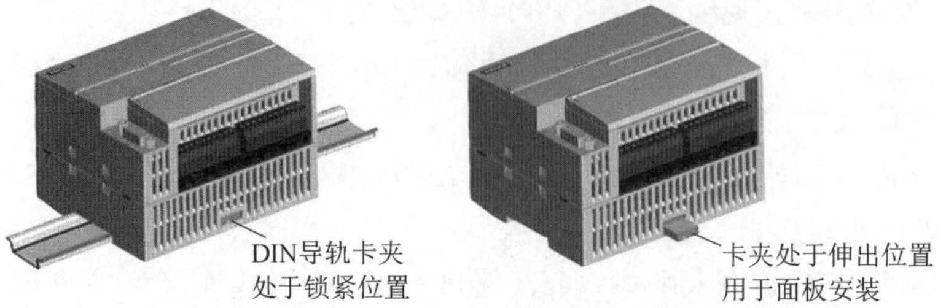

图 3.7　S7 - 1200 PLC 的安装方式

S7 - 1200 PLC 安装时要注意以下几点。

① 在安装或拆卸 S7 - 1200 PLC 模块时，确保没有电源连接在模块上，还要确保已关闭所有相关设备的电源。

② 将 S7 - 1200 PLC 与热辐射、高压及电噪声设备分离。

③ S7 - 1200 PLC 采用自然对流冷却方式。为了保证适当冷却，要确保其安装位置的上、下部分与邻近设备之间至少留出 25 mm 的空间，并且 S7 - 1200 PLC 的 CPU 与控制柜外壳之间的距离至少为 25 mm（安装深度）。

④ 在使用垂直安装的情况下，其所能承受的最高环境温度需要比水平安装的情况下减少 10 ℃，此时必须保证 CPU 位于最底部。

⑤ 在设计 S7 - 1200 PLC 系统的布局时，需要预留充足的空间以便于接线和通信电缆的连接。安装 S7 - 1200 PLC 的预留空间如图 3.8 所示。

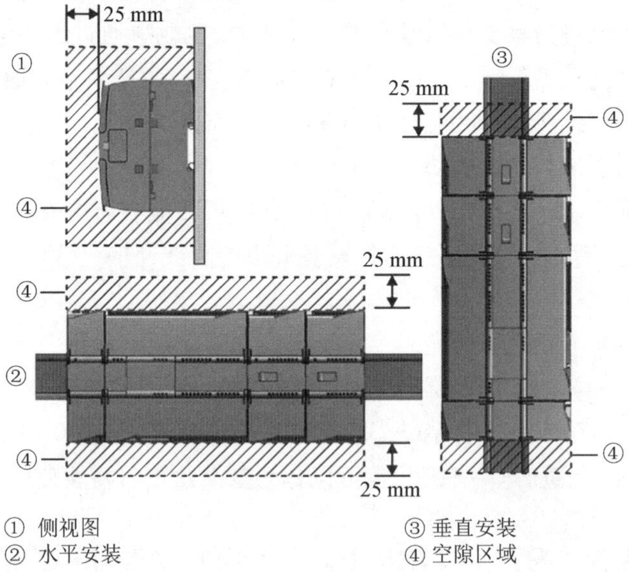

图 3.8　安装 S7 - 1200 PLC 的预留空间

3.4　S7 - 1200 PLC 程序结构与程序设计

3.4.1　组织块

根据程序功能的不同,组织块主要分为下列类型。

1.程序循环组织块

当 CPU 进入 RUN 模式时,程序循环组织块会循环运行,用户可以创建具体的控制程序,以便调用其他程序组织单元。该系统能够使用多个程序循环组织块,并且按照编号由小到大的顺序进行。OB1 作为默认的程序循环组件,具备主程序的功能,而其他的程序循环组件的标识符则会被自动给定,其编号起始于 123。

2.启动组织块

当 CPU 的运行模式从 STOP 转变为 RUN 时,启动组织块会被执行一次,之后就不会再执行。启动组织块主要负责进行系统的初始化,使用者能够创建一个初始化的程序。执行启动组织块之后,接着执行程序循环组织块 OB1。该程序能够拥有多个启动组织块,其默认的编号是 OB100,而其他的启动组织块的编号应该不小于 123。

3.延时中断组织块

延时中断组织块在经过一个指定的时间间隔后执行相应的 OB 中的程序,CPU 支持 4 个延时中断 OB,可通过调用 SRT_DINT 指令启动,需要提供 OB 编号、延时时间,当到达设定的延时时间时,系统将启动相应的延时中断 OB。延时中断组织块的编号必须为 20 ~23,或大于等于 123。

4.时间中断组织块

时间中断组织块在某个特定日期或时间发生一次,也可以根据一分钟、一小时、一天、一个星期、一个月、一整年等的循环周期来进行。仅当程序首次启动时间中断组织块,并且在程序内部有调用组织块的情况下,才能进行时间中断组织块的操作。时间中断组织块的标识符从 OB10 开始,但数量上限是 2 个。

5.循环中断组织块

循环中断组块在特定的时间间隔内执行,主要是为了定期监测模拟量的输入。循环中断事件优先级超过程序循环事件,并且一个循环事件仅能与一个循环中断组织块相联系。在用户程序中,最多的可允许 4 个循环中断组织块或者是延迟中断组织块使用,而 OB 标识符则是以 OB30 为起点。

6.硬件中断组织块

当特定的硬件事件发生时,PLC 的操作系统会暂停正在执行的主程序或其他程序,立即跳转到相应的硬件中断组织块中执行程序代码。在设备组态中,系统有权利启动硬件事件并分配组织块编号。一个硬件中断组织块仅能被赋予一个事件,然而一个硬件中断组织块却可以分配给多个事件。毫无疑问,用户能够利用 ATTACH 指令在程序里分配和连接硬件中断组织块。

7.时间错误中断组织块

CPU 特性设定了最大的循环时间,如果程序运行的时间超出了这个限制,或者出现了时间错误的情况,那么程序会使用时间错误中断组织块 OB80。

8.诊断错误中断组织块

OB82 作为一个能够对诊断错误做出响应的中断组织块。在启动诊断错误中断后,如果发现没有用户电源、超过了上下限、断路等问题,那么诊断错误中断组织块会中断执行程序。如果要使 CPU 在接收到诊断错误信息后启动 STOP 模式,那么可以在诊断错误中断 OB 里加入一个 STOP 指令,从而让 CPU 启动 STOP 模式。

9.拔出或插入模块组织块

OB83 是系统用于响应对模块拔出或插入操作的中断组织块,以下情况将产生拔出或插入模块事件:

① 拔出或插入一个已组态的模块;

② 扩展机架中不存在已组态模块;

③ 扩展机架中模块与已组态模块不相符;

④ 在扩展机架中插入了能够与已组态模块匹配的模块,但该组态不允许替换值。

⑤ 模块或子模块发生参数化错误。

发生拔出或插入模块相关事件时,系统将执行拔出或插入模块组织块。在未对该组织块进行编程的情况下,无论已组态并且未禁用的分布式 I/O 模块出现何种状况,CPU 都会自动切换到 STOP 模式。

10.机架或站故障组织块

OB86 是操作系统用于响应机架或站故障的组织块。CPU 在识别到分布式机架或站有问题或者通信中断的情况下,会开始执行机架或站故障组织块。在未对该组织块进行编程的情况下,CPU 将始终保持在 RUN 模式。

3.4.2 功能和功能块

所有的功能和功能块,都是由使用者创建的子程序或者带形式参数的函数,并且能够被其他程序块(OB、FC 和 FB) 调用。

1.功能 FC

FC 一般用作执行特定功能的代码块,这些功能可以执行标准和可重复的任务,例如数学运算和工艺功能等。FC 的功能与子程序相似,只有在其他程序被调用时才会执行,这样可以简化程序代码并缩短扫描时间。它能在程序中的多个位置被多次调用,因此简化了对频繁重复任务的编程,从而实现了模块化编程。

FC 并不具备相关的背景数据块 DB,因此对于需要计算的临时数据,FC 选择了使用局部数据堆栈。块变量声明表能够定义临时变量,一旦 FC 操作完毕,这些暂存的数据将被丢失。为了长期保存数据,必须在 FC 中把输出值赋给共享数据块或者位存储区。

2.功能块 FB

功能块 FB 与 FC 类似,用户程序中的每个 FB 都具有一个或多个背景数据块,常用于编写功能复杂的任务。调用 FB 时,需要指定背景数据块,调用时背景数据块自动打开,并可在程序中或通过人机界面接口访问这些背景数据。CPU 运行 FB 块,并将块的 I/O 参数及局部静态变量储存在背景数据块内;在 FB 执行结束之后,CPU 将返回至调用该 FB 块的代码块内。FB 实例值被存储在背景数据块中,以便从一个扫描周期到下一个扫描周期快速访问它们。调用同一个 FB 块的不同背景数据块,可以控制不同的设备。FC 和 FB 可用于结构化编程,通过临时变量声明表定义形参实现。在这里,Input 代表输入参数,Output 代表输出参数,InOut 代表输入 / 输出变量,Temp 是临时变量,Constant 是符号变量,而 Return 则是一个返回变量。

3.4.3　数据块

数据块(DB)的功能是存储数据、传递数据、优化程序结构,其中数据被转换为变量的形式储存,可以利用这些变量的存储地址和数据类型保证数据的唯一性。数据块共两种,分别为全局数据块和背景数据块。全局数据块用来存储程序中代码块的数据,无论是 OB、FB 还是 FC 都能够获取全局数据块的数据信息。背景数据块用来存储某些特定的功能块参数及静态数据,但是所有的代码块都有权力访问背景数据块里的数据信息。程序调用功能块时,可为之分配已创建的背景数据块,当然也可定义新的数据块。

在没有任何指令的情况下,STEP 7 会根据变量产生的次序自动分配地址,而数据单元则会根据字节来进行寻址,其最大长度则取决于 CPU 的类型。在创建数据块的过程中,其默认状态为"优化的块访问"。并且,在这些数据块内部,所有的变量属性是非保持的。组态时,用户可根据需要定义变量数据类型、启动值和保持等属性。

3.4.4　PLC 用户程序设计

1.项目变量表

单击左侧栏的 PLC 变量文件夹,然后双击下拉表中的"默认变量表",如图 3.9 所示,接着依次输入变量的名称、数值类型及地址等相关信息。单击名称或地址单元向上或向下的三角形,可按名称、变量地址对变量分别进行升序排列或降序排列。

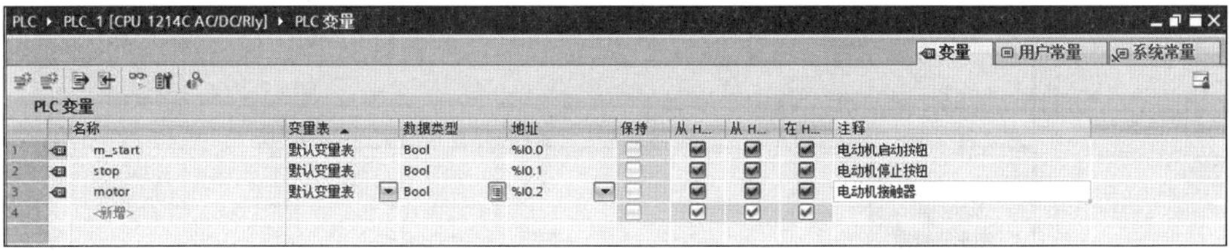

图 3.9　定义默认变量表

单击工具栏上的按钮,打开如图 3.10 所示的保持性存储器对话框,可设置从 MB0 开始的存储器、T0 开始的定时器、C0 开始的计数器等具有保持性的功能单元,从而起到

断电保持作用。

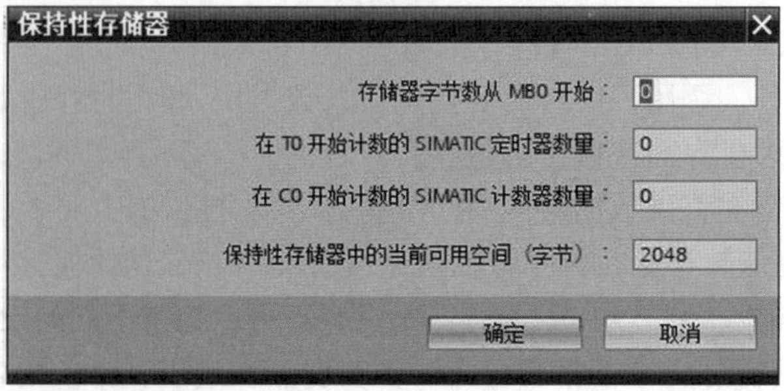

图 3.10　保持性存储器

单击变量名称的前面的按钮，会从左侧的底部显示一个深蓝色的矩形。如果按住鼠标的左键不动，并且向下滑动鼠标，就能够在空白行中迅速创建多个相同数据类型的变量，而且这些变量的名称和地址会自动排序递增。

2.输入程序

在项目树的“程序块”文件夹内双击“Main[OB1]”主程序块，然后在块中创建梯形图程序。图 3.11 中选中程序段 1 中的水平线，依次在编辑器上方快捷按钮或收藏夹中单击或拖动常开触点 、常闭触点 和线圈 指令，水平线从左到右进行排列，双击 <??> 输入地址。然后，选中左边的母线，依次使用 、 和 ，生成与 I0.0 触点并联的 Q0.0 触点。

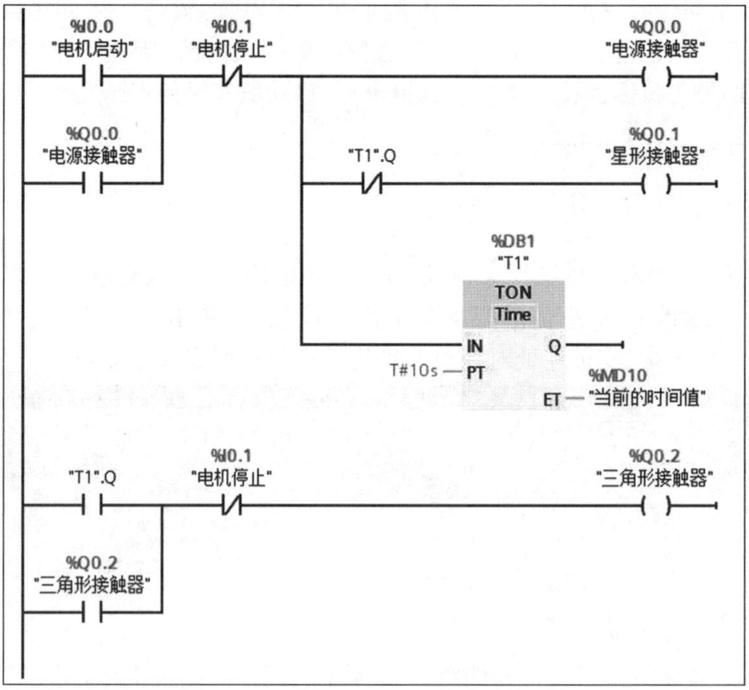

图 3.11　程序梯形图

FB 功能块包括 S7 - 1200 PLC 定时器和计数器,它们都需要创建并设置相应的背景数据块。在程序里添加延时定时器,如图 3.12 所示。将数据块的名字更改为 T1,同时自动生成了背景数据块 DB1。在定时器 PT 端,输入预设值 T#10 s,而定时器的输出位则被标记为“T1”.Q。

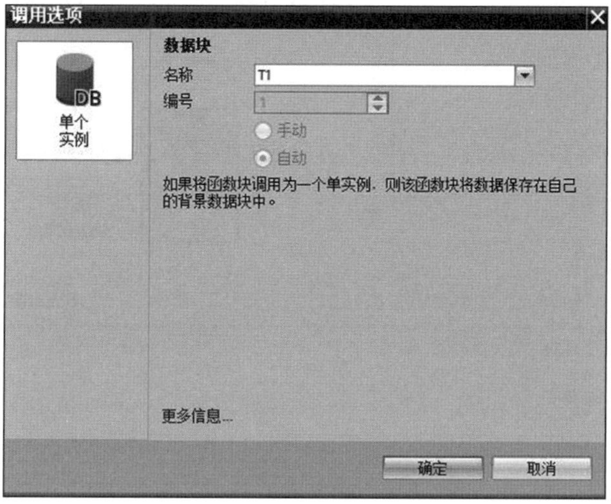

图 3.12　调用延时定时器实例

3.4.5　程序的调试、运行监控与故障诊断

两种对用户程序进行调整的方法:程序状况和监控表(watch table)。

通过程序状态监视程序的运行,能够看到程序内的操作数值和网络的逻辑计算结果(RLO),并能识别出用户程序的逻辑错误。此外,也能对一些变量的值进行调整。通过监控表,可以监视、修改和强制用户程序或 CPU 内的所有变量。

1.用程序状态功能调试程序

(1) 启动程序状态监视。

启动程序状态监视,首先打开需要监视的代码块,然后在程序编辑器工具栏上单击按钮。只有在重新下载项目且当在线和离线的项目完全匹配时,才能启动程序状态功能。当程序进入在线状态时,最顶部的标题栏会变成橘红色。

(2) 程序状态的显示。

程序状态从选中的网络开始显示。梯形图中绿色连续线表示有“能流”流过,即状态满足,如图 3.13 所示。蓝色点状线表示没有能流流过,即状态不满足;灰色连续线表示状态未知或程序没有执行;黑色表示没有连接(程序中可见)。

常开触点和线圈分别用蓝色点状线和绿色连续线来表示 Bool 变量的 0 和 1 状态,常闭触点则相反。

进入程序状态之前,梯形图中的线和元件全部为黑色,状态未知。启动程序状态监视后,梯形图左侧竖直的“电源”线和与它连接的水平线均为连续的绿线,表示有能流从“电源”线流出。有能流流过的处于闭合状态的触点、方框指令、线圈和“导线”均用连续的绿色线表示。

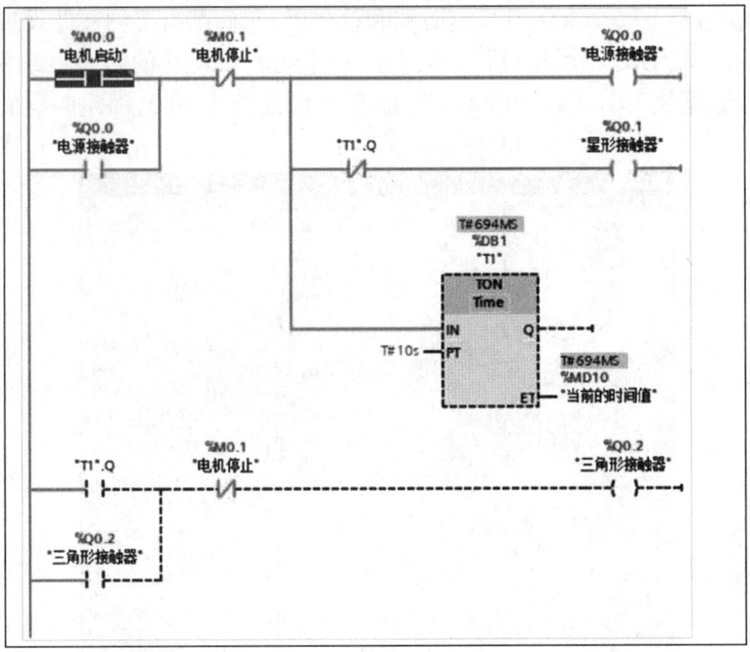

图 3.13　程序状态监视

(3) 程序状态监视应用举例。

PLC 的输入端 I0.0 的小开关被连接后,I0.0 的常开触点接通,从而让 Q0.0 和 Q0.1 的线圈得以通电并保持(图 3.14)。TON 的 IN 输入端会有能流流过,并启动定时。当 TON 的当前时间值从 0 逐渐升高,直至达到 PT 设定的 8 s 时,定时器的 Q 输出将会转换为 1,

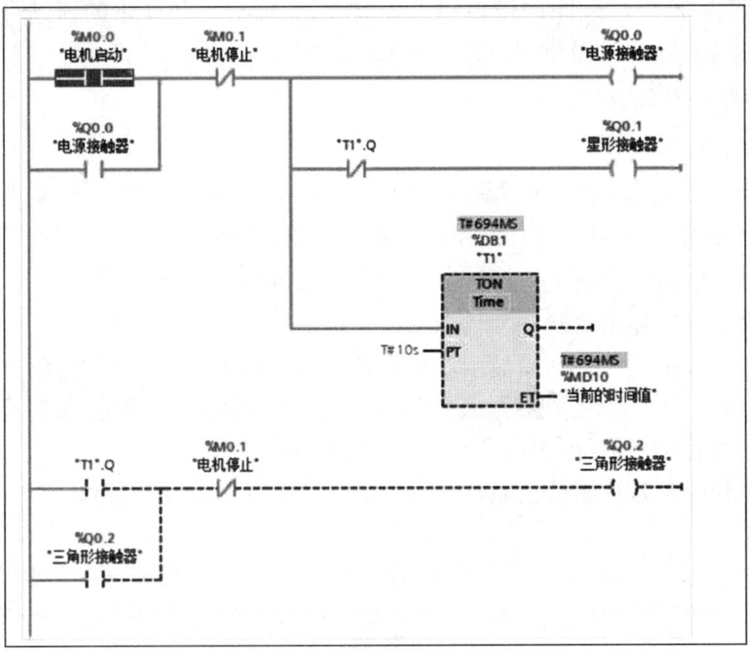

图 3.14　程序状态监视举例 1

M10.0 的线圈将会通电，Q0.2 的线圈通电，同时 Q0.1 的线圈断电（图 3.15），电动机由星形接法切换到三角形接法运行。

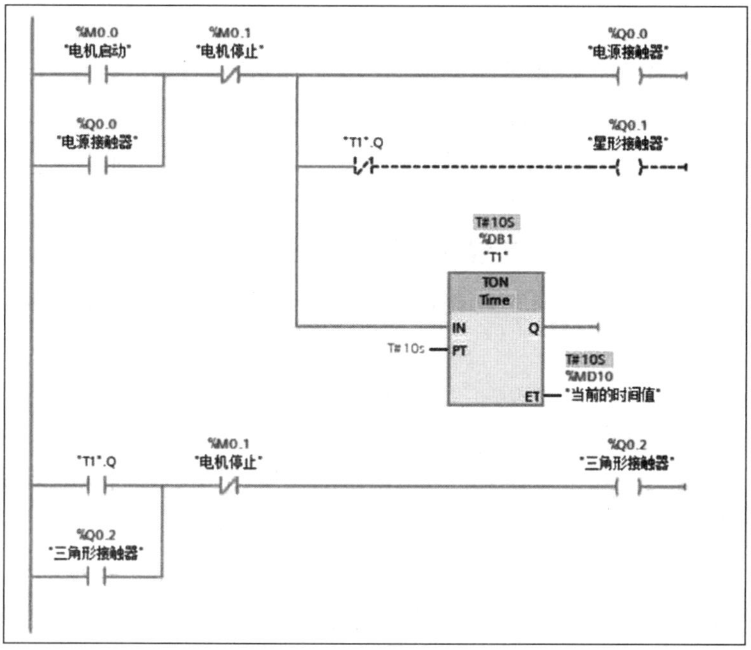

图 3.15　程序状态监视举例 2

当 I0.1 的小开关被连接时，I0.1 常闭触点断开，Q0.0、Q0.1 和 Q0.2 断开，定时器 TON 的 IN 输入端的能流消失，TON 被复位，其输出位 Q 变为 0 状态，M10.0 的线圈断电。

2.用监视表监视与修改变量

通过监视表可有效地同步观察到所有与该程序功能相关的变量状态。更具体地说，通过监控表，能在工作区内同步监视、修改和强制用户所关注的所有变量。在监视表中，能够赋值或显示的变量包括过程映像（I 和 Q）物理输入（I:P）和物理输出（Q:P），位存储器 M 和数据块 DB 内的存储单元。

（1）监视表的功能。

① 监视变量：显示用户程序或 CPU 中变量的当前值。

② 修改变量：将固定值赋给用户程序或 CPU 中的变量，这一操作有可能对编程的最终结果产生影响。

③ 对物理输出赋值：为 CPU 的所有输出点 Q 设置固定值，这种方式能够在系统处于停机状态的情况下进行，能够被应用到硬件调试过程中的接线检查。

④ 强制变量：为物理输入、输出点设置一个固定值，使得用户编写的代码无法改变强制变量的值。

⑤ 能够选择在执行扫描周期的初始阶段、终止阶段或者切换至停止阶段时，读取和写入变量的值。

(2) 用监视表监视和修改变量的基本步骤。

① 生成新的监视表或打开已有的监视表,生成要监视的变量,编辑和检查监视表的内容。

② 构建计算机和 CPU 的硬件联系,并将用户代码导入 PLC。

③ 将 PLC 由 STOP 模式切换到 RUN 模式。

④ 用监视表监视、修改或强制变量。

(3) 生成监视表。

打开项目树中 PLC 的“监控与强制表”文件夹,双击其中的“添加新的监控表”,生成一个新的监视表,并在工作区自动打开它。一台 PLC 可以创建多个监视表,能够将相关的变量纳入同一个监视表中。

(4) 在监视表中输入变量。

在监视表“名称”列输入“PLC 变量表”中已定义的变量名称或地址,则变量名称或地址自动显示在“地址”列中。如果输入了错误的变量名称或地址,错误单元下方会显示红色背景的错误提示框。

(5) 监视变量。

在与 CPU 建立在线连接之后,通过单击工具栏的按钮,可以开启监控功能,并在“监视值”一栏中列出变量的实际值。如果触发条件设为“全部监视”,再次单击该按钮,将关闭监视功能。

3.用监视表强制变量

(1) 强制 CPU 中的变量值。

通过监视表为用户程序的每一个变量设置固定值,这种方式为监视表强制变量(Force)。当 CPU 建立在线连接时才可进行强制,S7 - 1200 系列 PLC 仅具备强制物理 I/O 点的功能。当进行用户程序测试时,可以利用强制 I/O 点来模拟实际条件。当描述物理输出点时,强制值被送给输出过程映像,输出值被强制值覆盖,强制值在物理输出点出现,并且被用于过程。

用户程序运行时不会改变被强制的变量设定值,此时被强制的变量只能读取,不能用写访问来改变其强制值。当输入和输出点受到强制后,无论是编程软件的关闭,还是编程设备与 CPU 的在线连接被切断,甚至是 CPU 断电,这些强制值都会一直存储在 CPU 内部,只有当它再处于在线状态时,才会通过编程软件来终止强制功能。

(2) 强制的操作步骤。

① 在监视表中输入物理输入点 I0.0:P 和物理输出点 Q0.0:P。

② 将 CPU 切换到 RUN 模式。

③ 单击工具栏上的按钮,启动监视功能。

④ 单击工具栏上的按钮(图 3.16),监视表出现标有“F”的强制列。

图 3.16　用监视表强制 I/O 变量

⑤ 在 I0.0:P 的"Value" 列输入 1,单击其他地方,1 变为 TRUE。

⑥ 用"F" 列的复选框选中该变量(复选框内打钩),复选框的后面出现中间有叹号的黄色三角形,表示需要强制该变量。工具栏上的  按钮变为深色,表示可以强制变量。

⑦ 执行 "强制所有" 命令,启动所有在"F" 列激活了强制功能的变量的强制。

4.诊断缓冲区

诊断缓冲区包含由 CPU 或具有诊断功能的模块所检测到的事件和错误等。

所有的系统诊断事件都被记录在CPU 的诊断缓冲区中,同时CPU 的每一次模式切换也会被计入其中。当发生一个诊断事件时,所有条目都将与其相对应,提供该事件发生的具体日期、时间、类别及详细描述。

S7 - 1200 PLC 最多能够储存 50 个条目,这些条目根据时间顺序进行排列,最近的事件位于最顶端。填满日志后,新的事件将取代日志中最初的事件,当电源中断时,事件保存。

在项目树中单击"在线和诊断",打开"在线诊断" 对话框,单击"转到在线" 按钮,系统转为在线连接状态。单击"诊断缓冲区" 项,查看诊断缓冲区的内容。通过利用诊断缓冲区,能够了解 CPU 的最近操作,并能够对 CPU 的综合运行情况做出评估与判断。

习题与思考题

3.1　从 PLC 的定义中能读取哪三方面的重要信息?

3.2　PLC 主要有什么技术特点?

3.3　PLC 按照 I/O 点数量怎么进行分类? 每一类特点是什么?

3.4　PLC 按照结构形式怎么进行分类? 每一类特点是什么?

3.5　构成 PLC 的主要部件有哪些? 各部分的作用是什么?

3.6　简述 S7 - 1200 PLC 的硬件构成。

3.7　S7 - 1200 PLC 的 CPU 有哪些共性?

3.8　S7 - 1200 PLC 的 CPU 集成了哪些工艺功能?

3.9　S7 - 1200 PLC 支持哪些类型的通信? 使用的各种通信功能模块是什么?

3.10　S7 - 1200 PLC 有几种编程语言,各有什么特点?

3.11　TIA 博图软件有哪两种视图?

3.12　怎样设置数字量输入点的上升沿中断功能?

3.13　使用系统存储器默认的地址 MB1,M1.0 ~ M1.3 各自有什么功能?

3.14　在符号名为 Pump 的数据块中生成一个由 10 个整数组成的一维数组，数组名为 Press。此外，生成一个由 Bool 变量 Start、Stop，以及 Int 变量 Speed 组成的结构，结构的符号名为 Motor。

3.15　I0.0:P 和 I0.0 有什么区别，为什么不能写外设输入点？

3.16　怎么切换程序中地址的显示方式？

3.17　程序状态有什么优点？什么情况应使用监控表？

3.18　修改变量和强制变量有什么区别？

第4章　S7－1200 PLC基本指令及程序设计

4.1　S7－1200 PLC编程基础

4.1.1　编程语言

PLC的编程语言和使用方法在不同的公司，甚至是同一家公司的不同系列中都有显著的差异，这给工业自动化领域实现互换性、互操作性和标准化带来了巨大的困扰。IEC SC65BWG7团队制定的可编程逻辑控制器标准IEC61131是目前唯一用于工业控制系统的编程语言规范。现在，越来越多的工业控制产品制造商推出了满足IEC61131－3标准的PLC指令系统或者在计算机上运行的软件包，使得PLC向开放和标准化方向持续发展。

IEC61131－3明确了5种编程语言：梯形图（ladder diagram，LD）、功能块图（function block diagram，FBD）、指令表（instruction list，IL）、结构化控制语言（structured control language，SCL）及顺序功能图（sequential function chart，SFC），这些编程语言的编写技巧各异，用于满足各种控制任务和领域的需求。其中，梯形图、顺序功能图和功能块图是图形表达语言，主要用于面向应用的控制任务的描述。

1.梯形图

梯形图是使用最为广泛的一种编程语言。由于其与继电器控制系统的电路图类似，且具有直观性、简单性、易于理解性，因此电气人员及工程师能够轻松掌握，从而在各个领域中被大量采纳。

梯形图由触点、线圈和功能指令框组成的程序段构成，用户可为程序段加上标题和注释。图4.1所示为典型的梯形图，触点表示输入逻辑，如按钮开关、行程开关、接近开关和内部软元件触点等；线圈表示输出逻辑，常用来控制接触器、继电器、电磁阀、指示灯等负载，以及内部软元件线圈等；定时器、计数器、比较器及各种功能指令一般用方框表示。

梯形图左右两侧垂直的线称为母线，左边母线假想为电源“火线”，右边母线假想为电源“零线”，母线之间是触点逻辑关系和线圈输出。就像一个继电器，当输入端子接通时，常开触点闭合；当输入端子断开时，常闭触点闭合，常开触点断开。如I0.0代表电动机启动按键，I0.1代表电动机停止按键。当启动按键I0.0被触发时，“能流”会通过闭合的I0.0常开触点，以及I0.1常闭触点，从左向右流向线圈，这样Q0.0线圈就会得电并自锁。需要注意的是，梯形图中的能流并非真实存在的电流，内部的继电器也并非真实存在的继电器，引入“能流”的概念可以帮助用户更深入地理解和分析梯形图。实际上，“能流”在梯形图中并不存在。

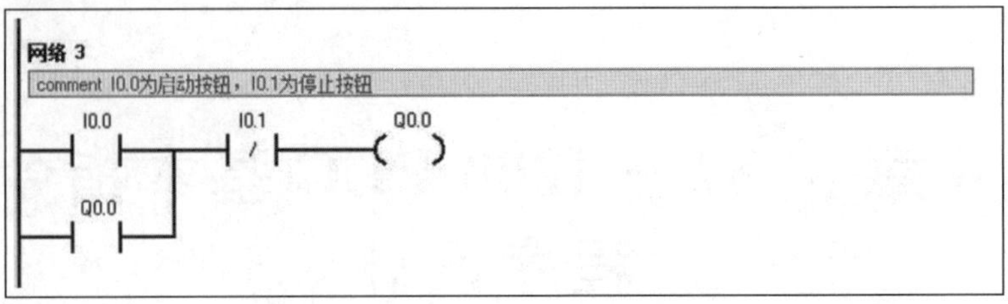

图 4.1　典型的梯形图

2.功能块图

功能块图同样属于一种图像处理的编程语言。如图 4.2 所示，功能块图的逻辑表达式是建立在布尔代数的图形逻辑基础上的，采用了类似与门、或门的方框来描述逻辑运算的关系。方框的左侧代表输入变量，而右侧则代表输出变量。指令框具有一些较为复杂的功能，信息从左到右进行传递，逻辑性强且易于理解和应用。在功能块图程序段内，STEP 7 并未对指令的行数和列数设定限制。所以，在对于拥有数字逻辑电路知识的设计师中得以广泛应用。

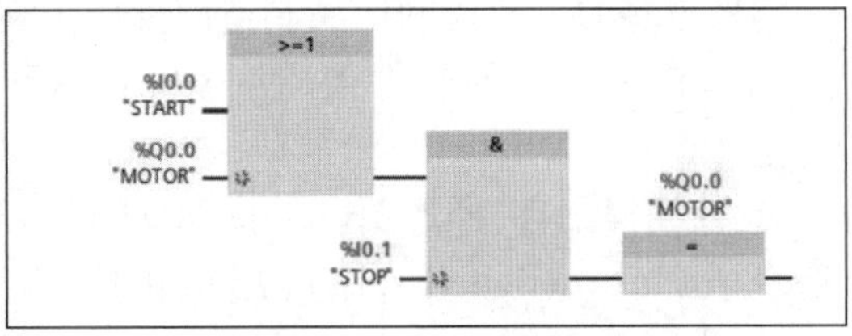

图 4.2　功能块图举例

3.指令表

指令表使用助记符来编写程序，它是面向机器的低级语言。尽管指令表并不直观显示，但是其运作效率极高。对于一些梯形图和其他几种编程语言无法描述的 PLC 程序，人们需要依赖于语句表，甚至在复杂的运算、中断等情况下，人们也会选择使用这种方式。大多数 PLC 编程系统提供指令表语言，一般 PLC 程序的梯形图和语句表可相互转换。

4.结构化控制语言

结构化控制语言是用结构化描述文本来描述程序的一种编程语言，采用类似于 Pascal 的高级语言进行编程。结构化控制语言通常应用在执行其他语言无法达成的控制任务上。然而，这种语言的使用需要具备一些计算机高级语言的知识和编程技术，这对项目设计者的要求较高，而且它的直观性和可操作性也不足。通过结构化的文本，人们可以描绘出功能、功能块和程序的运行情况，同时也可以在顺序功能图中展示步、动作和转换的行为，应用于控制任务和复杂的计算。

结构化控制语言能够支持 STEP 7 的块结构，并且可以将 LAD 和 FBD 编写的程序块整合到结构化控制语言编写的程序块中。结构化控制语言指令采用了标准的编程运算符，如赋值(：=) 和算术功能(＋－ ＊／)。结构化控制语言采用了标准 Pascal 程序来进行操作,包括 IF - THEN - EISE、CASE、REPEAT - UNTIL、GOTO 及 RE - TURN。结构化控制语言能像 Pascal 一样提供条件处理、循环和嵌套控制结构,因此在结构化控制语言中可比梯形图或功能块图更轻松地实现复杂的算法。

5.顺序功能图

顺序功能图通过定义在任一事件内启动、禁止或结束控制过程的动作,非常清晰地描述了程序流向,并将控制任务分解为可按顺序执行、并行执行和循环执行的部分,以控制其整体执行。

4.1.2　数据类型

数据类型用于指定数据元素的大小和格式,具体包括位、字节、字、双字、整型、浮点数、日期、时间、字符、数组、结构、指针等数据类型。

通常,在定义变量和运用指令、功能、功能块的过程中,每个指令参数至少能支持一种数据类型,有些参数可以支持多种数据类型。只需将光标移动到指令的参数区域上方,就能看到指定参数所支持的数据类型。表 4.1 所示为 S7 - 1200 PLC 基本数据类型的属性。

表 4.1　S7 - 1200 PLC 基本数据类型的属性

分类	数据类型	符号	位数	数值范围	常数和地址示例
位	布尔型	Bool	1	FALSE/0 或 TRUE/1	TURE
位序列	字节	Byte	8	16#00 ~ 16#FF	16#12
	字	Word	16	16#000 ~ 16#FFFF	16#1235
	双字	DWord	32	16#00000000 ~ 16#FFFFFFFF	16#12345678
整型	无符号短整型	USInt	8	0 ~ 255	223
	短整型	Sint	8	- 128 ~ 127	123, - 123
	无符号整型	UInt	16	0 ~ 65 535	65 292
	整型	Int	16	- 32 768 ~ 32 767	12 356
	无符号双整型	UDInt	32	0 ~ 4 294 967 295	4 042 322 160
	双整型	DInt	32	- 2 147 483 648 ~ 2 147 483 647	- 2 131 754 992

续表4.1

分类	数据类型	符号	位数	数值范围	常数和地址示例
浮点数	浮点数	Real	32	±1.175495e－38～±3.402823e＋38	123.456
	长浮点数	LReal	64	±2.2250738585072014e－308～±1.7976931348623158e＋308	12345.123456789e40
日期和时间	时间	Time	32	T#24d20h31m23s648ms～T#24d20h31m23 s647ms	T#1d_2h_15m_30 s_45ms
	日期	Date	16	D#1990－1－1～D#2167－12－31	D#2019－12－13
	实时时间	TOD	32	TOD#0:0:0.0～TOD#23:59:59.999	TOD#10:30:10.400
	长格式日期时间	DTL	12B	DTL#1970－01－01－00.00:00.0～DTL#2262－04－11－23:17:16.854775807	DTL#2007－12－15－20:30:20.250
字符	字符	Char	8	16#00～16#FFF	‘A’‘t’‘@’ ‘ä’‘∑’
	16位宽字符	WChar	16	16#0000～16#FFFFF	‘A’‘t’‘@’ ‘ä’‘∑’,以及亚洲字符、西里尔字符和其他字符
	字符串	String	n＋2B	n＝(0～254 B)	“PLC”
	16位宽字符串	WString	N＋2B	n＝(0～65 534 B)	“123@163.COM”

1.位和位序列

位数据类型为布尔型(Bool),其中Bool变量的1和0用TRUE(真)和FALSE(假)来表示。字节地址与位地址共同组成了位地址。

字节(Byte)共有8个数据位,如I2.0～I2.7组成输入字节IB2。

字(Word) 是由两个相邻的字节构成的,如图 4.3 所示的 MW200 是由 MB200 和 MB201 两个字节构成的。在 MW200 里,M 代表的是位存储器,W 代表的是字。

双字(DWord) 是由两个相邻的字构成的,如图 4.3 中的 MD200,它是由 4 个字节 MB200 ~ MB203,或者 2 个字 MW200、MW202 构成的,D 代表双字。MB200 代表 MD200 的最高位字节,MB203 代表 MD200 的最低位字节。

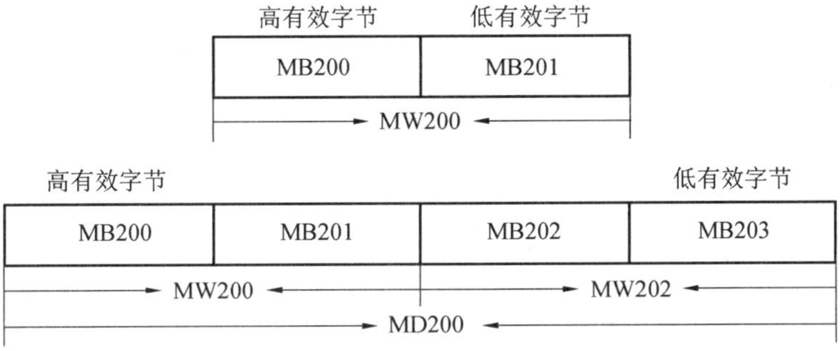

图 4.3　字节、字与双字

(1) 整型。

整形有 6 种主要的形式:无符号短整型、短整型、无符号整型、整型、无符号双整型、双整型。SInt(short int) 为 8 位短整型,Int 为 16 位整型,DInt(double int) 为 32 位双整型,UInt(unsigned int) 为无符号整型,不带 U 为有符号整型。

当符号整型是正数时,其最高位为 0;反之,当符号整型为负数时,其最高位为 1。整体以补码的方式呈现,其中正数的补码代表其自身。然而,当遇到负数时,必须把值取反加 1,这样才能获得绝对值和其一致的负数的补码。

(2) 浮点数。

浮点数也称实数的浮点数,可以划分为 32 位单精度浮点数(Real) 与 64 位双精度数(LReal) 两种形式,其中最高位均为符号位,而且其末尾的整数部分都保持为 1。

单精度浮点数包含 1 位标识位、8 位指数及 23 位小数,其精确度可达 6 位有效数字。双精度数具有 1 位符号位、11 位指数及 52 位小数,其精确度可达 15 位有效数字。

(3) 时间与日期。

Time 数据是一种有符号的双整数存储,其单位是毫秒,而其最大表示时间可以达到 24 天。可以采用日期、小时、分钟、秒和毫秒的格式,也可以不设定所有的时间单位。如 T#1h10 s 和 600 都是有效的。

Date 数据是无符号整数的储存,其目的是获取指定日期,编辑器的格式必须设定为年、月和日。

TOD(TIME_OF_DAY) 数据是无符号双整数存储,其意思是从指定日期的 0 时开始计算的每一个毫秒,其格式需设置为小时、分钟或秒。

DTL(长格式日期和时间) 数据类型采用 12 个字节的结构来储存日期和时间的信息,并且可以在临时存储器或者数据块中设定 DTL 数据。

(4) 字符。

Char 在存储器中占一个字节,可存储以 ASCII 格式(包括扩展 ASCII 字符代码) 编码的单个字符。

WChar 在存储器中占用一个字的空间,包含任何双字节的字符表示方式。

String 用于存储单字节字符的字符串。在 S7 - 1200 PLC 中,String 类型的字符串每个字符占用 1 个字节,字符串的最大长度通常可达 254 个字符(不包括字符串长度字节)。它存储的字符编码通常基于 ASCII 或类似的单字节编码方案,适合存储和处理英文字符等单字节字符数据。

WString 用于存储字字符的字符串。每个字字符通常占用 2 个字节,WString 类型的字符串可以存储 Unicode 字符集中的字符,能够处理包括中文、日文、韩文等各种语言的字符,其最大长度也可达 254 个字字符。

(5) 数组。

数组是由数目固定且数据类型相同的元素组成的数据结构。可以在 DB、OB/FC/FB 接口区、PLC 数据类型处定义;无法在 PLC 变量表中定义。

命名数组的格式为:Array[lo..hi]of Type,其中 lo 代表数组的起始下标,hi 代表数组的结束下标,数组下标的数据类型是双整数,可以通过局部变量或全局变量来设定上下限值,但下限值必须小于或等于上限值。Type 代表数据种类,涵盖了除数组和 Variant 以外的所有种类。数组元素必须是同一数据类型,维数最多为 6 维,不允许使用嵌套数组或数组的数组。

(6) 结构。

结构(Struct) 是一种由多个不同数据类型元素组成的数据类型。可以是基本的数据类型,也可以是复杂的数据类型(数组、结构),又或者是 PLC 数据类型,这种数据类型可以被嵌套到 8 层。

2.PLC 数据类型

PLC 数据类型(UDT) 是可自行定义且可在程序中多次使用的数据结构。通过“PLC 数据类型” 中的“添加新的数据类型”,就能够创建 PLC 的数据类型。

在数据块编辑器里,用户可采取相同的方式来定义 PLC 的数据类型,一旦确定,它们就可以在用户程序中作为一种数据类型使用,也可以在程序中作为一个变量整体使用,或者单独使用该变量的元素。

3.指针

(1) Pointer 指针。

Pointer 指针指向特殊变量,共占用 6 个字节,包含 DB 编号、CPU 存储器和变量地址等信息。字节 0 ~ 1 用来存放数据块编号,若数据未存储在数据块中,则字节 0 ~ 1 值为 0。字节 2 用来表示 CPU 中的存储区。16 位字节地址由字节 3 ~ 5 组合而成,3 位地址用字节 5 的低 3 位表示。用户可以使用指令声明以下 3 种类型的指针。

① 区域内部的指针。区域内部的指针包含变量的地址数据,如 P#20.0。

② 跨区域指针。跨区域指针包含存储区中数据及变量地址数据,如 P#M20.0。

③DB 指针。DB 指针包含数据块编号及变量地址,如 P#DB10.DBX20.0。

输入时可省略 P#,编译时将自动转换为指针格式。存储区的编码见表 4.2 Pointer 指针的存储区编码所示。

表 4.2　Pointer 指针的存储区编码

十六进制代码	数据类型	说明
b#16#81	I	输入存储区
b#16#82	Q	输出存储区
b#16#83	M	位存储区
b#16#84	DBX	数据块
b#16#85	DB	背景数据块
b#16#86	L	局部数据
b#16#87	V	主调块的局部数据

(2) ANY 指针。

ANY 指针指向数据区的初始位置,同时设定了它的长度。ANY 指针利用了存储器的 10 个字节的空间,这些空间涵盖了如数据类型、重复因子、数据块、存储区及初始地址等相关信息。指针无法检测 ANY 结构,只能将其分配给局部变量。如 P#DB10.DBX20.0 BYTE20 代表 DB10 的 20 个字节,起始于 DB20,DB 的编号是 10,数据元素的数量是 20,而数据类型的编码则是 b#16#02(Byte)。在 ANY 指针里数据类型的编码可以在表 4.3 中找到。

表 4.3　ANY 数据类型编码

十六进制代码	数据类型	说明
b#16#00	Null	Null 指针
b#16#01	Bool	位
b#16#02	Byte	字节,8 位
b#16#03	Char	字节,8 位
b#16#04	Word	字,16 位
b#16#05	Int	16 位整数
b#16#37	Sint	8 位整数
b#16#35	UInt	16 位无符号整数
b#16#34	USInt	16 位有符号整数
b#16#06	DWord	双字,16 位
b#16#07	DInt	32 位双整数
b#16#36	UDInt	32 位无符号双整数
b#16#08	Real	32 位浮点数
b#16#0B	Time	时间
b#16#13	String	字符串

（3）Variant 指针。

Variant 指针可指向不同数据类型的变量或参数，只出现在除 FB 静态变量以外的 OB、FC 和 FB 接口区。

Variant 类型的实参是一个可以指向不同数据类型变量的指针。它可以指向基本数据类型，也可以指向复杂数据类型、UDT 等。

Variant 数据类型的操作数不占用背景数据块或工作存储器中的空间，但是将占用 CPU 上的装载存储器的存储空间。

调用某个块时，可以将该块的 Variant 参数连接任何数据类型的变量。除了传递变量的指针外，还会传递变量的类型信息。该块中可以利用 Variant 的相关指令，将其识别出并进行处理。

Variant 指向的实参可以是符号寻址，也可以是绝对地址寻址，还可以是形如 P#DB1.DBX0.0 BYTE 10 这种指针形式的寻址。

① 使用符号地址方式的 Variant 指针示例：MyTag 操作数，DB1.Stuct.Pressure1。

② 使用绝对方式的 Variant 指针示例：操作数 %MW10，P#DB1.DBX10.0 INT12。后者被设定为一个地址区，其初始位置是 DB1.DBW10，包含 12 个连续的 Int 整数变量。

（4）访问一个变量数据类型的片段。

用户能够依据大小规模，通过位、字节或字进行 PLC 变量和数据块变量的访问，而双字变量则可以按位 0 ~ 31、字节 0 ~ 3 或字 0 ~ 1 进行访问。字符数据可以通过 0 ~ 15 的位置、0 ~ 1 的字节或者 0 来访问。字变量按位 0 ~ 15、字节 0 ~ 1 或字 0 访问；字节变量则按位 0 ~ 7 或字节 0 访问。访问变量数据片段的语法如下所示：

①" < PLC 变量名称 >".xn（按位访问）；

②" < PLC 变量名称 >".bn（按字节访问）；

③" < PLC 变量名称 >".wn（按字访问）；

④" < 数据块名称 >". < 变量名称 >.xn（按位访问）；

⑤" < 数据块名称 >". < 变量名称 >.bn（按字节访问）；

⑥" < 数据块名称 >". < 变量名称 >.wn（按字访问）；

4.访问带有一个 AT 覆盖的变量

利用 AT 变量的覆盖，能够通过一个不同的数据类型的覆盖声明来访问标准访问块中已经声明的变量。如可以通过 Array of Bool 寻址数据类型为 Byte、Word 或 DWord 变量的各个位。

5.数据类型转换

（1）显式转换。

显式转换的含义是利用已有的转换指令来实现各种数据类型的转换，其中的指令种类繁多，如 CONV、T - CONV、S - CONV 等。

（2）隐式转换。

在执行命令的过程中，若令形参与实参的数据类型有所差异，那么转换就会被程序自动完成。若形参与实参的数据类型兼容，那么将会自动进行隐式转换。

4.1.3　存储器与地址

1.装载存储器

装载存储器主要用于非易失性的存储用户程序、数据和组态。当项目被下载至 CPU 时,CPU 首先会把程序保存在装载存储区中。

CPU 均配备了内部装载存储器,同时也能利用外部的存储卡来实现这一功能。若插入了存储卡,CPU 会选择这张卡来作为装载存储器,尽管新插入的卡可以提供更多额外的空间,但外部装载存储器的大小也不能超过内部装载存储器的大小。

2.工作存储器

易失性存储器也称为工作存储器,其主要功能就是在运行用户程序的过程中保存用户项目的一部分信息。CPU 在执行用户程序时会将一些项目内容从装载存储区复制到工作存储区。断电后工作存储区中的内容会丢失,且不能扩展。

3.系统存储器

系统存储器用于存放系统程序的操作数据。S7 - 1200 PLC CPU 的存储器被划分成多个地址区,这些地址区涵盖了过程映像输入区(I)、外设输入区(I_:P)、过程映像输出区(Q)、外设输出区(Q_:P)、位存储区(M)、临时局部存储区(L) 和数据块存储区(DB)等,详细信息见表 4.4。

表 4.4　系统存储器的各存储区

存储区	描述	强制	保持性
过程映像输入区(I)	在扫描周期开始时从物理输入复制到过程映像输入	无	无
外设输入区(I_:P)	立即读取 CPU、SB 和 SM 上的物理输入点	支持	无
过程映像输出区(Q)	扫描周期开始时将过程映像输出中的值复制到物理输出	无	无
外设输出区(Q_:P)	立即写人 CPU、SB 和 SM 上的物理输出点	支持	无
位存储区(M)	控制和数据存储器	无	支持
临时局部存储区(L)	存储块的临时局部数据,仅在该块的本地范围内有效	无	无
数据块存储区(DB)	数据存储器,同时也是 FB 的参数存储器	无	支持

(1) 过程映像输入 / 外设输入区。

①I 是过程映像输入的标记,CPU 只会在每次扫描周期的循环 OB 开始前,对物理的输入点进行采样,并将这些值写入过程映像输入区。用户能够根据位、字节、字或者双字来访问过程映像输入区的数据,如 I0.1、IBO、IW0 和 IDO。编程编辑时会自动在绝对操作数前插入 %,这样就可以对过程映像输入进行读写操作,但是过程映像输入通常为“只读”。

② 需要在输入点地址后面附加“P” 的立即指令,能够不受扫描周期的限制,立刻获取 CPU、SB、SM 或分布式模块的数值和模拟量输入。

③I_:P 访问直接从被访问点而非过程映像输入获得数据,这种访问称为“立即读” 访问,不会影响存储在过程映像输入中的相应值。

④I_:P 的物理输入点直接从现场设备获取数据值，因此无法对这些数据进行写访问。然而，与可读写的 I 访问有所区别的是，I_:P 的访问方式是只读。

⑤I_:P 的访问只能针对单个 CPU、SB 或 SM 所能支持的输入大小。

(2) 过程映像输出／外设输出区。

①Q 作为过程映射的输出标识符，在扫描周期完成时，会把这个过程映射输出的值转换成物理输出，然后通过该输出来驱动外部的负载。过程映像输出同样可按位、字节、字或双字寻址访问，如 Q0.1、QB0、QW0 或 QD0。过程映像输出允许读访问和写访问。

② 在输出地址的末尾增加“:P”，就能够在无须考虑扫描周期的情况下，迅速将其写入 CPU、SB、SM 或分布式模块的物理数字量和模拟量输出。

③Q_:P 访问除了将数据写入过程映像输出映像，还直接写给被访问的外设输出点而不必等待过程映像输出的下一次更新，这种访问称为“立即写” 访问。

④Q_:P 的输入端口能够直接操作和它相关的现场设备，因此无法对这些数据进行读访问。然而，与可读写的 Q 访问有所区别的是，Q_:P 的访问方式是只写。

⑤I_:P 访问一样，Q_:P 访问也受到硬件支持的输出长度的制约。

(3) 位存储区。

位存储区的标识符是 M，它是存储中间数据或者其他控制信息的区域，并且可以进行读取和写入操作。存储器的位存储区能够根据位、字节、字或双字进行访问，如M10.0、MB10、MW10、MD10。

(4) 临时局部存储区。

临时局部存储区的标识符为 L，主要用于存储代码块被处理时使用的临时数据，代码块执行完成后，CPU 重新分配临时存储区，以用于执行其他代码块。临时局部存储区与位存储区的主要区别是位存储区全局有效，而临时存储区局部有效。

(5) 数据块存储区。

在数据块存储区，可以存储操作的中间数据、功能块的控制信息参数、定时器及计数器等功能指令所需数据结构等各种类型的数据。在程序执行结束或者数据块停止运行的情况下，数据块内的数据并未被覆盖，这与临时局部存储区有所不同。

标准 DB 中既可采用绝对地址访问，也可采用符号访问，如 MyDB.start 为符号访问，MyDB 为数据块的符号名称，start 为数据块中定义的命令；DB1.DBW2 为绝对地址访问，DB1 指明了数据块 DB1，W 表示寻址一个字长，寻址的起始字节为 2，即寻址的是 DB1 数据块中的数据字节 2 和字节 3。优化 DB 的变量没有绝对地址，仅能使用符号访问。

4.保持性存储器

保持性存储器是非易失性存储器。在断电状态下，CPU 会利用保持性存储器来储存用户存储单元的值，重新供电时，再次恢复这些保持性值。CPU 最大可支持 10 240 个字符的保持性数据，以下步骤能够使这些数据设定为保持性数据。

(1) 位存储器。

位存储器始终从 MB0 开始向上连续贯穿指定的字节数。

(2) 功能块 FB 的变量。

若 FB 被定义为优化块的访问类型,那么该接口编辑器将包含保持列,这个列里能够对每一项变量进行单独的保持、非保持或者是在 IDB 配置。IDB 的设置仅限于调整背景 DB 接口编辑器中某个变量的保持状态。若 FB 被视作非优化块的访问方式,那么这个接口编程器就无法涵盖保持列,唯一的作用就是定义所有变量的保持属性。

(3) 全局数据块的变量。

若 DB 优化的块访问属性被激活,那么就能够调整每一个单独变量的保持性状态。若未启动 DB 优化的块访问特性,仅可以设置 DB 内部的所有参数,以确定其是否具备断电保持特征。

4.1.4　寻址方式

寻址方式就是根据数据存放单元的地址找到该数据,或是根据一个指定的地址将一个数据存放到该处。

S7 - 1200 PLC 的 CPU 中可以按位、字节、字和双字对存储单元进行寻址。

仅有 0 和 1 两种数值的二进制数位(Bit):能够表示出数字量的两种不同状况,如触点的断开与接通、线圈的断电与通电等。

一个字节(Byte) 由 8 位二进制数组成:其中第 0 位为最低位,第 7 位为最高位。

一个字(Word) 由两个字节构成:其中第 0 位是最低位,第 15 位是最高位。

一个由两个字构建的双字(DWord):其中的第 0 位为最低位,第 31 为最高位。

在 S7 - 1200 PLC 的 CPU 中,各个存储部件均采用字节作为单位,位数据的寻址由字节地址和位地址组成,如图 4.4 所示的 IB3.2 区域:I 代表了输入继电器,字节地址为 3,“.”作为字节与位地址之间的分隔符,位地址为 2。此类存取方式称为“字节.位” 寻址方式。

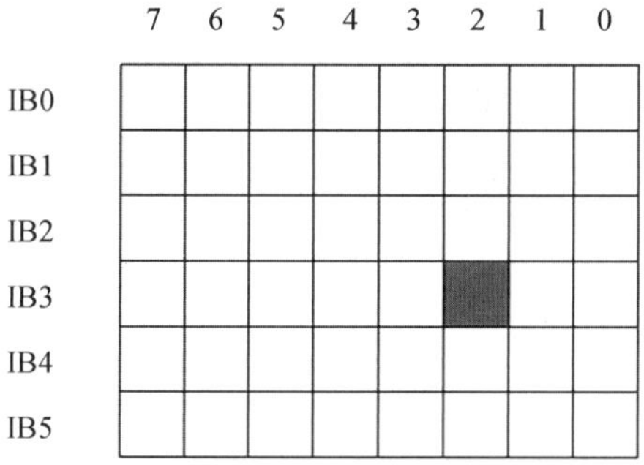

图 4.4　“字节.位” 寻址方式示意图

对字节、字和双字数据的寻址时需指明区域标识符、数据类型和存储区域内的首字节地址。如 MB10 代表了一个由 M10.7 ~ M10.0 位(高位地址在前,低位地址在后) 构成的 1 个节点,M 是标志位存储区域的标记符,B 代表字节(B 是 Byte 的简称),10 则是初始字节的地址。两个相邻的字节组成了一个字,MW10 代表 MB10 与 MB11 组成的 1 个字,M 为标志位存储区域标识符、W 表示字(W 是 Word 的缩写)、10 为起始字节的地址。MD10 表示由 MB10 ~ MB13 组成的汉字,M 为标志位存储区域标识符、D 表示双字(D 是 DWord 的缩写)、10 为起始字节的地址。位、字节、字和双字的构成示意图如图 4.5 所示。

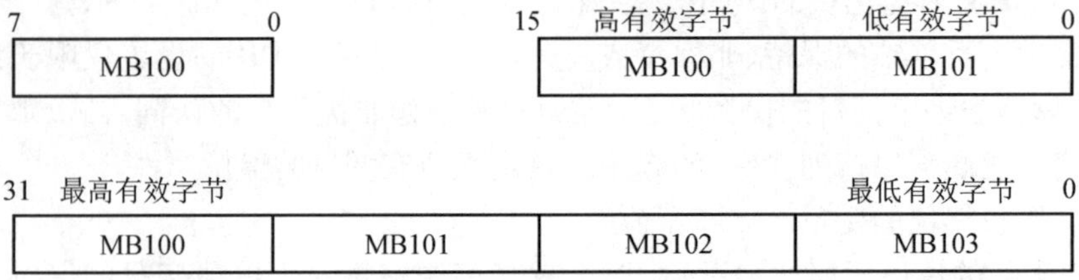

图 4.5　位、字节、字和双字的构成示意图

4.1.5　构建用户程序

在项目管理器里，单击“设置”(Settings)，然后选择位于工作区域左侧的“常规”(General)，接着单击位于工作区域右侧的窗口(图 4.6)。

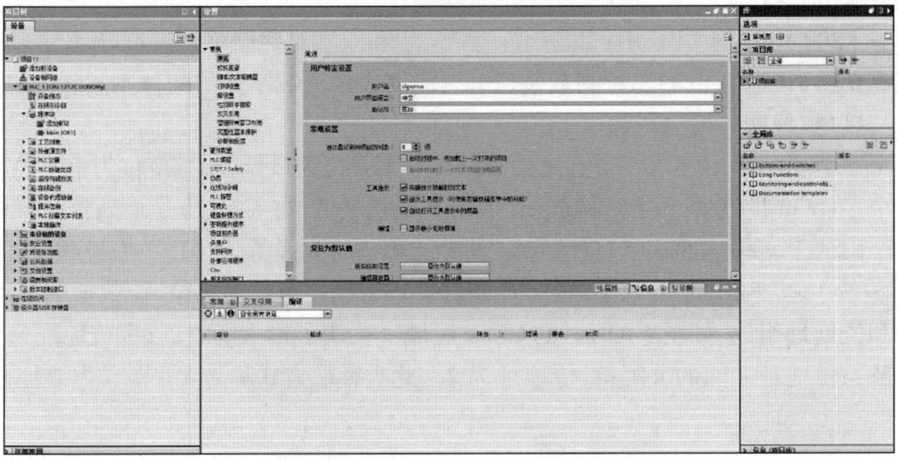

图 4.6　设置 STEP 7 Basic 的参数

在启动设置区，可以用复选框选择启动最近打开的项目，设置显示最近使用的项目列表的项目个数，默认值为 10 个。

用单选框选择启动后显示上一次关闭软件时最后显示的视图、入口视图或项目视图。建议选择项目视图，这样每次打开软件后显示的都是项目视图。

1.编写用户程序

(1) 在项目视图中生成项目。

在按照图 4.6 所示的步骤设定项目之后，启动 STEP 7 Basic，并打开项目视图，单击“创建新项目”的命令，创建一个全新的项目。

(2) 添加新设备。

“增加新设备”在项目树中增加一个新的设备。在弹出的对话框里，单击“SIMATIC PLC”按钮(图 4.7)，然后在右侧窗口的“CPU 1214C”文件夹里选择一个编号，接着单击“确定”按钮，就能创建一个名为“PLC_2”的新的 PLC。

图 4.7　添加新设备

2.程序编辑器简介

在项目树的文件夹“PLC”中双击 OB1，然后启动主程序(图 4.8)。在选定 PLC tags(PLC 变量表)的项目树之后，② 的详尽视图会展现出这些变量，可以直接拖放使用。

把鼠标光标移至 OB1 编辑区域顶部的分隔条，按住鼠标的左键，再向下拖拽该编辑区域。编辑区域的顶部就是代码块的接口区(图 4.8 中的 ⑨ 部分)，而底部则为程序编辑区域。

程序区的下面标有 ④ 的区域是打开的程序块的监视窗口。

标有 ⑥⑦ 的区域分别是任务卡中的指令列表和扩展的指令列表。

标有 ⑤ 的区域是指令的收藏栏，用于快速访问常用的指令。

最右边的垂直条上分别为在任务卡中打开测试、任务和库窗口。

在编辑器条上标记为 ⑧ 的按钮代表着已经启动的编辑器。单击编辑器界面的一个按钮，就能在操作界面出现与该按钮所匹配的编辑器。

(1) 程序编辑器工具栏上的按钮。

：在选中的网络的下面插入一个新的网络。

：删除选中的网络。

、：打开、关闭所有的网络。

：设置变量的显示方式，可选择显示绝对地址、符号地址域来同时显示两种

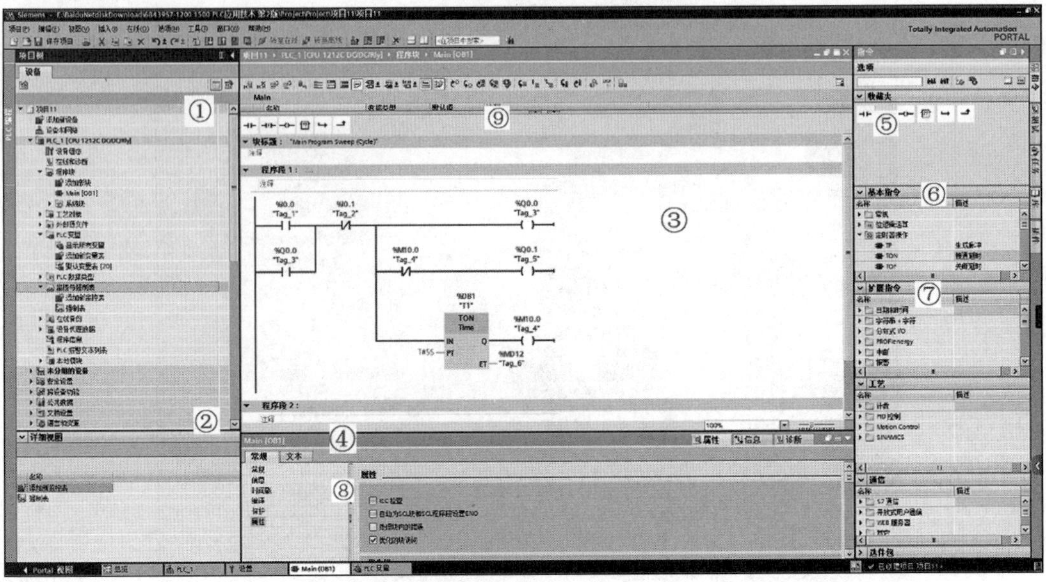

图 4.8　项目视图中的程序编辑器

地址。

:关闭或打开网络的注释。

、:跳转到前一个或下一个语法错误。

:更新不一致的块调用。

:打开或关闭程序状态监视。

(2) 生成用户程序。

选中网络 1 的水平线,逐次双击收藏栏⑤内 ⊣⊢、⊣/⊢ 和 ─( )─ 按钮,此时,水平线会显示出由左至右的常开、常闭触点及线圈。

元件表面的红色按键 <??.?> 是为了输入该元件的地址。

将“电源线”的位置移至最左侧,然后逐一双击按钮 ↦ 、⊣⊢ 和 ↲ ,便能生成一个 Q0.0 的常开触点,这个触点与第一行的常开触点并联。

在图 4.8 中,选择 I0.1 常闭触点后端的水平线,然后依次双击 ↦ 、⊣/⊢ 和 ─( )─ 按钮,就能生成 Q0.1 线圈所在的支路。在输入触点和线圈的绝对地址后,系统会自动产生一个名为“Tag_x”的标签。绝对地址之前的“%”符号,由编程软件自动增设。

功能块(FB)中的 IEC 定时器和计数器,在调用过程中需要生成相应的背景数据块。首先,双击 ↦ 按钮,随后在⑥的指令列表里找到“Timer”(即定时器)。然后,双击“TON”接通延时定时器的图标,会弹出如图 4.9 所示的窗口。单击“确定”按钮,即可创建一个用于描述 TON 的背景数据块。S7 - 1200 PLC 的定时器与计数器并未设定编码,但能够在图 4.9 里为定时器的背景信息块设置名称(Name),其将成为定时器的标识符。

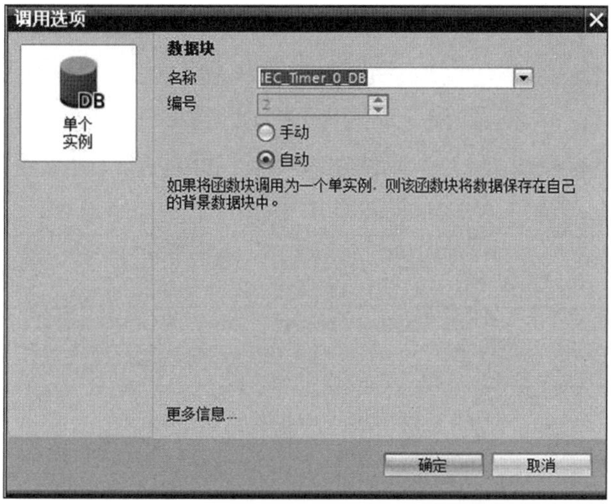

图 4.9　生成定时器的背景数据块

在 TON 的 PT 输入端输入定时器的设定值。在 TON 的 Q 输出端添加一个线圈。单击各元件上面的 <???> ，输入元件的地址。

即使程序块没有输入完整，或者有错误，也可以保存项目。

4.2　基本指令

4.2.1　位逻辑指令

基本的位逻辑指令包括触点、线圈、置位复位、触发器、边沿检测等指令。

1.触点和线圈指令

(1) 常开触点与常闭触点。

当指定位为 1 时，常开触点闭合，当位置为 0 时，它会断开。当指定位为 1 时，常闭触点断开，当位置为 0 时，常闭触点闭合。触点符号中间的“/” 表示常闭触点。将触点串联起来会执行“与” 操作，将触点并起来则会执行“或” 操作。

(2) RLO 取反指令。

NOT 触点将能流输入的逻辑状态取反，该指令无操作数，指令形式为 —|NOT|— 。如图 4.10 所示，若 NOT 左边的运算结果是“0”，则 NOT 右边的输出结果就是“1”，反之也是如此。

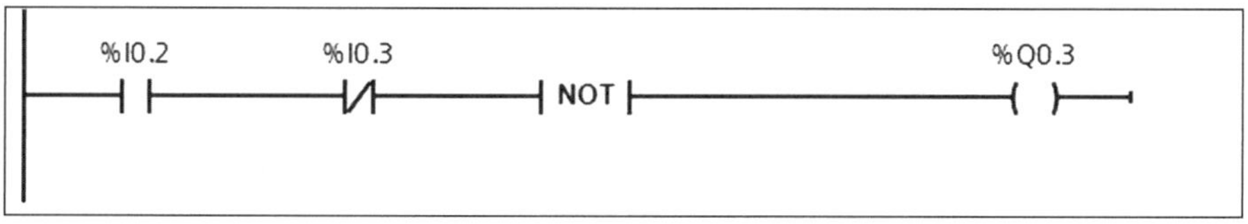

图 4.10　RLO 取反指令举例

（3）线圈输出指令。

线圈输出指令写入输出位的值，线圈通电时写入 1，断电时写入 0，指令形式为—( )—。取反输出线圈中间有“/”符号，指令形式为—(/)—，如图 4.11 所示。在同一个程序里，不能采用双线圈输出，也就是说，同一个元件在程序里只能使用一次线圈输出指令，否则会导致错误的结果。

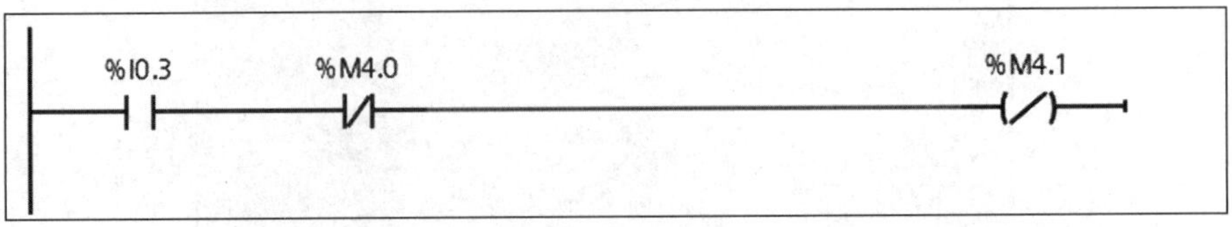

图 4.11　取反线圈输出指令举例

2.触发指令

（1）置位输出、复位输出指令。

置位输出：当 S 被激活时，OUT 地址的数据值被设定为 1；当 S 未被激活时，OUT 的值固定不变。LAD 指令为 —(S)— 。

复位输出：当 R 被激活时，OUT 地址的数据值被设定为 0；当 R 未被激活时，OUT 保持不变。LAD 指令为—(R)— 。

置位与复位指令最主要的特点就是具有记忆和保持功能。位元件一旦置位始终保持为 1，除非对其进行复位；一旦复位始终保持为 0，除非对其进行置位。

如图 4.12 所示，I0.4 的常开触点闭合，Q0.5 的置位为 1，并保持；即便 I0.4 断开，Q0.5 的值也会保持在 1。相反，I0.5 常开触点闭合，Q0.5 复位为 0 并保持该状态，即使 I0.5 断开，Q0.5 仍然保持为 0。

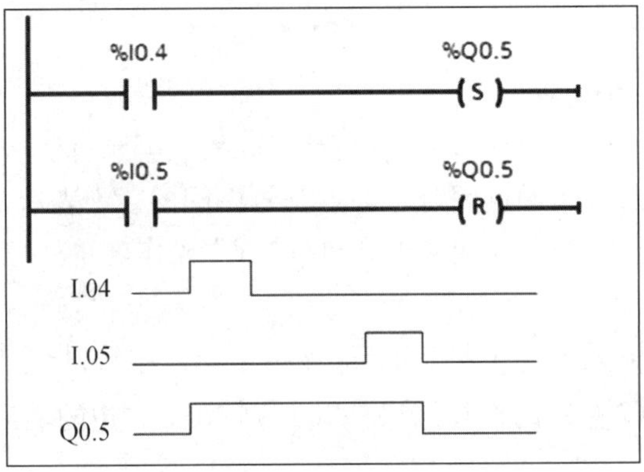

图 4.12　置位输出、复位输出指令举例

（2）置位位域、复位位域指令。

置位位域：当 SET_BF 被激活时，从地址 OUT 处起，连续的 n 个位置位都被设定为 1；当 SET_BF 未被激活时，OUT 保持不变。LAD 指令为 —(SET_BF)— 。

复位位域：当 RESET_BF 被激活时，从地址 OUT 处起的连续 n 位将复位为 0；当

RESET_BF 未被激活时,OUT 将保持不变。LAD 指令为 —(RESET_BF)— ,如图 4.13 所示。

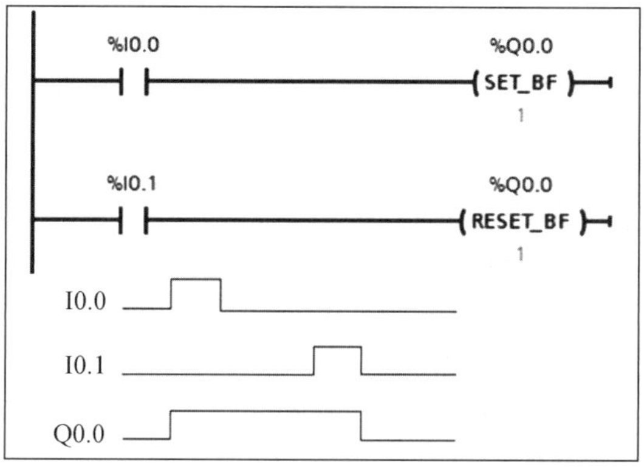

图 4.13　置位位域、复位位域指令举例

(3) 触发器指令。

SR:置位/复位触发器,复位优先锁存。如果置位和复位信号同时为真,则输出值为 0;如果同时为假,则保持上一状态。

RS:复位/置位触发器,置位优先锁存。如果置位和复位信号同时为真,则输出值为 1;如果同时为假,则保持上一状态。

如图 4.14 所示,M7.0 与 M7.1 同时为 1,M7.2 优先复位为 0,M7.3 反映了 M7.2 的状态,M7.4 与 M7.5 同时为 1,M7.6 优先置位为 1,M7.7 反映了 M7.6 的状态。

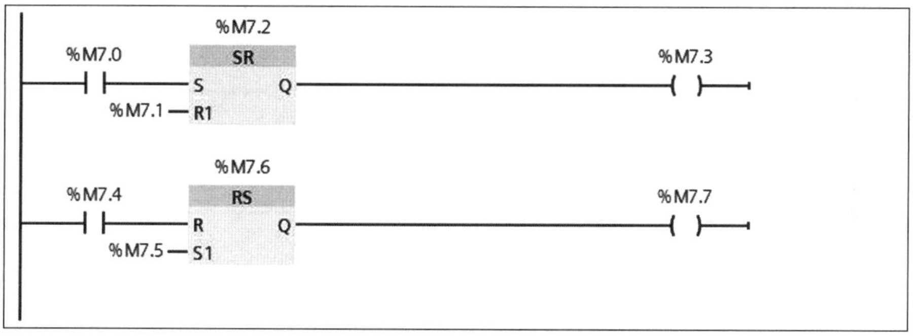

图 4.14　SR 触发器与 RS 触发器指令举例

3.边沿检测指令

(1) 扫描操作数信号边沿指令。

扫描操作数的信号上升沿:当检测到操作数的信号状态由 0 变为 1 时,这个触点的状态是 TRUE。LAD 指令为 —|P|— 。如图 4.15 所示,I0.0 的值从 0 转变为 1,这意味着 P 触点接通了一个扫描周期,M4.0 是 P 触点的边沿存储位,它存储了前一次扫描周期中 I0.0 的值,通过对比当前扫描周期和前一次扫描周期的值,以此来检测信号的上升沿。

如图 4.15 所示,一旦 I0.1 从 1 变为 0,那么这个触点就会接通一个扫描周期。M4.0 和 M4.1 是该触点的上升沿存储位。仅允许在程序内部使用边沿存储位,通常可以选择 M

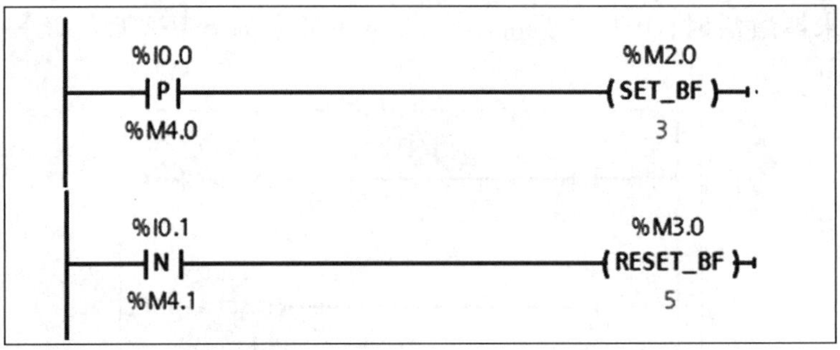

图 4.15　扫描操作数信号边沿指令举例

区、DB 块和 FB 块的静态局部变量作为边沿存储位,但是不能将块的临时局部数据或 I/O 变量用于边沿存储位。P 和 N 的触点能够放置在程序段内除分支末尾外的任何位置。

(2) 信号边沿置位操作数指令。

在信号上升沿置位操作数:进入线圈的能流中检测到上升沿时,OUT 变为 TRUE。LAD 指令为 —(P)— 。

在信号下降沿置位操作数:进入线圈的能流中检测到下降沿时,OUT 变为 TRUE。LAD 指令为 —(N)— 。

通过线圈后,这两条指令的能流输入状态会转变为能流输出状态,而且线圈可以被安置在程序段的任何地方。在图 4.16 所示的情况下,运行时使 I0.0 变为 1,并且 I0.0 的常开触点闭合。在 I0.0 的上升沿,“能流” 通过 P 线圈流过 M2.4 线圈。M2.0 的常开触点闭合一个扫描周期,从而将 M2.6 置位。

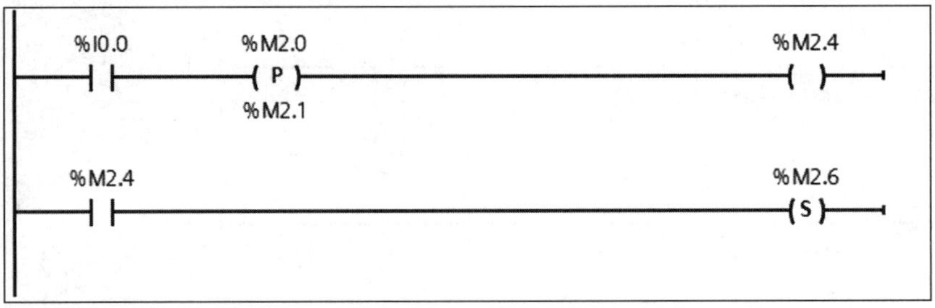

图 4.16　信号边沿置位操作数指令举例

(3) 扫描 RLO 的信号边沿指令。

扫描 RLO 的信号上升沿(P_TRIC):在 CLK 输入端检测到上升沿时,Q 端输出能流或逻辑状态为 TRUE。

扫描 RLO 的信号下降沿(N _TRIG):在 CLK 输入端检测到下降沿时,Q 端输出能流或逻辑状态为 TRUE。

(4) 检测信号边沿指令。

检测信号上升沿指令(R_TRIG) 在信号上升沿置位变量,检测信号下降沿指令(F_TRIG) 在信号下降沿置位变量。

两个指令均为功能模块,在调用过程中需要设置一个存储 CLK 输入前状态的背景数据块,同时需要把 CLK 当前值和背景数据块内的边沿存储位保存的前一个扫描周期值作对比,具体情况如图4.17所示。当观察到CLK的上升沿或下降沿时,Q点的信号状态在一个扫描周期内为“1”。

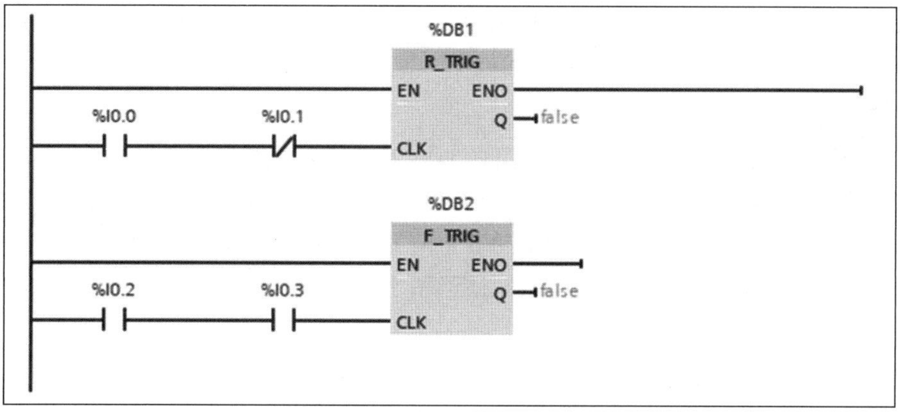

图 4.17　检测信号边沿指令举例

以上升沿作为示例,下面比较 4 种边沿检测指令的异同点。

① P 触点检测:用于检测一个 Bool 型变量(bit) 的正跳变沿,即直接对指定的位变量进行边沿检测,用边沿存储位 M 保存状态,如 M2.1。

② P 线圈:检测的是其前面逻辑状态的正跳变,也就是能流的边沿变化,可以用边沿存储位 M 保存状态,如 M2.2。

③ P_TRIG:P_TRIG 属于指令,用边沿存储位 M 来保存上一次扫描循环 CLK 端信号的状态,如 M2.5。

④ R_TRIG:R_TRIG 属于功能块,使用它们的背景数据块 DB 来保存上一次扫描循环 CLK 端信号的状态。

4.2.2　定时器指令

1.概念

(1) 种类。

S7 - 1200 PLC 具有脉冲定时器(TP)、接通延时定时器(TON)、关断延时定时器(TOF) 和时间累加器(TONR)4 种定时器功能。

(2) 功能块。

功能块中的IEC定时器都采用16字节的IEC_Timer数据类型DB结构来储存定时器数据。在放置定时器指令时,STEP 7 会自动创建 DB,用户可以更改默认的背景数据块名称。当放置定时器指令时,也能够选择多个背景数据块,各个定时器数据被集中到一个数据块里,不必对每个时钟单独采取一个数据块。采取此方式能够缩短定时器的处理时长及数据存储空间。

(3) 定时器的编号。

IEC 定时器并未设定编号,而是以背景数据块的名字作为定时器的识别标志。CPU 存储器的容量只是决定了用户程序能够使用的定时器的数量。定时器编号所包含的两个要素是定时器的位置(Q) 和定时器的当前值(ET)。

当定时器的当前数据达到预定的 PT 时,定时器的触点动作可视为布尔量。

定时器当前值:存储定时器当前所累计的时间,用 32 位符号整数表示,最大计数值为 2 147 483 647,单位是 ms。

2.定时器指令

IN 作为定时器输入端的使能条件,TP、TON 及 TONR 在其上升沿触发定时,而 TOF 则在其下降沿触发定时,Q 代表了定时器的位输出。PT 代表预设的时间值,ET 代表当前的定时值。R 为定时器复位端,仅用于 TONR 定时器。输出 Q 和 ET 可不指定地址。复位定时器(RT) 和预设的定时器(PT) 功能框仅适用于 FBD。

3.脉冲定时器指令

TP 脉冲定时器能够生成具有预设宽度时间的脉冲。如图 4.18 所示,输入信号 I0.0 的上升沿自动启动定时器,定时器的位为 1,开始输出脉冲。当前值从 0 开始计时,当前值达到预设值时(波形 ①),定时器的位为 0。如果输入信号继续为 1,则当前值保持不变;如果输入信号为 0,则定时器自动复位,当前值清零(波形 ②)。即便输入信号出现上升沿或下降沿,输出的脉冲宽度仍然能够低于预设值(波形 ②)。当 I0.1 设置为 1 时,定时器的复位线圈就会接电,使定时器复位。若定时器处于正在定时并且输入数据是 0,那么此时的值将被清除,同时定时器的位也将设置为 0(波形 ③);若定时器处于正在定时并且输入数据是 1,那么当前的时间清零,定时器的位为 1(波形 ④)。当复位信号为 0,而输入信号设置为 1 时,定时器会重新进行定时(波形 ⑤)。

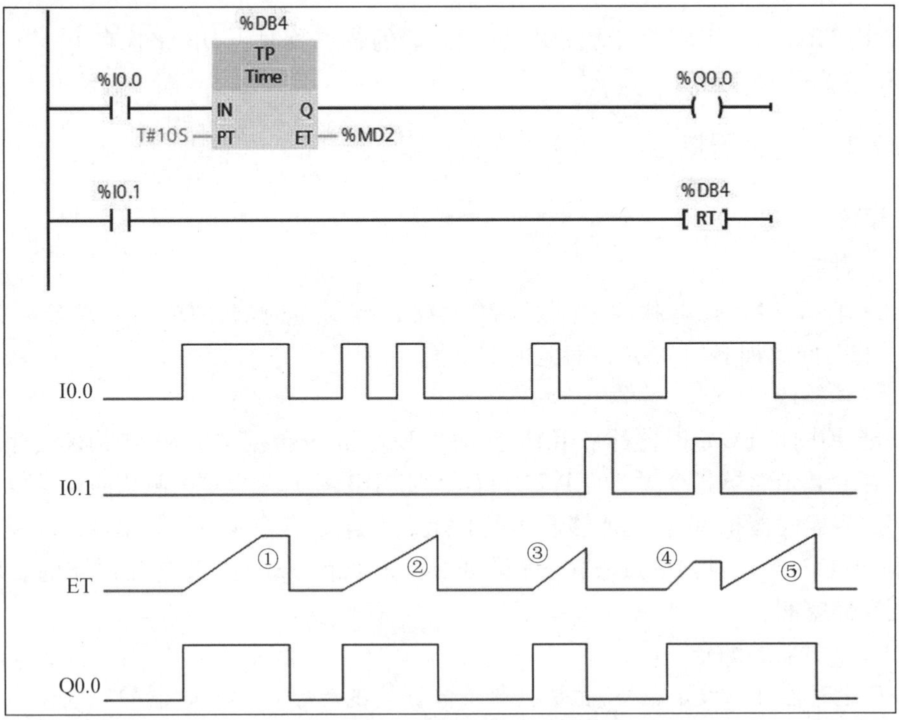

图 4.18　脉冲定时器指令举例

4.接通延时定时器指令

当接通延时定时器(TON)上电并首次进行扫描时,定时器的位为 0,当前的数值也是 0。一旦预定的延时定时器接通,就会将输出设定为 1。

如图 4.19 所示的输入信号 I0.2 被接通时,定时器的位是 0,当前值从 0 开始计时,当当前值达到预设值时,定时器的位会变为 1,并输出 Q0.1(波形 ①),当前值会持续累加。当 I0.2 的输入被断开时,定时器会进行复位,并且当前的数值将被清零,同时定时器的位也将设定为 0。如果输入信号 I0.2 未达到预设时间就断开,那么定时器保持 0 不变(波形 ②)。在 I0.3 等于 1 的情况下,定时器的复位线圈会通电,定时器会复位,此时的值将被清零,定时器的位为 0(波形 ③)。当 I0.2 的输入被重新接通时,定时器开始重新定时(波形 ④)。

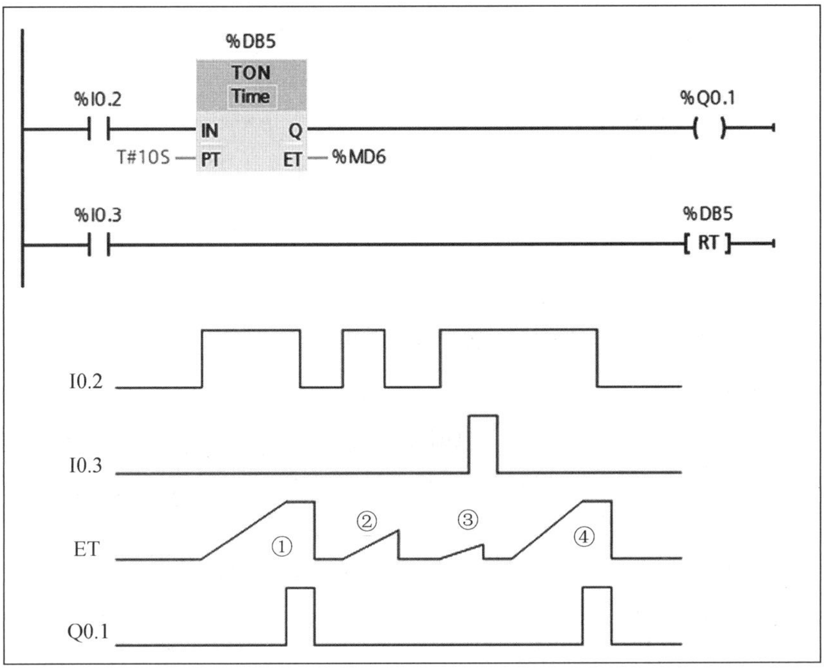

图 4.19　接通延时定时器指令举例

5.关断延时定时器指令

当关断延时定时器(TOF)上电或首次进行扫描时,定时器的位为 0,当前值为 0,经过预设的延时后将输出重置为 0。

如图 4.20 所示,当输入信号 I0.4 被接通时,定时器的位设置为 1,而当前的数值则是 0;当 I0.4 的输入断开时,当前值从 0 开始进行计时,当这个时间点与预设值相同时,定时器的位是 0,而当前值保持不变,直到输入信号 I0.4 接通复位(波形 ①)。当前的数值未能达到 PT 设定的值时,输入信号 I0.4 将转变为 1,此时当前值将被清零,而定时器将保持 1 的状态(波形 ②)。

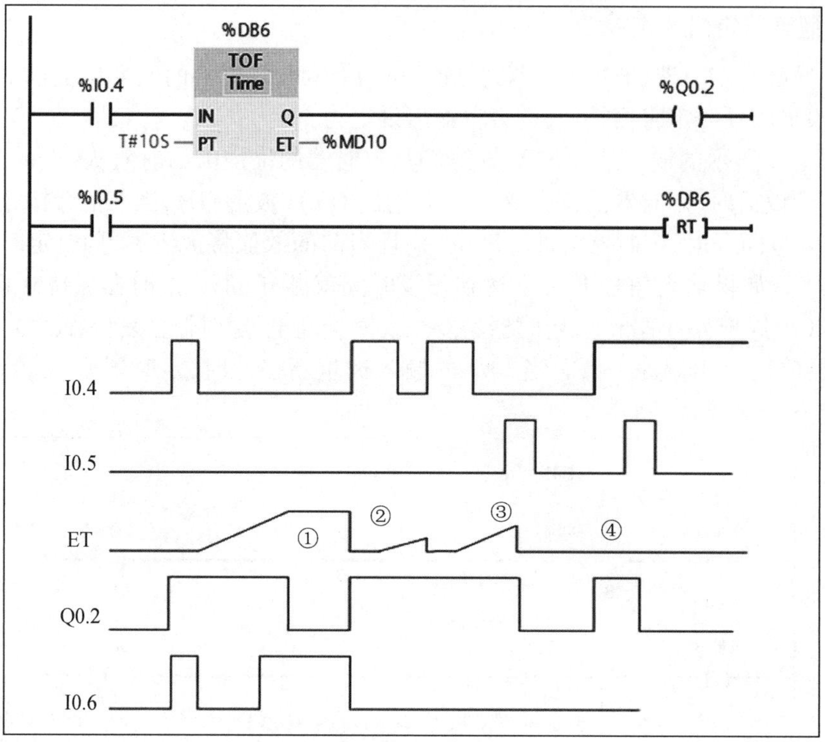

图 4.20　关断延时定时器指令举例

6.时间累加器指令

TONR 时间累加器具备记忆功能,也就是在使用 R 输入重置经过的时间之前,会跨越多个定时时段一直累加经过的时间。当上电或首次进行扫描时,定时器的位将保持在断电前的状态,而当前的数值也将保持在断电前的数值。

如图4.21所示,在I0.6输入信号接通后,会开始定时,而在I0.6信号中断后,当前的累计时间保持不变,可以使用TONR来计数输入信号接通的若干个时间段(波形①和②)。在时间累计达到预定值PT的情况下,定时器的位为1(波形④)。当复位输入I0.7设定为1时,TONR 定时器会进行复位,当前数值将为0,定时器的位为0,(波形③)。

在M20.0等于1的情况下,“加载持续时间”线圈PT通电,将PT线圈下方标注的时间预设值写入TONR定时器的背景数据块DB7的静态变量PT上,作为TONR的输入参数PT的实参。当I0.7复位TONR时,PT会被清零。TONR定时器仅能通过复位指令R来实现复位操作。

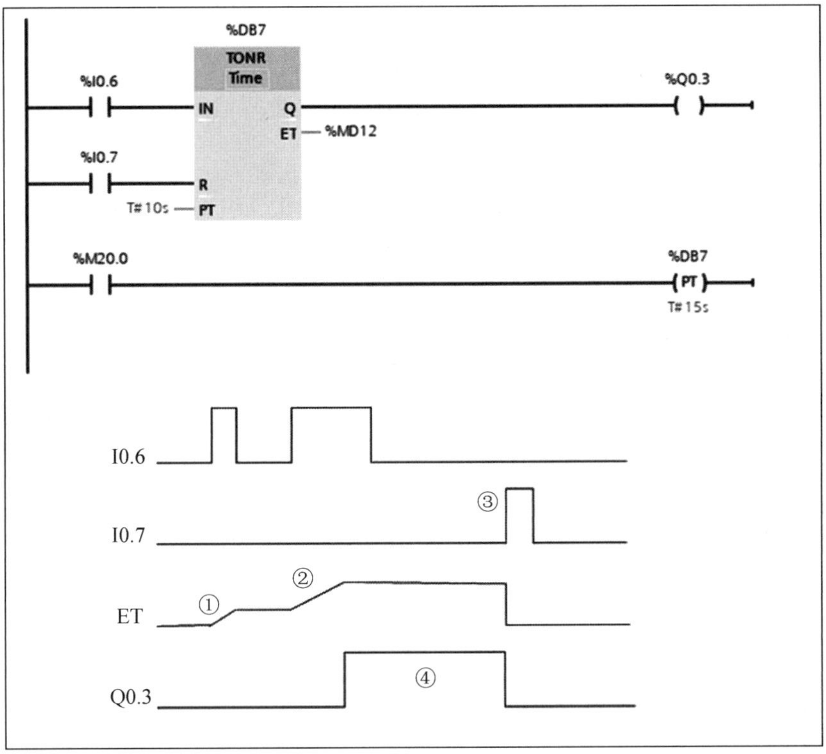

图 4.21　时间累加器指令举例

4.2.3　计数器指令

1.概念

(1) 种类。

S7 - 1200 PLC 有 3 种不同的计数器:加计数器(CTU)、减计数器(CTD) 和加减计数器(CTUD)。PLC 扫描周期限制了计数器的最大计数频率,如果需要采集更高频率的脉冲,那么应该选择高速计数器。

(2) 功能块。

IEC 计数器指令都属于功能块,在使用它们时需要创建一个存储计数器数据的背景数据块。在插入指令的过程中,STEP 7 会自动创建 DB,并且可以更改默认的背景数据块名称。当然也可以使用多重背景数据块,将各计数器数据包含在同一个数据块中。

(3) 计数器的编号。

IEC 的计数器并未设置编码,使用了背景数据块的名称作为其标识符。计数器最大计数频率受到 OB1 扫描周期的限制,若需采集频率更高的脉冲,则可使用高速计数器。

计数器与定时器相似,计数器的编号也包括两个方面的变量信息:计数器位(Q) 和计数器当前值(CV)。

① 计数器位。当计数器的当前值达到预设值时,计数器位接触动作可当作布尔量使用。

② 计数器当前值。采用一个存储单元存储计数器当前所累计的脉冲个数。数值的大小是由所采用的数据类型决定的。如果计数值是无符号整数,则计数范围从零到正整数限值。如果计数值是有符号整数,则计数范围从负整数限值到正整数限值。

2.计数器指令

CU 与 CD 各自作为加法器和减法器的输入端,当 CU 与 CD 处于上升沿时,计数器的当前值将会增加 1 或者减少 1。PV 代表预设值的输入端,而 CV 则是当前的计数结果。在加减计数器 CTUD 中,R 代表复位输入端,LD 代表预设值的装载控制端。当前值小于或等于 0 时,QD 输出端输出 1。

(1) 加计数器指令。

当上电或首次扫描时,计数器的位为 0,当前的数值也是 0。如图 4.22 所示,I0.0 的每个上升沿,计数器计数 1 次,即当前值加 1。当前数值达到预设值时,计数器的位为 1,此时的数值可以累计到指定数据类型的最大值。当输入端的复位功能有效,或者对计数器发出了复位指令时,计数器复位,即计数器位为 0,计数器当前值将被清零。

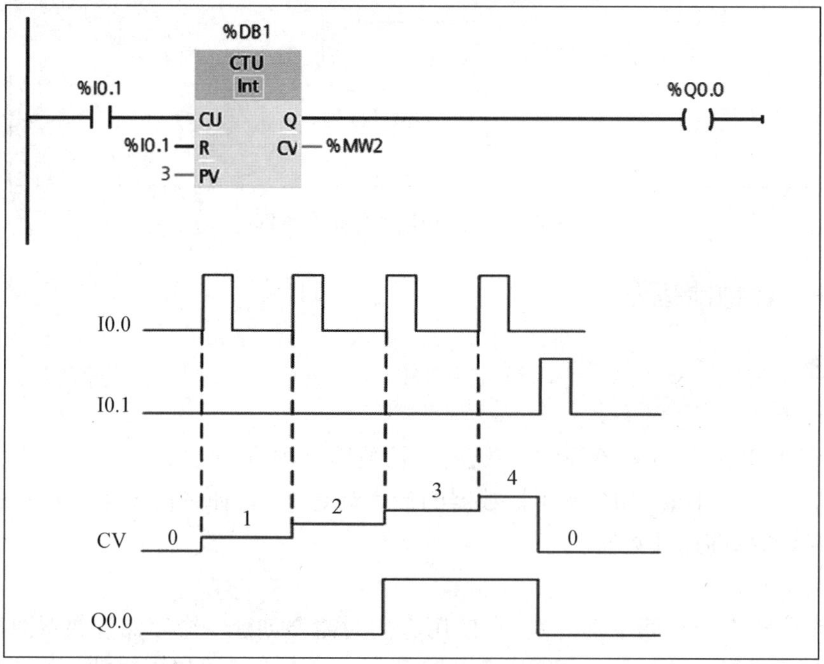

图 4.22　加计数器指令举例

(2) 减计数器指令。

当上电或首次扫描时,计数器的位为 1,当前数值是预设值 PV。如图 4.23 所示,当 I0.3 的输入端为 1 时,将 PV 的预设值加到当前的 CV 中,计数器的位复位为 0;当 I0.3 等于 0 时,对于 I0.2 的每个上升沿,计数器进行一次计数,当前值减 1,直到等于 0 时,计数器输出位为 1。

(3) 加减计数器指令。

首次扫描时,计数器位为 0,当前值为 0,CU 输入端用于加计数,CD 输入端用于减计数。

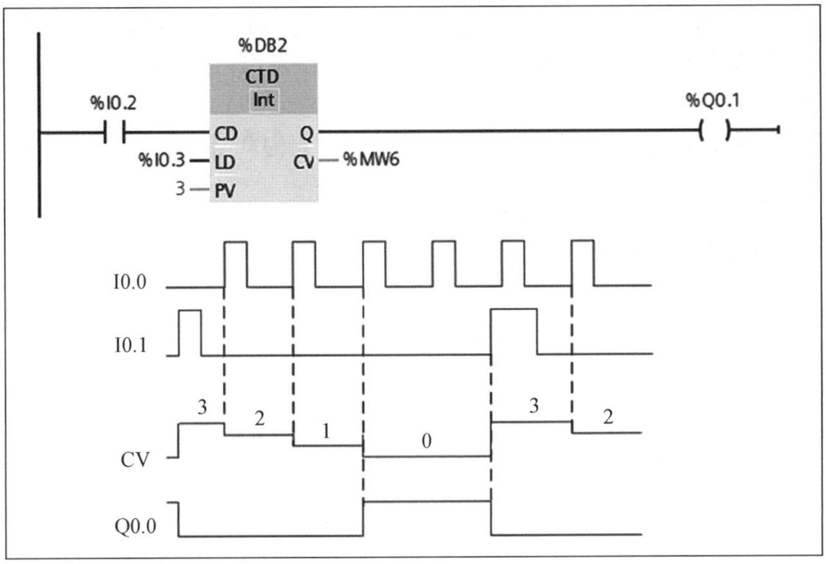

图 4.23　减计数器指令举例

如图 4.24 所示,当 I0.4 到达上升沿时,当前值加 1,并且若这一值超过了预设的数据

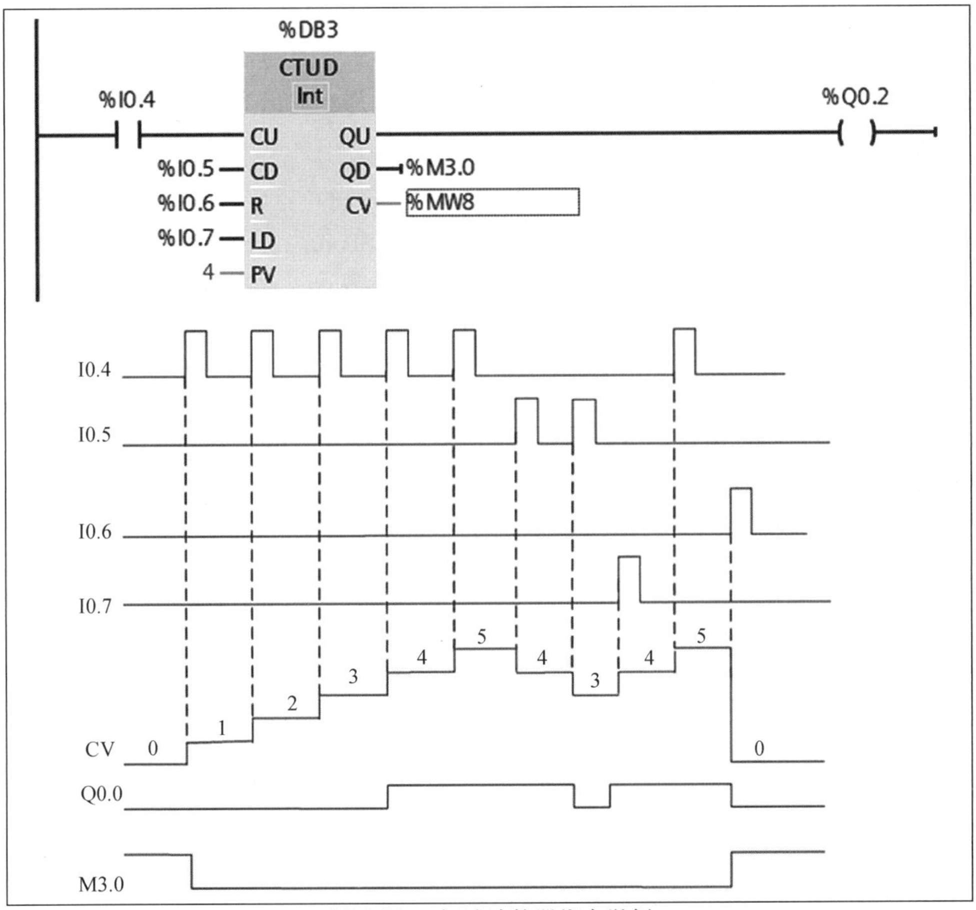

图 4.24　加减计数器指令举例

类型的最大值就无法继续增大。当 I0.5 到达上升沿时,当前的计数器值会减 1,当这一值降至预设的数据类型的最小值后就不再减小;当达到预设值时,计数器的位为 1。

当装载输入 I0.7 为 1 时,预设值 PV 被装入当前计数值 CV,输出 QU 变为 1,QD 被复位为 0。复位输入端 I0.6 有效,计数器被复位,输出 QU 变为 0,QD 变为 1,并且 I0.4、I0.5 和 I0.7 不再起作用。

4.2.4　数据处理指令

1.比较指令

比较指令(CMP)用于比较两个数据类型相同的值,如果分析结果成立,比较触点闭合。

比较指令的类型有 Byte、Word、DWord、SInt、Int、DInt、USInt、UInt、UDInt、Real、LReal、String、WString、Char、Time、Date、TOD、DTL、常数等。操作数可以是 I、Q、M、L、D 等变量或常数。

比较符可以是 ==、<>、>、>=、<、<= 等 6 种。

2.值范围指令

对于输入的数据,需要进行值的限制,看其是否位于预设值区间内。IN_RANGE 为值在范围内指令,且 MIN <= VAL <= MAX,那么输出将是 TRUE;反之,OUT_RANGE 是指值超出范围内指令,如果 VAL < MIN 或 VAL > MAX,那么输出为 TRUE。

3.有效性指令

有效性指令、无效指令用来检测输入数据是否为有效的实数,触点变量的数据类型是 Real。如果输入的数据为有效的实数,那么 OK 触点接通;相反 NOT_OK 连通。如果 Real 或 LReal 类型的值为 +/- INF(无穷大)、NaN(不是数字)或者非标准化的值,则其无效。

图 4.25 所示为比较指令和值范围指令举例。程序段 1 中,当 MW10 当前值大于或等于 10 时,Q0.0 为 1;程序段 2 中,当 I0.0 为 1,MD20 小于 95.8,且 MW30 ∈ [0,100] 时,Q0.1 为 1;程序段 3 中,当 MW20 大于 MW30,或 I0.1 为 1,且 MD50[100.0,500.0] 时,Q0.2 为 1;程序段 4 中,若 MD60 为有效实数,且 MD70 为无效实数,则 Q0.3 为 1。

4.移动指令

通过移动指令能够把数据元素置到新的存储器地址,同时也能把原有的数据类型转变成其他类型,而且在这个过程中,原始数据是无法被更改的。

(1)移动值指令。

移动值(MOVE)指令用于将单个数据元素从参数 IN 指定的源地址复制到参数 OUTI 指定的目标地址,并转换为 OUTI 允许的数据类型,因此可用于不同类型之间的数据传送。

存储区移动(MOVE_BLK)指令、非中断存储区移动(UMOVE_BLK)指令用于将数据元素块复制到新地址,COUNT 指定需要的数据元素个数。两者功能基本相同,主要区别仅在于后者复制操作不会被操作系统的其他任务打断。

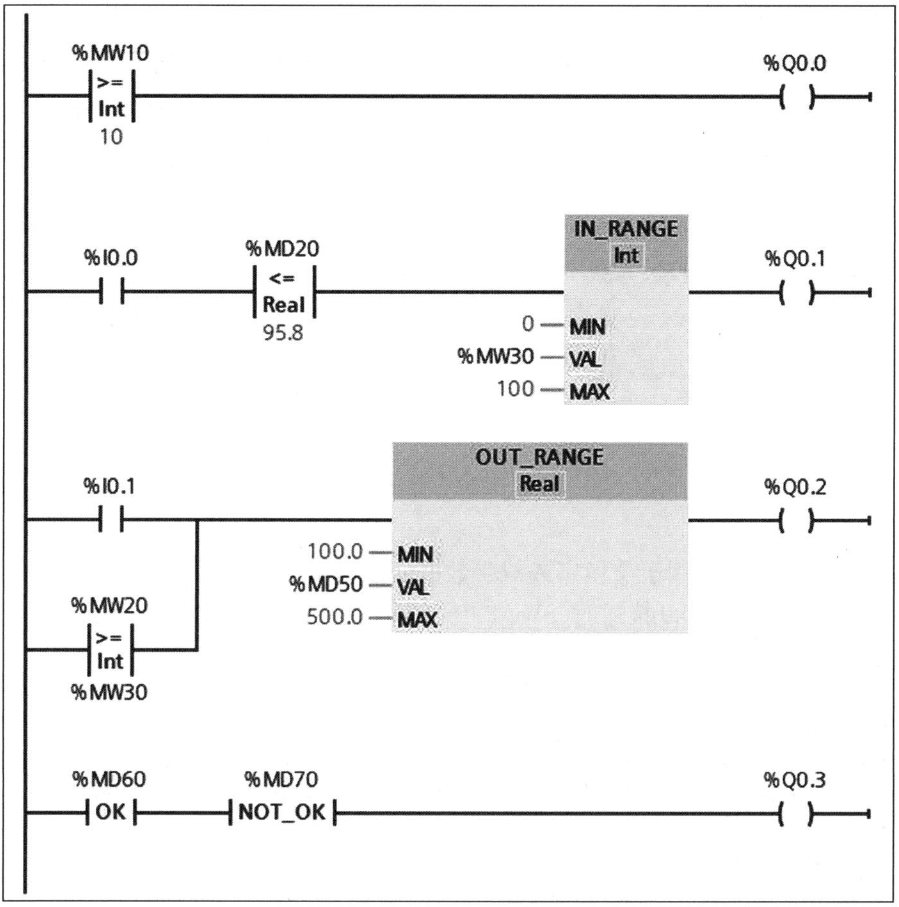

图 4.25　比较指令和值范围指令举例

移动块指令(MOVE_BLK_VARIANT) 用于将源存储区域的内容移动到目标存储区域,可将一个完整的数组或数组元素复制到另一个相同数据类型的数组中。源数组和目标数组的大小不同。源数组和目标数组都可用 Variant 数据类型来表示。

如图 4.26 所示,当 I0.0 接通时,将 MB2 中的数据送到 MB4 中,DB3 中 Source 数组的 0 号元素开始的 20 个元素的值,被复制给 DB4 中 Distin 数组的 0 号元素开始的 20 个元素。

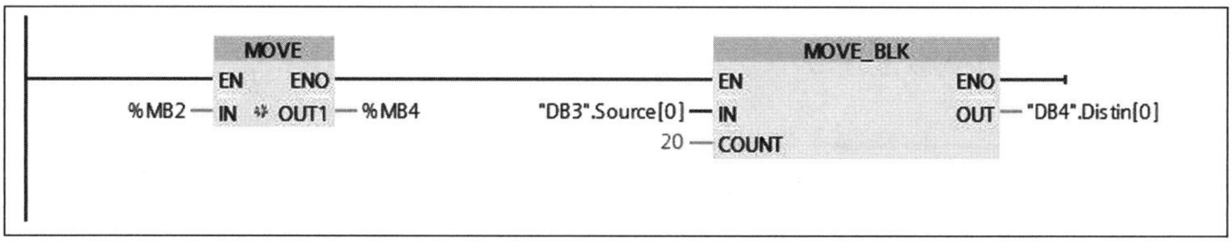

图 4.26　移动值指令举例

（2）填充存储区指令。

填充存储区（FILL_BLK）和非中断填充存储区（UFILL_BLK）这两种填充存储区的指令，用来将 IN 源数据元素复制到由 OUT 参数指定的初始地址的目标中，COUNT 则是用来填充数据元素的个数。这两个功能的性质基本相同，它们的主要差异是前者的填充过程会被操作系统的其他工作打断。

如图4.27所示，I0.0接通时，常数123被填充到DB3的Source数组的前20个元素中，传送后数值可从 DB3 中监控。同理，常数 12 978 被填充到 DB4 的 Source 数组的前 20 个元素中。

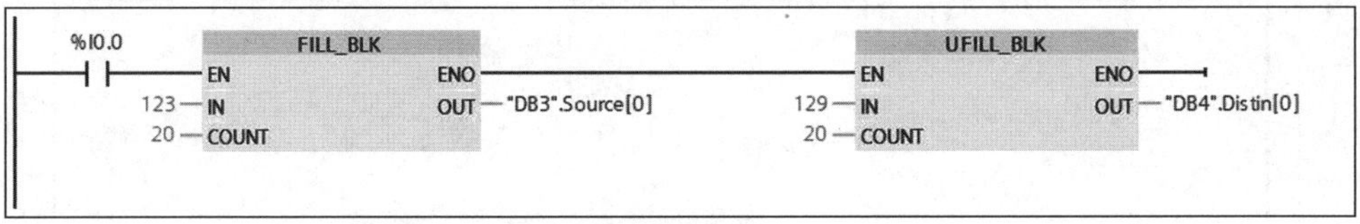

图 4.27　填充存储区指令举例

（3）交换指令。

交换（SWAP）指令用于交换字或双字数据元素的字节顺序并保存到 OUT 指定的地址中。如图 4.28 所示，I0.0 接通时，SWAP 交换 MW2 高、低字节后保存到 MW4，交换 MD6 的高、低字后保存到 MD10 中。

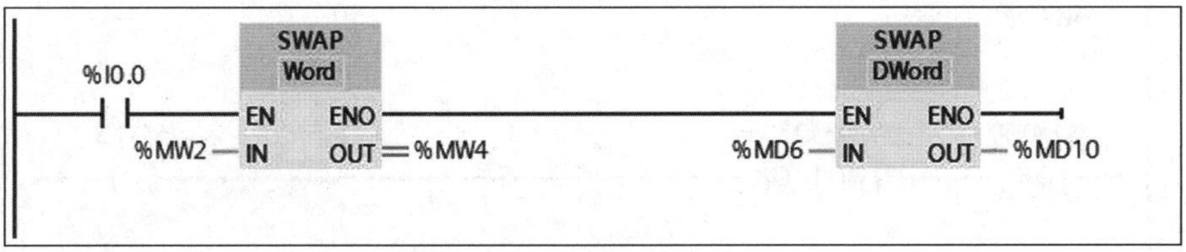

图 4.28　交换指令举例

（4）序列化指令。

序列化指令(Serialize)的主要功能是将多个较小的数据块组合成一个连续的大字节数组。

反序列化指令（Deserialize）的作用与序列化指令相反，它将一个连续的字节数组拆分成多个较小的数据块，恢复成原始的数据格式。当接收到一个经过序列化处理的字节数组时，就需要使用反序列化指令将其还原为各个独立的数据项，以便进行后续的处理和分析。对应的反序列化指令需要指定输入字节数组的起始地址、数据长度及各个输出数据块的存储地址。

5.移位指令和循环移位指令

（1）移位指令。

右移（SHR）指令、左移（SHL）指令将输入参数指定的存储单元内容逐位右移或左移 N 位，并将移位结果保存到输出参数 OUT 指定的地址中。在 N 等于 0 的情况下，保持原有的位置，并且把 IN 所指定的输入值复制到 OUT 设置的地址。

如图 4.29 所示，右移 n 位相当于除以 2^n，将十进制数 − 200 对应的二进制数 2#1111 1111 0011 1000 右移 2 位，变为 2#1111 1111 1100 1110，相当于除以 4，右移后变为 − 50；反之，左移 n 位相当于乘 2^n，将对应的 16#0010 左移 2 位，相当于乘 4，左移后变为 16#0040。

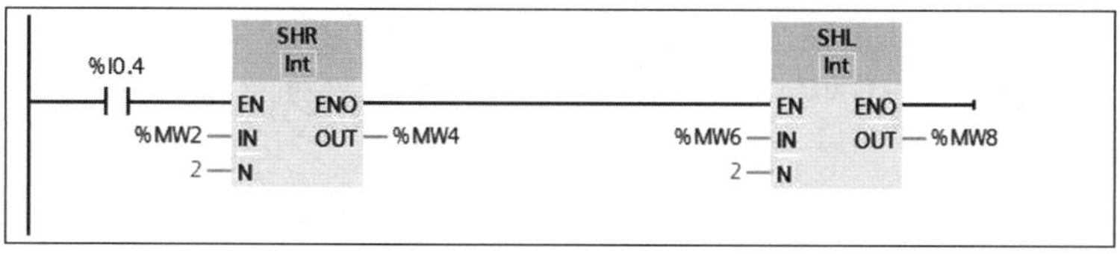

图 4.29　移位指令举例

(2) 循环移位指令。

循环右移(ROR) 指令和循环左移(ROL) 指令的作用是将输入 IN 的变量数据逐位循环右移或左移,并通过输出 OUT 查询结果。参数 N 指定将循环移位的位数,用挤出的位填充因循环移位空出的位。

参数 N 的值为"0" 时,输入 IN 的值将被复制到输出 OUT 的变量中。

当参数 N 的值大于位数时,输入 IN 的变量值将按其可用位数进行循环移位。

如图4.30 所示,MB10 中的内容为二进制数0101 1010,执行循环右移指令后,MB12 中内容变为 0100 1011;MW16 中内容为 0000 0000 0001 0001,执行循环左移指令后,MW18 中内容变为 0000 0000 0100 0100。

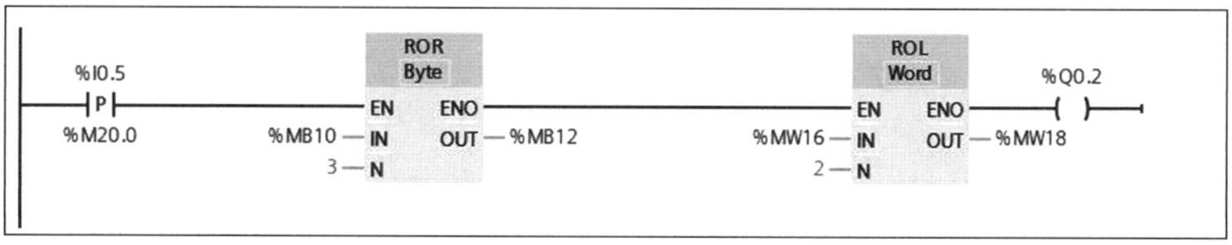

图 4.30　循环移位指令举例

(3) 转换指令。

S7 - 1200 PLC 的指令和数据种类繁多,每一种性质的指令都有其特定的操作数类型需求,因此为确保指令的正确执行,需要对不同的操作数进行相互转换。

(4) 转换值指令。

转换值(CONV) 指令将数据元素从一种数据类型转换为另一种数据类型,但这个指令不允许选择字节、字或双字,而是选择位长相同的无符号整型。

如图4.31 所示,当 I0.2 接通时,CONV 将 BCD16 码格式的 16#F123 转换成整数 - 123,将 BCD16 码格式的 16#023F 转换成整数 575。这里,BCD 码用 4 位二进制数表示 1 位十进制数,采用 8421 码,各位权值为 8、4、2、1,数值范围为 2#0000 ~ 2#1001,对应十进制数的 0 ~ 9。

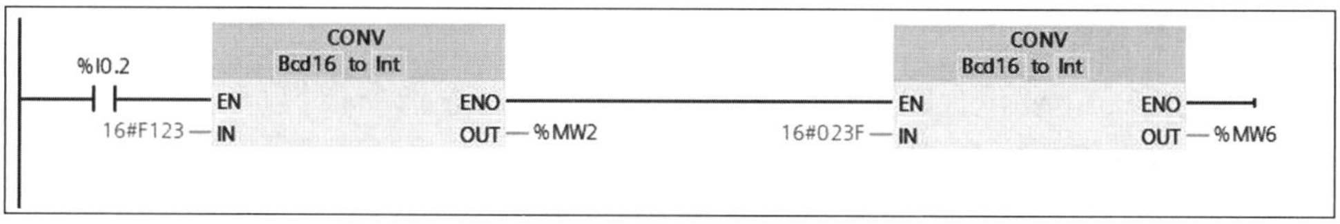

图 4.31　转换值指令举例

(5) 浮点数转换为整数指令。

将浮点数转换为整数可以使用以下 4 条指令。

① 使用取整(ROUND) 指令,将浮点数以四舍五入的方式转换为整数。

② 使用截尾取整(TRUNC) 指令,只保留浮点数的整数部分,对于小数部分,则直接进行截尾并舍弃。

③ 使用浮点数向上取整(CELL) 指令,将实数转换为大于或等于其最小值的整数。

④ 使用浮点数向下取整(FLOOR) 指令,将实数转换为小于或等于其最大值的整数。

如图 4.32 所示,当 I0.0 接通时,ROUND 指令将浮点数 123.89 转换为双整数 124,TRUNC 指令将浮点数 123.89 转换成双整数 123(小数部分截尾取整成 0),CELL 指令将浮点数 123.45 向上取整为整数 124,FLOOR 指令将浮点数 123.45 向下取整为整数 123。

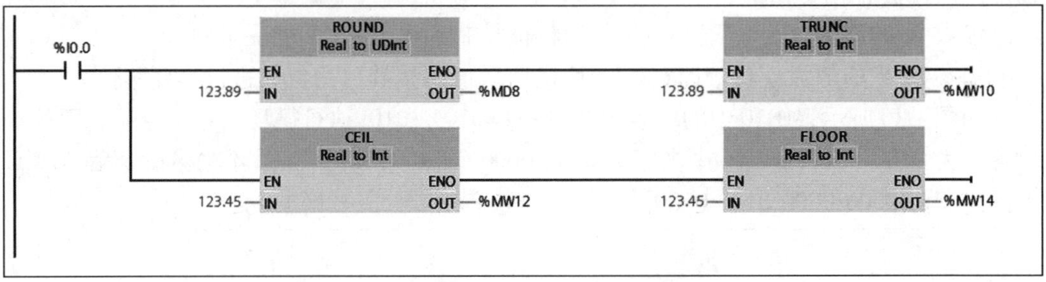

图 4.32　浮点数转换为整数指令举例

(6) 标准化指令。

① 标准化(NORM_X) 指令。将整数或实数输入值 VALUE(MIN ≤ VALUE ≤ MAX) 标准化为 0.0 ~ 1.0 之间的浮点数,并将转换结果存放到 OUT 中。MIN、VALUE 和 MAX 的数据类型必须相同,输入、输出之间的线性关系如下:

$$OUT = (VALUE - MIN)/(MAX - MIN)$$

如果 VALUE 小于 MIN,或大于 MAX,线性标定运算生成小于 0.0 或大于 1.0 的标准化 OUT 值。

② 标定(SCALE_X) 指令。将浮点数输入值 VALUE(0.0 ≤ VALUE ≤ 1.0) 标定为参数上下限 MAX 和 MIN 范围之间的数值,并将转换结果存放到 OUT 中。MIN、MAX 和 OUT 数据类型相同,输入、输出之间的线性关系如下:

$$OUT = VALUE(MAX - MIN) + MIN$$

4.2.5　数学运算指令

1.数学函数指令

数学函数指令主要包含四则运算指令、计算指令、指数指令、对数指令和三角函数指令,以及其他数学函数指令,见表 4.5。

表 4.5　数学函数指令

指令	描述	数学运算表达式	指令	描述	数学运算表达式
ADD	加法	OUT = IN1 + IN2	SQR	平方	$OUT = IN^2$
SUB	减法	OUT = IN1 - IN2	SQRT	平方根	$OUT = \sqrt{IN}$

续表4.5

指令	描述	数学运算表达式	指令	描述	数学运算表达式
MUL	乘法	OUT = IN1xIN2	LN	自然对数	OUT = LN(IN)
DIV	除法	OUT = IN1/IN2	EXP	指数值	OUT = e^{IN}
MOD	取余	OUT = IN1 MOD IN2	SIN	正弦值	OUT = sin(IN)
NEG	取反（补码）	OUT = - IN	COS	余弦值	OUT = cos(IN)
INC	递增	IN_OUT = IN_OUT + 1	TAN	正切值	OUT = tan(IN)
DEC	递减	IN_OUT = IN_OUT - 1	ASIN	反正弦值	OUT = arcsin(IN)
ABS	绝对值	OUT = ABS(IN)	ACOS	反余弦值	OUT = arccos(IN)
MIN	最小值	OUT = MIN(IN1,…,IN32)	ATAN	反正切值	OUT = arctan(IN)
MAX	最大值	OUT = MAX(IN1,…,IN32)	EXPT	取幂	OUT = $IN1^{IN2}$
LIMIT	限值	OUT = 输入值限定在指定范围内	FRAC	取小数	OUT = 浮点数 IN 的小数点

（1）四则运算指令。

在数学函数里，ADD、SUB、MUL 及 DIV 这 4 个指令用于加法、减法、乘法及除法。操作数为整型和浮点型，输入参数和输出参数的数值类型需要保持一致。

图 4.33 中，MW100 = 1 000，MW12 = 200，MD22 = 1.23，MD26 = 5.6，执行完相关程序后，MW14 = 1 200，MW16 = 800，MD18 = 200 000，MD30 = 0.219 642 9。

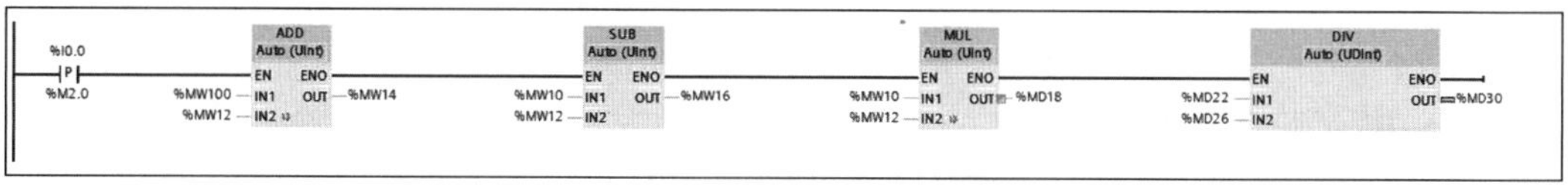

图 4.33　四则运算指令举例

（2）计算指令。

计算（CALCULATE）指令可用于创建作用于多个输入上的数学函数（IN1，IN2，…，IN*n*），并根据定义的等式在 OUT 处生成结果。

（3）指数指令、对数指令和三角函数指令。

平方（SQR）指令、平方根（SQRT）指令分别计算输入值的平方和平方根，指数（EXP）指令、自然对数（LN）指令计算输入值的指数和对数。SQRT 指令和 LN 指令的输入值如果小于 0，则输出无效的浮点数。

在三角函数（SIN、COS、TAN）指令和反三角函数（ASIN、ACOS、ATAN）指令的定义里，角度都是以弧度作为单位的浮点数。ASIN 指令和 ACOS 指令的输入值可以在 - 1.0 ~ 1.0 范围内，而 ASIN 指令和 ATAN 指令的计算结果可以在 $-\pi/2 \sim \pi/2$ 范围内，ACOS 指令的计算结果可以在 $0 \sim \pi$ 范围内。

如图 4.34 所示，MD50 = 2.0，MD70 = 8.0，则执行完相应运算后，MD60 = e^2 = 7.389 056；MD80 = LN(8.0) = 2.079 442，MD90 = 2.0^2 = 4.0；MD100 = $\sqrt{8.0}$ = 2.828 427。

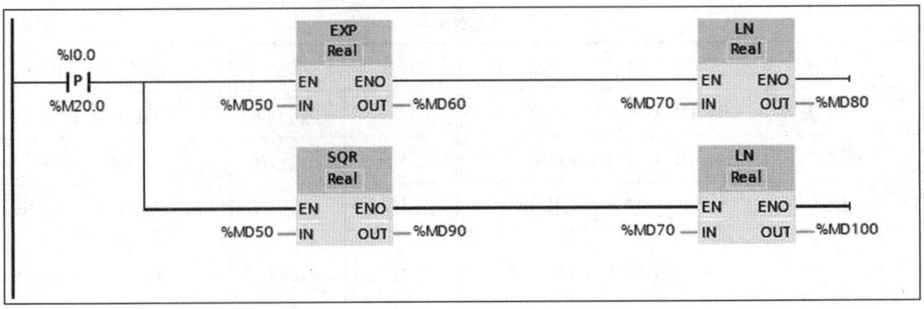

图 4.34　指数指令和自然对数指令举例

如图 4.35 所示，首先计算弧度值，并将 π/180.0 保存到 MD100 中，MD104 保存 10° 的弧度值，然后分别计算 sin 10°、cos 10°、tan 10° 的值，运算结果分别保存在 MD108、MD112 和 MD116 中。ASIN 指令、ACOS 指令、ATAN 指令分别计算对应的反正弦、反余弦和反正切值，运算结果分别保存在 MD120、MD124 和 MD128 中。

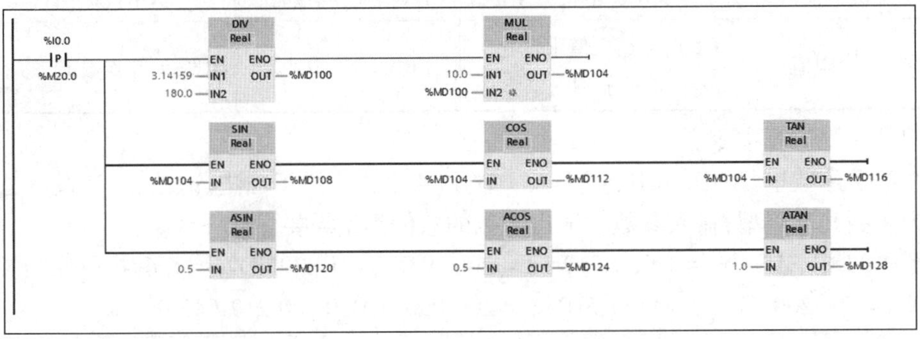

图 4.35　三角函数指令和反三角函数指令举例

(4) 其他数学函数指令。

① 返回除数的取余(MOD) 指令。除法(DIV) 指令只能得到商，余数被丢掉，该指令返回整数除法运算的余数，即 IN1 的值除以 IN2 的值，余数存储在参数 OUT 中。

② 取反(NEG) 指令。该指令将参数 IN 中值的算术符号取反，并将结果存储在参数 OUT 中。

③ 计算绝对值(ABS) 指令。该指令计算参数 IN 中值的绝对值，并将结果存储在参数 OUT 中。

图 4.36 所示为上述 3 条指令程序，当 I0.0 为上升沿时，执行程序。MW2 = 10.0, MOD 3.0 = 1, MW6 = NEG(123) =- 123, MD24 = ABS(- 123.45) = 123.45。

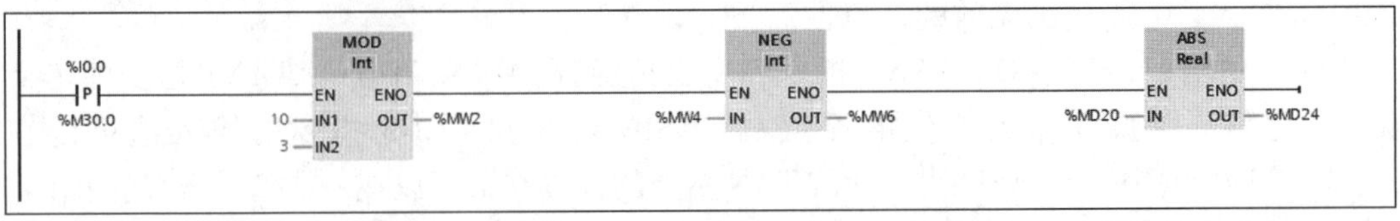

图 4.36　取余指令、取反指令和绝对值指令举例

④ 递增(INC) 指令和递减(DEC) 指令。这两条指令用于递增或递减整数值。图 4.37 中，当I0.0 为上升沿时，执行完一次程序后，MW2 加 1，MD16 减 1。

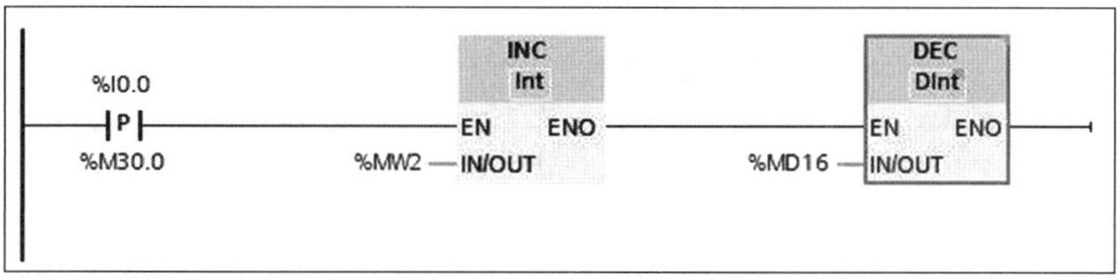

图 4.37　递增指令和递减指令举例

⑤ 获取最大值(MAX) 指令和获取最小值(MIN) 指令。这两条指令适用于比较两个参数 IN1 和 IN2 的值,并将最大值或最小值存储在参数 OUT 中。

⑥ 设置限值(LIMIT) 指令。该指令用于判断 IN 值是否在 MIN 和 MAX 指定值范围内。如果 IN 值在指定的范围内,则将 IN 值存储在参数 OUT 中;如果 IN 值超出指定范围,如 IN ≤ MIN 则 OUT 为 MIN 值,IN ≥ MAX 则 OUT 为 MAX 值。

如图 4.38 所示,将 5.2 和 2.1 的最小值传送给 MD20,最大值传送给 MD24,若 0 ≤ 10 ≤ 100,则将 10 传送给 MW26 中。

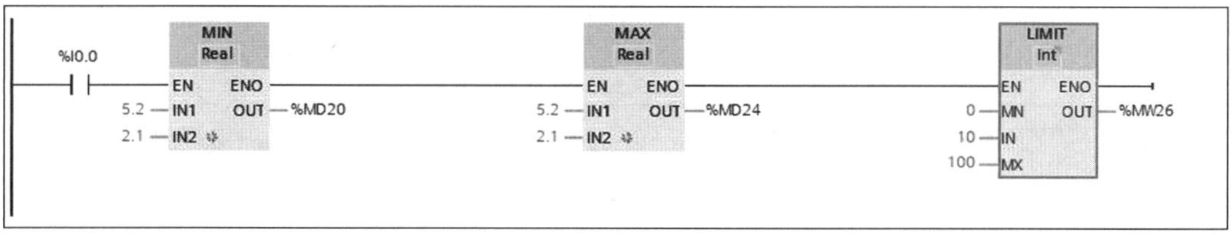

图 4.38　获取最大值指令、获取最小值指令和设置限值指令举例

⑦ 取小数(FRAC) 指令与取幂(EXPT) 指令。FRAC 指令将输入值的小数部分存储在 OUT 参数中。EXPT 指令计算以输入 IN1 值为底,以输入 IN2 值为幂的结果,并存储在参数 OUT 中。

如图 4.39 所示,FRAC 指令将 1.23 的小数 0.23 传送给 MD20,EXPT 指令计算 $2^3 = 8$ 并传送给 MD30。

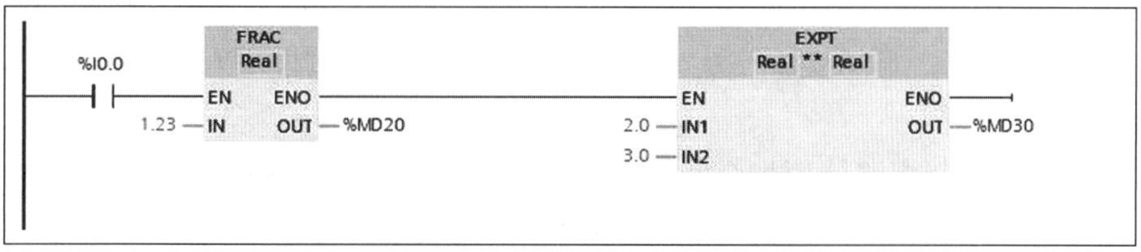

图 4.39　取小数指令与取幂指令举例

2.逻辑功能指令

(1) 字逻辑运算指令。

字逻辑运算指令对两个或多个输入数据逐位进行与(AND)、或(OR)、异或(XOR)和取反(INV) 逻辑运算,运算结果在输出 OUT 指定的地址中。操作数的数据类型为 Byte、Word 或 DWord。

如图 4.40 所示,IN1、IN2 分别为 2#0100101 和 2#11010111,AND 指令输出结果为 2#01000101,OR 指令输出结果为 2#11110111,XOR 指令结果为 2#10110010,INV 指令

为 2#10011010。

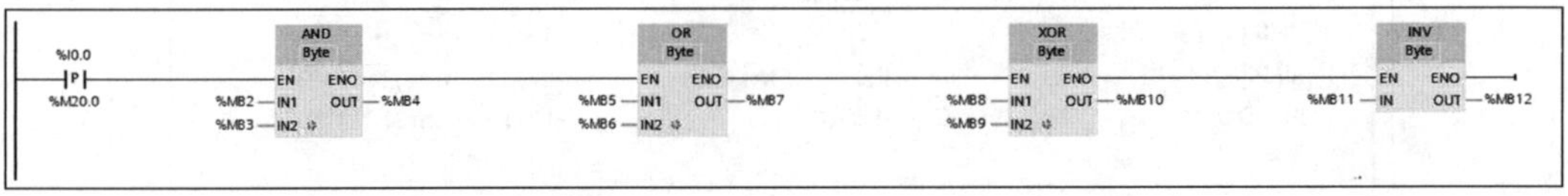

图 4.40　字逻辑运算指令举例

（2）解码指令与编码指令。

解码（DECO）指令读取输入IN的值，将输出参数OUT的二进制形式的第n位置1，其他各位置0（n位对应IN值）。利用解码指令，可用输入IN的值控制输出OUT中指定位的状态。

编码（ENCO）指令将输入IN的值转换为二进制数并将最低有效位的位号存储在参数OUT中。如果IN为1，则将值0返回给OUT；如果IN为0，则ENO为0。

如图4.41所示，ENCO指令输入参数为16#000C，出现1的最低位是2，MW4中编码的结果是2；DECO指令的输入参数是6，MW8为01000000，仅第6位为1，其他位为0。

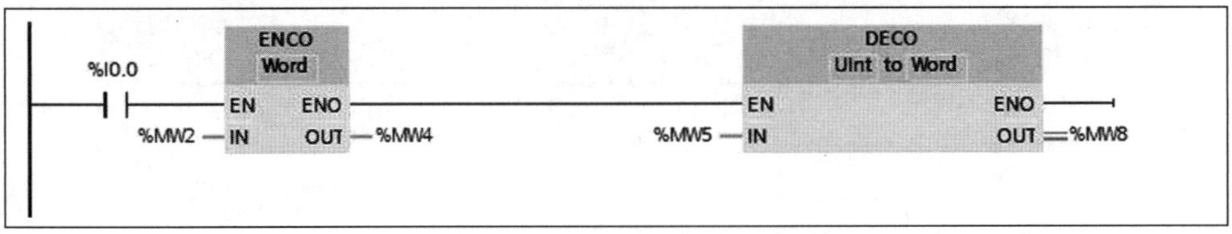

图 4.41　解码指令与编码指令举例

（3）选择指令、多路复用指令与多路分用指令。

选择（SEL）指令根据输入参数G的值将两个输入值之一传送到OUT指定的地址，G为0时选中IN0，G为1时选中IN1。

多路复用（MUX）指令根据参数K的值将多个输入值之一存储到参数OUT中。当$K=n$时，将选中输入参数INn；当$K>n$时，将参数ELSE的值存储到参数OUT中。

多路分用（DEMUX）指令根据参数K的值将输入值IN存储到选定的输出，其他输出则保持不变。当$K=n$时，将输出传送给OUTn；当$K>n$时，则会将参数IN的值存储到ELSE中。

多路复用指令与多路分用指令的IN、ELSE和OUT数据类型应相同。如图4.42所示，若SEL的G参数为1，将IN1的值456传送给MW100；若MUX的K参数为1，则将IN1的值99传送给MW6；若DEMUX的K参数为8，超出了可输出的个数，则将IN的值传送给ELSE

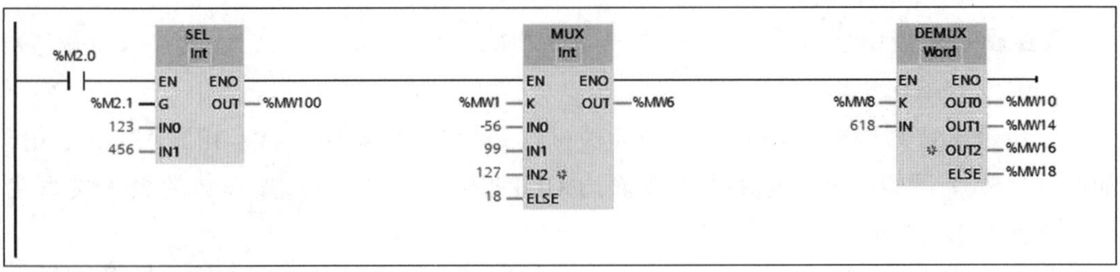

图 4.42　选择指令、多路复用指令与多路分用指令举例

参数 MW18 中。

4.3　典型控制环节的 PLC 程序设计

4.3.1　电动机单向启停控制

在电动机控制领域,单向运行的电动机启动和停止的控制电路是最普遍的,它一般由启动按钮、停止按钮及接触器等电子设备构成。表 4.6 所示为 PLC 的 I/O 地址分配表。图 4.43 所示为电动机启动、停止控制电路的梯形图和时序图。

表 4.6　PLC 的 I/O 地址分配表

输入信号		输出信号	
停止按钮 SF1	I0.1	接触器 QA	Q0.1
启动按钮 SF2	I0.0		

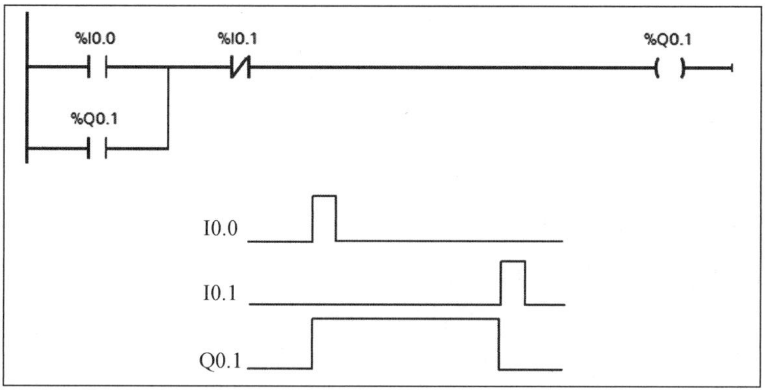

图 4.43　电动机启动、停止控制电路的梯形图和时序图

在这个工作过程中,当按下启动键 SF2 时,I0.0 的常开触点接通。若此时未按下停止键 SF1,I0.1 的常闭触点接通,Q0.1 的线圈“通电”,Q0.1 的常开触点同时接通,此时对应的是电动机的启动。当放开启动按钮时,I0.0 的常开触点断开,“能流”将会从 Q0.1 的常开触点及 I0.1 的常闭触点流过 Q0.1 的线圈,此时 Q0.1 依然保持接通,这便是“自锁”或“自保持”的作用。当按下停止按钮时,I0.1 的常闭触点断开,使 Q0.1 的线圈“断电”,其常开触点也断开。即便在停止按钮被放开后,I0.1 的常闭触点恢复接通状态,Q0.1 的线圈仍然保持“断电”状态,此时对应的是电动机的停止。

4.3.2　电动机的正、反转控制程序

在电动机控制领域,正、反转控制电路的应用非常普遍,通常需要配置正、反启动按钮,停止按钮及正、反转接触器。表 4.7 所示为 PLC 的 I/O 地址分配表。图 4.44 所示为电动机正、反转控制梯形图。

表 4.7　PLC 的 I/O 地址分配表

<table>
<tr><th colspan="2">输入信号</th><th colspan="2">输出信号</th></tr>
<tr><td>停止按钮 SF1</td><td>I0.2</td><td rowspan="2">正转接触器 QA1</td><td rowspan="2">Q0.0</td></tr>
<tr><td>正向启动按钮 SF2</td><td>I0.0</td></tr>
<tr><td>反向启动按钮 SF3</td><td>I0.1</td><td>反转接触器 QA2</td><td>Q0.1</td></tr>
</table>

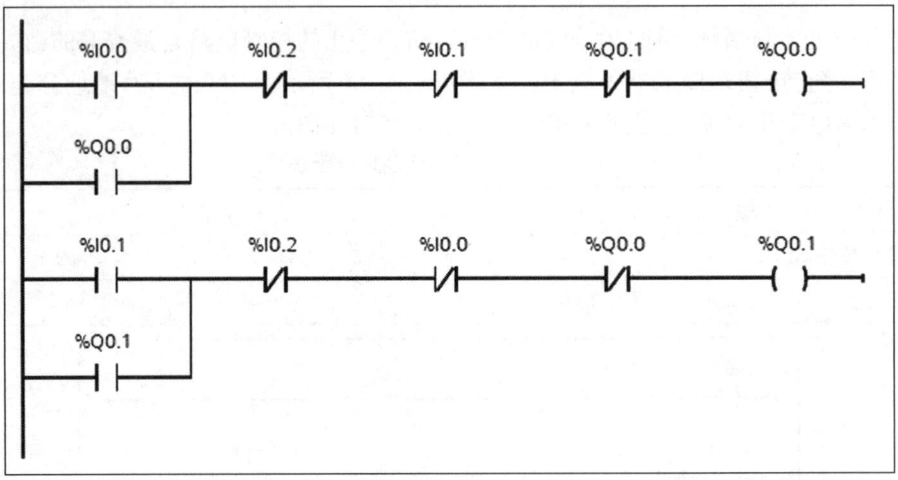

图 4.44　电动机正、反转控制梯形图

两个接触器QA1与QA2用于操作电动机的正、反转运行方向。QA1与QA2的主电路触点改变电动机的三相电源的相序，也就能够改变电动机的旋转方向。梯形图中的两个启保停电路应用于电动机的正向旋转与反向旋转。按下正转启动按钮 SF2，I0.0 变为 ON 状态，其常开触点接通，Q0.0 的线圈“得电”并保持，使 QA1 的线圈通电，电动机开始正转运行。按下停止按钮 SF1，I0.2 变为 ON 状态，其常闭触点断开，使 Q0.0 的线圈“失电”，电动机停止运行。

在梯形图上，Q0.0 和 Q0.1 的常闭触点分别串联到对方的线圈上，能确保它们不同时处于ON的状态。所以QA1和QA2的线圈无法同时“得电”，从而避免了发生短路的可能，这一安全措施被定义为“互锁”。

另外，为确保 Q0.0 和 Q0.1 不会同步处于 ON 状态，在梯形图上添加了“按钮连锁”。即将 I0.1 的常闭触点与控制正转的线圈 Q0.0 串联，然后将 I0.0 的常闭触点与控制线圈反向旋转的 Q0.1 串联起来。这种方式能确保首次按下的按钮是有效的，并且避免因为同时操作按钮导致 QA1 和 QA2 的线圈同时接通电源。

4.3.3　大功率电动机的星 - 三角减压启动控制程序

大功率电动机的星 - 三角减压启动梯形图如图 4.45 所示。主接触器启动和停止，三角形延时启动。星形启动接触器首次运行后，经过一段时间的延迟，会自行关闭，以此来实现两者之间的互锁。

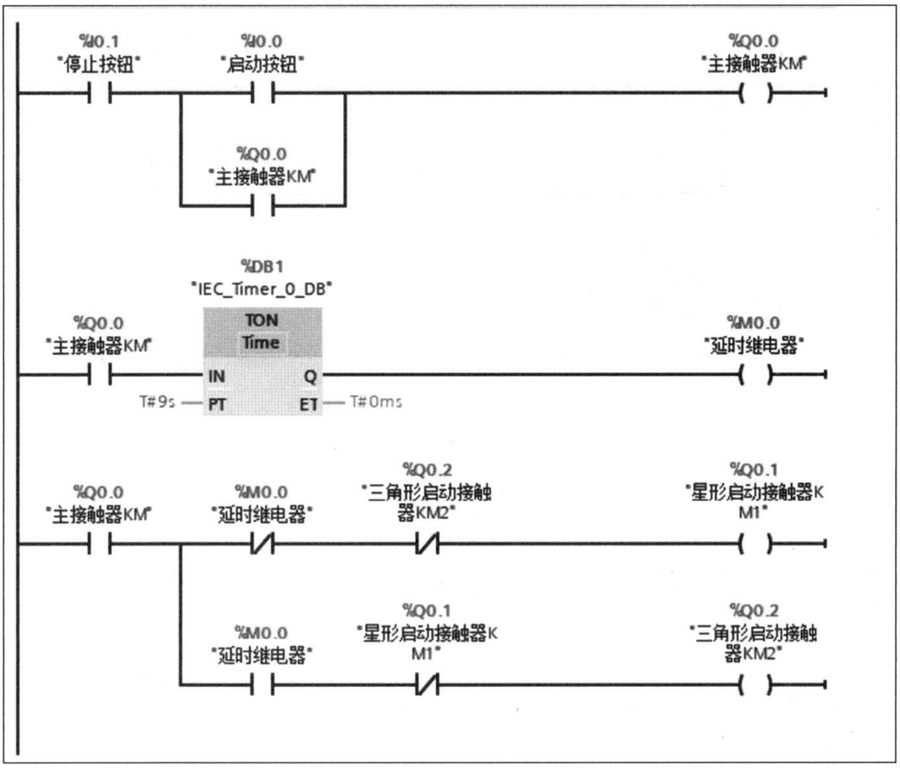

图 4.45　大功率电动机的星 - 三角减压启动梯形图

4.3.4　闪烁控制程序

当按下启动按钮 I0.0 时，指示灯 Q0.0 按照亮 3 s、灭 2 s 的频率闪烁，按下停止按钮 I0.1 时，指示灯 Q0.0 停止闪烁后熄灭。需要设置两个定时器，梯形图如图 4.46 所示。闪烁指示灯的高、低电平时间分别由两个定时器的 PT 值确定，时序图如图 4.47 所示。

启动按钮为 ON 时，置位指示灯 Q0.0 和中间变量 M0.0。指示灯 Q0.0 变为 ON 时进行 TON 定时（此为定时器 1），时长为 3 s，时间到后，关闭指示灯。程序段 3 是中间变量 M0.0 继续 ON 而指示灯 Q0.0 为 OFF 的情况下，定时 TON（此为定时器 2），时长为 2 s，时间到后，点亮指示灯。至此，如果进行循环执行，则指示灯 Q0.0 就会按任务要求进行闪烁。停止按钮被按下后，将指示灯 Q0.0 和中间变量 M0.0 均复位。

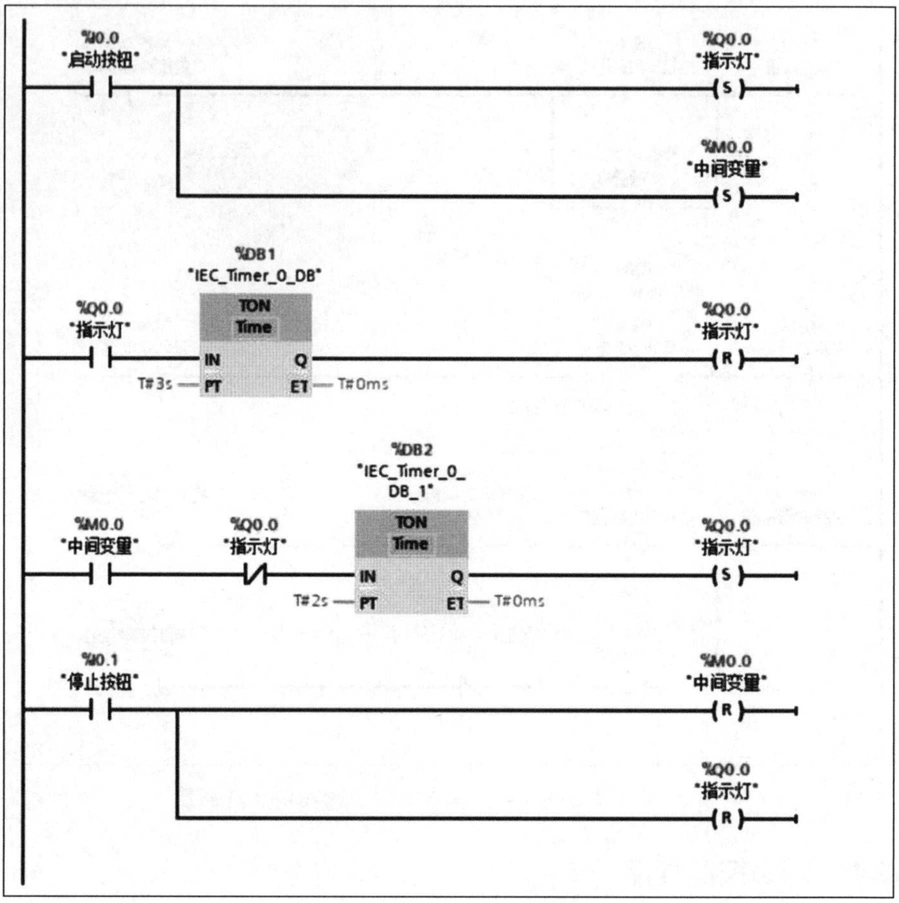

图 4.46　闪烁指示灯的梯形图

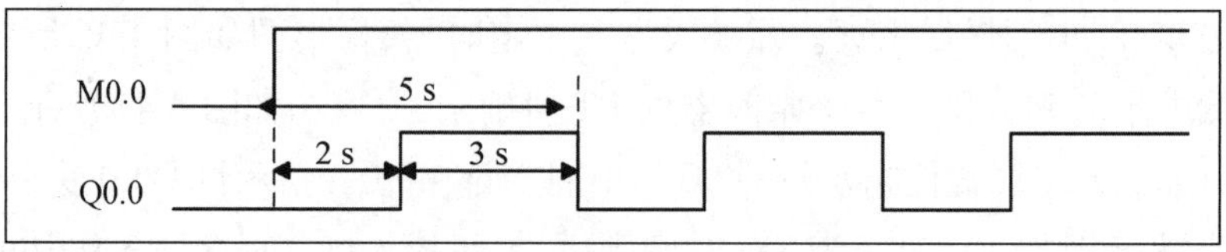

图 4.47　闪烁指示灯的时序图

4.3.5　瞬时接通/延时断开程序

图 4.48、图 4.49 所示为瞬时接通/延时断开电路的时序图和梯形图。当电路输入信号 I0.0 接通时，其常闭触点断开，定时器 T37 不工作，则常闭触点 T37 为 ON 状态，Q0.0 接通。定时器 T37 的通电计时条件为 I0.0 断开，而 Q0.0 仍保持通电状态，延时 3 s 后，T37 接通，Q0.0 断开，定时器 T37 断开。

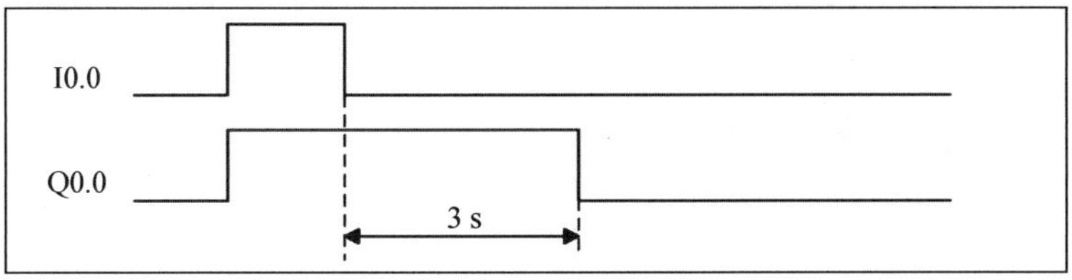

图 4.48　瞬时接通 / 延时断开电路的时序图

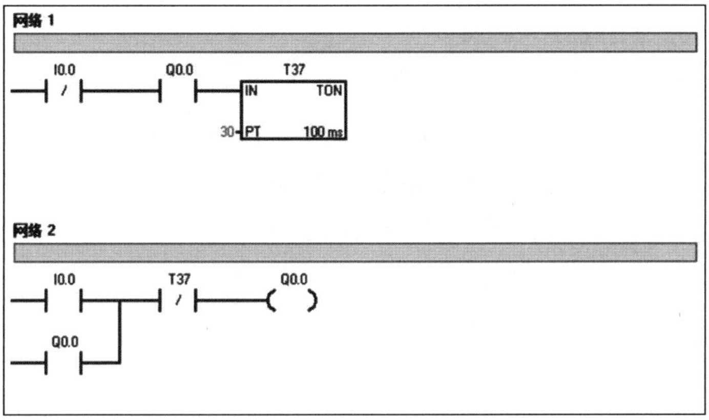

图 4.49　瞬时接通 / 延时断开电路的梯形图

4.3.6　定时器、计数器的扩展

图 4.50 和图 4.51 所示为定时器和计数器构成的长时间延时电路的梯形图和时序图。在图 4.50 所示的梯形图中，利用定时器产生脉冲，然后采用加计数器对产生的脉冲进行计数。这种方法提高延时时间的同时，节约了程序中定时器的数量，有效地提高了程序运行的速度。

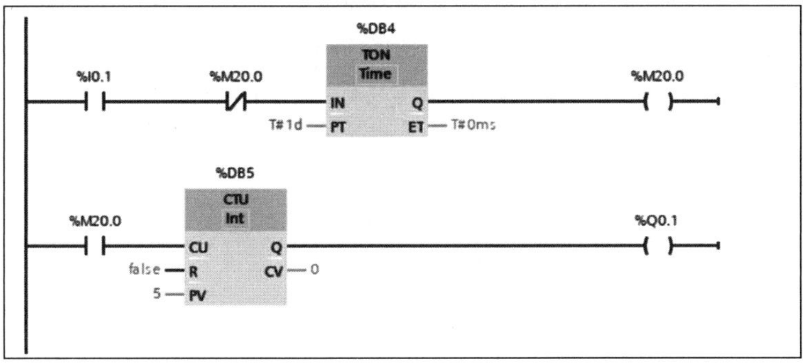

图 4.50　定时器和计数器构成的长时间延时电路的梯形图

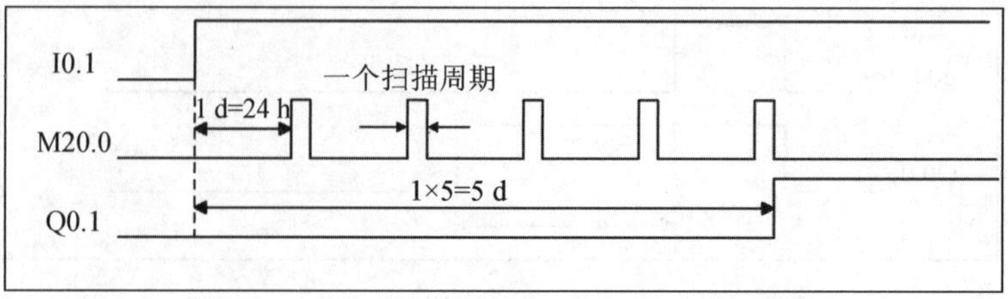

图 4.51　定时器和计数器构成的长时间延时电路的时序图

4.3.7　多台电动机顺序启动、停止控制程序

图 4.52 所示为 4 台电动机顺序定时启动、顺序定时停止的时序图，即按下启动按钮，Q0.0 先置位，第 1 台电动机启动，同时定时器 1 开始计时，5 s 后，Q0.1 置位，第 2 台电动机启动，依次 5 s 后，第 3 台电动机启动，第 4 台电动机启动；按下停止按钮后，第 1 台电动机先停机，5 s 后，第 2 台电动机停机，依次 5 s 后，第 3 台、第 4 台电动机相继停机。

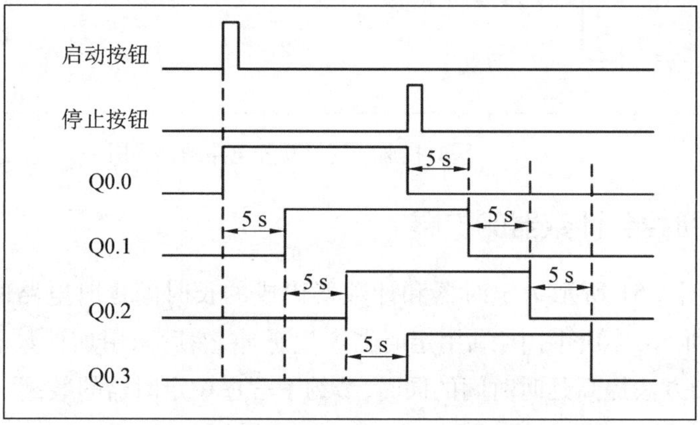

图 4.52　4 台电动机顺序定时启动、顺序定时停止的时序图

4 台电动机顺序定时启动、顺序定时停止的 PLC 梯形图如图 4.53 所示，在全局 DB 块中定义 3 个顺序定时启动定时器和 3 个顺序定时停止定时器，分别为“数据 _1”.Timer1 到“数据块 _1”.Timer6。

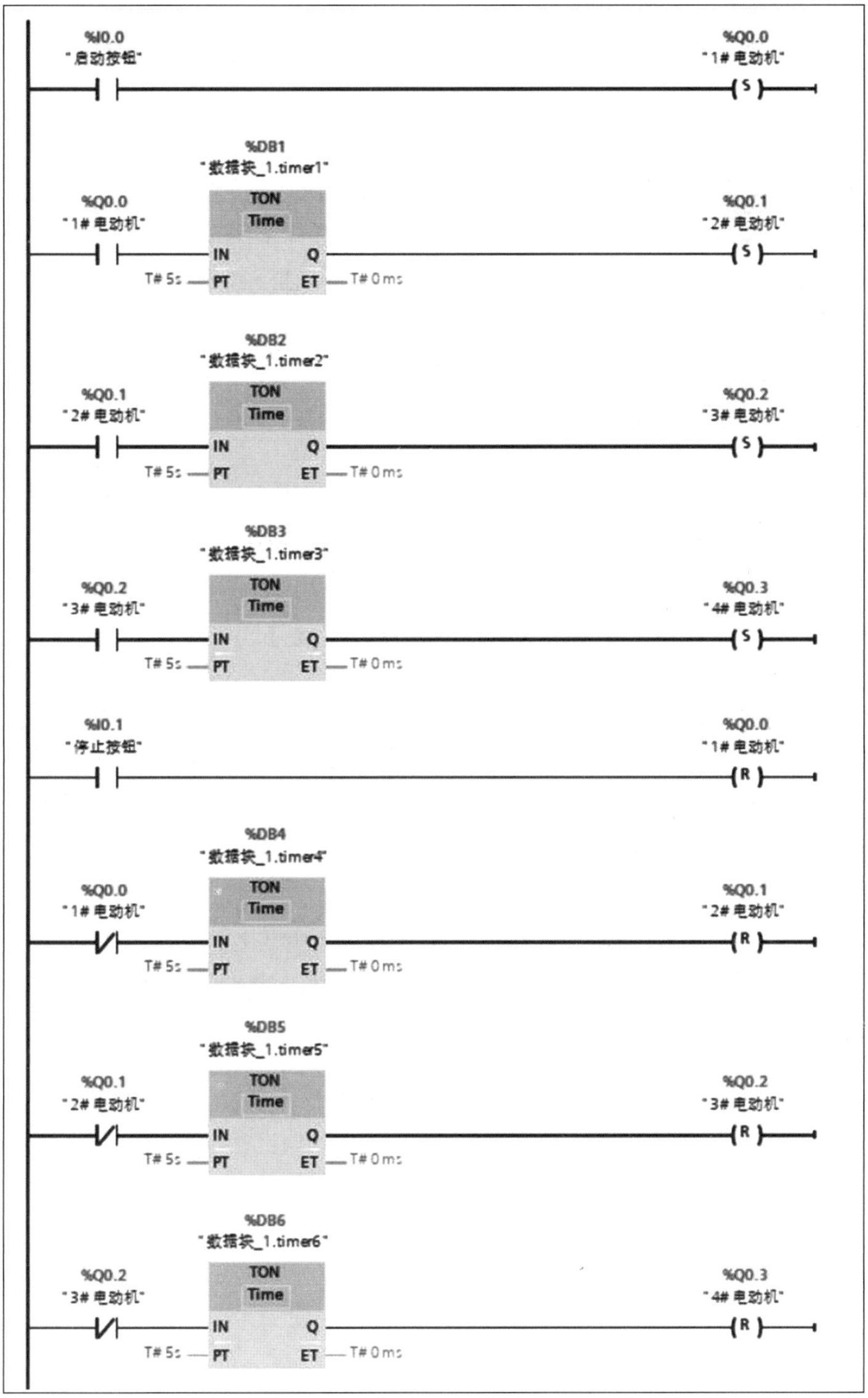

图 4.53　4 台电动机顺序定时启动、顺序定时停止的 PLC 梯形图

4.4 梯形图编写规则

梯形图编写规则如下：

①PLC 内部编程单元的常开和常闭接口能够无限次地重复使用，而在继电器中，接口的数量是有限的。在梯形图里，同一个编程部件的常开和常闭接触点的切换并无时间滞后，它们只是处于相反的状态。然而，在继电器控制系统里，常开和常闭接触点则具有先断后合的特性。

② 所有的梯形图都会先从左侧的母线开始，随后进行各个触点的逻辑链接，最终通过线圈或者指令盒作为终止，而且触点绝对不能位于线圈的右侧。能流只能从左到右、自上向下流动，而不允许倒流。

③S7 - 1200 PLC 的特性与 S7 - 200 PLC 有所区别，它的线圈及指令盒能够直接与左侧的母线相连，还能够利用特殊的中间继电器 M1.2 来完成。

④ 在同一个程序里，同一编号的线圈指令只能出现 1 次，而触点的使用频率却是无限次。置位指令将线圈置位，复位指令将线圈复位。不允许同时复位或置位同一编号的线圈。

⑤ 尽可能将串联的电路块置于最高位置，而将并联的电路块置于最左侧。采取这种方式不仅能够节约命令，还能使设计更加美观，通过这种方式的设计，能够减少用户程序的执行次数，从而缩短程序的扫描时间。

编程时，综上几条进行梯形图程序的设计。图 4.54 所示为梯形图的推荐画法。

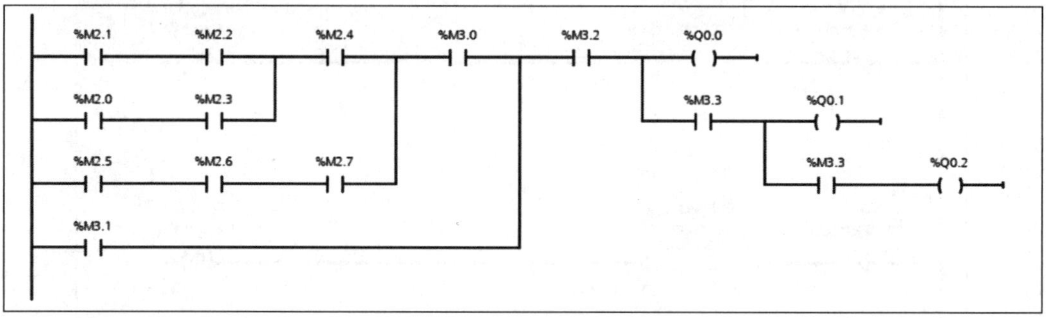

图 4.54　梯形图的推荐画法

习题与思考题

4.1　S7 - 1200 PLC 的基本指令包括哪些？

4.2　S7 - 1200 PLC 计数器包括哪些？有何不同？

4.3　在 MW10 等于 1 000 或 MW4 大于 5 000 时将 M2.0 置位，反之将 M2.0 复位，设计出满足要求的程序。

4.4　频率变送器的量程为 10 ~ 55 Hz，被 IW96 转换为 0 ~ 27 648 的整数。用“标准化”和“缩放”指令编写程序，在 I0.2 的上升沿，将 AIW96 输出的模拟值转换为对应的浮点数频率值，单位为 Hz，存放在 MD60 中。

4.5　温度量程为 0 ~ 800 ℃，被 IW96 转换为 0 ~ 27 648 的整数，使用标准化和标定指令编写程序，在 I0.0 的上升沿，将 AIW96 输出的模拟值转换为对应的浮点数温度，单位为 ℃，存放在 MD100 中。

4.6　按下启动按钮 I0.0，电动机运行 5 s，停止 5 s，重复执行 3 次后停止。试设计其梯形图并写出相应的指令程序。

4.7　按下启动按钮 I0.0，Q0.0 控制的电动机运行 30 s，然后自动断电，同时 Q0.1 控制的制动电磁铁开始通电，10 s 后自动断电。试设计梯形图和程序。

4.8　使用定时器指令设计一个周期为 10 s、脉宽可调的脉冲信号程序。

4.9　设计一个 2 h 30 min 的长延时电路程序。

4.10　现有 4 台电动机 M1 ~ M4，控制要求为：按 M1 ~ M4 顺序启动，每台电动机间隔 10 s 启动，前台电动机不启动，后台电动机不能启动；前台电动机停止时，后台电动机也停止，试设计梯形图并写出语句表程序。

4.11　设计一个单按钮启停电路程序。

4.12　利用循环移位指令设计一个 8 路跑马灯程序，每个跑马灯间隔 1 s。

4.13　编写程序，I0.2 为 1 状态时求出 MW50 ~ MW56 中最小的整数，存放在 MW58 中。

4.14　编写程序，在 I0.4 的上升沿，用“或”运算指令将 Q3.2 ~ Q3.4 变为 1，QB3 其余各位保持不变。

第 5 章　扩展指令与顺序功能图

5.1　扩展指令

S7 - 1200 PLC 除了基本指令外,还具有丰富的扩展指令和工艺指令。实际上,这些指令都是为了适应程序的专门需求而创建的一种通用子程序,不仅可使程序结构更加优化,而且可帮助用户完成更为复杂的控制程序或特殊任务。

5.1.1　日期、时间和时钟指令

1.　日期和时间指令

(1) 转换时间并提取指令。

如图 5.1 所示,转换时间并提取(T_CONV) 指令在日期和时间数据类型,以及字节、字和双字大小数据类型之间进行转换。指令框用下列式列表来选择输入、输出参数的数据类型。

(2) 时间相加指令和时间相减指令。

如图 5.1 所示,时间相加(T_ADD) 指令将输入的 IN1 值与 IN2 值相加,时间相减(T_SUB) 指令将输入的 IN1 值与 IN2 值相减。输入为 DTL 或 Time 数据类型,即 Time ± Time = Time,或DTL ±Time = DTL。

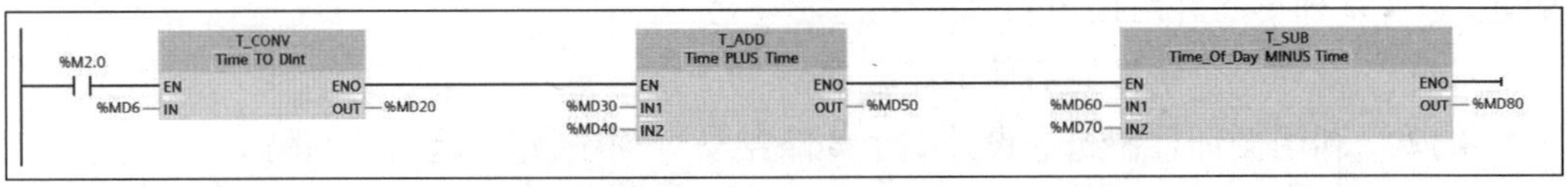

图 5.1　转换时间并提取指令、时间相加指令和时间相减指令举例

(3) 时差指令和结合时间指令。

如图 5.2 所示,时差(T_DIFF) 指令将输入的 IN1 值与 IN2 值相减,输入 DTL 数据类型,参数 OUT 以 Time 数据类型输出差值,即 DTL - DTL = Time。

结合时间(T_COMBINE) 指令将输入的 IN1 中的 Date 值和 IN2 中的 Time_and_Date 值组合在一起生成 DTL 值。

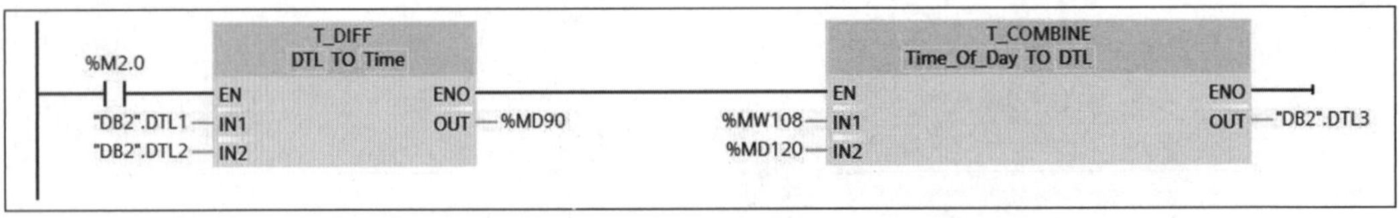

图 5.2　时差指令和结合时间指令举例

2.时钟指令

如图 5.3 所示,设置时间(WR_SYS_T)指令通过调整参数 IN 中的 DIL 值来设置 CPU 时钟;读取时间(RD_SYS_T)指令能够从 CPU 中获取当前的系统时间,并通过参数 IN 中的 DTL 值来设置 CPU 的闹钟。这两条时间值不包括本地时区或夏令时偏移量。

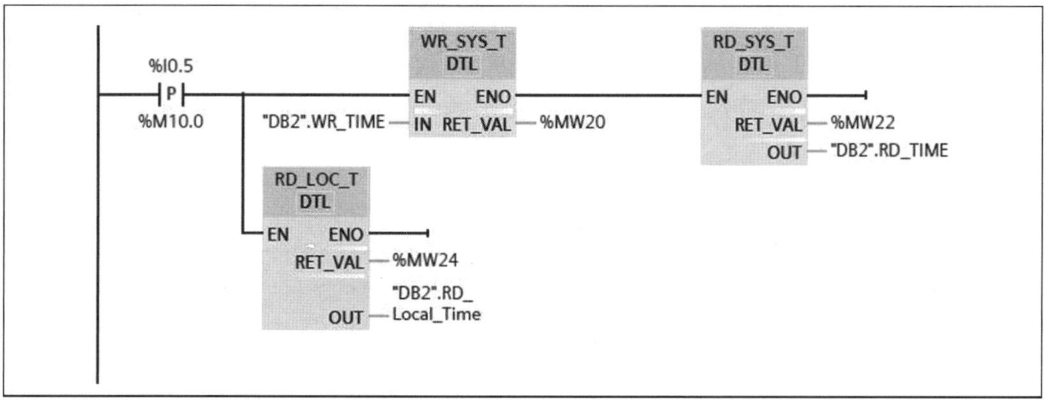

DB1

	名称	数据类型	起始值	监视值
1	▼ Static			
2	▸ WR_time	DTL	DTL#1970-01-01-00:00:00	DTL#2023-05-05-13:00:00
3	▸ RD_time	DTL	DTL#1970-01-01-00:00:00	DTL#2023-05-05-13:00:00.00...
4	▸ RD_Local_Time	DTL	DTL#1970-01-01-00:00:00	DTL#2023-05-05-22:00:00.00...
5	▸ WR_Local_Time	DTL	DTL#1970-01-01-00:00:00	DTL#2023-05-05-13:00:00

图 5.3　时钟指令举例

写入本地时间(WR_LOC_T)指令用来设置 CPU 时钟的日期与时间,可使用 DTL 数据类型在 LOCTIME 中将日期和时间信息指定为本地时间。读取本地时间(RD_LOC_T)指令以 DTL 数据类型提供 CPU 的当前本地时间。

设置时区(SET_TIMEZONE)指令用来设置本地时区和夏令时参数,可将 CPU 系统时间转换为本地时间。

运行时间定时器(RTM)指令可设置、启动、停止或读取 CPU 中的运行时间小时计时器。

5.1.2　字符串与字符指令

1.String 数据概述

String 数据被存储成 2 个字节的标头,其后为最多 254 个 ASCII 码字符组成的字符字节。String 标头字节代表两个长度。第 1 个标头字节是初始化字符串时方括号中给出的最大长度,默认值为 254。第 2 个标头字节是当前长度,即字符串中的有效字符数。当前长度必须小于或等于最大长度。String 格式占用的存储字节数比最大长度大 2 个字节。

在执行任何字符串指令之前,必须将 String 输入和输出数据初始化为存储器中的有效字符串。

有效字符串的最大长度必须大于 0 且小于 255。当前长度必须小于等于最大长度。字符串无法分配给 I 或 Q 存储区。

有关详细信息见 4.1.2 节 String 数据类型的格式。

2.字符串移动指令

如图 5.4 所示,字符串移动(S_MOVE) 指令可将 IN 源字符串复制到 OUT 位置,若 IN 字符串长度超过 OUT 能容纳的字符串最大长度,则仅会复制 OUT 能容纳的部分字符串,且该指令的执行并不影响源字符串的内容。图 5.4 中,将输入的‘Hello world’ 输出到 String2 字符串中。

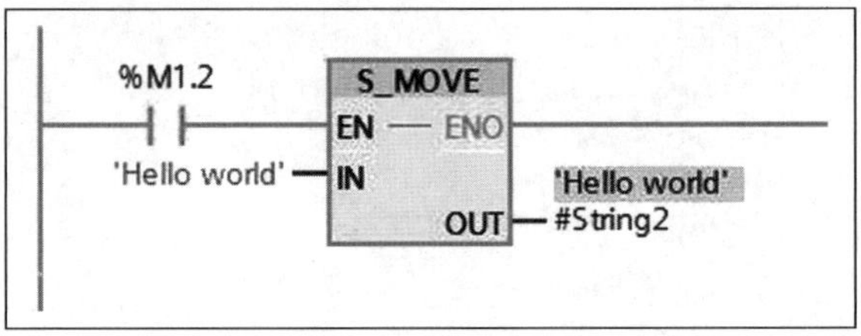

图 5.4　字符串移动指令举例

3.字符串转换指令

(1) 字符串与数值转换指令。

如图 5.5 所示,字符串与数值转换(S_CONV) 指令可将字符串转换为相应的数值,或者将数值转换为相应的字符串。S_CONV 指令缺乏输入格式的设定,所以这个指令相较于前两个指令来说,虽然更为简洁,但灵活性不佳。

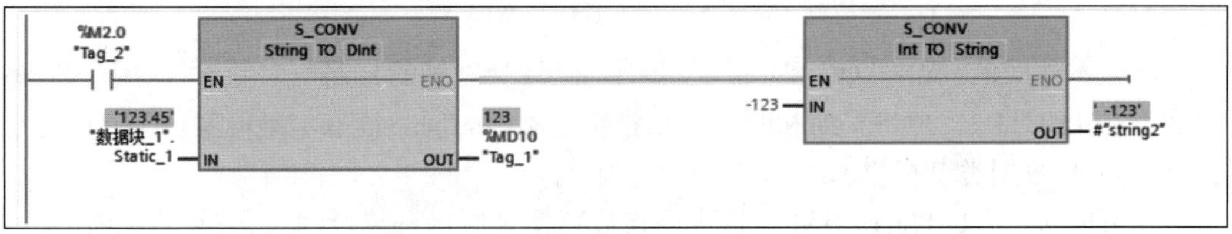

图 5.5　字符串与数值转换指令举例

① 字符串转换为数值。字符串 IN 的转换从首字符开始,一直到字符串结尾,或进行到首个非 0 ~ 9、加减号和小数点的字符为止。OUT 参数设定的地址被用于保存转换后的数值。如果输出数值超出 OUT 数据类型允许的范围,则 OUT 设置为 0,ENO 设置为 FALSE。当输入字符串时,可选择使用小数点,允许使用逗号“,” 作为小数点左侧的千位分隔符,并且逗号字符会被忽略,忽略前导空格。

② 数值转换为字符串。在 OUT 中整数值、无符号整数值或浮点值 IN 被转换为相应的字符串。有效字符串由第 1 个字节中最大字符串长度、第 2 个字节当前字符串长度,以及后面字节中当前字符串字符组成。转换后的字符串将从第 1 个字符开始替换 OUT 字符串中的字符,并调整 OUT 字符串的当前长度字节。OUT 字符串的最大长度字节不变。输出字符串中的值为右对齐,值的前面用空格字符串填充,正数字符串不带符号。输出字符串不使用前导“+” 号,使用定点表示法,不能使用指数表示法,输出字符串值为右对

齐，并且值的前面有填写空字符位置的空格字符。

图 5.5 中，第 1 个 S_CONV 将字符串‘123.45’转换成双整数 123，第 2 个 S_CONV 将整数 - 123 转换成字符串‘- 123’。

如图 5.6 所示，字符串转换为数值（STRC_VAL）指令可实现将数字字符串转换为相应的整型或浮点型。指令从参数 IN 指定的字符串的第 P 个字符开始转换，直到字符串结束，或遇到首个非 0 ~ 9、加减号、句号、逗号、“e”和“E”字符为止。转换后的数值保存在参数 OUT 指定的存储单元。参数 FORMAT 是输出格式选项，数据类型为 Word。第 0 位 r 为小数点格式，1 和 0 时为应用逗号和句号作为十进制数的小数点，第 1 位 f 为表示法格式，1 和 0 时为指数表示法和定点数表示法。图 5.6 中将字符‘12345’转换成整数 12345 输出。

数值转换为字符串（VAL_STRG）指令可将整数、无符号的整数或浮点值转换成对应的字符串。参数 IN 数据类型可以是各种整数和实数。转换的字符串将取代 OUT 从参数 P 提供的字符偏移量开始，到参数 SIZE 指定的字符数结束的字符。SIZE 必须在 OUT 字符串长度范围内，如果 SIZE 为零，则字符将覆盖字符串 OUT 中 P 位置的字符，且没有任何限制。在参数 FORMAT 中，第 0、1 位的值与 STRG_VAL 一致，第 2 位 s 是符号字符，当其值为 1 时，表示使用符号字符 + 和 -，为 0 时仅使用符号字符 -。参数 PREC 的作用是指定字符串中小数部分的精度或位数。参数 IN 的值如果为整数，则 PREC 指定小数点的位置。

图 5.6 中，数据值为 12345，PREC 为 2 时，转换结果为‘123.45’。则对于 Real 数据类型，支持的最大精度为 7 位。若参数 P 超过 OUT 字符串的当前长度，则会增加空格，一直到位置 P，然后将这个结果附加到字符串的最后。当字符串的长度已经达到极限时，转换过程就会终止。

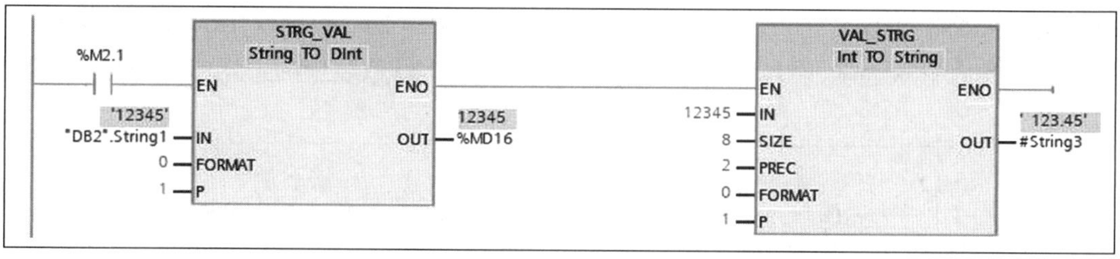

图 5.6　字符串与数值转换指令举例

（2）字符串与字符数组转换指令。

如图 5.7 所示，字符串转换为字符数组（Strg_TO_Chars）指令将字符串 Strg 复制到 IN_OUT 参数 Chars 的字符数组中，即从 pChars 参数指定的数组元素编号开始覆盖字节，可使用长度为 1 ~ 254 的字符串。结束分隔符不会被写入，要在字符数组后面设置结束分隔符，应使用下一数组元素编号[pChars + Cnt]。Cnt 为已复制的字符数。

字符数组转换为字符串（Chars _TO_ Strg）指令将字符数组的全部或一部分复制到字符串中，长度为 1 ~ 254。Chars_TO_Strg 不会更改字符串的最大长度值，一旦达到字符串的最大长度后，将会停止对数据的复制。字符数组中的 nul 字符“ $00”或 16#00 值起分隔符的作用，用于结束向字符串复制字符的操作。

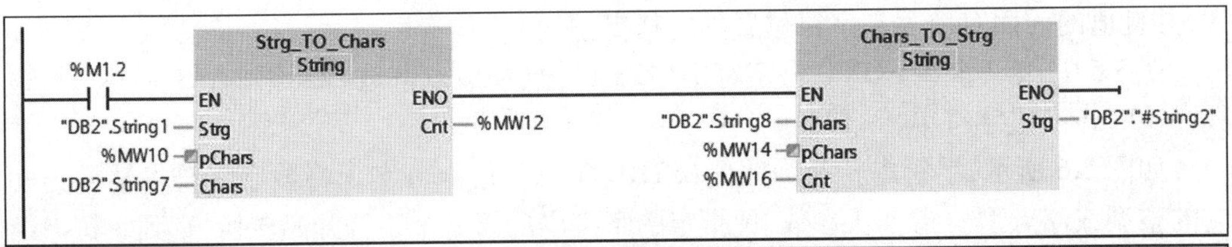

2	String7[0]	Char	'S'	4	String8[0]	Char	'I'
3	String7[1]	Char	'I'	5	String8[1]	Char	' '
4	String7[2]	Char	'M'	6	String8[2]	Char	'L'
5	String7[3]	Char	'A'	7	String8[3]	Char	'O'
6	String7[4]	Char	'T'	8	String8[4]	Char	'V'
7	String7[5]	Char	'I'	9	String8[5]	Char	'E'
8	String7[6]	Char	'C'	10	String8[6]	Char	' '
9	String7[7]	Char	' '	11	String8[7]	Char	'Y'
10	String7[8]	Char	'S'	12	String8[8]	Char	'O'
11	String7[9]	Char	'7'	13	String8[9]	Char	'U'

图 5.7　字符串与字符数组转换指令举例

(3) ASCII 字符串与十六进制转换指令。

如图 5.8 所示，ASCII 字符串转换为十六进制(ATH) 指令可将 ASCII 字符转换为压缩的十六进制数字。转换从 IN 参数的设定位置开始进行，并维持 N 个字节，最终把结果储存在 OUT 参数指定的位置。参数 IN 和 OUT 指定的是字节数组而不是十六进制字符串数据。允许转换的 ASCII 字符包括 0 ~ 9、小写 a ~ f 和大写 A ~ F，其他字符都将被转换为零。8 位 ASCII 字符将被转换为 4 位十六进制半字节，可将两个 ASCII 字符转换为一个包含两个 4 位十六进制半字节的字节。

十六进制转换为 ASCII 字符串(HTA) 指令可将十六进制的数字转换为 ASCII 字符字段。以预先设置的 IN 为起点，持续转换 N 个字符。每个 4 位半字节被转换成单个 8 位 ASCII 字符，生成的 2N 个输入字节会被写为 0 ~ 9 及大写的 A ~ F 的 ASCII 字符。参数 OUT 指定一个字节数组，而不是字符串。图 5.8 中，ATH 将 DB2 数据块中的 String1 数组中的字符转换为十六进制，而 HTA 将 DB2 数据块中的 String3 数组中的十六进制数值转换为字符输出。

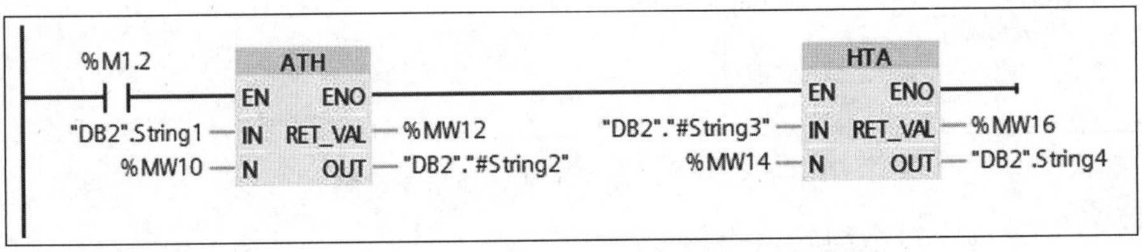

图 5.8　ASCII 字符串与十六进制转换指令举例

4.字符串指令

(1) 字符串长度指令。

如图 5.9 所示，确定字符串最大长度(MAX_LEN) 指令提供了在输出 OUT 中分配给字符串 IN 的最大长度值。String 和 WString 数据类型包含两个长度：第 1 个字节或字代表最大长度，第 2 个字节或字则代表当前长度。图 5.9 中，DB2.Sring1 的最大长度为 254 个字节。

获取字符串长度(LEN) 指令提供输出 OUT 处的字符串 IN 的当前长度，空字符串的长度为零。图 5.9 中,“Hello word” 的长度为 10。

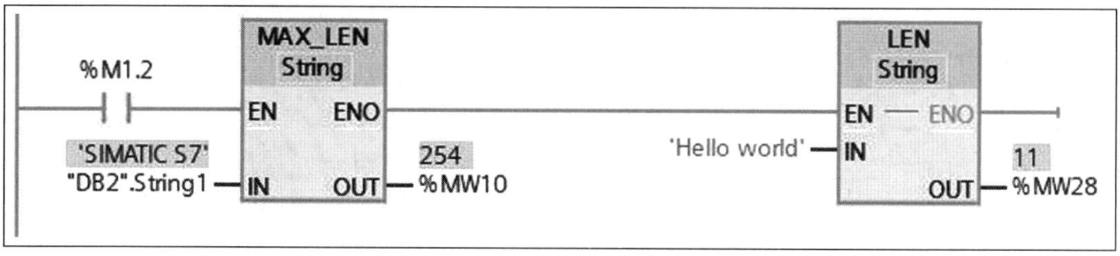

图 5.9　字符串长度指令举例

(2) 字符串合并与读取指令。

如图 5.10 所示,连接字符串(CONCAT) 指令可将 IN1 和 IN2 两个字符串参数连接成一个字符串,并在 OUT 输出,IN1 字符串被放置在组合字符串的左边,而 IN2 则被放置在右侧。图 5.10 中,CONCAT 指令将‘ABCD’ 和‘abcd’ 两个字符串合并为‘ABCDabcd’。

读取字符串的左侧字符(LEFT) 指令可以获得一系列由字符串参数 IN 的前 L 个字符构建的子串。读取字符串的中间字符(MID) 指令提取字符串的中间部分,读取字符长度为 L,并从字符位置 P 开始算起。读取字符串的右侧字符(RIGHT) 指令提取字符串的最后 L 个字符。图 5.10 中,输入字符‘Speed = 1425’,LEFT 指令提取左侧前 5 个字符‘Speed’,MID 指令从第 2 个字符开始提取中间 4 个字符‘BCDE’,RIGHT 指令提取右侧 4 个字符‘1425’。

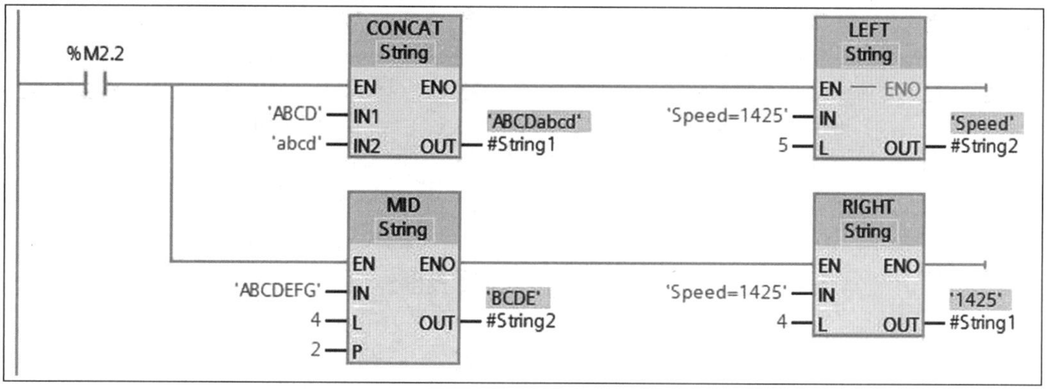

图 5.10　字符串合并与读取指令举例

(3) 字符串删除与插入指令。

如图 5.11 所示,删除字符串中的字符(DELETE) 指令在字符串 IN 中从字符位置 P 处开始删除 L 个字符,剩余字符串在参数 OUT 中输出。相反,字符串中插入字符(INSERT) 指令可将字符串 IN2 嵌入字符串 IN1 中第 P 个字符之后。

图 5.11 中,DELETE 指令从字符串‘ABCDEFG’ 第 3 位开始删除 2 位字符,输出结果为‘ABEFG’;INSERT 指令从字符串‘abcde’ 第 3 位开始插入‘ABC’,输出结果为‘abcABCde’。

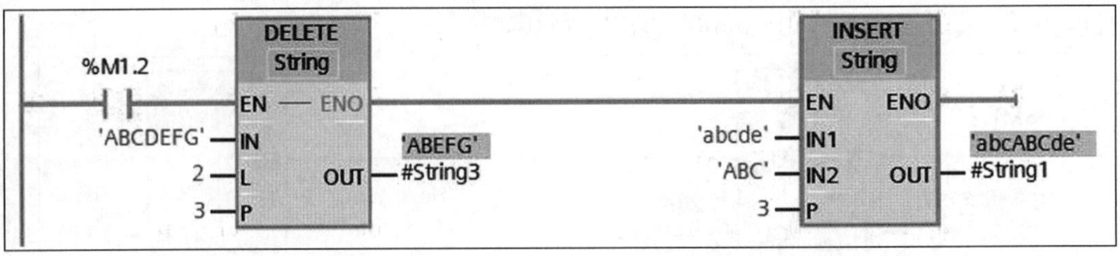

图 5.11　字符串删除与插入指令举例

(4) 字符串替换与查找指令。

如图5.12所示,替换字符串中的字符(REPLACE)指令使用字符串IN2替换IN1的位置P开始的L个字符。如果L等于零,则在字符串IN1的位置P处插入字符串IN2,而不删除字符串IN1中的任何字符。若IN2的长度大于L,则先执行插入,再执行替换。

字符串中查找字符(FIND)指令提供由IN2指定的子串在字符串IN1中的字符位置。查找从左侧开始搜索,OUT中输出IN2字符串第一次出现的字符位置,如果在字符串IN1中未找到字符串IN2,则输出零。

图5.12中,REPLACE指令从字符串'ABCDEFG'第3位开始替换IN2中的3位字符,输出结果为'AB1234FG';FIND指令在字符串'ABCDEFG'中查找第一次出现'DEF'的位置,输出结果为4。

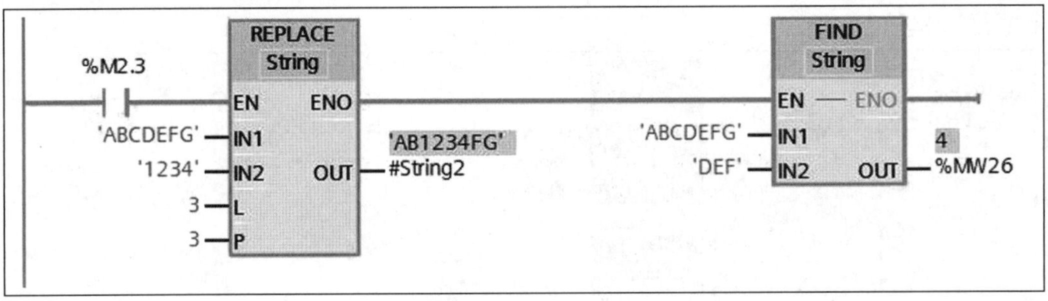

图 5.12　字符串替换与查找指令举例

5.1.3　中断

中断是由时间、硬件和延时等中断事件触发的。迫于中断事件,系统会暂停当前执行任务,转而执行中断服务程序和任务,待中断事件处理完毕后,再返回被暂停的程序和任务继续执行。中断常用于处理复杂或特殊的控制任务、运动控制和网络通信等。

1.中断事件指令

当出现启动组织块(OB)的事件时,由操作系统调用对应的组织块。启动OB的事件属性见表5.1,为1的优先级最低。启动事件与程序循环事件不会同时发生,启动期间,只有诊断错误事件能中断启动事件,其他事件将进入中断队列,在启动事件后处理。事件按优先级的高低来处理,优先级编号越大,优先级越高,时间错误中断具有最高的优先级。一般而言,先处理高优先级的事件,优先级相同的事件按"先来先服务"原则处理。

表 5.1　启动 OB 的事件属性

事件源类型	OB 编号	支持的 OB 个数	启动事件	优先级
启动	100 或 ≥ 123	100 个	从 STOP 模式切换到 RUN 模式	1
程序循环	1 或 ≥ 123	100 个	启动或结束前一个程序循环 OB	1
时间中断	10 到 17，≥ 123	20 个	已到达启动时间	2
状态中断	55	1 个	CPU 接收到状态中断，如从站中的模块更改了操作模式	4
更新中断	56	1 个	CPU 接收到更新中断，如更改了从站或插槽参数	4
制造商或配置文件特定的中断	57	1 个	CPU 接收到制造商或配置文件特定的中断	4
延时中断	20 ~ 23 或 ≥ 123	20 个	延时时间结束	3
循环中断	30 到 38，≥ 123	20 个	固定的循环时间结束	8
硬件中断	40 ~ 47 或 ≥ 123	50 个	数字输入通道上升沿（≤ 16）、下降沿（≤ 16）	16
			HSC 计数值 = 设定值，方向变化，外部复位，最多各 6 次	16
时间错误中断	80	1 个	超过最大循环时间，调用的 OB 仍在执行	22
诊断错误中断	82	1 个	具有诊断功能的模块识别到错误	5
拔出／插入中断	83	1 个	分布式 I/O 模块或子模块插入或拔出	6
机架错误中断	86	1 个	CPU 检测到分布式机架或站出现故障或发生信号丢失	6

优先级大于或等于 2 的 OB 将中断循环程序的执行。如果设置为可中断模式，优先级 2 ~ 25 的 OB 可被优先级更高的任何事件中断，时间错误中断会中断所有其他的 OB；如果未设置可中断模式，优先级 2 ~ 25 的 OB 将无法在任何情况下被中断。

如图 5.13 所示，关联 OB 与中断事件（ATTACH）指令启用响应硬件中断事件的中断 OB 子程序执行。断开 OB 与中断事件（DETACH）指令禁用响应硬件中断事件的中断 OB 子程序执行。

OB_NR：组织块标识符，可从使用“添加新块”功能创建的可用硬件中断 OB 中进行选择。双击该参数域，然后单击助手图标可查看可用的 OB。

EVENT：事件标识符，可在 PLC 设备组态中为数字输入或高速计数器启用的可用硬件中断事件中进行选择。双击该参数域，然后单击助手图标可查看这些可用事件。

ADD：ADD = 0（默认值），该事件将取代先前为此 OB 附加的所有事件；ADD = 1，该事

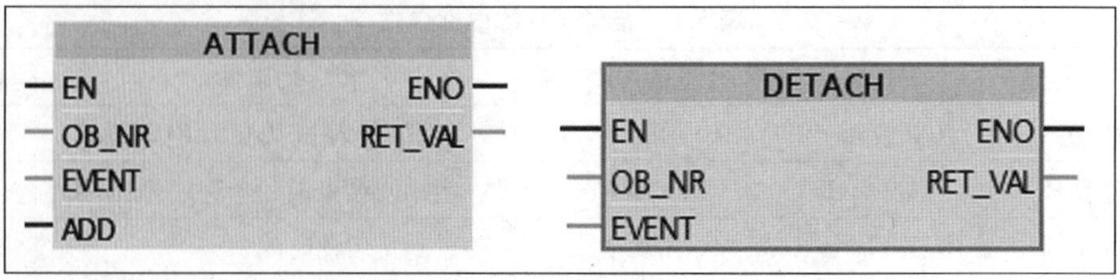

图 5.13　中断事件指令举例

件将添加到先前为此 OB 附加的事件中。

2.中断组织块

(1) 循环中断组织块。

如图 5.14 所示,循环中断组织块以预先设定的循环时间周期性地执行,设定范围为 1 ~ 60 000 ms,编号为 OB30 ~ 38,或大于、等于 123。

图 5.14　循环中断组织块举例 1

双击项目树中的添加新块,添加组织块“Cyclic interrupt”,默认编号为 OB30,同时将循环的中断时间从 100 ms 修改为 2 000 ms。在图 5.14 中,I0.0 控制彩灯是否移位,I0.1 控制移位的方向。CPU 运行期间可用 SET_CINT 指令重新设置循环中断的循环时间和相移,时间单位为微秒(μs),如果循环中断组织块的执行时间大于循环时间,将会启动时间错误组织块。

如图 5.15 所示,QRY_CINT 指令可查询循环中断的状态。从仿真结果来看,M26.4 为 1 表示 OB30 已被下载,M26.2 为 1 表示 OB30 已被激活。

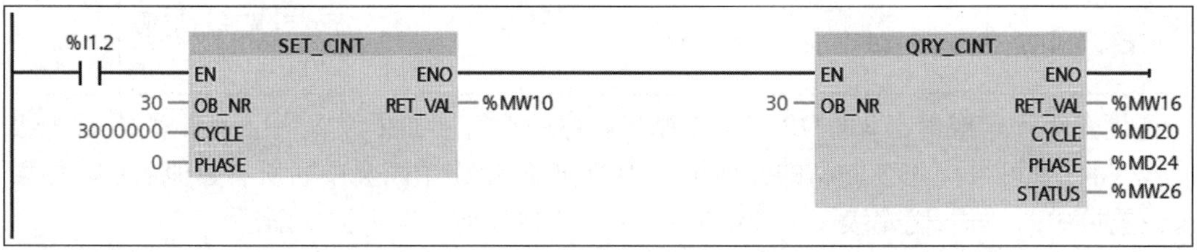

图 5.15　循环中断组织块举例 2

(2) 时间中断组织块。

如图 5.16 所示,时间中断组织块用于设置日期和时钟中断,程序中断组织块可设置成单次实施,或是在特定的时间范围内多次实施。时间中断编号为 10 ~ 17,或者大于或等于 123。在项目视图中生成新项目,添加一个名为“Time of day” 的组织块,默认编号为 10,组织块会自动生成和打开。

设置时钟中断(SET_TINTL) 指令用于设置执行分配的时间中断的日期和时钟中断

事件。OB_NR 为 OB 编号；SDT 表示启动日期和时间；LOCAL 为 0 时表示使用系统时间，为 1 时表示使用本地时间；PERIOD 为从起始时间到再次发生中断事件的时隔，16#0000 = 1 次，16#0201 = 分钟，16#0401 = 小时，16#1001 = 天，16#1201 = 周，16#1401 = 月，16#1801 = 年，6#2001 = 月末；ACTIVATE 为 0 必须执行 ACT_TINT 才能激活中断事件，为 1 代表中断事件已激活；RET_VAL 为执行条件代码。

CAN_TINT 指令、ACT_TINT 指令和 QRY_TINT 指令分别用于取消、激活和查询指定的起始日期和时钟中断事件。图 5.16 中，M1.2 上升沿 QRY_TINT 指令用来查询时间中断的状态；I0.0 上升沿调用 SET_TINTL 指令和 ACT_TINT 指令分别用于设置和激活时间中断 OB10；I0.1 上升沿调用 CAN_TINT 指令取消时间中断。

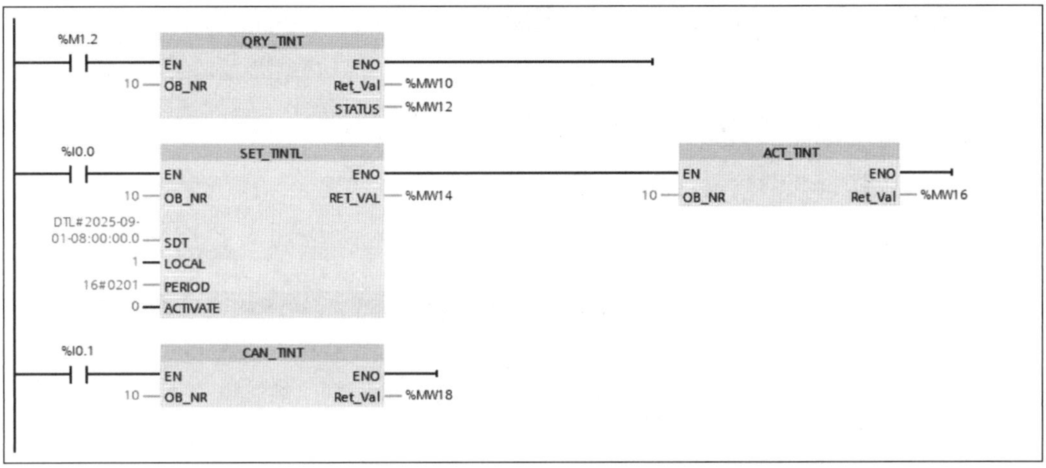

图 5.16　时间中断组织块举例(OB1)

图 5.17 所示为 OB10 程序及 SIM 表监控，每隔 1 min，调用一次时间中断 OB10，MW30 加 1。下载所有的模块后，S7 - PLCSIM 中生成 IBO、MW30 和 MB13 条目，并将 PLC 切换到 RUN 模式，M13.4 为 1，表示已下载了 OB10 中断组织块。两次单击 I0.0，设置和激活时间中断，M13.0 为 0 表示时间中断运行中，M13.1 为 0 表示中断已启用，M13.2 为 1 表示 0B10 已激活，M13.4 为 1 表示已分配中断编号，M13.6 为 1 表示日期和时钟中断使用本地时间。两次单击I0.1，I0.1 上升沿将禁止时间中断，M13.2 为 0，MW30 停止加 1。

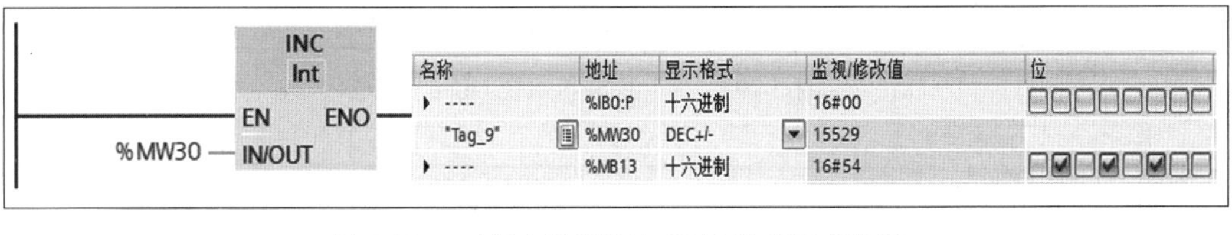

图 5.17　时间中断组织块 OB10 及 SIM 表监控

(3) 硬件中断组织块。

硬件的变化将触发硬件中断事件，硬件中断组织块将暂停正常的循环程序，并响应硬件事件信息。S7 - 1200 PLC 最多可生成50个硬件中断，编号为40 ~ 47，或者大于或等于123，所支持的硬件中断事件见表 5.1。

硬件中断处理时，可给每个事件指定单独的硬件中断编号，这种方式相对简单便捷，当然也可以多个硬件中断组织块分时处理一个硬件中断事件,但需用 DETACH 指令取消原有的事件连接,并用 ATTACH 指令将新的硬件中断分配给中断事件,这种方式虽然能够节约资源,但控制流程相对复杂。

项目视图中生成新项目,添加"Hardware interrupt" 组织块,默认编号为 40。同样的方法,生成硬件中断的另一个组织块"Hardware interrupt",编号为 OB41。

如图 5.18 所示,CPU 设备"属性 → 常规" 选项卡中,将数字量输入通道 0 配置成上升沿检测,并关联硬件中断 Hardware interrupt(OB40),即出现 I0.0 上升沿时将调用 OB40;同时,将数字量输入通道 1 配置成下降沿检测,并关联硬件中断 Hardware interrupt_l (OB41),即出现 I0.1 下降沿时将调用 OB41。

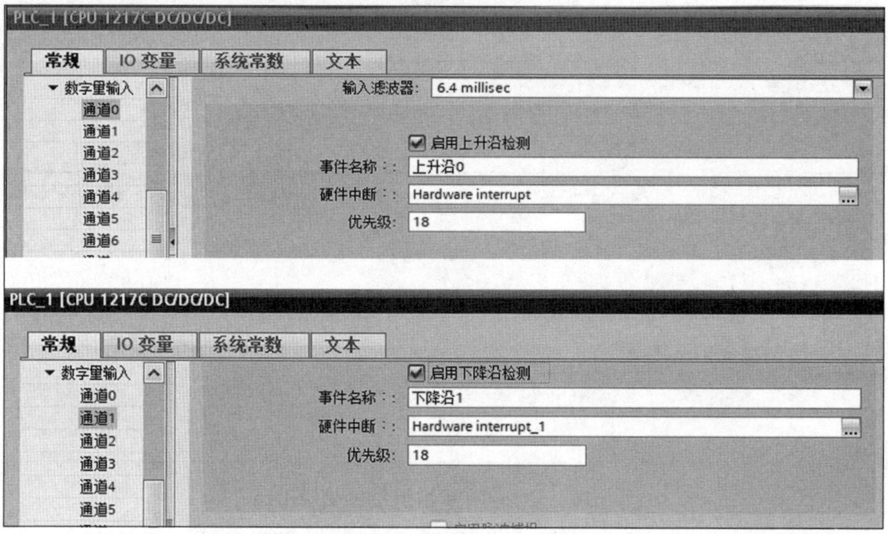

图 5.18　硬件中断组态

如图 5.19 和图 5.20 所示,OB40 和 OB41 中,分别用 M1.2 一直闭合的常开触点将 Q0.0:P 触点置位和复位。

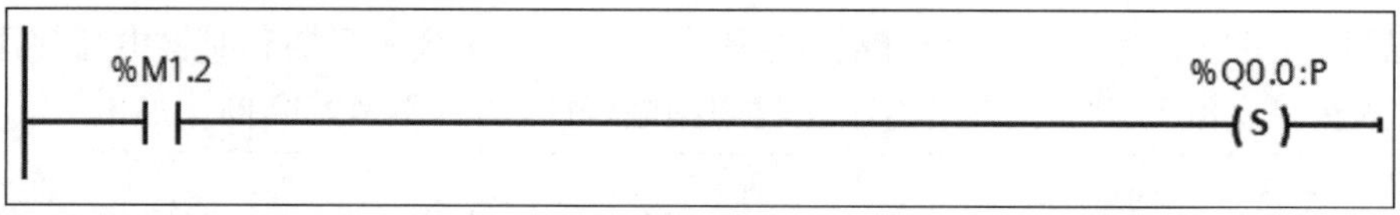

图 5.19　硬件中断组织块 OB40

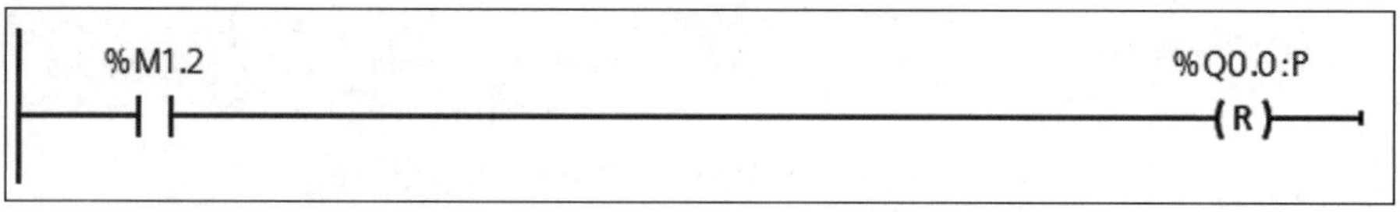

图 5.20　硬件中断组织块 OB41

打开仿真软件 S7 - PLCSIM,CPU 切换到 RUN 模式,生成 IBO 和 QBO 条目,如图 5.21 所示。单击 I0.0 置位为 1,在 I0.0 的上升沿,CPU 调用 OB40 硬件中断块,Q0.0 置位为 1;再次单击 I0.0 复位为 0,在 I0.1 的下降沿,CPU 调用 OB41 硬件中断块,将 Q0.0 复位为 0。

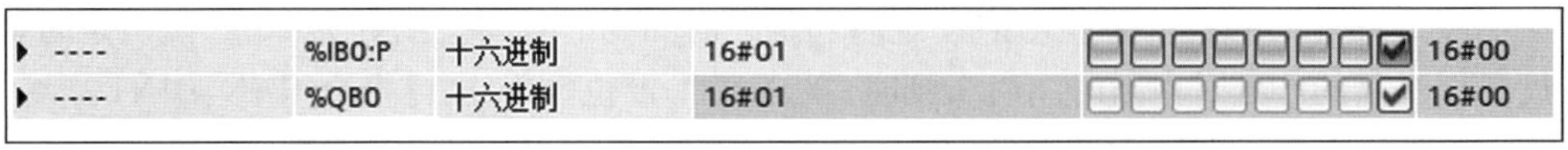

图 5.21　SIM 表监控

(4) 延时中断组织块。

延时中断组织块在经过指定的时间间隔延时后发生,其编号范围为 20 ~ 23,或者大于或等于 123。SRT_DINT 指令和 CAN_DINT 指令用于启动和取消延时中断处理过程,QRY_DINT 指令用于查询中断状态。SRT_DINT 指令延时时间最大为 1 ~ 60 000 ms,精度 1 ms。

在项目视图中生成新项目,添加“Time delay interrupt”组织块,默认编号为 20。在 I0.0 的上升沿调用硬件组织块 OB40,如图 5.22 所示,OB40 程序中调用 SRT_DINT 指令来启动一个延时时间为 20 ms 的延时中断,RET1、RET2 是 OB40 中数据类型为 Int 的临时局部变量,OB40 中调用 RD_LOC_T 指令读取启动延时中断组织块时的实时时间并保存在“DB1”.Time2 中。如图 5.23 所示,延时时间结束时调用延时中断组织块 OB20,OB20 中再次调用 RD_LOC_T 指令读取调用时的实时时间保存在“DB1”.Time2 中,同时将 Q0.0 触点置位。

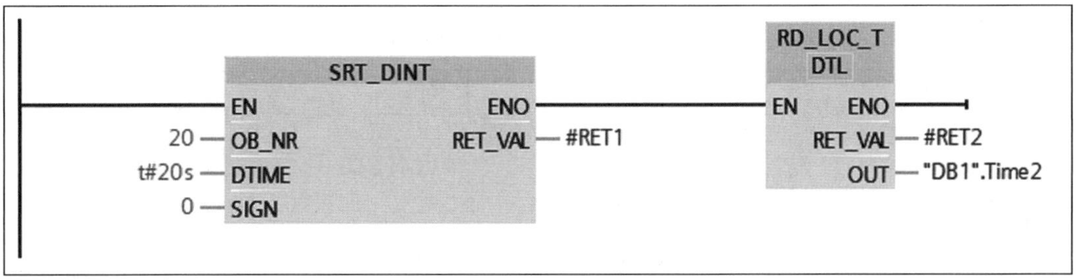

图 5.22　延时中断组织块 OB40

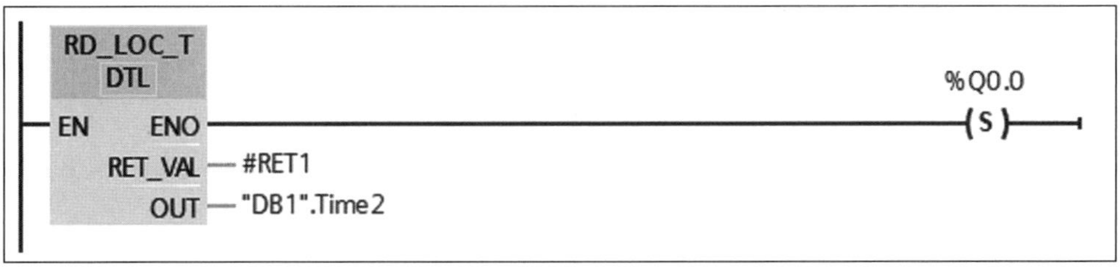

图 5.23　延时中断组织块 OB20

如图 5.24 所示,OB1 中调用 QRY_DINT 指令查询延时中断的状态并保存在 MW10 中。当I0.1 等于 1 时,CAN_DINT 指令会执行一个操作来取消延时中断,而当 I0.2 等于 1 时,Q0.0 将被重置。在模拟过程中,会产生 IBO、QBO 及 MB11 这些项目。

如图 5.25 所示,MB9.4 的值从 1 转换为 OB20,这意味着 CPU 已经接收了 OB20。

单击 I0.0 置位为 1,I0.0 在上升沿时,CPU 调用 OB40,M11.2 变为 1,表示正在执行 SRT_DINT 指令启动的时间延时;定时时间到,M11.2 变为 0,表示定时结束,同时 Q0.0 置位为 1。

图 5.26 中 SRT_DINT 指令启动定时和定时时间到的时间差刚好为 20 s,说明定时精度是相当高的。延时中断时间尚未到时,单击 I0.1 置位为 1,执行指令 CAN_DINT 指令,M11.2 变为 0,延时时间中断被取消。

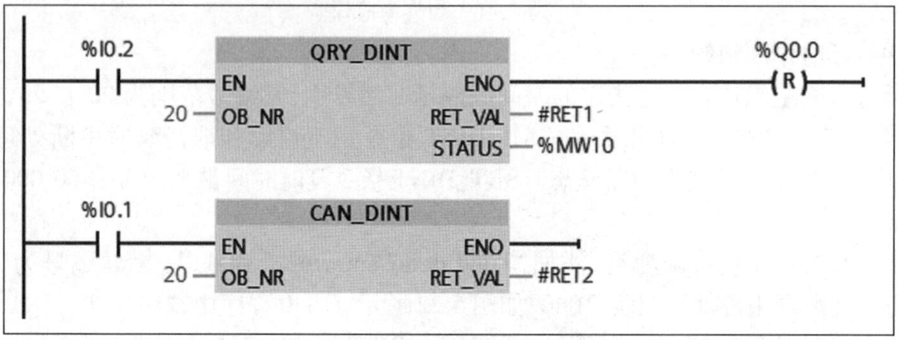

图 5.24　延时中断的查询与取消(OB1)

名称	地址	显示格式	监视/修改值	位
▸ ----	%IB0:P	十六进制	16#00	
▸ "Tag_3"	%QB0	十六进制	16#00	
▸ ----	%MB9	十六进制	16#10	☑

图 5.25　SIM 表监控延时中断

名称	数据类型	监视值
▾ Static		
▪ ▸ DT1	DTL	DTL#2023-05-08-03:52:32.643897920
▪ ▸ DT2	DTL	DTL#2023-05-08-03:52:42.644273275

图 5.26　DB1 数据块中的日期时间值

5.1.4　高速计数器

计数器指令限于发生在低于 S7 - 1200 PLC 的 CPU 扫描周期速率的计数事件。高速计数器功能则提供了发生高于 S7 - 1200 PLC 扫描周期速率的计数脉冲,而不受扫描周期的限制。此外,还可组态高速计数器测量或设置脉冲发生的频率和周期,如运动控制可通过高速计数器读取电动机编码器信号。

1.高速计数器概述

(1) 硬件组成。

S7 - 1200 PLC 具有 6 个高速计数器,可测量的单相脉冲频率最高为 100 kHz,双相或 A/B 相频率最高为 30 kHz。S7 - 1200 PLC 给出了 HSC1 ~ HSC6 的单向、双向和 A/B 相输入时默认的数字量输入点,以及各输入点在不同计数模式下的最高计数频率,默认地址为 ID1000 ~ ID1020,组态时可修改地址。CPU 本体输入最大频率见表 5.2。

表 5.2　CPU 本体输入最大频率

CPU	CPU 输入通道	单相		两相位		A/B 正交	
		频率/kHz	高速计数最大数量	频率/kHz	高速计数最大数量	频率/kHz	高速计数最大数量
1211C	Ia.0 ~ Ia.5	100	6	100	3	80	3
1212C	Ia.0 ~ Ia.5	100	6	100	3	80	3
	Ia.6 ~ Ia.7	30	2	30	1	20	1
1214/1215C	Ia.0 ~ Ia.5	100	6	100	3	80	3
	Ia.6 ~ Ib.5	30	6	30	4	20	4
1217C	Ia.0 ~ Ia.5	100	6	100	3	80	3
	Ia.6 ~ Ib.1	30	4	30	2	20	2
	Ib2.2 ~ Ib2.5	100	4	100	2	1000	2

S7 - 1200 PLC 除了本体高速输入点以外，还提供了支持高速输入的信号板，信号板输入最大频率见表 5.3。

表 5.3　信号板输入最大频率

信号板	SB 输入通道	单相	两相位	A/B 正交	单相	两相位	A/B 正交
		频率/kHz	高速计数最大数量	频率/kHz	频率/kHz	高速计数最大数量	频率/kHz
SB1221,200 kHz	Ie.0 ~ Ie.3	200	4	200	2	160	2
SB1223,200 kHz	Ie.0 ~ Ie.1	200	2	200	1	160	1
SB1223	Ie.0 ~ Ie.1	30	2	30	1	20	1

（2）中断事件。

事件组态时通过下拉菜单选择硬件中断，中断优先级取值范围为 2 ~ 26。根据 HSC 组态的情况，可使用以下事件。

① 计数器值等于参考值事件。高速计数器当前值等于参考值完全匹配时发生该事件。

② 外部复位事件。外部复位端从 OFF 切换为 ON 时，会发生此类外部复位事件。

③ 更改方向事件。计数方向发生变化时，发生更改方向事件。

（3）高速计数器指令。

使用高速计数器指令（CTRL_HSC）时，首先需要创建一个数据块用于存储参数，编辑器放置 CTRL_HSC 指令后自动分配 DB，各参数含义见表 5.4。

表 5.4　高速计数器指令块参数含义

参数	声明	数据类型	含义
HSC	IN	HW_HSC	高速计数器硬件标识号
DIR	IN	Bool	1 = 请求新方向

续表5.4

参数	声明	数据类型	含义
CV	IN	Bool	1 = 请求设置新的计数器值
RV	IN	Bool	1 = 请求设置新的参考值
PERIOD	IN	Bool	1 = 设置新的周期值(仅限频率测量模式)
NEW_DIR	IN	Int	新方向:1 = 向上, - 1 = 向下
NEW_CV	IN	DInt	新计数器值
NEW_RV	IN	Dint	新参考值
NEW_PERIOD	IN	Int	以毫秒为单位的新周期值(仅限频率测量模式),其值只能为10 ms、100 ms 或 1 000 ms
BUSY	OUT	Bool	功能忙
STATUS	OUT	Word	执行条件代码

高速计数器指令通过程序控制高速计数器,指令使用 DB 中的存储结构来保存高速计数器数据。仅当组态的计数方向设置为“用户程序(内部方向控制)”时,DIR 参数才有效,用户在 HSC 设备组态中确定如何使用该参数。对于 CPU 或 SB 上的 HSC,BUSY 参数的值始终为 0。

在 CPU 的设备组态中为各 HSC 的计数/频率功能、复位选项、中断事件组态、硬件 I/O,以及计数值地址对相应参数进行组态。

可以通过用户程序来修改某些 HSC 参数,从而对计数过程提供程序控制:

① 将计数方向设置为 NEW_DIR 值;

② 将当前计数值设置为 NEW_CV 值;

③ 将参考值设置为 NEW_RV 值;

④ 将周期值(仅限频率测量模式) 设置为 NEW_PERIOD 值。

如果执行 CTRL_HSC 指令后以下布尔标记值置位为 1,则相应的 NEW_xxx 值将装载到计数器。CTRL_HSC 指令执行一次可处理多个请求(同时设置多个标记)。

①DIR = 1 是装载 NEW_DIR 值的请求,0 = 无变化;

②CV = 1 是装载 NEW_CV 值的请求,0 = 无变化;

③RV = 1 是装载 NEW_RV 值的请求,0 = 无变化;

④PERIOD = 1 是装载 NEW_PERIOD 值的请求,0 = 无变化。

CTRL_HSC 指令通常放置在触发计数器硬件中断事件时执行的硬件中断 OB 中。例如,如果 CV = RV 事件触发计数器中断,则硬件中断 OB 代码块执行 CTRL_HSC 指令并且可通过装载 NEW_RV 值更改参考值。

在 CTRL_HSC 指令参数中没有提供当前计数值。在高速计数器硬件的组态期间分配存储当前计数值的过程映像地址,可以使用程序逻辑直接读取计数值,返回给程序的值将是读取计数器瞬间的正确计数,但计数器仍将继续对高速事件进行计数。因此,程序使用旧的计数值完成处理前,实际计数值可能会更改。

(4) 编码器。

编码器是将信号或数据编制、转换为可用以通信、传输和存储的信号形式的设备。编码器按照工作原理可分为增量式编码器和绝对式编码器两类。

① 增量式编码器。增量式编码器是将位移转换为一种周期性的电信号,然后将该电信号转换为计数脉冲,以此来表示位移的大小。双通道增量式编码器又称为 A/B 相或正交相位编码器,内部有两对光耦合器,输出相位差为 90° 的两组独立脉冲序列。如图 5.27 所示,编码器正转和反转时两路脉冲超前、滞后关系恰好相反,PLC 可根据信号的相位关系识别出转轴旋转的方向。

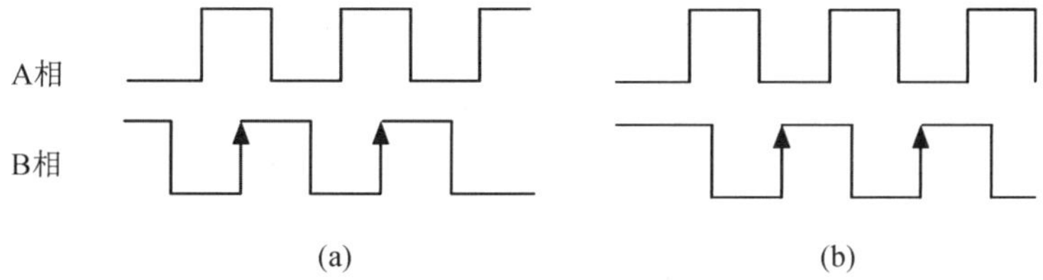

图 5.27　A/B 相编码器的输出波形图

② 绝对式编码器。绝对式编码器的每一个位置对应一个确定的数字码,因此测量结果仅取决于测量的开始和结束位置,与测量的过程无关。绝对式编码器输出的 N 位二进制数据反映了运动物体所处的绝对位置,根据位置的变化情况,可判断出旋转的方向。

(5) 高速计数器的功能。

① 工作模式。HSC 具有 4 种高速计数器工作模式,每种模式复位时,当前值被清除,直到断开复位才能再次启动计数器。具体如下:

a.单相计数器。用户程序使用内部方向控制,硬件输入使用外部方向信号控制,1 为加计数,0 为减计数,单相计数器时序图如图 5.28 所示。

b.双相计数器。具有两路时钟脉冲输入的双相计数器,加时钟输入向上,减时钟输入向下,双相计数器时序图如图 5.29 所示。

c.A/B 相正交计数器。A/B 相正交计数器可选择 1 倍频模式和 4 倍频模式,1 倍频模式在时钟脉冲每个周期计 1 次数,4 倍频模式在时钟脉冲的每个周期计 4 次数,两种模式时序图如图 5.30 和图 5.31 所示。

② 频率测量功能。HSC 技术可以使用 3 个频率测试时间段(0.01 s、0.1 s 及 1 s) 来确认频率值,而这 3 个频率的测试时间段将影响到新频率值的计算及报告的频率,而新的频率值就是上一个测试时间段内所有数值的加权平均值。

③ 周期测量功能。周期测量通过组态的测量间隔(0.01 s、0.1 s 或 1 s) 提供。HSC_Period SDT 返回周期测量并以 ElapsedTime 和 EdgeCount 两个无符号双精度整数值形式提供周期测量。ElapsedTime 表示测量间隔时间,EdgeCount 表示在这个周期性中,被记录的事件的总数。

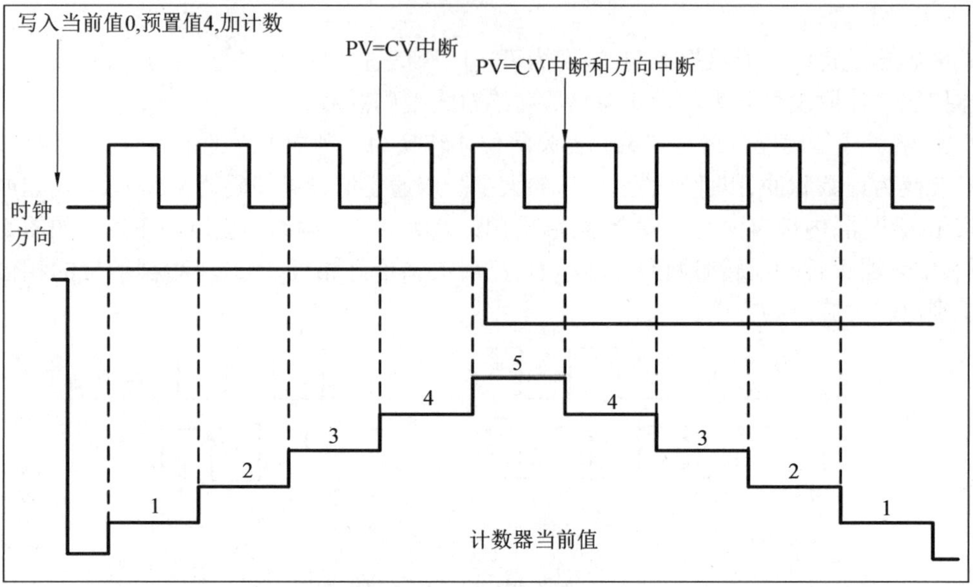

图 5.28　单相计数器时序图

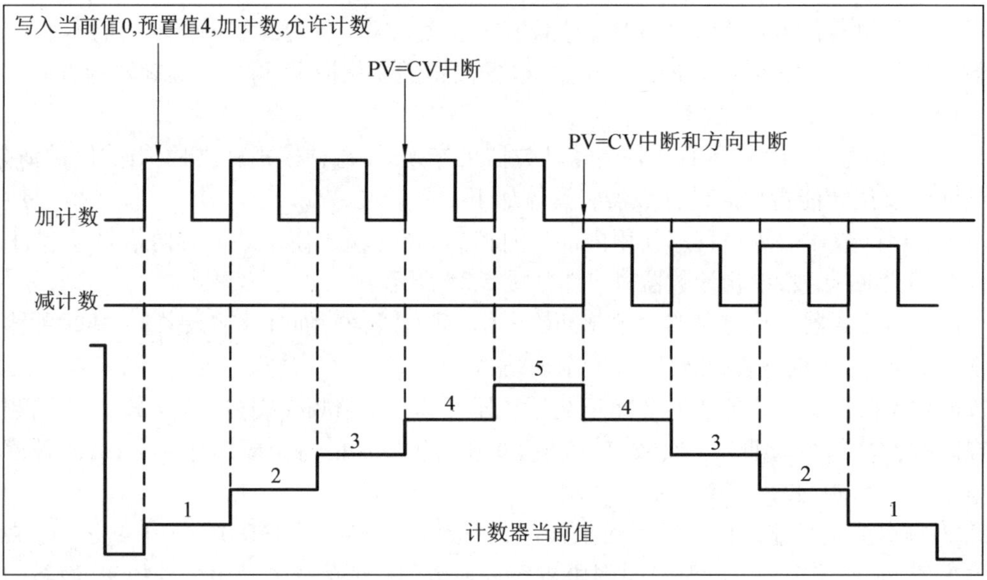

图 5.29　双相计数器时序图

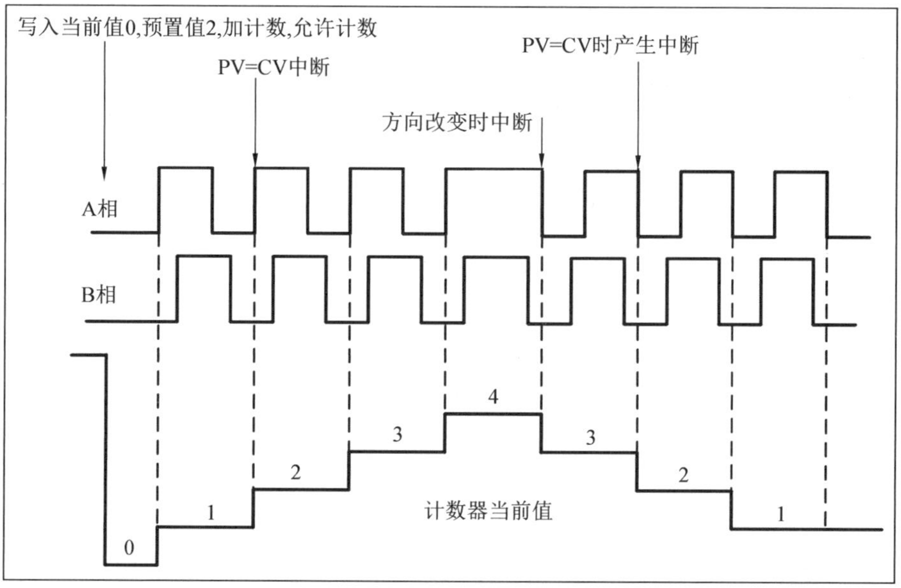

图 5.30　A/B 相正交计数器 1 倍频模式时序图

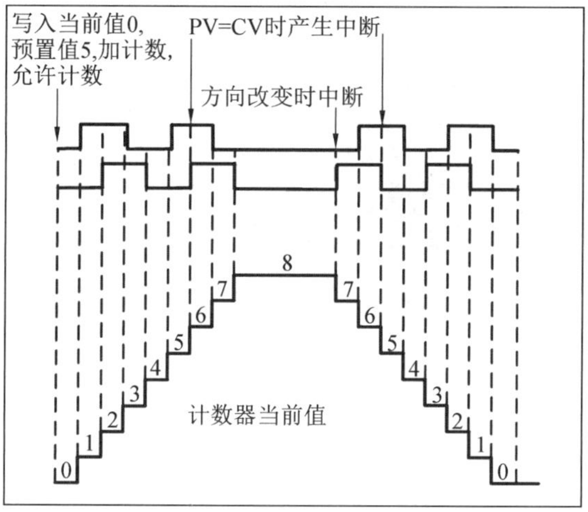

图 5.31　A/B 相正交计数器 4 倍频模式时序图

2.高速计数器应用实例

旋转机械上使用单相增量编码器作为信号输入接入 S7 - 1200 PLC。要求在计数 1 000 个脉冲时,计数器复位,置位 M2.0,并设定新预设值为 2 000 个脉冲。当计满2 000 个脉冲后复位 M2.0,并将预设值再设为 1 000,周而复始地执行此功能。

系统控制器选用 CPU1215C,高速计数器为 HSC1,模式为单相计数,内部方向控制,无外部复位,编码器脉冲输入接入 I0.0,并使用预置值中断功能实现该功能要求。

(1) 硬件组态。

① 激活计数器功能。如图 5.32 所示,打开 CPU 设备视图,选中巡视窗口的“属性 →

HSC1 → 常规”选项卡,勾选“启用该高速计数器”复选框。

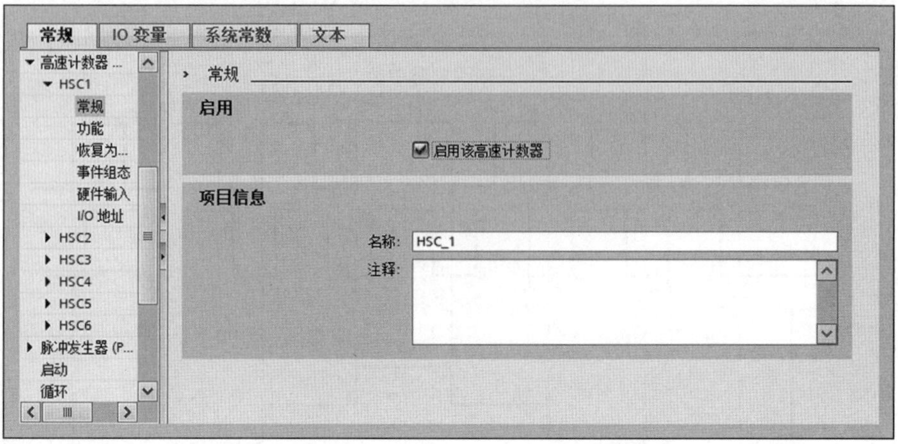

图 5.32　激活计数器功能

② 功能设置。选中“功能”选项卡进行功能设置,如图 5.33 所示。

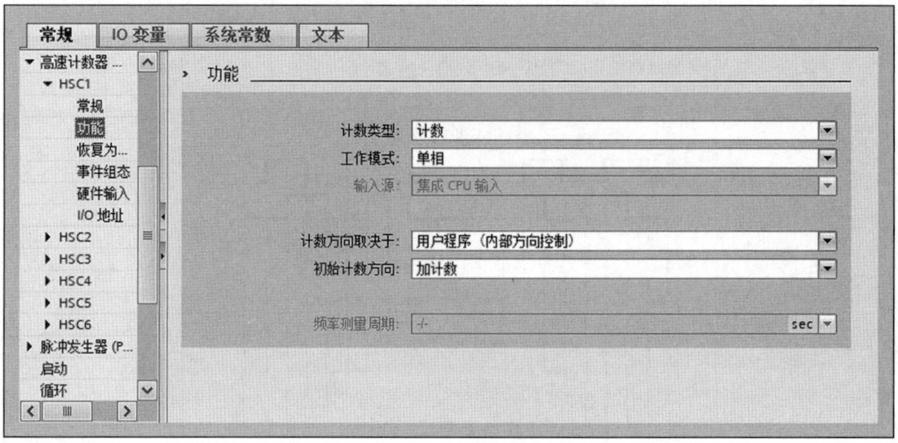

图 5.33　功能设置

在图 5.33 中,右边窗口可设置下列参数:

a.“计数类型”。可选计数、时间段、频率或运动控制。如果设置为时间段和频率,使用“频率测量周期”下拉式列表,可选择时间单位 1.0 s、0.1 s 和 0.01 s。

b.“工作模式”。可选单相、两相位、A/B 计数器或 AB 计数器 4 倍频等 4 种模式,运动控制不可选单相模式。

c.“计数方向取决于”。工作模式选择单相时,计数方向可选用户程序(内部方向控制)、输入(外部方向控制)。

d.“初始计数方向”。可选加计数或减计数。

本例设置计数类型为计数、工作模式为单相、计数方向取决于为用户程序(内部方向控制)、初始计数方向为加计数。

如图 5.34 所示，选中“恢复为初始值”选项卡，就可以设置初始计数器值与初始参考值。如果选中了“使用外部同步输入”选项，可以通过下拉列表来选择“复位信号电平”是高电平有效还是低电平有效。本例设置初始计数器值为0，初始参考值为1 000，不使用外部同步输入。

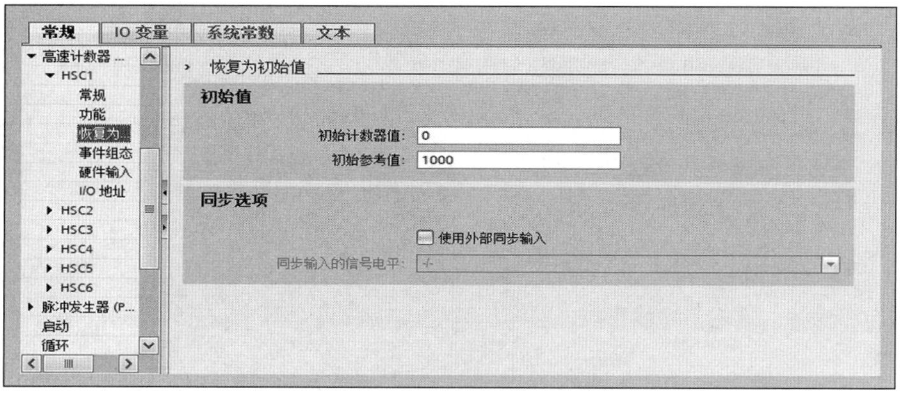

图 5.34　初始值与复位信号组态

如图 5.35 所示，选中“事件组态”选项卡，用户可用复选框选择是否激活计数器值等于参考值、外部复位事件或计数方向变化事件以生成中断，并进一步设置组态的事件名称、硬件中断和优先级属性。外部复位事件须确认使能外部同步输入信号，方向改变事件须选择外部方向控制。本例设置是：为计数器值等于参考值这一事件生成中断，分配事件为硬件中断 OB40，优先级默认为 18。

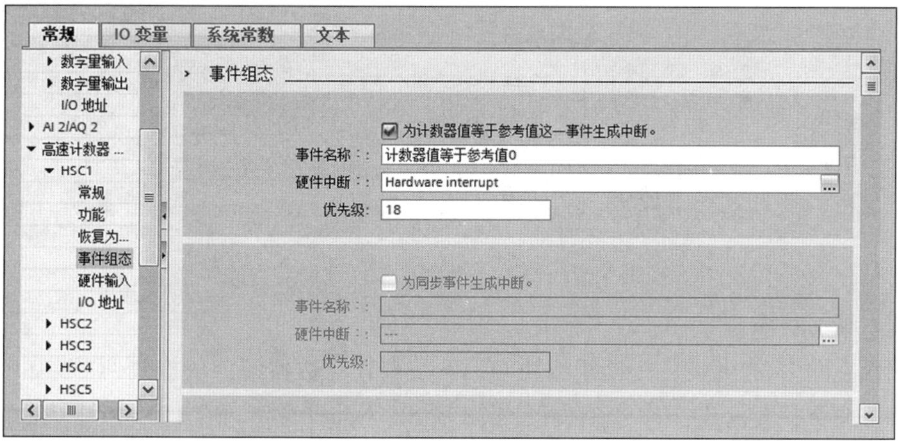

图 5.35　高速计数器的事件组态

如图 5.36 所示,选中“硬件输入”选项卡,用户可组态高速计数器所使用的时钟发生器输入、方向输入和同步输入的输入点,并可看到该 HSC 可用的最高频率。本例设置时钟发生器输入为 I0.0,频率为 100 kHz 板载输入。

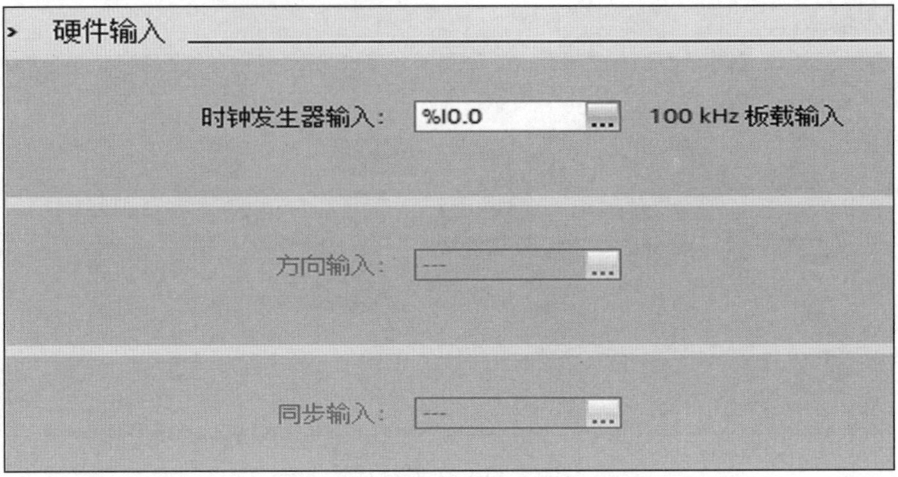

图 5.36　高速计数器的硬件输入组态

如图 5.37 所示,选中“I/O 地址”选项卡,窗口中可修改 HSC 的起始地址,默认起始地址为 1000,结束地址为 1003,硬件标识符为默认的 257。

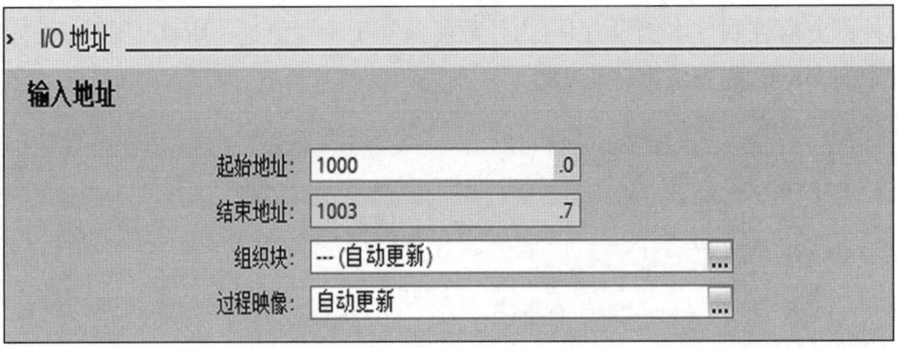

图 5.37　高速计数器的 I/O 地址组态

(2) 编写程序。

项目视图中,打开硬件中断组织块 OB40,将高速计数器指令块拖放到 OB40 中,选择添加默认的背景数据块,用户程序如图 5.38 所示,当前计数值可在 ID1000 中读取。

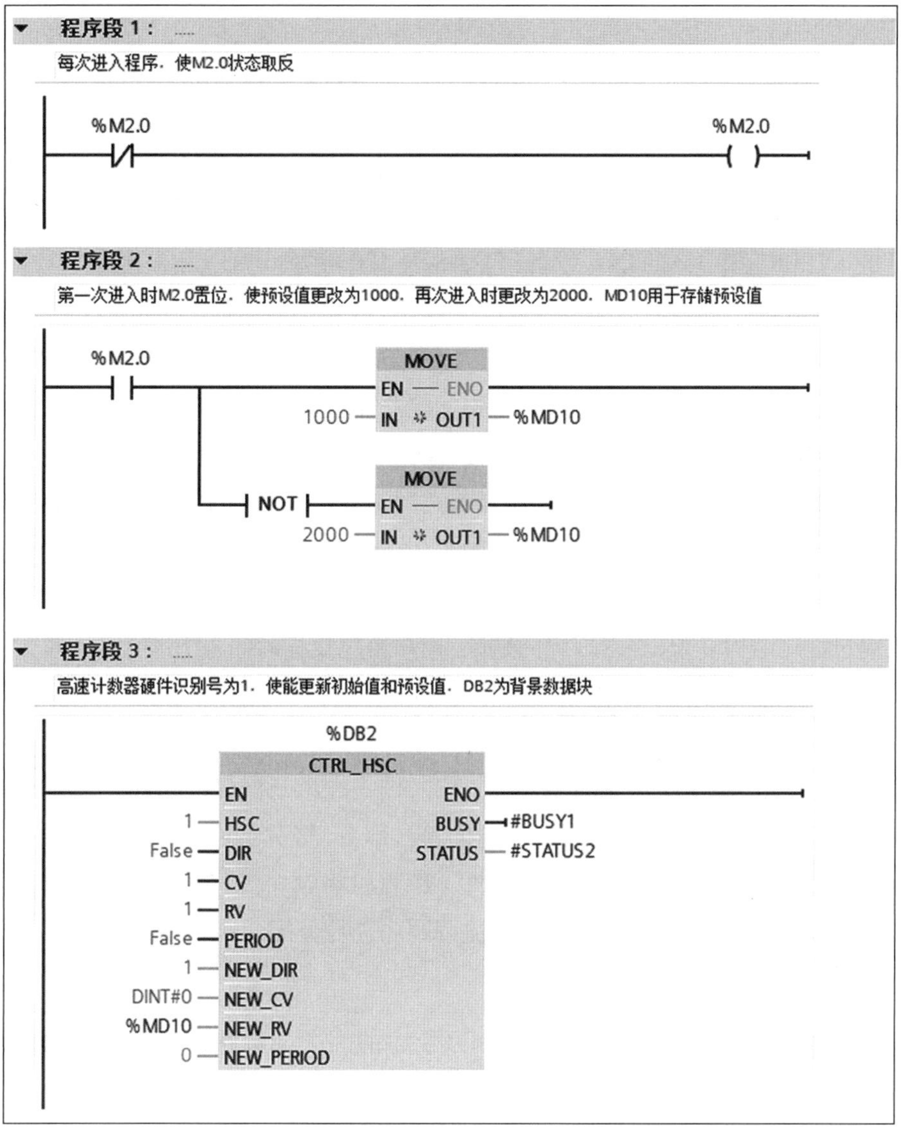

图 5.38　高速计数器用户程序

5.2　功能图的产生及基本概念

5.2.1　功能图的产生

20 世纪 80 年代初，法国科技人员根据 PETRINET 理论，提出了可编程逻辑控制器设计的 Grafacet 法。Grafacet 法是专用于工业顺序控制程序设计的一种功能性说明语言，即顺序功能图（sequential function chart，SFC）语言，现在已成为法国国家标准（NFC03190）。国际电工委员会（IEC）也于 1988 年公布了类似的“控制系统功能图准备”

标准(IEC848)。

SFC 实际上是一种图形化的编程工具,无论一个顺序控制的问题如何复杂,它都能通过图像的手法来明确地描绘和解释。运行此类编程语言的过程相较于其他任何方式都会更为便捷,并且所构建的代码也会更加明确。大多数基于 IEC61131 - 3 编程的 PLC 都支持 SFC,即可以直接使用 SFC 进行编程。

但是非 IEC61131 - 3 的 PLC 设备(包括 S7 - 1200 系列 PLC)并未接纳 SFC 自行编写的程序。将顺序功能图作为组织编程的工具使用,需要梯形图等其他编程语言将它转换成 PLC 可执行程序,因此通常只是将它作为 PLC 的辅助编程工具,而不是一种独立的编程语言。在使用功能图语言编程时,首先根据控制需求来创建功能流程图,然后按照功能图指令将其转换为梯形图程序,这样才能被 PLC 接受。

顺序功能流程图的特点:以功能为主线,按照功能流程的顺序分配,条理清楚,便于对用户程序进行阅读及维护,大大减轻编程的工作量,缩短编程和调试时间,避免梯形图或其他语言不能顺序动作的缺陷,同时也避免了用梯形图语言对顺序动作编程时,因机械互锁造成用户程序结构复杂、难以理解的缺陷,用户程序扫描时间也大大缩短。

5.2.2 功能图的基本概念

步、转换和动作是顺序功能图的 3 种主要元件。步是一种逻辑块,每一步代表一个控制功能任务,用方框表示;动作是控制任务的独立部分,每一步可以进一步划分为一些动作;转换是从一个任务到另一个任务的条件。编程时将顺序流程动作的过程分成步和转换条件,根据转移条件对控制系统的功能流程顺序进行分配,一步一步地按照顺序动作。

1.步

步又称工作步(或流程步),它是控制系统中的一个稳定状态。步的图形符号如图 5.39(a) 所示。矩形框中可写上该步的编号或代码。

(1) 初始步。

初始步是功能图运行的起点,一个控制系统至少要有一个初始步。初始步的图形符号为双线的矩形框,如图 5.39(b) 所示。在实际使用时,有时也有画单线矩形框的,有时画一条横线表示功能图的开始。

(2) 工作步。

工作步又分为活动步和静步。活动步是指当前正在运行的步,静步是没有运行的步。步处于活动状态时,相应的动作被执行;处于静步状态时,相应的非存储型动作被停止执行。

(3) 与步对应的动作。

在每个稳定的步下,一般会有相应的动作。步与动作的表示方法如图 5.40 所示。

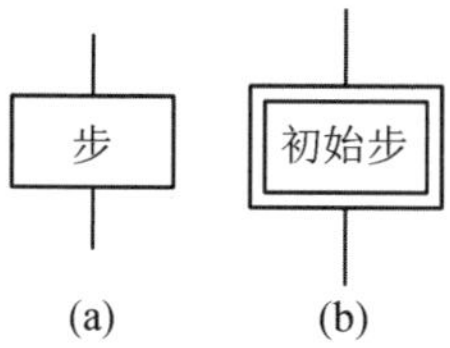

图 5.39　步与初始步的图形符号

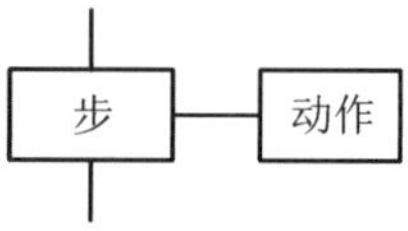

图 5.40　步与动作的表示方法

2.转移

转移就是从一个步过渡到另外一个步时的切换条件，两个步之间的切换可用一个有向线段表示，代表向下转移的有向线段的箭头可以忽略。通常转移用有向线段上的一段横线表示，在横线旁可以用文字语言、逻辑表达式或图形符号来描述转移的条件。转移符号如图 5.41 所示。

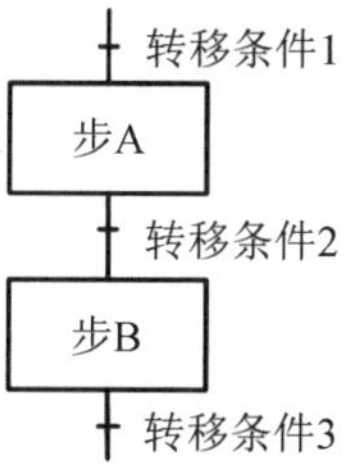

图 5.41　转移符号

转移是一种条件，当此条件成立时，称作转移使能。该转移如果能够使步发生转移，则称作触发。转移条件是指使系统从一个状态向另一个状态转移的必要条件，通常用文字、逻辑方程及符号来表示。

3.动作

步并不是 PLC 输出触点的动作，它只是控制系统中的一个稳定状态。

4.转移实现的条件

转移的实现必须同时满足两个条件：

① 该转移所有的前级步都是活动步；

② 相应的转移条件得到满足。

5.2.3　功能图的构成规则

控制系统功能图的绘制必须满足以下规则：

① 步与步不能相连，必须用转移分开；

② 转移与转移不能相连，必须用步分开；

③ 步与转移、转移与步之间的连接采用有向线段，从上向下画时，可以省略箭头，当

有向线段从下向上画时,必须画上箭头,以表示方向。

④ 一个功能图至少要有一个初始步。

下面用一个例子来说明功能图的绘制。

深孔钻组合机床工作(刀具进退与行程开关)示意图如图 5.42 所示。

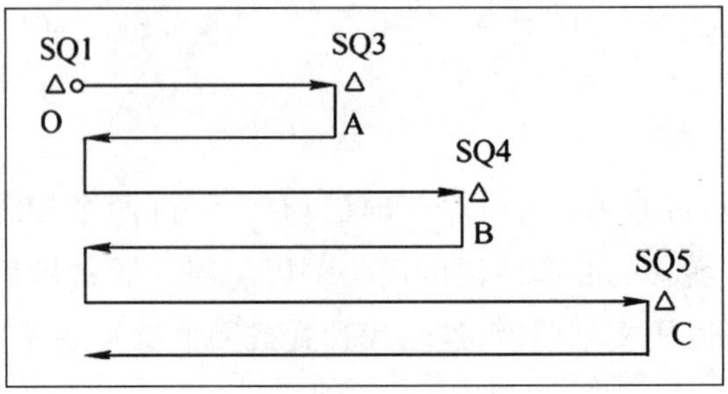

图 5.42　深孔钻组合机床工作示意图

在起始位置 O 点时,行程开关 SQ1 被压合,按下启动按钮 SB2,电动机正转启动,刀具前进。退刀由行程开关控制,当动刀头依次压在 SQ3、SQ4、SQ5 上时电动机反转,刀具会自动退刀,退刀到起始位置时,SQ1 被压合,退刀结束,又自动进刀,直到 3 个过程全部结束。

图 5.43 所示为深孔钻加工功能流程图,从该例可以进一步知道,功能图就是由许多

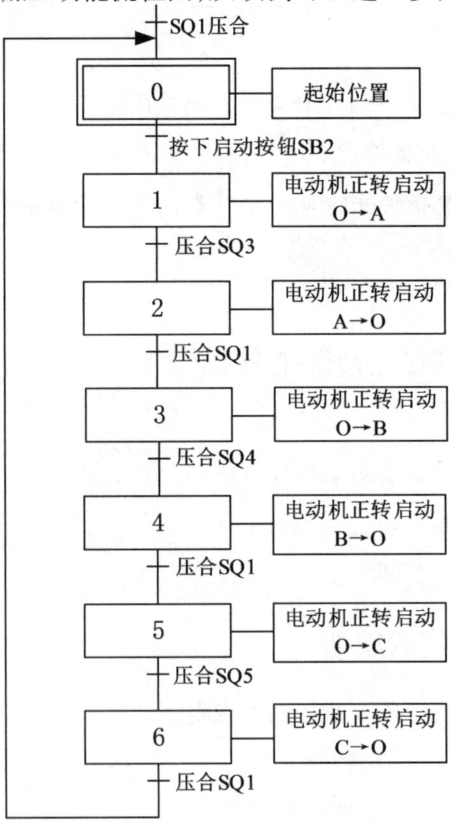

图 5.43　深孔钻加工功能流程图

个步及连线组成的图形,它可以清晰地描述系统的工序要求,使复杂问题简单化,并且使 PLC 编程成为可能,而且编程的质量和效率也会大大提高。

5.3　功能图的主要类型

5.3.1　单序列结构

单序列结构是最简单的功能图,其动作是一个接一个地完成。每个步仅连接一个转移,每个转移也仅连接一个步。图 5.44 所示为单序列功能图。

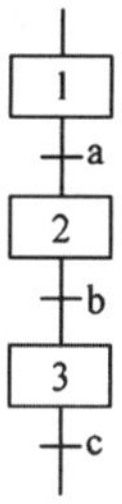

图 5.44　单序列功能图

5.3.2　可选择的分支和连接

在生产实际中,对具有多流程的工作要进行流程选择或者分支选择,即一个控制流可能转入多个可能的控制流中的某一个,但不允许多路分支同时执行。到底进入哪一个分支,取决于控制流前面的转移条件哪一个为真。可选择的分支和连接的功能图如图 5.45 所示。

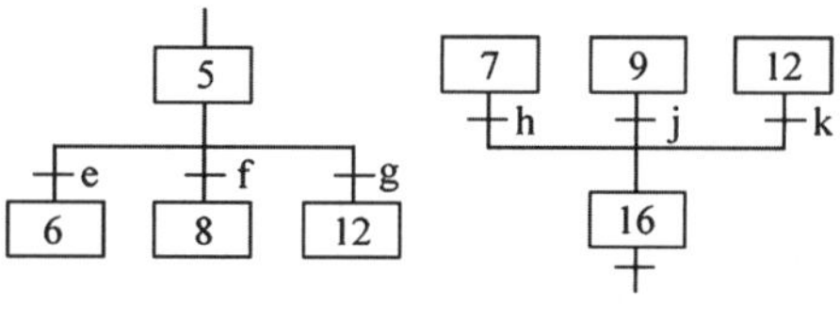

图 5.45　可选择的分支和连接的功能图

5.3.3　并行分支和连接

在许多实例中,一个顺序控制步流必须分成两个或多个不同分支控制步流,这就是并行分支或并发分支。当一个控制步流分成多个分支时,所有的分支控制步流必须同时激活。当多个控制流产生的结果相同时,可以把这些控制流合并成一个控制流,即并行分支的连接。当合并控制流时,所有的分支控制步流必须都是完成的。这样在转移条件满足时才能转移到下一个步。并发顺序一般用双水平线表示,同时结束若干个顺序也用双水平线表示。并行分支和连接的功能图如图 5.46 所示。

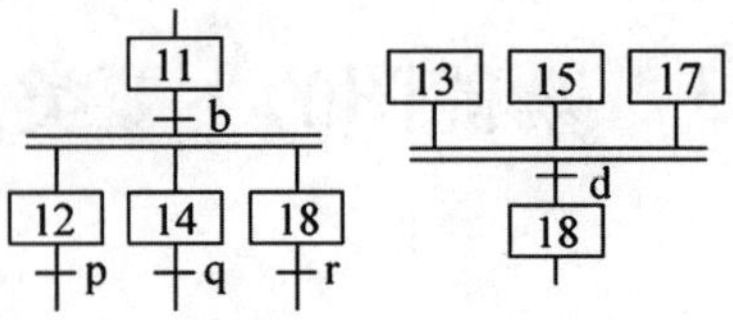

图 5.46　并行分支和连接的功能图

5.4　应用举例

5.4.1　单序列控制举例

1.题目:小车运行控制

PLC 顺序控制简单设计:如图5.47所示,滑台由电动机正、反转控制左右运动;按下停止按钮 SB1 电动机停止;正转接触器为 KM1,反转接触器为 KM2,A、B、C 处各有行程开关 SQ1、SQ2、SQ3。

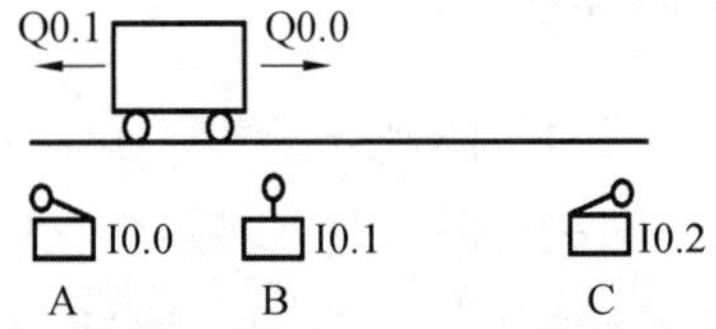

图 5.47　单序列控制下小车运行控制示意图

2.顺序控制要求

① 按下启动按钮 SB0,滑台由 A 点开始右行到 C 点;

② 在 C 点碰行程开关 SQ3 后,滑台左行到 B 点碰行程开关 SQ2;

③ 在 B 点停留 30 s,滑台右行到 C 点;

④ 在 C 点碰行程开关 SQ3 后,滑台左行到 A 点;

⑤ 碰行程开关 SQ1 后停止。

3.根据控制要求完成功能设计

① 分配 I/O 通道,设计绘出 PLC 的 I/O 接口控制接线;

② 画出顺序功能图及 PLC 梯形图。

4.解题

(1) I/O 点地址分配(表 5.5)。

表 5.5　I/O 点地址分配(单序列控制)

输入点		输出点	
启动按钮 SB0	I0.3	小车右行 KM1	Q0.0
停止按钮 SB1	I0.4	小车左行 KM2	Q0.1
A 点行程开关 SQ1	I0.0		
B 点行程开关 SQ2	I0.1		
C 点行程开关 SQ:	I0.2		

(2) 系统控制顺序功能图如图 5.48 所示。

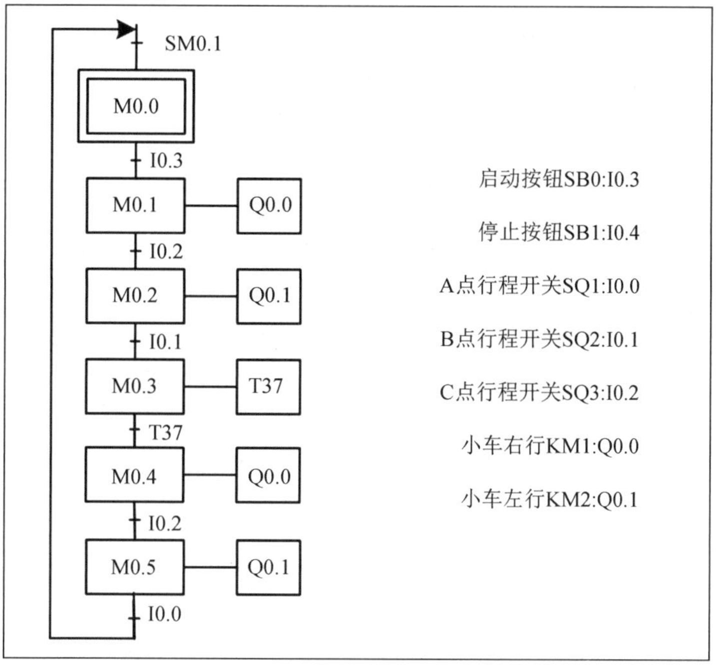

图 5.48　系统控制顺序功能图(单序列控制)

5.PLC 参考程序

小车运行 PLC 程序如图 5.49 所示。

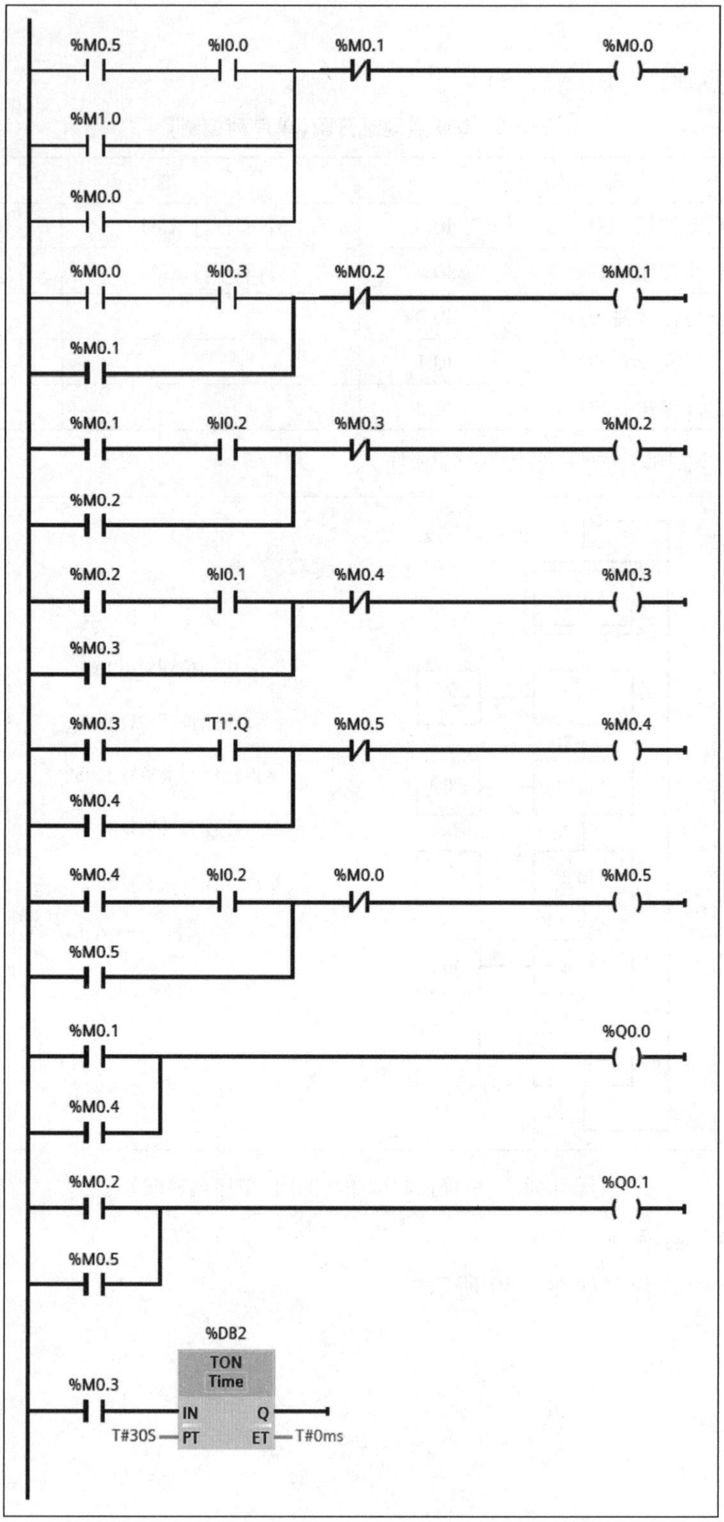

图 5.49　小车运行 PLC 程序

5.4.2 分支和连接控制举例

1.题目:运料小车控制

图 5.50 所示为分支和连接控制下运料小车运行控制示意图。

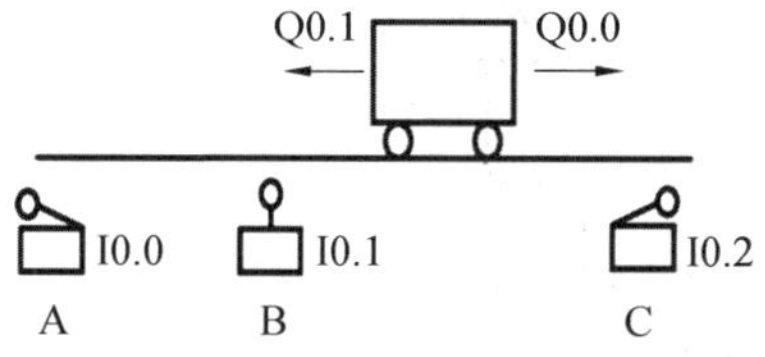

图 5.50　分支和连接控制下运料小车运行控制示意图

2.控制要求

① 按下启动按钮 SB1 后,小车由 A 处前进到 B 处停 8 s,再后退到 A 处停止。

② 按下停止按钮 SB2 后,小车由 A 处前进到 C 处停 5 s,再后退到 A 处停止。

统计输入、输出信号,分配端口,得到外部接线图。按下 SB1 和按下 SB2 是两种不同的运行方式,为避免同时按下 SB1 和 SB2 导致 I0.0、I0.1 一个周期内同时为 ON,从按钮上进行了互锁。

3.解题

(1)I/O 点地址分配(表 5.6)。

表 5.6　I/O 点地址分配(分支和连接控制)

输入点		输出点	
启动按钮 SB1	I0.3	小车右行 KM1	Q0.0
停止按钮 SB2	I0.4	小车左行 KM2	Q0.1
A 点行程开关 SQ1	I0.0		
B 点行程开关 SQ2	I0.1		
C 点行程开关 SQ3	I0.2		

(2) 根据系统控制要求绘制的顺序功能图如图 5.51 所示。

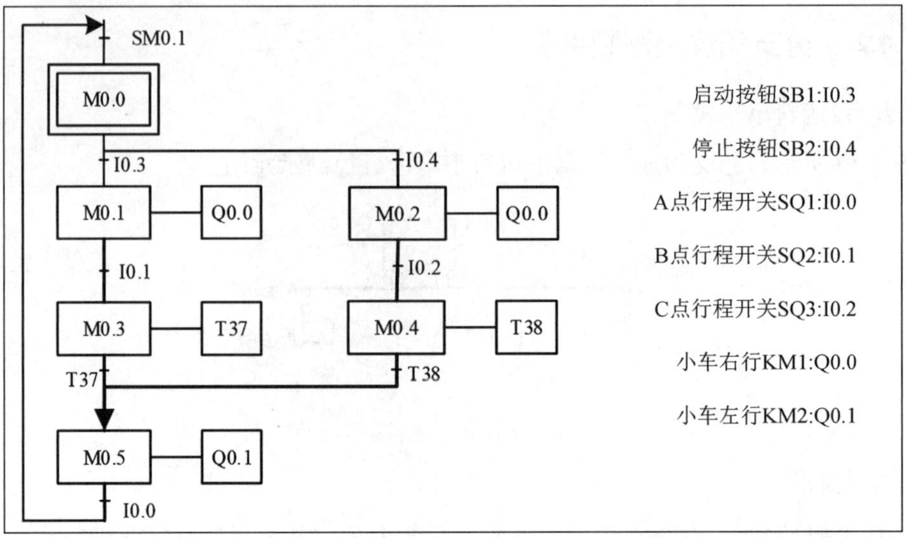

图 5.51　系统控制顺序功能图(分支和连接控制)

4.PLC 参考程序

(1)M 状态设置 PLC 程序(图 5.52)。

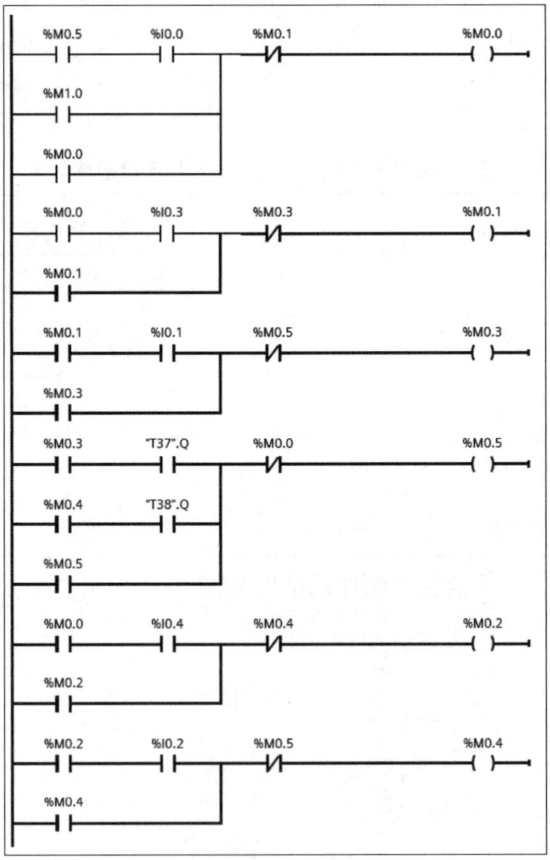

图 5.52　M 状态设置 PLC 程序

(2) 动作输出 PLC 程序(图 5.53)。

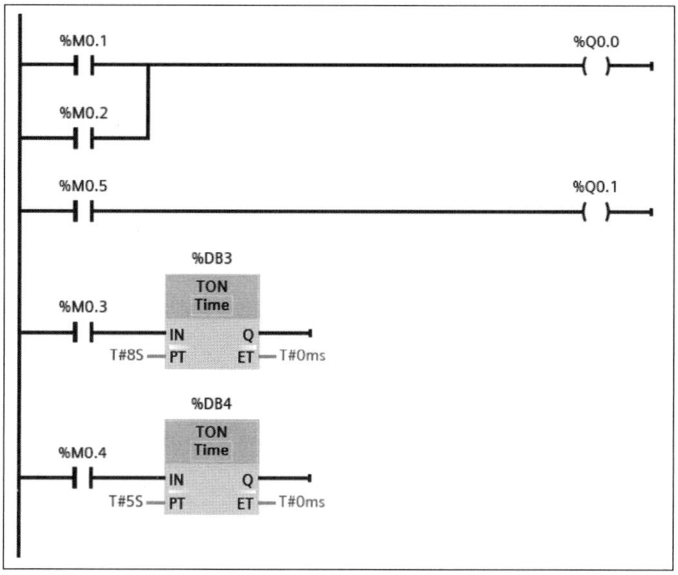

图 5.53　动作输出 PLC 程序

5.4.3　并行分支和跳转控制举例

1.题目:法兰板双钻头钻孔

图 5.54 所示为双工位钻孔机床动作示意图。

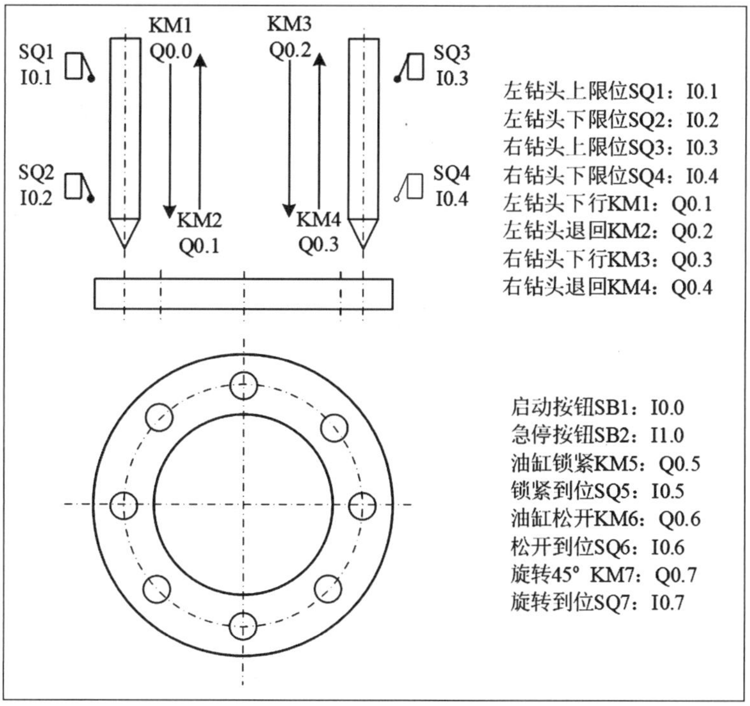

图 5.54　双工位钻孔机床动作示意图

2.控制要求

① 初始状态下左右钻头上限位 SQ1、SQ3 开关压下；

② 按下启动按钮 SB1 后，工作台锁紧油缸动作；

③ 锁紧到位后，KM1、KM3 得电，左右钻头同时下行，进行钻孔加工；

④ 左右钻头碰下限位开关 SQ2、SQ4，KM2、KM4 得电，钻头回退；

⑤ 左右钻头碰上限位开关 SQ1、SQ3，钻孔计数 + 1；

⑥ 若计数 = 4，则工件/转台松开，SQ6 到位后，回到初始状态 ①；

⑦ 若计数 ≠ 4，工作台旋转 45°；

⑧ 旋转到位信号 I0.7 有效，完成下一组钻孔，从状态 ③ 进入下一个循环。

3.解题

(1)I/O 点地址分配(表 5.7)。

表 5.7　I/O 点地址分配(并行分支和跳转控制)

输入点		输出点	
启动按钮 SB1	I0.0	左钻头下行 KM1	Q0.1
急停按钮 SB2	I1.0	左钻头退回 KM2	Q0.2
左钻头上限位 SQ1	I0.1	右钻头下行 KM3	Q0.3
左钻头下限位 SQ2	I0.2	右钻头退回 KM4	Q0.4
右钻头上限位 SQ3	I0.3	油缸锁紧 KM5	Q0.4
右钻头下限位 SQ4	I0.4	油缸松开 KM6	Q0.5
锁紧到位 SQ5	I0.5	旋转 45° KM7	Q0.6
松开到位 SQ6	I0.6		
旋转到位 SQ7	I0.7		

(2) 根据系统控制要求绘制的顺序功能图如图 5.55 所示。

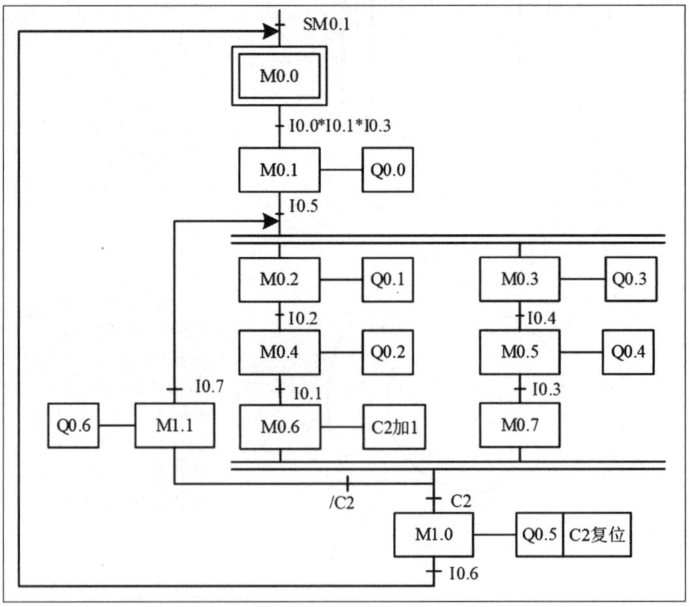

图 5.55　系统控制顺序功能图(并行分支和跳转控制)

4.PLC 参考程序

(1) 状态 M0.0 ~ M0.7。

图 5.56 所示为状态 M0.0 ~ M0.7 参考 PLC 程序。

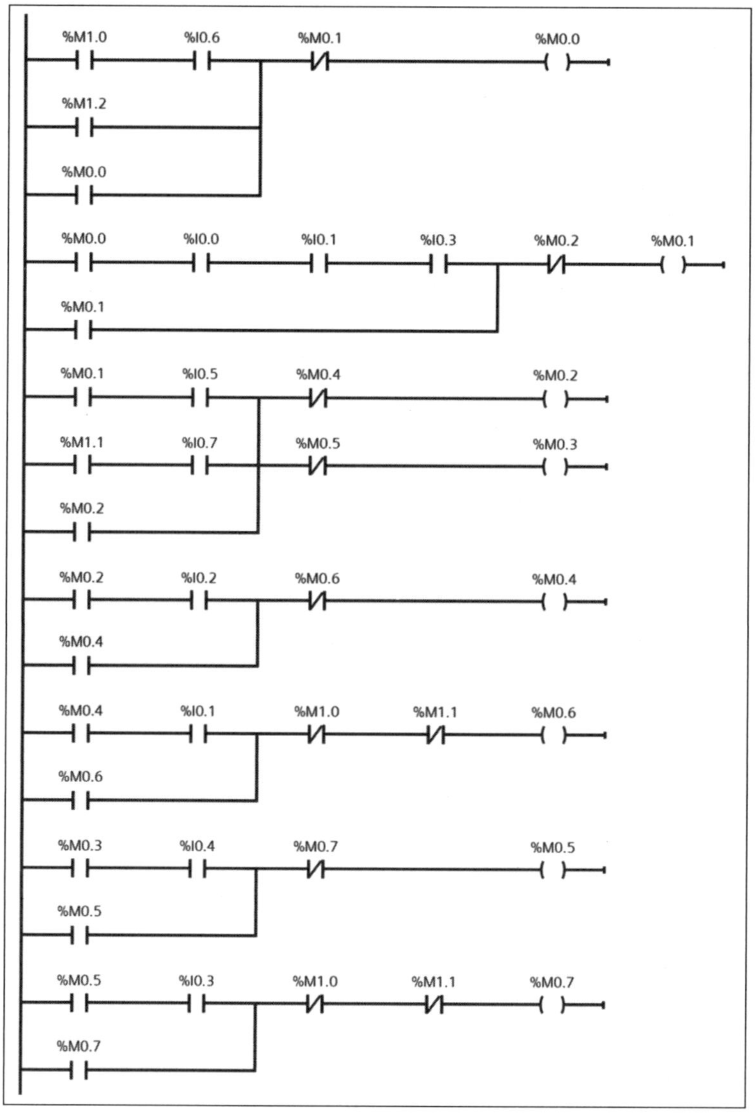

图 5.56　状态 M0.0 ~ M0.7 参考 PLC 程序

(2) 状态 M1.0、M1.1 和动作。

图 5.57 所示为状态 M1.0、M1.1 和动作参考 PLC 程序。

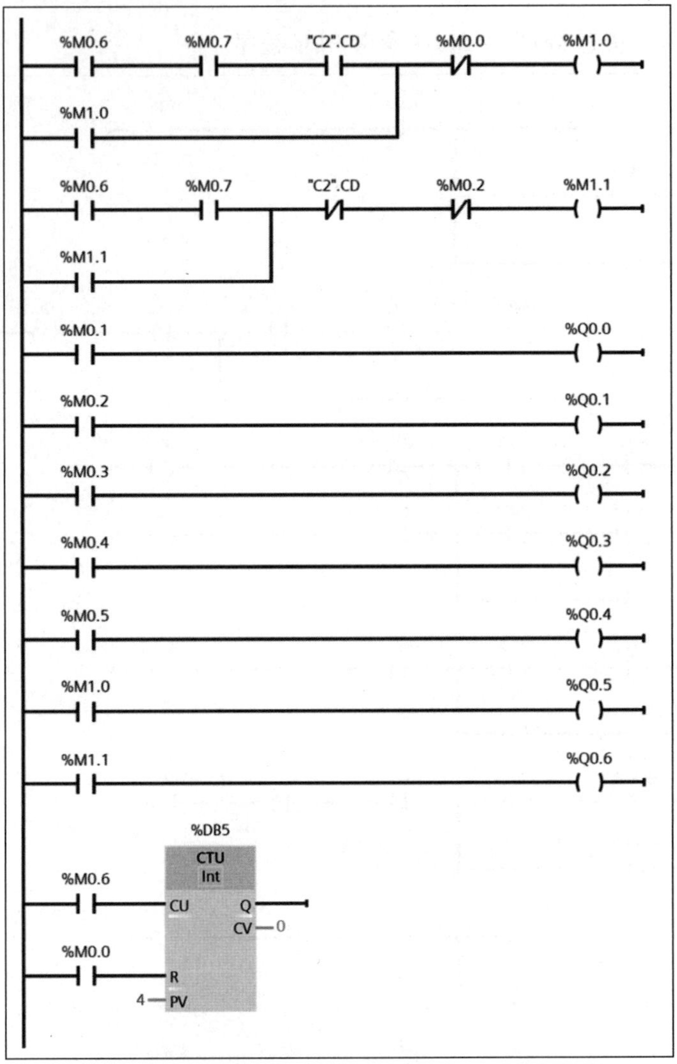

图 5.57　状态 M1.0、M1.1 和动作参考 PLC 程序

习题与思考题

5.1　字符串和字符指令有哪些,其功能是什么?

5.2　读取系统时间和本地时间的区别是什么?请编程测试。

5.3　S7 - 1200 PLC 包括哪些中断指令?

5.4　什么是顺序功能图?它主要由哪些元素构成?顺序功能图的主要类型有哪些?

5.5　顺序控制指令段有哪些功能？

5.6　功能图的主要类型有哪些？

5.7　本书利用电气原理图、PLC 一般指令和功能图 3 种方法设计了“3 台电动机顺序启动 / 停止”的例子，试比较它们的设计原理、方法和结果的异同。

5.8　图 5.58(a) 所示为人行道和马路的信号灯系统。当行人过马路时，可按下分别安装在马路两侧的按钮 I0.0 或 I0.1，则交通灯(红灯、黄灯、绿灯 3 种类型) 系统按图 5.58(b) 中形式工作。在工作期间，任何按钮按下都不起作用。试设计该控制系统的功能图，并画出梯形图，写出语句表。

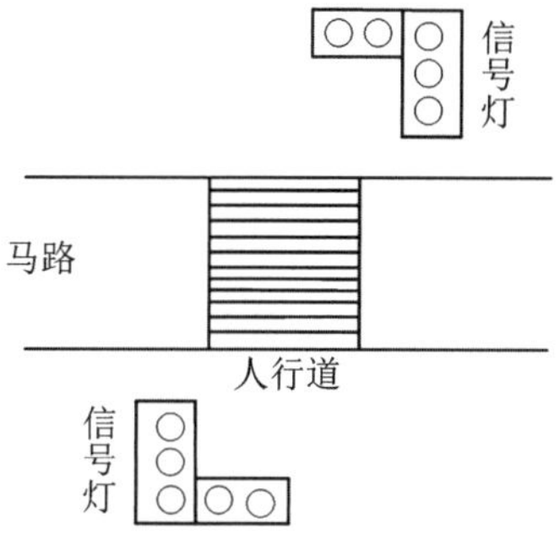

(a) 人行道和马路的信号灯系统

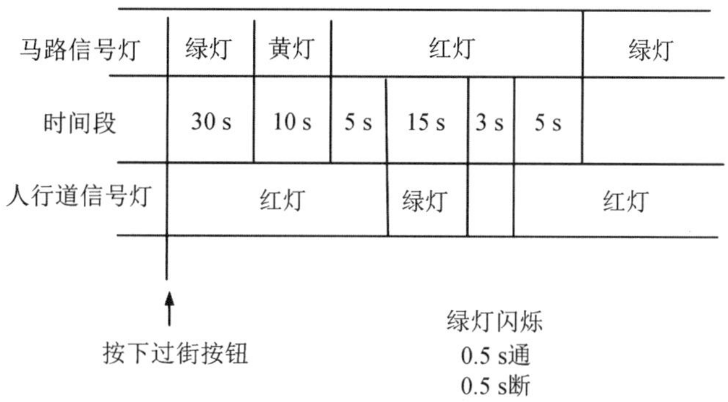

(b) 信号灯工作过程

图 5.58　交通灯控制示意图

第 6 章　S7 - 1200 PLC 通信与网络

6.1　通信基础知识

在实际控制系统工作中，PLC 主机与拓展模块之间、PLC 主机与其他主机之间，以及 PLC 与其他设备之间，经常要进行数据传输与信息交换，这一数据交换过程称为通信。根据数据传输方式，通信一般可分为并行通信和串行通信。

6.1.1　数据传输方式

1.并行通信方式

并行通信方式一般发生在 PLC 的内部各元器件之间、主机与拓展模块或近距离智能模板的处理之间。并行通信在传输数据时，一个数据的所有位同时传送，因此每个数据位都需要一条单独的传输线。并行通信的特点是，传送速率快，但硬件成本高，不适合远距离通信。

2.串行通信方式

串行通信多用于 PLC 与计算机及多台 PLC 之间的数据交互。在进行串行通信时，数据的各个不同位分时使用同一条传输线，从低位开始，一位一位顺序传送。串行通信的优势在于所需的信号线数量较少，最低只需两根（双绞线），这使得它非常适合进行长距离的数据传输。

波特率也称为串行通信传输速度，是指每秒发送的二进制位，以 bit/s 表示。

6.1.2　通信协议

S7 - 1200 PLC 的 CPU 与其他 S7 - 300/400/1200/1500 PLC 的 CPU 通信可采用多种通信方式，但是最简单、最常用的还是 S7 协议。

S7 协议属于一种面向连接的协议，S7 - 1200 PLC 的 CPU 可使用 GET 和 PUT 指令通过 PROFINET 和 PROFIBUS 连接其他 S7 - 1200 PLC 的 CPU。系统仅在本地 CPU 的“保护”属性中为伙伴 CPU 激活了“允许使用 PUT/GET 通信进行访问”功能后，才可访问远程 CPU 中的数据、访问标准或优化 DB 中的数据，以及访问本地 CPU 中的数据。S7 - 1200 PLC 的 CPU 可使用绝对地址或符号地址分别作为 GET 或 PUT 指令的 RD_x 或 SD_x 输入字段的输入。

6.1.3　现场总线

IEC 对现场总线的定义是：“安装在制造或过程区域的现场装置与控制室内的自动控

制室装置之间的数字式、串行、多点通信的数据总线”。

该定义首先阐明了现场总线的主要使用场合，即制造业自动化、批量流程控制、过程控制等领域，可见现场总线的应用几乎覆盖了所有工业领域；其次指明了现场总线的主要角色就是位于现场的自动装置和控制室内的自动控制装置，这里所讲的现场装置或设备是指可完成复杂通信和控制任务的智能设备；最后明确了现场总线是一种数据总线技术，即一种通信协议，而且该通信是数字式的（非模拟式的）、串行的（可进行长距离的千米级通信，以适应工业现场的实际需求）、多点的（真正的分散控制）。

现场总线是过程控制技术、仪表技术和计算机网络技术紧密结合的产物，它不仅仅局限于用数字信号取代模拟信号，更重要的是解决了传统控制系统中存在的许多根本性的难题，使得自动控制系统的结构、设计方法和安装调试方法都发生了重大的变化，给工业自动控制领域带来了一场革命性的冲击。

早在 1985 年，一些工业自动化方面的专家便开始致力于制定一种独立于制造商的现场总线标准，但这项工作不仅涉及技术的开发，更是牵涉到工厂、制造商、甚至国家的经济利益。因此，经过多次协商，1999 年底，IECTC65 通过了 8 种互不兼容的总线技术作为 IEC61158 国际标准，它们分别是 FF H1、Control - Net、PROFIBUS、P - NET、FF HSE、SwiftNet、WorldFIP 和 Interbus。在 2002 年底，IEC61158 又对以上现场总线的细节内容做了调整和补充，另外还新增了两种总线，即 FFFMS 及 PROFNET。

除了 IEC61158 现场总线标准，IECTC17B 还制定了另一个非常重要的标准 IEC62026，它是关于“低压开关装置和控制装置使用的控制电路装置和开关元件”的现场总线标准，其中包括 4 种 I/O 设备级现场总线国际标准，而 AS - i 便是其中最具有代表性的总线

6.1.4 西门子工业网络通信

随着计算机网络技术的发展及各企业对自动化程度要求的不断提高，自动控制从传统的集中式控制向多元化分布式方向发展。世界各 PLC 生产厂家纷纷给自己的产品增加了通信及联网的功能，并研制开发出自己的 PLC 网络系统。各厂家的网络结构大多采用了金字塔结构，这些金字塔的共同特点是：上层负责生产管理，底层负责现场控制与检测，中间层负责生产过程的监控及优化。西门子公司的 SIMATIC NET 网络结构如图6.1所示。图中 MPI - Subnet 表示多点接口；PN - Subnet 表示工业以大网，DP - Subnet 表示现场网络总线；AS - i - Subnet 表示执行器 - 传感器接口。

西门子工业网络通信主要包括：PROFINET 通信、PROFIBUS 通信、Modbus 通信。

1.多点接口

多点接口（multi - point interface, MPI）是西门子的 S7 - 300/400 CPU、操作员面板（OP）和编程器上集成的通信接口。

通过 MPI 接口，不用附加的 CP 模块即可实现网络化，MPT 网络可用于车间级通信，可以在少数 CPU 之间传递少量数据，MPI 协议可以是主/主协议也可以是主/从协议，这取决于网络中连接的设备类型。如果网络中只有 S7 - 300/400 CPU，则建立主/主连接；如果网络中有 S7 - 200 CPU，因为 S7 - 200 CPU 只能作为从站，所以建立主/从连接。

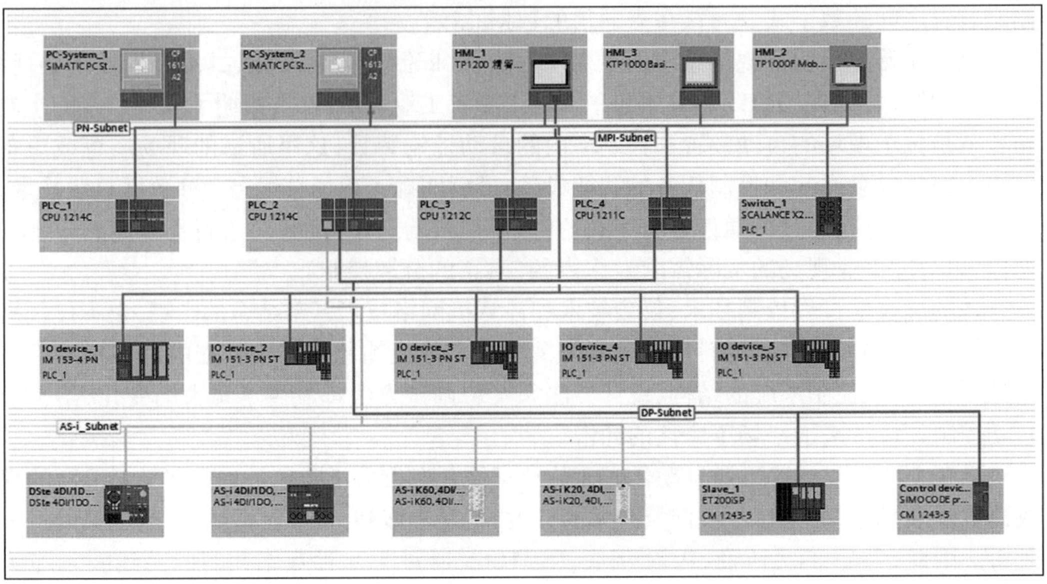

图 6.1　西门子公司的 SIMATIC NET 网络结构

2.工业以太网

全球公认的工业以太网(PROFINET industrial ethernet)标准支持广域的开放型网络模型,可使用多种传输媒介(如同轴电缆、工业双绞线和光纤电缆),具有极高的传输效率,用于企业级和车间级的通信系统。工业以太网适用于对实时性要求较低、需要大规模数据传输的通信系统,它能够借助网关设备与远程网络相连。

3.现场总线网络

现场总线网络(PROFIBUS)协议用于分布式 I/O 设备(远程 I/O)的高速通信。PROFIBUS 协议已被多数自动化控制器厂家采用。该协议采用 RS－485 串行接口,通过双绞线进行网络连接。在 PROFIBUS 网络里,可能存在多个主站,每个主站都配有独立的从站。主站既能够直接访问自身的从站,也能够有限地访问其他主站的从站。

现场总线通信方式已经完全解决了接线的拥塞和混乱问题。只需一根总线电缆就能工作,这种方法取代了复杂且高昂的成束电缆,从而提高了系统的抗干扰性,使得系统更加安全和稳定。

4.执行器－传感器接口

执行器－传感器接口(AS－i)是位于自动控制系统最底层的网络,用于将二进制传感器和执行器连接到网络上,如接近开关、阀门和指示灯等。

利用 AS－i 接口,二进制传感器和执行器就具有了通信能力,它适于直接的现场总线连接或不经济的场合。与强大的 PROFIBUS 不同,AS－i 只能传输少量的信息。

5.点到点接口

点到点接口(point－to－point inerface, PPI)是 S7－200 PLC 的 CPU 上的通信口,

PPI 协议是西门子公司专为 S7 - 200 PLC 开发的通信协议，通过屏蔽双绞线进行网络连接。

6.2　PROFINET 通信

6.2.1　PROFINET 简介

1.PROFINET 环境中的设备

在 PROFINET 环境中，“设备” 是以下内容的统称：

① 自动化系统（如 PLC、PC）；

② 分布式 I/O 系统；

③ 现场设备（如液压设备、气动设备）；

④ 有源网络组件（如交换机、路由器）；

⑤PROFIBUS 的网关、AS - i 或其他现场总线系统。

2.PROFINET I/O 设备

PROFINET I/O 设备包括 PROFINET I/O 系统、I/O 控制器、编程设备 / PC（PROFINET I/O 监控器）、PROFINET/ 工业以太网、HMI（人机界面）、I/O 设备和智能设备，表 6.1 所示为 PROFINET I/O 网络中最重要设备的名称和功能。

表 6.1　PROFINET I/O 网络中最重要设备的名称和功能

序号	设备名称	说明
1	PROFINET I/O 系统	支持多种设备集成，实现实时数据传输，具备设备诊断和监测功能
2	I/O 控制器	用于对连接的 I/O 设备进行寻址的设备。这表明 I/O 控制器与现场设备交换输入与输出信号
3	编程设备 /PC（PROFINET I/O 监控器）	用于调试和诊断的 PG/PC/HMI 设备
4	PROFINET/ 工业以太网	网络基础结构
5	HMI（人机界面）	用于操作和监视功能的设备
6	I/O 设备	分配给一个 I/O 控制器（如集成 PROFINET I/O 功能的分布式 I/O、阀终端、变频器和交换机）的分布式现场设备
7	智能设备	智能 I/O 设备

3.经由 PROFINET I/O 的通信

通过 I/O 通信，经由 PROFINET I/O 来读取和写入分布式 I/O 设备的输入和输出数据，图 6.2 所示为经由 PROFINET I/O 的 I/O 通信。

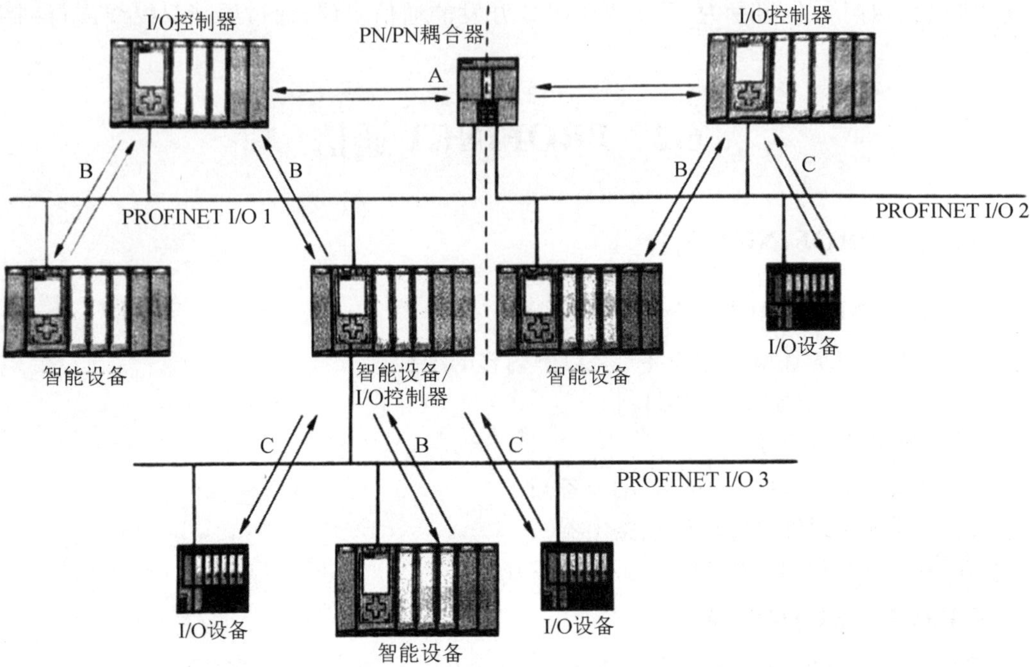

图 6.2　经由 PROFINET I/O 的 I/O 通信

图6.2中,A表示I/O控制器与I/O控制器之间经由PN/PN耦合器的通信;B表示I/O控制器与智能设备之间的通信;C 表示 I/O 控制器与 I/O 设备之间的通信。

表 6.2 所示为经由 PROFINET I/O 的 I/O 通信说明。

表 6.2　经由 PROFINET I/O 的 I/O 通信说明

通信类型	说明
I/O 控制器和 I/O 设备之间	通过 PROFINET I/O 技术,I/O 设备与控制器进行通信和数据交换,实现自动化控制系统中的输入输出功能
I/O 控制器和智能设备之间	在PROFINET I/O架构中,智能设备是一种特殊的设备。它具有自己的本地控制功能和处理能力,同时还可以作为 I/O 设备连接到上层的 I/O 控制器。这些智能设备由 I/O 控制器进行地址定位,并与其进行输入和输出信号的交换。通过 PROFINET I/O 技术,实现了现场设备和控制器之间的高效通信和数据交换
I/O 控制器和 I/O 控制器之间	在构建 I/O 控制器之间通信的网络时,需要合理规划网络拓扑结构,如线形等。同时,要为每个 I/O 控制器和相关设备分配正确的 IP 地址。所有的 I/O 控制器都连接到一个核心交换机(PN/PN 耦合器,如图 6.2 所示)上,并设置通信的带宽、优先级等参数。对于实时性要求高的数据通信,要保证足够的带宽和高优先级。由于工业网络的安全性至关重要,因此在 I/O 控制器之间通信时,还需要设置访问权限、加密等安全措施

4.PROFINET 接口

SIMATIC 产品系列的 PROFINET 设备具有一个或多个 PROFINET 接口（以太网控制器/接口），PROFINET 接口具有一个或多个端口（物理连接选件）。PROFINET 接口具有多个端口，则设备具有集成交换机。对于其某个接口上具有两个端口的 PROFINET 设备，可以将系统组态为线形或环形拓扑结构；具有 3 个及更多端口的 PROFINET 设备则适合设置为树形拓扑结构。

网络中的每个 PROFINET 设备均通过其 PROFINET 接口进行唯一识别。为此，每个 PROFINET 接口都具有 1 个 MAC 地址（出厂默认值）、1 个 IP 地址和 PROFINET 设备名称。表 6.3 说明了 STEP7 中 PROFINET 设备的接口和端口的标识，包括接口的命名属性和规则及表示方式。

表 6.3　PROFINET 设备的接口和端口的标识

元素	符号	接口编号
接口	X	按升序从数字 1 开始
端口	P	按升序从数字 1 开始（对于每个接口）
环网端口	R	—

在 STEP7 拓扑概览中可找到 PROFINET 接口，如图 6.3 所示。

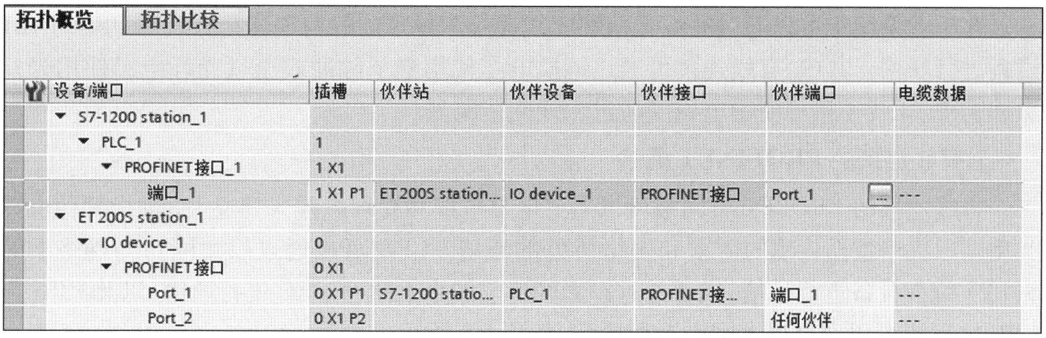

拓扑概览
拓扑比较
设备/端口
插槽
伙伴站
伙伴设备
伙伴接口
伙伴端口
电缆数据
S7-1200 station_1
PLC_1
1
PROFINET接口_1
1 X1
端口_1
1 X1 P1
ET200S station...
IO device_1
PROFINET接口
Port_1

ET200S station_1
IO device_1
0
PROFINET接口
0 X1
Port_1
0 X1 P1
S7-1200 statio...
PLC_1
PROFINET接...
端口_1

Port_2
0 X1 P2
任何伙伴

图 6.3　PROFINET 接口在 STEP7 中的表示

I/O 控制器和 I/O 设备的 PROFINET 接口在 STEP7 中的表示方法，见表 6.4。

表 6.4　STEP7 中 PROFINET 接口的表示

编号	说明
①	STEP7 中 I/O 控制器的 PROFINET 接口
②	STEP7 中 I/O 设备的 PROFINET 接口
③	这些行表示 PROFINET 接口
④	这些行表示 PROFINET 接口的“端口”

图 6.4 所示为适用于所有 PROFINET 设备的带集成交换机的 PROFINET 接口及其端口。

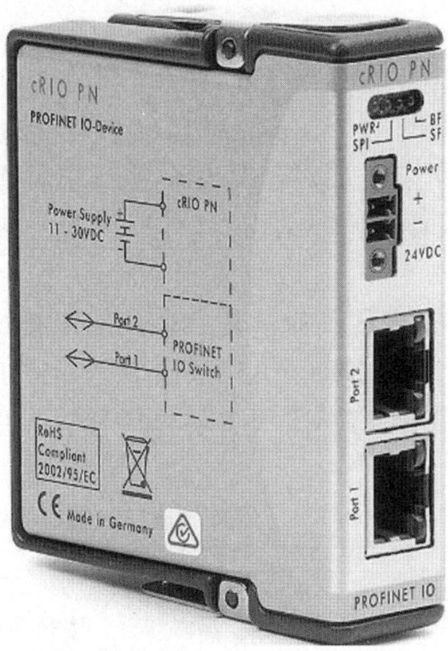

图 6.4　带集成交换机的 PROFINET 接口及其端口

6.2.2　构建 PROFINET 网络

在工业系统中可以通过有线连接和无线连接两种不同的物理连接方式对 PROFINET 设备进行联网。其中,有线连接可通过铜质电缆使用电子脉冲或通过光纤电缆使用光纤脉冲实现;无线连接可使用电磁波通过无线网络实现。

1.有线连接的 PROFINET 网络

有线连接的 PROFINET 网络可以通过电器电缆和光纤电缆来建立,而选择哪种电缆类型则取决于数据传输的需求和网络所处的环境。CPU 可以通过以太网口与网络上的 STEP7 编程设备进行通信,或者通过以太网口与网络上的 WinCC 进行通信,以及 CPU 与 CPU 之间也可以通过以太网口互相通信,如图 6.5 所示。

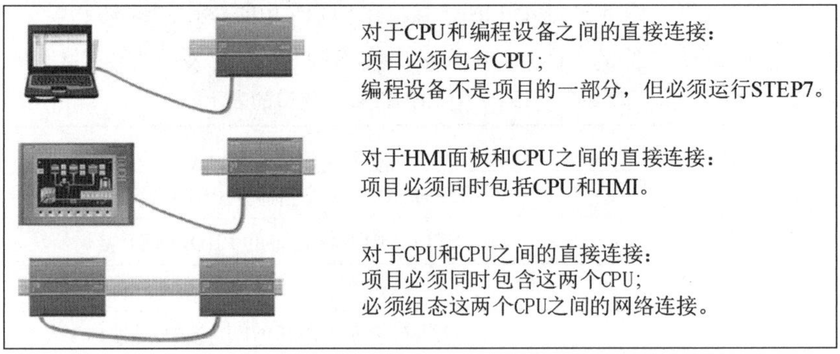

图 6.5　有线连接的 PROFINET 网络

表 6.5 汇总了带有集成交换机或外部交换机及可能传输介质的 PROFINET 接口的技术规范。

表 6.5　PROFINET 接口的技术规范

物理属性	连接方法	电缆类型/传输介质标准	传输速率/模式	最大分段长度(两个设备间)	优势
电气	RJ－45 连接器 ISO60603－7	100Base－TX2x2 双绞对称屏蔽铜质电缆，满足 CAT5 传输要求 IEEE 802.3	100 Mbit/s 全双工	100 m	简单经济
光学	SCRJ 45 ISO/IEC 61754－24	100Base－FX POF 光纤电缆(塑料光纤)980/1 000 μm(纤芯直径/外径)	100 Mbit/s 全双工	50 m	电位存在较大差异，使用时对电磁辐射不敏感，线路衰减低，可将网段的长度显著延长
		覆膜玻璃纤维(聚合体覆膜光纤,PCF)200/230 μm	100 Mbit/s 全双工	100 m	
	BFOC(光纤连接器)及 SC(用户连接器)	单模玻璃纤维光纤电缆 10/125 μm(纤芯直径/外径)	100 Mbit/s 全双工	26 km	
		多模玻璃纤维光纤电缆 50/25 μm 及 6 205/125 μm	100 Mbit/s 全双工	3 000 m	
电磁波	—	IEEE 802.11 x	取决于所用的扩展符号(a、g、h 等)	100 m	灵活性高，联网到远程或难以访问的设备时成本较低

2.无线连接的 PROFINET 网络

除了满足 IEEE 802.11 标准的数据传输需求,SIMATIC NET 工业无线网络还提供了众多增强功能,这些功能为工业用户带来了诸多优势。IWLAN 尤其适用于需要可靠无线通信的高要求工业应用,因为工业无线网络具有以下特征:① 在工业以太网连接中断时自动漫游(强制漫游);② 通过采用单一无线网络可靠地处理过程关键数据(如报警信息)和非关键信息(如服务和诊断),因而节约了成本;③ 可以高效地连接到远程环境中难以访问的设备;④ 可以预测数据流量(确定的)并确定响应时间;⑤ 循环监视无线链路(链路检查)。

无线数据传输已经实现了以下目标:① 通过无线接口将 PROFINET 设备无缝集成到现有总线系统中;② 可以灵活使用 PROFINET 设备以完成各种与生产相关的任务;③ 根据客户要求灵活组态系统组件以进行快速开发;④ 通过节省电缆来最大限度地降低维护成本。

工业无线网络已经在以下方面得到成功应用:① 与移动用户(如移动控制器和设备)、传送线、生产带、转换站及旋转机之间的通信;② 通信网段的无线耦合,用于在铺设线路非常昂贵的区段(如公共街道、铁路沿线)进行快速调试或节约成本的联网;③ 栈式卡车、自动导引车系统和悬挂式单轨铁路系统。

在不允许全双工的情况下，工业无线网络的总数据传输速率为 11 Mbit/s 或 54 Mbit/s。使用 SCALANCE W(接入点)可以在室内和室外建立无线网络。可以安装多个接入点，以创建大型无线网络，在该大型无线网络中，可将移动用户从一个接入点无缝地传送到另一个接入点(漫游)。除无线网络外，也可跨越远距离(数百米)建立工业以太网网段的点到点连接。在这种情况下，射频场的范围和特性取决于所使用的天线。

通过 PROFINET 还可以使用工业无线局域网(IWLAN)技术建立无线网络。因此建议在构建 PROFINET 网络时使用 SCALANCE W 系列设备。

如果使用工业无线局域网建立 PROFINET，则必须为无线设备增加更新时间。IWLAN 接口的性能低于有线数据网络的性能：多个通信站必须共享有限的传输带宽，对于有线解决方案，所有通信设备均可使用 Mbit/s、可以在 STEP7 中 I/O 设备巡视窗口的“实时设置”部分中找到“更新时间”参数，如图 6.6 所示。

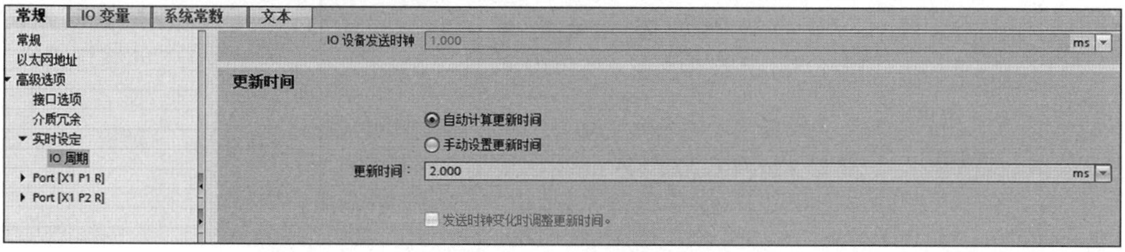

图 6.6　STEP7 中设置更新时间

6.3　PROFIBUS 通信

6.3.1　PROFIBUS 简介

PROFIBUS 是一种国际化、开放式、不依赖于设备生产商的现场总线标准。PROFIBUS 的传输速率可在 9.6 kbit/s ~ 12 Mbit/s 进行选择，所有与总线相连的设备都需要设定为相同的速率。PROFIBUS 广泛应用于制造业、流程工业及楼宇、电力交通等多个自动化领域。它是一种用于工厂自动化车间级监控和现场设备层数据通信与控制的现场总线技术。可实现现场设备层到车间级监控的分散式数字控制和现场通信网络，从而为实现工厂综合自动化和现场设备智能化提供可行的解决方案。

PROFIBUS 系统使用总线主站来轮询 RS485 串行总线上以多点方式分布的从站设备。PROFIBUS 从站可以是任何处理信息并将其输出发送到主站的外围设备(I/O 传感器、阀、电动机驱动器或其他测量设备)。该从站构成网络上的被动站，因为它没有总线访问权限，只能确认接收到的消息或根据请求将响应消息发给主站。所有 PROFIBUS 从站具有相同的优先级，并且所有网络通信都源于主站。S7 - 1200 PLC PROFIBUS DP 特性数据见表 6.6。

表 6.6　S7 - 1200 PROFIBUS DP 特性数据

特性数据	参数
传输速率	9.6 kbit/s ~ 12 Mbit/s
PROFIBUS DP 地址范围	0 ~ 127 一般用于编程设备； 1 一般用于操作员站； 126 不具有开关设置，必须通过网络重新寻址的出厂设备保留； 127 用于广播； DP 设备的有效地址范围是 2 ~ 125
S7 - 1200 PLC 支持的 DP 从站数	最多 16 个，每个站最多可组态 3 个 PROFIBUS CM，只能有 1 个 DP 主站模块； 若 S7 - 1200 PLC 同时使用了主站模块 CM1243 - 5 和 2 个从站模块 CM 1242 - 5，则 CM 1243 - 5 可连接的从站数将减少到 14 个
S7 - 1200 PLC 可操作的插槽数	最多 256 个子模块
S7 - 1200 PLC DP 主站数据区的大小	最大 1 024 B，输入区最大 512 B，输出区最大 512 B
S7 - 1200 PLC DP 从站数据区的大小	输入区最大 244 B，输出区最大 244 B，每个 DP 从站的诊断数据区最大 244 B

6.3.2　PROFIBUS DP

PROFIBUS 主站构成网络的“主动站”。PROFIBUS DP 定义两类主站：第 1 类主站（通常是中央 PLC 或运行特殊软件的计算机）处理与分配给它的从站之间的常规通信或数据交换；第 2 类主站（通常是组态设备，如用于调试、维护或诊断的膝上型计算机或编程控制台）是主要用于调试从站和诊断的特殊设备。

S7 - 1200 PLC 可通过 CM 1242 - 5（DP 主站）模块作为从站连接到 PROFIBUS 网络。CM 1242 - 5（DP 从站）模块可以是 DP V0/V1 主站的通信伙伴。

1.S7 - 1200 PLC PROFIBUS DP 的通信伙伴

（1）CM 1242 - 5 从站模块。

CM 1242 - 5 从站模块可以成为以下 DP V0 / V1 主站的通信伙伴：

①SIMATIC S7 - 1200、S7 - 300、S7 - 400、WinAC；

② 带有 DP 主站模块的 ET200；

③SIMATIC PC 站；

④SIMATIC NET IE/PB Link；

⑤ 第三方 PLC。

（2）CM 1243 - 5 主站模块。

CM 1243 - 5 主站模块可与以下 DP - V0 / V1 从站进行通信：

① SIMATIC ET200;

② 配有 CM 1242 - 5 的 S7 - 1200 CPU;

③ 配有 EM 277 的 S7 - 200 CPU;

④ 带集成 DP 口的 S7 - 300/400 CPU;

⑤ 配有 CP 342 - 5 模块的 S7 - 300 CPU;

⑥ SINAMICS 变频器;

⑦ 其他供应商提供的带有 DP 口的驱动器和执行器;

⑧ 其他供应商提供的带有 DP 口的传感器;

⑨ 配有 PROFIBUS CP 的 SIMATIC PC 站。

(3)S7 - 1200 PLC PROFIBUS CM 使用 PROFIBUS DP V1 协议。

PROFIBUS DP V1 协议可实现以下类型的通信:

① 周期性通信。CM 1242 - 5 和 CM 1243 - 5 都支持。

a.可在 DP 从站和 DP 主站之间传送过程数据;

b.由 CPU 的操作系统进行处理,不需要特殊指令块,直接在 CPU 的过程映像中读取或写入 I/O。

② 非周期性通信。从站 CM 1242 - 5 不支持,主站 CM 1243 - 5 支持使用软件指令块进行非周期性通信。

a.“RALRM” 指令用于处理中断;

b.“RDREC” 和“WRREC” 指令可用于传送组态和诊断数据。

2.CM 1243 - 5 支持的其他通信服务

(1)S7 通信。

可通过 PROFIBUS 与其他 S7 控制器使用 PUT/GET 指令通信。

(2)PG/OP 通信。

通过 CM 1243 - 5 ,可对 S7 - 1200 做下载、诊断操作,或连接 S7 - 1200 到 HMI 面板、装有 WinCC flexible 的 SIMATIC PC 、支持 S7 通信的 SCADA 系统。

3.电气连接

CM 1242 - 5 通过背板总线供电。

CM 1243 - 5 通过模块附带的 DC 24 V 电源连接器供电。

通过 RS485 网络总线连接器连接到 PROFIBUS DP 网络,9 针 D 型头的引脚分配见表 6.7。

表 6.7　9 针 D 型头的引脚分配

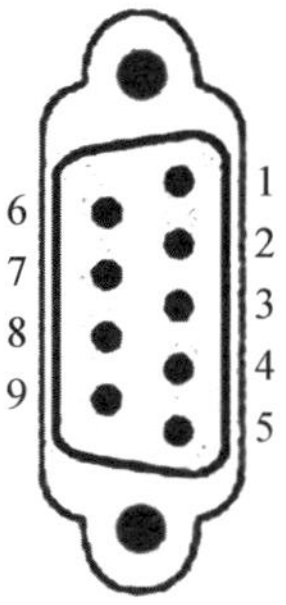

引脚	说明	引脚	说明
1	未使用	6	VP：+5 V 电源，仅用于总线终端电阻：不用于为外部设备供电
2	未使用	7	未使用
3	RxD/TxD - P：数据线 B	8	RxD/TxD - N：数据线 A
4	CNTR - P：RTS	9	未使用
5	DGND：数据信号和 VP 的接地	外壳	接地连接器

4.组态示例

S7 - 1200 PLC 为从站如图 6.7 所示。

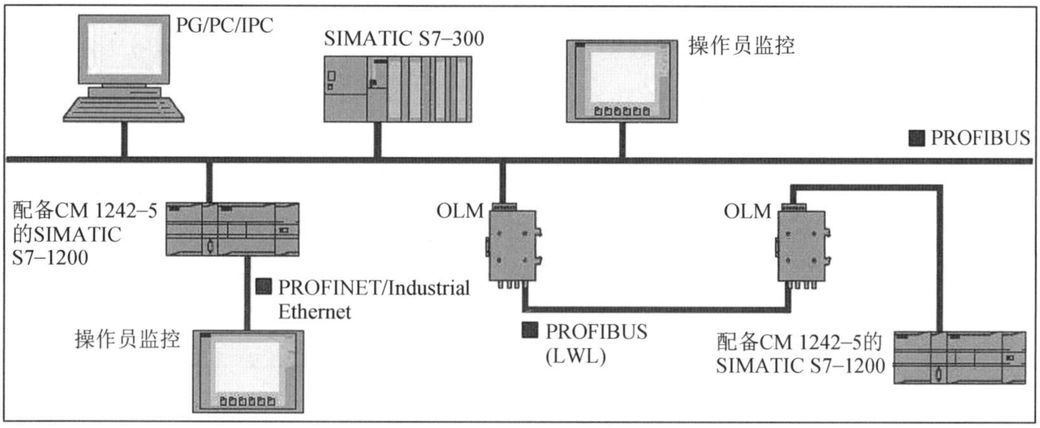

图 6.7　S7 - 1200 PLC 为从站

S7 - 1200 PLC 为主站如图 6.8 所示。

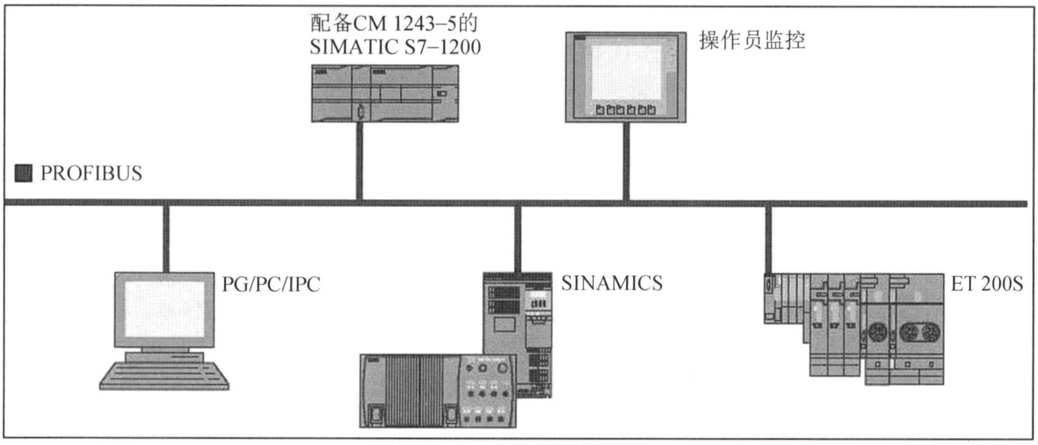

图 6.8　S7 - 1200 PLC 为主站

6.3.3 对 DP 从站一致性数据读写

一致性数据是指能够同步更新的数据。

CPU 负责维护所有基础数据类型(如 Word 或 DWord)及所有系统定义的架构(如 IEC_TIMERS 或 DTL)的数据一致性。数值的读/写操作不会被中断(如在读写四字节的 DWord 完成之前,CPU 会防止对该 DWord 进行访问)。

S7 - 1200 PLC 若要通过 PROFIBUS DP 对从站进行一致性数据读写,而这些数据无法通过基本数据类型表示时,系统为 S7 - 1200 PLC 提供了一致性数据读写的指令,DPRD_DAT 和 DPWR_DAT。这两个指令块在 STEP7 V11 指令的“扩展指令/分布式 I/O/其他”中。通过 DP 一致性数据读/写指令块,S7 - 1200 PLC 的 DP 主站可以对从站最多 64 个字节进行读取,最多 64 个字节进行写入。

DPRD_DAT 指令:读取 DP 标准从站的一致性数据,如图 6.9 所示,表 6.8 为其参数说明。

DPWR_DAT 指令:将一致性数据写入 DP 标准从站,如图 6.10 所示,表 6.9 为其参数说明。

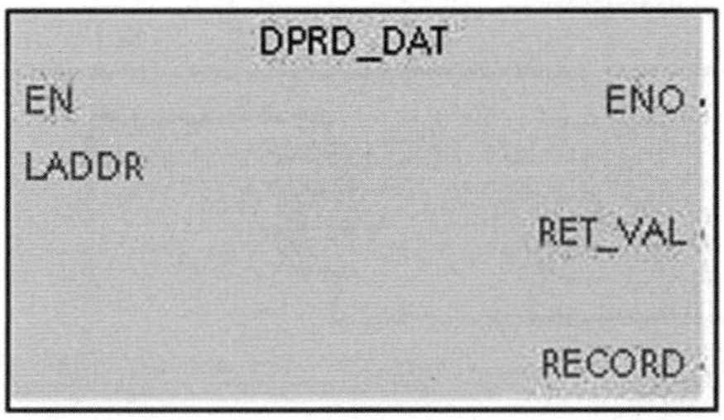

图 6.9 DPRD_DAT 指令

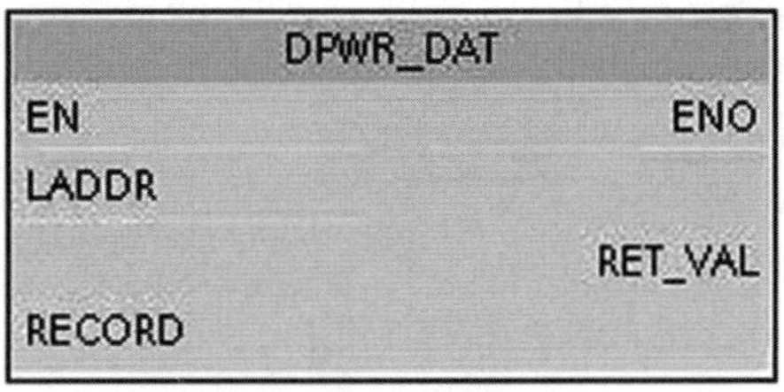

图 6.10 PWR_DAT 指令

表 6.8 DPRD_DAT 指令参数说明

参数	声明	数据类型	存储区	说明
LADDR	Input	HW IO (Word)	I、Q、M、L 或常量	模块的硬件标识符,将从该标识符处开始读取。如果单击块参数 LADDR,将在下拉列表中显示包含硬件标识符的所有可寻址的组件
RET_VAL	Return	DInt,Int,LReal,Real	I、Q、M、D、L	如果执行指令时出错,则返回值中会包含一个错误代码
RECORD	Output	Variant	I、Q、M、D、L	已读取的用户数据的目标区域。该区域长度至少应该与所选模块的输入长度相同。允许 Byte、Word 和 Array of Byte/Word 数据类型。不支持 String 数据类型

表 6.9　DPWR_DAT 参数说明

参数	声明	数据类型	存储区	说明
LADDR	Input	HW 10 (Word)	I、Q、M、L 或常量	模块 PIQ 区域所组态的硬件标识符，将从该标识符开始写入数据。如果单击块参数 LADDR，将在下拉列表中显示包含硬件标识符的所有可寻址的组件
RECORD	Input	Variant	I、Q、M、D、L	要写入用户数据的源区域。其长度至少应与为选定模块所组态的长度相同。允许 Byte、Word 和 Array of Byte/Word 数据类型。不支持 String 数据类型
RET_VAL	Return	DInt，Int，LReal，Real	I、Q、M、D、L	如果执行指令时出错，则返回值中会包含一个错误代码

6.3.4　PROFIBUS DP 配置 DP 主站和从站设备

(1) 步骤。

PROFIBUS DP 配置 DP 主站和从站设备包括如下步骤：

① 创建 STEP 7 项目；

② 插入所需的 SIMATIC S7 - 1200 PLC 站；

③ 在站中插入通信模块和其他所需模块；

④ 添加 PROFIBUS DP 网络，分配 DP 地址，定义操作模式和 DP 参数；

⑤ DP 地址定义；

⑥ DP 主 / 从模式选择；

(2) 最高地址。

因为 PROFIBUS 令牌只传递给主站，所以合适的最高 PROFIBUS 地址可优化总线。

① 连接 DP 从站到主站；

② 组态其他模块；

③ 项目保存并下载。

1.添加 CM 1243 - 5(DP 主站) 模块和 DP 从站

在“设备和网络”(devices and networks) 门户中，使用硬件目录向 CPU 添加 PROFIBUS 模块，这些模块连接在 CPU 左侧。要将模块插入到硬件组态中，可在硬件目录中选择模块，然后双击该模块或将其拖到高亮显示的插槽中。图 6.11 所示为将 PROFIBUS CM 1243 - 5(DP 主站) 模块添加到设备组态。

模块	选择模块	插入模块	结果
CM1243-5 (DP主站)	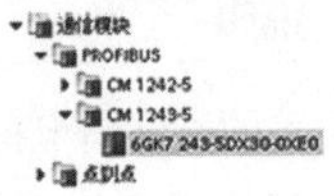	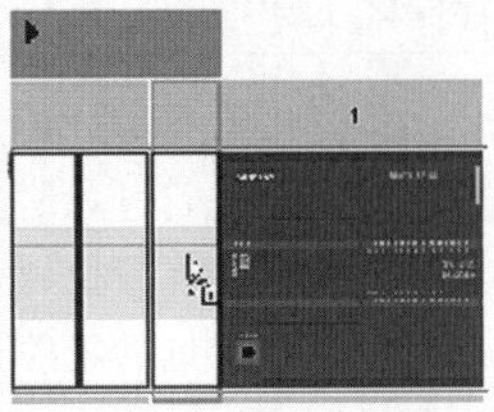	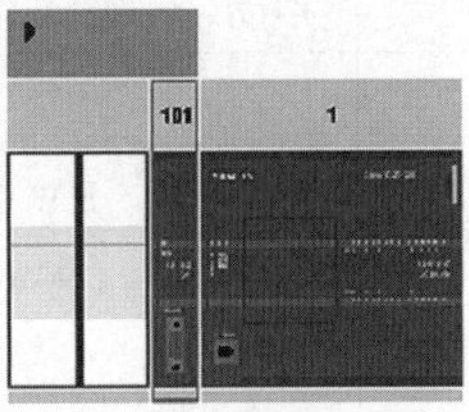

图 6.11　将 PROFIBUS CM 1243 - 5(DP 主站) 模块添加到设备组态

同样也使用硬件目录添加 DP 从站。例如,要添加 ET 200SP DP 从站,可在硬件目录中展开下列容器:

① 分布式 I/O;

② ET 200SP;

③ 接口模块;

④ PROFIBUS。

从零件号列表中选择“6ES7 155 - 6BU00 - 0CN0”(IM155 - 6 DPHF),并按表 6.10 添加 ET 200SP DP 从站。

表 6.10　将 ET 200SP DP 从站添加至设备组态

插入 DP 从站		结果	
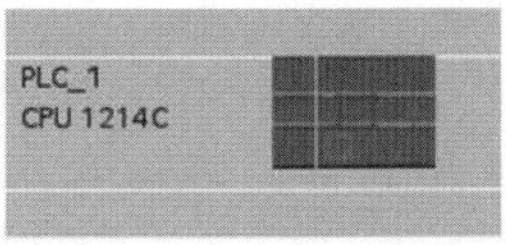	6ES7 155 - 6BU00 - 0CN0	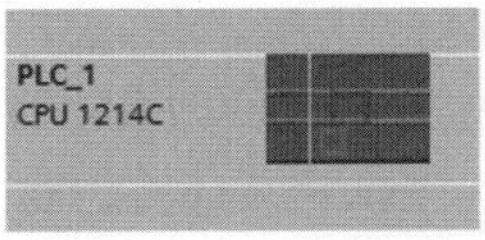	

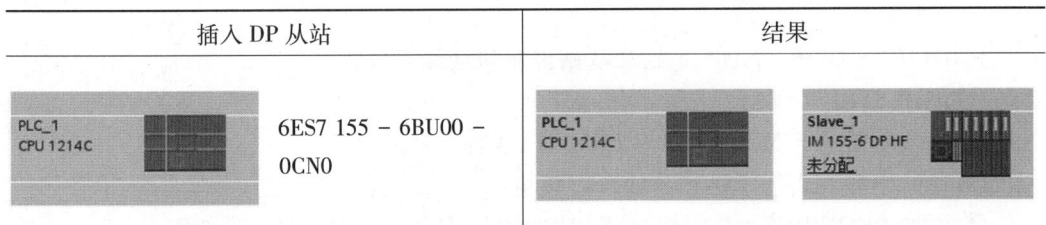

DP 主从通信的标准模式下,DP 主站与 DP 从站之间会定期交换数据。而过程数据则是由 CPU 的操作系统来处理,无须编写任何特定的指令块,可以直接从 CPU 的过程映像中获取或输入 I/O。

2.组态两台 PROFIBUS 设备之间的逻辑网络连接

组态 CM 1243 - 5(DP 主站) 模块后,便可以组态网络连接。

在“设备和网络”(devices and networks) 门户中,使用“网络视图”(network view) 创建项目中各设备之间的网络连接。

要创建 PROFIBUS 连接,请选择第 1 台设备上的紫色 (PROFIBUS) 框。

拖出一条线连接到第 2 台设备上的 PROFIBUS 框。

释放鼠标按钮,即可创建 PROFIBUS 连接。

3.给 CM 1243 - 5 模块和 DP 从站分配 PROFIBUS 地址

(1) 组态 PROFIBUS 接口。

组态两台 PROFIBUS 设备之间的逻辑网络连接后,便可以组态 PROFIBUS 接口的参数。为此,请单击 CM 1243 - 5 模块上的紫色 PROFIBUS 框,PROFIBUS 接口即显示在巡视窗口的“属性”(Properties) 选项卡中,以相同的方式组态 DP 从站 PROFIBUS 接口(表 6.11)。

表 6.11　组态 CM 1243 - 5(DP 主站) 模块和 ET 200SP DP 从站 PROFIBUS 接口

CM 1243 - 5(DP 主站) 模块	ET 200SP DP 从站
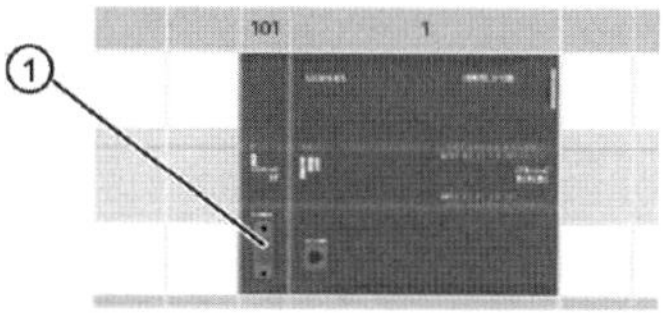	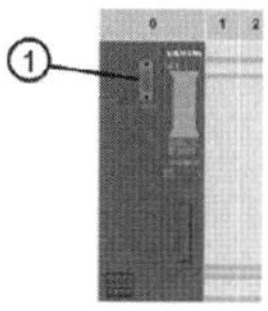

注:① 表示 PROFIBUS 端口。

(2) 分配 PROFIBUS 地址。

PROFIBUS 网络内,已经给每一个设备赋予一个 PROFIBUS 的地址。此地址的取值范围为 0 ~ 127,然而以下条件不适用:

① 地址 0 为网络组态和/或连接到总线的编程工具保留;

② 地址 1 为 Siemens 保留给第一个主站使用;

③ 地址 126 为不具有开关设置且必须通过网络重新寻址的出厂设备保留;

④ 地址 127 为给网络上所有设备广播消息保留,不可以分配给运转设备。

因此,可用于 PROFIBUS 运转设备的地址的范围是 2 ~ 125。

在“属性”(Properties) 窗口中,选择“PROFIBUS 地址”(PROFIBUS address) 组态条目。STEP 7 将显示 PROFIBUS 地址组态对话框,该对话框用于分配设备的 PROFIBUS 地址(图 6.12)。

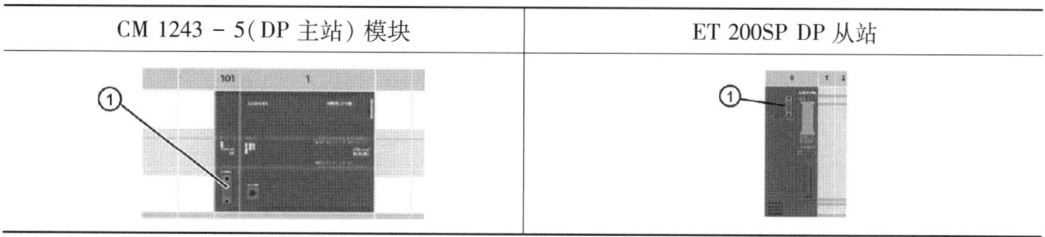

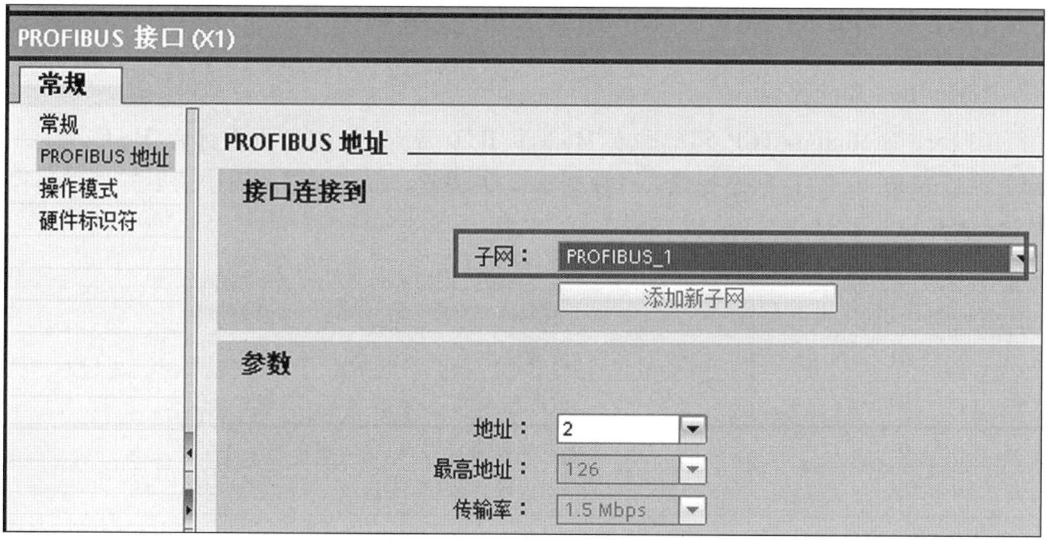

图 6.12　分配设备的 PROFIBUS 地址

6.4 Modbus 通信

Modbus 是一种串行通信协议，由 Modicon 公司（现在的施耐德电气 Schneider Electric）于 1979 年发表，用于 PLC 通信。Modbus 已成为工业领域通信协议的业界标准，广泛应用于工业电子设备之间的连接。

Modbus 通信采用主从架构，即只有一个设备（主设备）能初始化传输（查询），其他设备（从设备）根据主设备的查询数据做出反应。在 Modbus 网络上，标准的 Modbus 口使用 RS232C 兼容串行接口，也可以使用 RS485 或 RS422 接口。此外，Modbus 还可以通过以太网进行通信，使用 Modbus TCP 协议。

Modbus 通信的传输方式主要是异步串行通信，最大传输距离可达 1 200 m，连接的主站数目为 1 个，从站数目最多可达 31 个。推荐的通信介质是 0.5 mm 的双绞线，不带屏蔽层。Modbus 规约模式主要是 RTU 模式，传输速率可以是 2 400 bit/s、4 800 bit/s、9 600 bit/s 或 19 200 bit/s。串行口通信数据格式通常为 1 个起始位、8 个数据位、无校验位和 1 个停止位。

Modbus 支持多种功能码，如读取开关量输入、读取保持寄存器、读取输入寄存器、强制单点继电器输出、向保持寄存器写单个字、向保持寄存器写多个 16 位的字等。Modbus 通信的异常响应报文格式包括功能码、MODBUS 地址和内容含义等。

总体来说，Modbus 通信协议具有公开、易于部署和维护、对供应商限制少等特点，使其成为工业电子设备之间常用的连接方式。

6.4.1 Modbus TCP 和 Modbus RTU 通信概述

1.Modbus 功能代码

CPU 作为 Modbus TCP 客户端或 Modbus RTU 主站运行时，可在远程 Modbus TCP 服务器或 Modbus RTU 从站中读/写数据和 I/O 状态。可在程序逻辑中读取并处理远程数据（表 6.12）。

表 6.12　读取数据功能：读取远程 I/O 及程序数据

Modbus 功能代码	读取从站（服务器）功能 - 标准寻址
01	读取输出位：每个请求 1 ~ 2 000 个位
02	读取输入位：每个请求 1 ~ 2 000 个位
03	读取保持寄存器：每个请求 1 ~ 125 个字
04	读取输入字：每个请求 1 ~ 125 个字

CPU 作为 Modbus TCP 服务器或 Modbus RTU 从站运行时，监控设备可在 CPU 存储器中读/写数据和 I/O 状态。Modbus TCP 客户端或 Modbus RTU 主站可以将新值写入从站/服务器 CPU 存储器，以供用户程序逻辑使用（表 6.13）。

表 6.13　写入数据功能:写入远程 I/O 及修改程序数据

Modbus 功能代码	写入从站(服务器) 功能 - 标准寻址
05	写入一个输出位:每个请求 1 个位
06	写入一个保持寄存器:每个请求 1 个字
15	写入一个或多个输出位:每个请求 1 ~ 1 968 个位
16	写入一个或多个保持寄存器:每个请求 1 ~ 123 个字

Modbus 功能代码 08 和 11 提供从站设备通信诊断信息。

Modbus 功能代码 0 将消息广播到所有从站(无从站响应)。广播功能不能用于 Modbus TCP,因为通信是以连接为基础的。

Modbus 功能代码 23 可以写入和读取一个或多个保持寄存器:每个请求 1 ~ 121/125(写入/读取)个字。该功能代码仅适用于 Modbus TCP(表 6.14)。

表 6.14　Modbus 网络站地址

站		地址范围
TCP 站	站地址	IP 地址和端口号
RTU 站	标准站地址	1 ~ 247
	扩展站地址	1 ~ 65 535

2.Modbus 存储区地址

实际可用的 Modbus 存储区地址数取决于 CPU 型号、存在多少工作存储器及其他程序数据占用多少 CPU 存储区。Modbus 存储区地址见表 6.15,表中给出了地址范围的额定值。

表 6.15　Modbus 存储区地址

站		地址范围
TCP 站	标准存储区地址	10K
RTU 站	标准存储区地址	10K
	扩展存储区地址	64K

6.4.2　Modbus RTU

Modbus RTU(远程终端单元)是一个标准的网络通信协议,它使用 RS232 或 RS485 电气连接在 Modbus 网络设备之间传输串行数据。可在带有一个 RS232 或 RS485 CM 或一个 RS485 CB 的 CPU 上添加 PtP(点对点)网络端口。

Modbus RTU 使用主/从网络,单个主设备启动所有通信,而从设备只能响应主设备的请求。

主设备向一个从设备地址发送请求,然后该从设备地址对命令做出响应。

Modbus RTU 允许使用 PROFINET 或 PROFIBUS 分布式 I/O 与各类设备(RFID 阅读器、GPS 设备等)进行通信:

①PROFINET。可以将 S7 - 1200 PLC 的 CPU 的以太网接口连接至 PROFINET 接口模块。可通过机架中 PtP 通信模块接口模块实现与外部 Modbus 设备的串行通信。

②PROFIBUS。在 S7 - 1200 PLC 的 CPU 机架左边插入 PROFIBUS 通信模块。将 PROFIBUS 通信模块连接至 PROFIBUS 接口模块的机架。可通过机架中 PtP 通信模块接口模块实现与外部 Modbus 设备的串行通信。

1.Modbus 协议

Modbus 协议作为 Modicon 公司推出的一种报文传输协议,其在工业控制领域的使用非常普遍,并且已经发展成一种通用的工业标准,许多的工业设备都配有 Modbus 通信功能。

根据传输网络类型的不同,Modbus 通信协议分为串行链路上的 Modbus 协议和基于 TCP/IP 的 Modbus TCP。

Modbus 串行链路协议是一个主 - 从协议,采用请求 - 响应方式,总线上只有一个主站,主站发送带有从站地址的请求帧,具有该地址的从站接收到后发送响应帧进行应答。从站没有收到来自主站的请求时,不会发送数据,从站之间也不会互相通信。

Modbus 串行链路协议有 ASCII 和 RTU 两种报文传输模式,S7 - 1200 PLC 采用 RTU 模式。主站在 Modbus 网络上没有地址,从站的地址范围为 0 ~ 247,其中 0 为广播地址。使用通信模块 CM 1241(RS232) 作 Modbus RTU 主站时,只能与一个从站通信。使用通信模块 CM1241(RS485) 或 CM 1241(RS422/485) 作 Modbus RTU 主站时,最多可以与 32 个从站通信。

报文以字节为单位进行传输,采用循环冗余校验(CRC) 进行错误检查,报文最长为 256 B。

2.组态硬件

在博途中生成一个名为"Modbus RTU 通信" 的项目,作为主站和从站的 PLC_1 和 PLC_2,它们的 CPU 均为 CPU 1214C。设置它们的 IP 地址分别为 192.168.0.1 和 192.168.0.2,分别启用它们默认的时钟存储器字节 MB0。

打开主站 PLC1 的设备视图,将右边的硬件目录窗口的文件夹"通信模块 \\ 点到点" 中的 CM 1241(RS485) 模块拖放到 CPU 左边的 101 号插槽。选中它的 RS485 接口,再选中下面的巡视窗口的"属性 → 常规 → IO - Link",按图 6.13 设置通信接口的参数。

3.调用 Modbus_Comm_Load 指令

需要在主站的 OB100 组织块中执行一次 Modbus_Comm_Load 命令,以便构建其通信接口。一旦实施这个命令,便能够使用 Modbus_Master 或 Modbus_Slave 命令来实现通信。仅当需要更改参数的情况下,才会重新执行这个命令。

打开 OB100, 再打开指令列表的"通信" 窗格的文件夹"\ 通信处理器 \ MODBUS(RTU)",将 Modbus_Comm_Load 指令拖拽到梯形图中(图 6.14)。自动生成它的背景数据块 Modbus_Comm_Load DB(DB4)。该指令的输入、输出参数的意义如下:

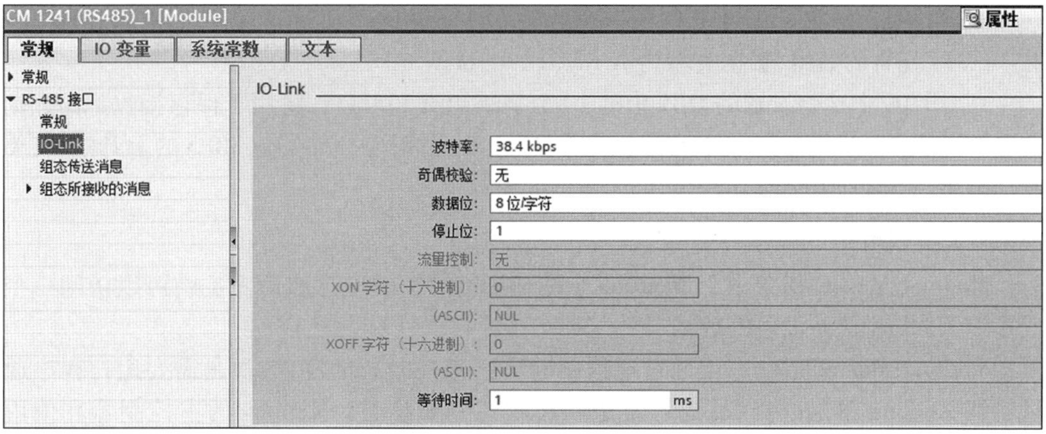

图 6.13　主站 OB100 中的程序

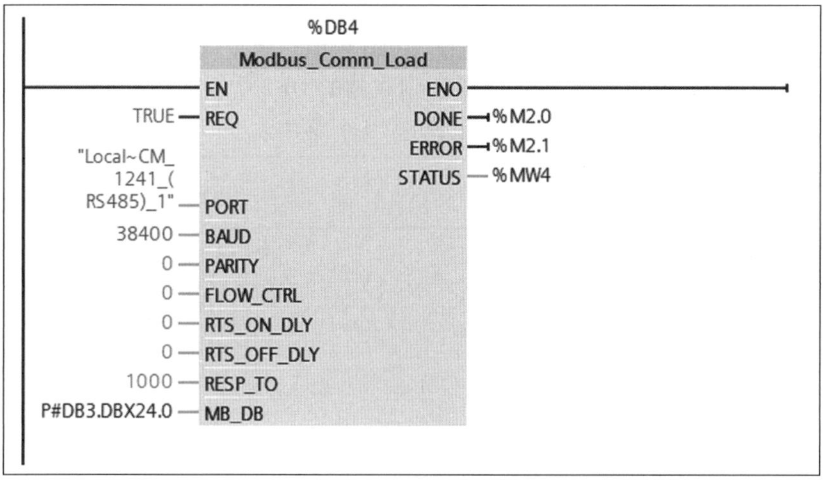

图 6.14　主站 OB100 中的程序(梯形图)

当 REQ 参数达到上升阶段时,该指令会被激活。由于 OB100 只在 S7 - 1200 PLC 启动时进行一次操作,因此将 REQ 设置为 TRUE(1 状态),这样在电源供电时,端口就会被设定为 Modbus RTU 通信模式。

PORT 是通信端口的硬件标识符,输入该参数时两次单击地址域的 <??? >,再单击出现的▤按钮,选中列表中的“Local ~ CM_1241_(RS485)_1”,其值为 256。

BAUD(波特率) 可选 300 ~ 115 200 bps。

PARITY(奇偶校验位) 为 0、1、2 时,分别为不使用校验、奇校验和偶校验。

FLOW_CTRL、RTS_ON_DLY 和 RTS_OFF_DLY 用于 RS232 接口通信。

RESP_TO 是响应超时时间,采用默认值 1 000 ms。

MB_DB 的实参是函数块 Modbus_Master 或 Modbus_Slave 的背景数据块中的静态变量 MB_DB。

DONE 为 1 状态时表示指令执行完且没有出错。

ERROR 为 1 状态表示检测到错误,参数 STATUS 中是错误代码。

生成符号地址为 BF_OUT 和 BF_IN 的共享数据块 DB1 和 DB2,在它们中间分别生成有 10 个字元素的数组,数据类型为 Array[1..10] of Word。

在 OB100 中给要发送的 DB1 中的 10 个字赋初值 16#1111,将用于保存接收到的数据的 DB2 中的 10 个字清零。在 OB1 中用周期为 0.5 s 的时钟存储器位 M0.3 的上升沿,将要发送的第一个字的值加 1。

4.主站调用 Modbus_Master 指令

Modbus_Master 指令用于 Modbus 主站与指定的从站进行通信。主站可以访问一个或多个 Modbus 从站设备的数据。

Modbus_Master 指令不是通过通信中断事件来控制通信流程,而是需要用户程序通过轮询 Modbus_Master 指令,了解发送和接收的完成状态。Modbus 的主控制器在使用 Modbus_Master 指令向从站发送请求报文后,需要维持这个指令,直至接收到从站返回的响应。

在 OB1 中两次调用 Modbus_Master 指令(图 6.15),读取 1 号从站中 Modbus 地址从 40001 开始的 10 个字中的数据,将它们保存到主站的 DB2 中;将主站 DB1 中的 10 个字的数据写入从站的 Modbus 地址从 40011 开始的 10 个字中。

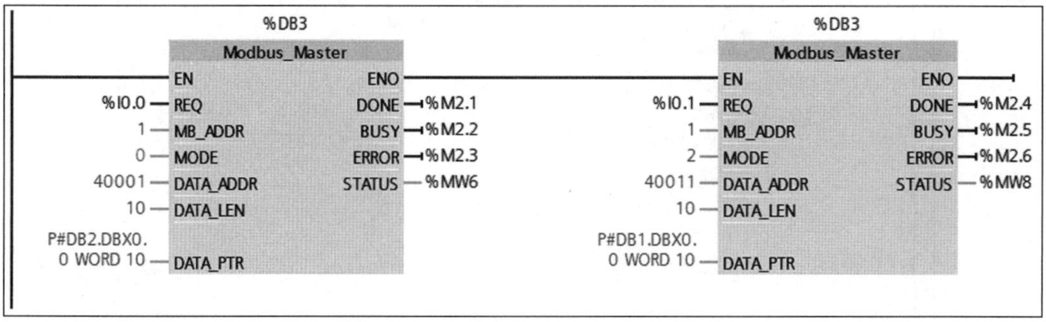

图 6.15　OBI 中的 Modbus Master 指令

用于同一个 Modbus 端口的所有 Modbus_Master 指令都必须使用同一个 Modbus_Master 背景数据块,本例为 DB3。

5.Modbus_Master 指令的输入、输出参数

在输入参数 REQ(图 6.15) 的上升沿,请求向 Modbus 从站发送数据。

MB_ADDR 是 Modbus RTU 从站地址(0 ~ 247),地址 0 用于将消息广播到所有 Modbus 从站。只有 Modbus 功能代码 05H、06H、15H 和 16H 可用于广播方式通信。

MODE 用于选择 Modbus 功能的类型(表 6.16)。

DATA_ADDR 用于指定要访问的从站中数据的 Modbus 起始地址。Modbus_Master 指令根据参数 MODE 和 DATA_ADDR 一起来确定 Modbus 报文中的功能代码(表 6.16)。

DATA_LEN 用于指定要访问的数据长度(位数或字数)。

表 6.16　Modbus 模式与功能

Mode	Modbus 功能	操作	数据长度（DATA_LEN）	Modbus 地址
0	01H	读取操作位	1 ~ 2 000 或 1 ~ 1 992 个位	1 ~ 09999
0	02H	读取输入位	1 ~ 2 000 或 1 ~ 1 992 个位	10001 ~ 19999
0	03H	读取保持寄存器	1 ~ 125 或 1 ~ 124 个字	40001 ~ 49999 或 400001 ~ 465535
0	04H	读取输入字	1 ~ 125 或 1 ~ 124 个字	30001 ~ 39999
1	05H	写入一个输出位	1（单个位）	1 ~ 09999
1	06H	写入一个保持寄存器	1（单个字）	40001 ~ 49999 或 400001 ~ 465535
1	15H	写入多个输出位	2 ~ 1 968 或 1 960 个位	1 ~ 09999
1	16H	写入多个保持寄存器	2 ~ 123 或 1 ~ 122 个字	40001 ~ 49999 或 400001 ~ 465535
2	15H	写一个或多个输出位	1 ~ 1 968 或 1 960 个位	1 ~ 09999
2	16H	写入一个或多个保持寄存器	1 ~ 123 或 1 ~ 122 个字	40001 ~ 49999 或 400001 ~ 465535
11	读取从站通信状态字和事件计数器，状态字为 0 表示指令未执行，为 0xFFFF 表示正在执行。每次成功传送一条消息时，事件计数器的值加 1。该功能忽略“Modbus_Master” 指令的 DATA_ADDR 和 DATA_LEN 参数			
80	通过数据诊断代码 0x0000 检查从站状态，每个请求 1 个字			
81	通过数据诊断代码 0x000 A 复位从站的事件计数器，每个请求 1 个字			

DATA_PTR 为数据指针，指向 CPU 的数据块或位存储器地址，从该位置读取数据或向其写入数据。DONE 为 1 状态表示指令已完成对 Modbus 从站的操作请求。

BUSY 为 1 状态表示正在处理 Modbus_Master 任务。

ERROR 为 1 状态表示检测到错误，并且参数 STATUS 提供的错误代码有效。

对于“扩展寻址” 模式，根据功能所使用的数据类型，数据的最大长度将减小 1 个字节或 1 个字。

6.4.3 Modbus RTU 从站的编程与通信实验

1.组态从站的 RS485 模块

打开从站 PLC 22 的设备视图,将 RS485 模块拖放到 CPU 左边的 101 号插槽。该模块的组态方法与主站的 RS485 模块相同。

2.初始化程序

在初始化组织块 OB100 中调用 Modbus_Comm_Load 指令,来组态串行通信接口的参数。其输入参数 PORT 的符号地址为“Local ~ CM_1241_(RS485)_1”,其值为 267。参数 MB_DB 的实参为“Modbus_Slave_DB”,其他参数与图 6.14 的相同。

生成符号地址为 BUFFER 的共享数据块 DB1,在它中间生成有 20 个字元素的数组 DATA,数据类型为 Array[1..20]of Word。在 OB100 中给数组 DATA 要发送的前 10 个元素赋初值 16#2222,将保存接收到的数据的数组 DATA 的后 10 个元素清零。在 OB1 中用周期为 0.5 s 的时钟存储器位 M0.3 的上升沿,将要发送的第一个字的值加 1。

3.调用 Modbus_Slave 指令

在 OB1 中调用 Modbus_Slave 指令(图 6.16)。开机时执行 OB100 中的 Modbus_Comm_Load 指令,通信接口被初始化。从站接收到 Modbus RTU 主站发送的请求时,通过执行 Modbus_Slave 指令来响应。

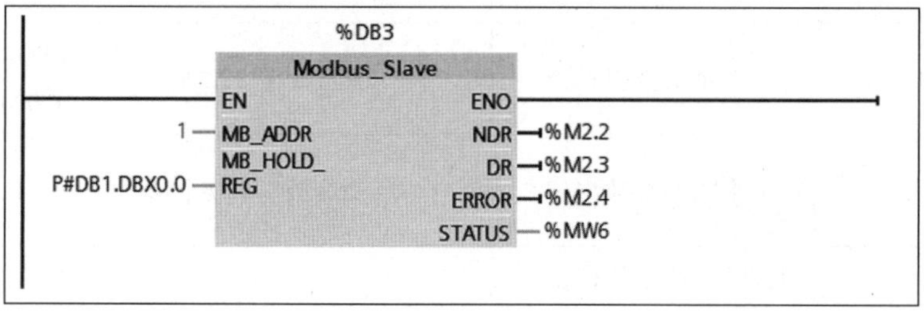

图 6.16　Modbus_Slave 指令

Modbus_Slave 的输入、输出参数的意义如下:

MB_ADDR 是 Modbus RTU 从站的地址(1 ~ 247)。

MB_HOLD_REG 是指向 Modbus 保持寄存器数据块的指针,其实参的符号地址为“BUFFER”。该数组用来保存供主站读写的数据值。生成数据块时,不能激活“优化的块访问”属性。DB1.DBW0 对应于 Modbus 地址 40001。

NDR 为 1 状态表示 Modbus 主站已写入新数据,反之没有新数据。

DR 为 1 状态表示 Modbus 主站已读取数据,反之没有读取。

ERROR 为 1 状态表示检测到错误,参数 STATUS 中的错误代码有效。

4.Modbus 通信实验

通信的硬件接线图如图 6.17 所示。用监控表监控主站中 DB2 的 DBW0、DBW2 和 DBW18,以及从站中 DB1 的 DBW20、DBW22 和 DBW38。

用主站外接的小开关将请求信号 I0.0 置为 1 状态后马上置为 0 状态,在 I0.0 的上升沿

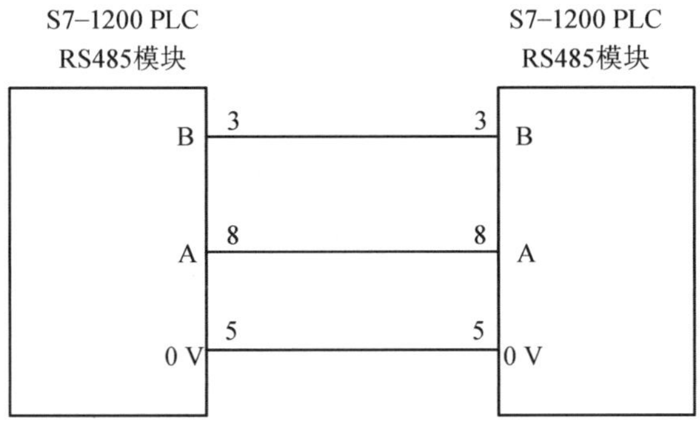

图 6.17　通信的硬件接线图

启动主站读取从站的数据。用主站的监控表观察 DB2 中主站的 DBW2 和 DBW18 读取到的数值是否与从站在 OB100 中预置的值相同。多次发出请求信号,观察 DB2.DBW0 的值是否增大。

用主站外接的小开关将请求信号 I0.1 置为 1 状态后马上置为 0 状态,在 I0.1 的上升沿启动主站改写从站的数据。用从站的监控表观察 DB1 中改写的结果。多次发出请求信号,观察 DBW20 的值是否增大。

可以将 1 个 Modbus 主站和最多 31 个 Modbus 从站组成一个网络。它们的 CM 1241(RS485) 或 CM1241(RS422/485) 通信模块的通信接口用 PROFIBUS 电缆连接。

5. S7 - 1200/1500 PLC 与其他 S7 PLC 的 Modbus 通信

S7 - 1200/1500 PLC 可以与 S7 - 200 PLC 和 S7 - 200 SMART CPU 集成的 RS485 接口进行 Modbus RTU 通信。S7 - 1200 PLC 的串行通信模块最便宜,ET 200SP 的价格次之,S7 - 1500 PLC 的价格最高。S7 - 300/400 PLC 通过 ET200SP 的串行通信模块实现 Modbus RTU 通信的成本较低。

6.4.4　Modbus TCP

Modbus TCP(传输控制协议) 是一个标准的网络通信协议, 它使用 CPU 上的 PROFINET 连接器进行 TCP/IP 通信。不需要额外的通信硬件模块。

Modbus TCP 使用开放式用户通信 (open user communication,OUC) 连接作为 Modbus 通信路径。除了 STEP 7 和 CPU 之间的连接外,还可能存在多个客户端 - 服务器连接。支持的混合客户端和服务器连接数最大为 CPU 型号所允许的最大连接数。

每个 MB_SERVER 连接必须使用一个唯一的背景数据块和 IP 端口号。每个 IP 端口只能用于 1 个连接。必须为每个连接单独执行各 MB_SERVER(带有其唯一的背景数据块和 IP 端口)。

Modbus TCP 客户端(主站) 必须通过 DISCONNECT 参数控制客户端 - 服务器连接。基本的 Modbus 客户端操作如下所示:

① 连接到特定服务器(从站)IP 地址和 IP 端口号;

② 启动 Modbus 消息的客户端传输,并接收服务器响应;

③ 根据需要断开客户端和服务器的连接,以便与其他服务器连接。

1.Modbus TCP

Modbus TCP 是基于工业以太网和 TCP/IP 传输的 Modbus 通信,S7 - 1200 PLC 当前使用的是 V4.0 版的 Modbus TCP 库指令。Modbus TCP 通信中的客户端与服务器类似于 Modbus RTU 中的主站和从站。客户端设备主动发起建立与服务器的 TCP/IP 连接,连接建立后,客户端请求读取服务器的存储器,或将数据写入服务器的存储器。如果请求有效,服务器将响应该请求;如果请求无效,则会返回错误消息。

S7 - 1200/1500 PLC 可以做 Modbus TCP 的客户端或服务器,实现 PLC 之间的通信。也可以与支持 Modbus TCP 通信协议的第三方设备通信。很多传感器模块使用 Modbus TCP 协议。

2.组态硬件

在博途中生成一个名为"Modbus TCP 通信" 的项目,生成作为客户端与服务器的 PLC_1 和 PLC_2,它们的 CPU 分别为 CPU 1212C 和 CPU 1214C。设置它们的 IP 地址分别为 192.168.0.1 和 192.168.0.2,用拖拽的方法建立它们的以太网接口之间的连接。

3.编写客户端的程序

在客户端的 OB1 中调用指令列表的"\\ 通信 \ 其他 \Modbus TCP" 文件夹中的 MB_CLIENT 指令,该指令用于建立或断开客户端和服务器的 TCP 连接、发送 Modbus 请求和接收服务器的响应。客户端支持多个 TCP 连接,最大连接数与使用的 CPU 有关。

MB_CLIENT 指令(图 6.18) 与 Modbus RTU 的指令 Modbus_Master 的功能差不多。只是多了 DISCONNECT 和 CONNECT 这两个输入参数,其余的参数与 Modbus_Master 指令的参数一一对应。两条指令名称相同或近似的参数的功能相同。

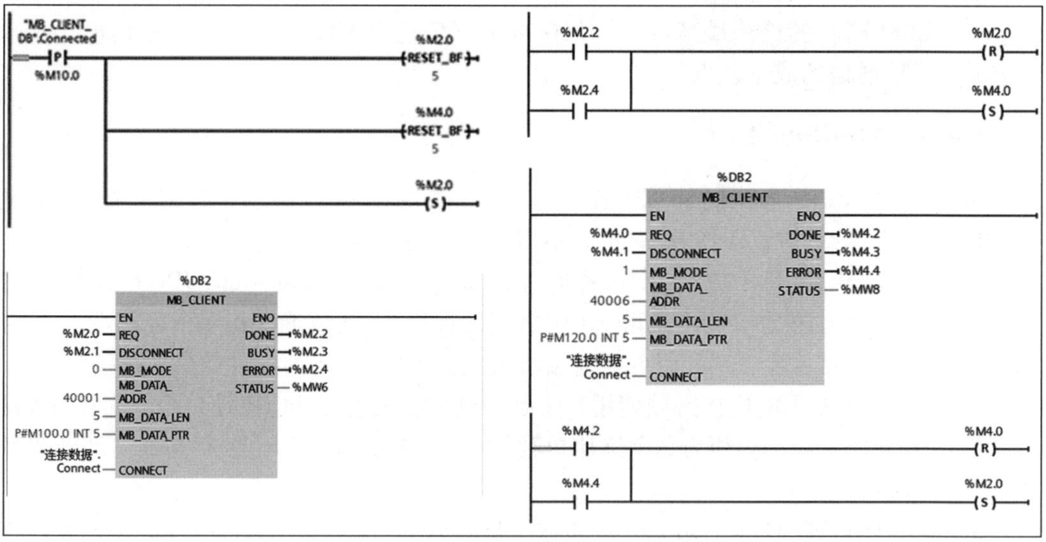

图 6.18　客户端 OB1 的程序

参数 DISCONNECT 为 0 时与通过参数 CONNECT 指定的连接伙伴建立通信连接;为 1 时断开通信连接。如果在建立连接的过程中参数 REQ 为 TRUE,将立即发送 Modbus

请求。

MB_MODE 是 Modbus 的模式,为 0 表示读取服务器的数据,为 1 表示向服务器写入数据。MB_DATA_ADDR 是 Modbus 的地址(表 6.11)。图 6.18 左边的 MB_CLIENT 指令读取服务器的寄存器 40001 ~ 40005 中的数据,保存到本机的 MW100 ~ MW108。图 6.18 右边的 MB_CLIENT 指令将本机 MW120 ~ MW128 中的数据写入服务器的寄存器 40006 ~ 40010。两条 MB_CLIENT 指令共用同一个背景数据块 DB2。

参数 CONNECT 是描述 TCP 连接结构的指针。生成一个名为"连接数据"的全局数据块(图 6.19),在其中定义一个名为 Connect、数据类型为"TCON IP_v4"的结构变量。其中的 InterfaceId 是 PN 接口的硬件标识符,可在 PLC 的默认变量表的"系统常量"选项卡中找到它。ID 是连接的标示符。ConnectionType 是连接类型,TCP 连接的默认值为 16#0B。ActiveEstablished 是连接建立类型的标识符,客户端为 TRUE,主动建立连接;服务器为 FALSE,被动建立连接。RemoteAddress 是远程地址,数组 ADDR 提供了服务器的 IP 地址。RemotePort 和 LocalPort 分别是远程(服务器)端口号和本地(客户端)端口号,它们的值分别为 502 和 0。

		Static		
	■ ▼	Connect	TCON_IP_v4	
	■	InterfaceId	HW_ANY	64
	■	ID	CONN_OUC	16#01
	■	ConnectionType	Byte	16#0B
	■	ActiveEstablished	Bool	TRUE
	■ ▼	RemoteAddress	IP_V4	
	■ ▼	ADDR	Array[1..4] of Byte	
	■	ADDR[1]	Byte	192
	■	ADDR[2]	Byte	168
	■	ADDR[3]	Byte	0
	■	ADDR[4]	Byte	2
	■	RemotePort	UInt	502
	■	LocalPort	UInt	0

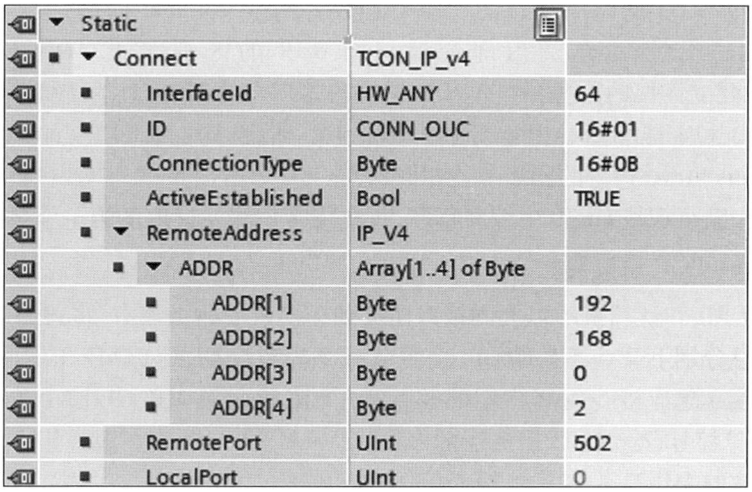

图 6.19　连接数据

MB_CLIENT 的背景数据块中的静态变量 Connected 为 1 时,表示已建立了 TCP 连接。在该信号的上升沿,将两条 MB_CLIENT 指令的控制位和状态位复位(图 6.18),将第一条 MB_CLIENT 指令的 REQ(M2.0)置位。

端口不能同时处理两条 MB_CLIENT 指令的 Modbus 请求,为了避免出现这种情况,在 MB_CLIENT 指令的 DONE 或 ERROR 为 1 时复位本指令的 REQ,同时置位另一条指令的 REQ 信号,使两条指令的 REQ 信号交替为 1 状态,交替读、写服务器的存储区。

在循环中断组织块 OB30 中编写程序,每秒将要写到服务器的第一个字 MW120 加 1。

4.编写服务器的程序

在作为服务器的 PLC_2 的 OB1 中调用 MB_SERVER 指令,该指令用于处理 Modbus

TCP 客户端的连接请求、接收和处理 Modbus 请求,并发送响应。

图 6.20 中的参数 DISCONNECT 如果为 0,在没有通信连接时建立被动连接;为 1 则终止连接。参数 MB HOLD REG 是指向 Modbus 保持寄存器的指针,P#M20.0 WORD 40 指定保持寄存器的起始地址为 MW20,长度为 40 个字。因此保持寄存器 40001 对应于 MW20,40006 对应于 MW30。

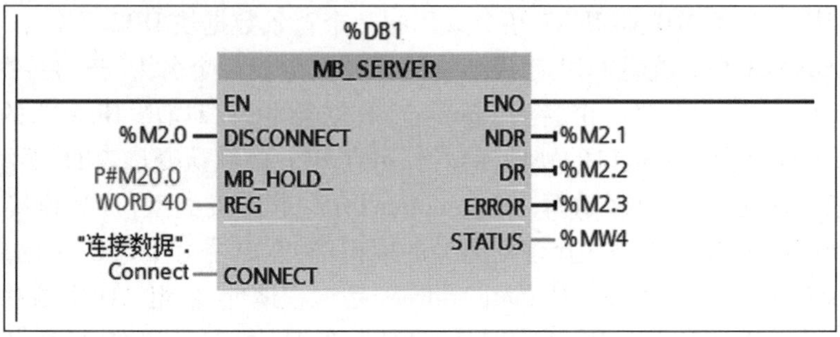

图 6.20　MB_SERVER 指令

参数 CONNECT 的作用和它的实参"连接数据"。Connect 的内部结构与指令 MB CLIENT 的相同。Connect 的内部变量与图 6.19 的区别在于 ActiveEstablished 为 FALSE(被动建立连接的服务器),ADDR 提供的客户端的 IP 地址为 192.168.0.1,远程端口 RemotePort 和本地端 LocalPort 分别为 0 和 502。指令 MB_SERVER 的 4 个输出参数的意义与 Modbus Slave 指令的同名参数相同(图 6.20)。

在循环中断组织块 OB30 中编写程序,每秒将客户端要读取的第一个字 MW20 加 1。

5.Modbus TCP 通信实验

将两块 CPU 和计算机的以太网接口连接到交换机或路由器上,将通信双方的用户程序和组态信息分别下载到各自的 CPU。令各指令的参数 DISCONNECT 均为 0 状态,客户端和服务器建立起连接。用客户端的监控表 _1 监控两条 MB_CLIENT 指令的 REQ 和 DISCONNECT 信号,给要写入服务器的 MW122 ~ MW128 赋值。用服务器的监控表 1 给客户端要读取的 MW22 ~ MW28 赋初值。

两块 CPU 都进入 RUN 模式后,可以看到客户端的两条 MB_CLIENT 指令的 REQ 信号交替变化,MW100 ~ MW108 是从服务器读取的数据,MW100 的值每秒加 1。令某条 MB_CLIENT 指令的 DISCONNECT 信号为 1 状态,停止读、写服务器的数据,两个 REQ 信号的状态不变,客户端读取的第一个字 MW100 的值保持不变。令 DISCONNECT 信号为 0 状态,两个 REQ 信号交替变化,MW100 的值又开始每秒加 1。

服务器的监控表 1 中的 MW30 ~ MW38 是从客户端的 MW120 ~ MW128 写入的值,其中的 MW30 每秒加 1。令客户端某条 MB_CLIENT 指令的 DISCONNECT 信号为 1 状态,客户端停止读、写服务器的数据,服务器被写入的第一字 MW30 的值保持不变。令 DISCONNECT 信号为 0 状态,服务器的 MW30 的值又开始每秒加 1。

习题与思考题

6.1　S7 - 1200 PLC 提供的通信选项有哪些？

6.2　简述 S7 - 1200 PLC 各通信模块的功能。

6.3　开放式用户通信支持哪些通信协议？

6.4　如何建立 Modbus TCP 通信？

6.5　S7 - 1200 PLC 中 S7 协议的特点是什么？

6.6　S7 - 1200 PLC 和 S7 - 200 PLC 如何实现通信？

6.7　S7 - 1200 PLC 与 S7 - 300/400 PLC 如何建立通信？

6.8　S7 - 1200 PLC 如何实现 PROFIBUS - DP 通信？

6.9　请举例说明 S7 - 1200 PLC 的 PROFINET 通信。

6.10　S7 - 1200 PLC 串口通信的特点有哪些？

6.11　S7 - 1200 PLC 如何使用 Modbus RTU 进行通信？

第 7 章　PLC 控制系统综合设计

7.1　PLC 控制系统的设计步骤

在了解 PLC 的工作原理和指令之后，可以结合具体实际情况进行 PLC 设计，这涵盖了硬件设计和软件设计两个方面，PLC 设计的基本原则是：

① 充分发挥 PLC 的控制功能，最大限度地满足设备的控制要求；

② 在满足控制要求的前提下，力求控制系统经济、简单，维修便捷；

③ 保证控制系统安全可靠；

④ 考虑到未来生产发展和工艺的改进需求，在选用 PLC 时，I/O 点数和内存容量应适当余留；

⑤ 软件设计是指编写程序，程序要求简洁清楚，可读性强，内存占用少，扫描周期短。

7.1.1　PLC 控制系统的设计内容及设计步骤

1.设计内容

① 依据设计任务书，进行工艺分析，确定控制方案；

② 选择输入设备（如行程开关、按钮、各类传感器等）和输出设备（如继电器、接触器、指示灯、电磁阀等）；

③ 确定 PLC 的类型（包括机型、容量、I/O 模块等）；

④ 对 PLC 的 I/O 进行分配，并绘制出 I/O 点的硬件接线图；

⑤ 编写程序并调试；

⑥ 设计控制系统的操作台、电气控制柜等，并绘制安装接线图；

⑦ 编写设计说明书和使用说明书。

2.设计步骤

（1）分析控制对象。

针对一个电气控制系统项目，往往首先需要分析控制对象性质、控制过程、技术参数，以及生产工艺对控制系统的要求，从而最终选择最合适的控制设备和控制方式。PLC 可应用于制造业自动化、过程控制、运动控制，及现场总线控制系统等诸多领域，通常在以下情况下可考虑使用 PLC。

① 控制系统数字量和模拟量 I/O 点数较多，工业控制要求复杂，此时使用 PLC 可节省大量中间继电器、时间继电器等，降低成本；

② 控制系统工作环境恶劣，可靠性要求较高，继电接触器控制或单片机系统难以满足控制要求；

③ 因生产工艺流程要求，需要经常改变控制系统的控制参数。

(2) 选择合适的 PLC 类型。

目前，全球各地的制造商已经生产出数百种 PLC 产品，每种产品都有其独特的性能和价格。一般而言，PLC 存储容量越大、速度越快、功能越丰富，价格也就越高，但有些功能类似且质量相当的 PLC 价格也可相差 40% 以上。PLC 控制系统总体要求是要确保生产机械或设备安全可靠、长期稳定地运行，以提高产品质量和生产效率，用户选择机型时应主要考虑以下因素。

① 硬件功能。对于制造业自动化而言，主要考虑 I/O 点数是否能满足要求。控制系统若需实现模拟量控制、运动控制、显示设定、通信联网等要求，用户还需选择相应的扩展模块、特殊功能模块和分布式模块，或者根据控制系统规模和复杂程度选用中大机型。

② 确定 I/O 点数。用户针对控制任务和要求，力争列出所有数字量和模拟量 I/O，以及 I/O 点输入和输出性质。一般而言，对于接入的电气元件和传动设备，所需 I/O 点数是固定的，但由于系统采用的控制方式或用户程序不同，因此 I/O 点数也可能会不同。此外，考虑日后生产工艺改进、功能扩展，以及日常维护，还应留有适当的余量。

数字输入量包括按钮开关、行程开关、接近开关、急停按钮或传感器等，数字输出量包括继电器、接触器、电磁阀、指示灯等。输入电路可由 PLC 内部提供 24 V 电源，也可外接电源。

数字输出量则需要根据输出模块类型选择交流或直流电源。继电器输出型可用于交直流负载，其能承受瞬间过电压和过电流，但触点寿命短，动作速度慢，一般优先考虑使用继电器输出模块；晶体管输出型用于直流负载，具有可靠性高、执行速度快、寿命长等优点，但过载能力差。对于运动控制等高速脉冲输出，则需要使用晶体管输出的 PLC。模拟量包括温度、压力、流量等非电量，输入和输出类型有电流和电压两种类型。模拟量还需要考虑量程是否与变送器、执行机构相匹配。确定控制对象任务、选择好 PLC 机型和模块后，即可进行控制系统设计，具体包括 I/O 地址分配、硬件设计和软件设计。

(3) I/O 地址分配。

作为硬件设计和软件设计基础，只有 I/O 地址分配完成后，技术人员才能绘制电气控制图和安装控制柜，编程时可使用符号表列出 I/O 点符号名称、地址和备注信息等，从而进行用户程序编写。

I/O 地址分配完成后，软件设计和硬件设计即可同时进行，从而缩短工期，这也是 PLC 控制系统优于继电接触器控制系统的地方。

(4) 程序设计。

针对较为复杂的控制系统，根据生产工艺的需求，首先绘制出控制流程图或功能流程图，接着设计梯形图。然后，根据梯形图来编写语句表程序清单，并对其进行模拟仿真调试和修改，直到达到控制的要求。

(5) 控制柜或操作台的设计和现场施工。

设计控制柜及操作台的电器布置图及安装接线图，根据图纸进行现场接线，并检查是否安装正确。

(6) 应用系统整体调试。

若控制系统由多个部分构建而成,那么需要先对其进行部分调试,然后进行全面的调试。若程序的操作流程繁复,可以先进行分段测试,然后再进行全面调试。

(7) 编制技术文件。

编制技术文件应包括:电气布置图,PLC 的外部接线图等电气图纸,电气元件明细表,顺序功能图,带注释的梯形图和说明。

7.1.2 PLC 的硬件设计和软件设计及调试

1.PLC 的硬件设计

PLC 的硬件设计主要包括电气元件选择、PLC 及外围接线等。提高 PLC 控制系统可靠性的措施包括适合的工作环境、合理的安装与布线、设置安全保护环节,以及使用冗余系统或热备用系统等。

(1) 适合的工作环境。

通常,PLC 允许环境温度约在 0 ~ 55 ℃,相对湿度一般要求小于 85%。因此,PLC 要有良好的通风散热空间,安装时不宜将发热量大的元器件放在 PLC 的下方,若控制柜温度太高还应在柜内安装风扇进行散热。PLC 的安装应避免在含有众多的污染源、具有腐蚀性和可燃性的空气环境中,这是因为这些具有腐蚀性的空气容易对 PLC 的内部组件及印刷电路板产生侵害。此外,PLC 还应远离大功率晶闸管装置、高频设备和大型动力设备、强电磁场、强静电和强放射源等干扰源安装。

(2) 合理的安装与布线。

电源是外部干扰进入 PLC 的主要途径。PLC 的运行依赖于内部电源,它的表现会对 PLC 的稳定性产生重大影响。因此,为确保 PLC 的顺利运行,选择使用开关型的稳压电源。在使用 PLC 外部直流电源时,稳压电源是最佳选择,以确保输入信号的准确性。在干扰较强或对可靠性有较高要求的环境中,最佳的选择是使用隔离变压器为 PLC 供电。为了防止串模干扰,隔离变压器与 PLC 和 I/O 电源之间采用双绞线连接。

若输出电路有感性负载,为保证输出点的安全和防止干扰,直流电路需在感性负载两端并联续流二极管,交流电路需在感性负载两端并联阻容电路。为防止负载短路损坏 PLC,I/O 电路公共端需加熔断器保护,同时,采用合理的隔离、屏蔽措施,可以增强系统的抗干扰能力。PLC 应该单独接地,并且应该和其他设备分别使用接地装置,或者选择公共接地,但是禁止采取串联接地的方法。尽可能缩短接地线的长度,并确保其接触电阻不超过 100 Ω,同时其截面积也应大于 4 mm^2。

外围电路布线时,动力电缆、I/O 及其他控制线缆应分开布线,尽量不在同一线槽中布线,交流与直流、输入与输出、开关量与模拟量之间也应分开布线,而对于模拟量信号,最佳的选择是采用屏蔽线,并且屏蔽层需要保证其可靠地接地。

(3) 设置安全保护环节。

PLC 外部接线应采取硬件互锁举措,以保证系统安全可靠地运行。如在 PLC 控制系统中,通过使用 KM1、KM2 常闭触点进行电气互锁来实现电动机的正反转控制,并在程序中设定了相应的互锁和联锁保护电路。此外，程序还应有完善的故障检测和报警机制。

（4）使用冗余系统或热备用系统。

某些控制系统要求具有极高的可靠性，避免因为系统问题导致设备损坏或者停产而带来的经济损失。针对这种要求，通常使用冗余系统或热备用系统来处理上述问题。冗余系统由两套相同的硬件组成，一旦其中一套发生问题，就会马上切换到另一套进行操作，以确保整个控制系统能够持续且稳定地工作。

2.PLC 的软件设计

软件设计主要指编写 PLC 用户程序，以及人机接口监控界面。用户程序不仅要使系统正确可靠地运行，而且必须具有精良的编程架构、完备的联锁保护与报警机制，以及良好的可读性与扩展性等特征。

（1）正确性。

用户程序编写完成后要经过反复调试和连续运行，从而保证程序能够正确工作，这也是最基本的要求。用户应依照具体情况挑选恰当的 PLC 型号，如果存在特定的功能需求，也应挑选专门的功能模块。

编程时一定要非常熟悉各个指令的作用、含义和参数类型，以及配套的编程软件使用方法，并对继电器、寄存器、定时器、计数器等内部软元件资源进行合理规划。使用特殊模块或功能指令之前，应先查明控制字节和状态字节是否使用特殊存储器，若使用则不能将这些特殊存储器用于其他方面编程。

需要注意的是：即便是相同的指令，PLC 的类型和固件版本的差异也可能会导致指令的具体应用有所区别。在开始编程之前，必须详尽地研读手册，若有必要，可以创建程序来检验那些不明确的指令。

（2）可靠性。

用户程序在正常工作条件或合法操作时能正确工作，而一旦进行非法或超预期的操作，程序就不能正常工作。这种程序就是不稳定或可靠性低的程序，联锁一般是拒绝非法操作的常用手段。

有些数字输入信号因外界干扰会出现时通时断的“抖动”现象，容易造成错误结果，必须对抖动进行处理，以保证系统正常工作。此外，控制系统一般应具有手动和自动两种模式，当从自动模式切换到手动模式时，程序需要清除在自动模式下的输出、中间状态，以及用到的置位指令。程序还应设计有复位功能，便于设备出现故障后尽快恢复正常工作。

（3）简练性。

程序简练不仅可节省内存，还可减少执行指令的时间，从而提高系统运行速度。绝大多数情况下，建议使用梯形图来编写程序，逻辑关系不仅直观易懂，而且方便调试，对于不方便使用梯形图编程，或需要其他处理和计算的情况，则必须使用语句表编程。对于单顺序、选择分支、并行分支，以及跳转循环等顺序控制任务，优先使用顺序功能图设计程序。

为使程序更加简练，需要对其进行程序架构的优化，同时灵活运用程序控制指令简化程序。对于指令，多采用功能强大的指令来替换基础指令，同时注意指令的排列顺序；在编程方法方面，用户程序一般采用经验设计法和顺序功能图进行编程，不仅形象直观、可读性强,而且使编程工作程序化和规范化,大大减轻编程的工作量,缩短编程和调试时间。

(4) 可读性。

可读性强不仅便于用户加深对程序的理解、调试和日后维护,而且便于别人读懂程序,必要时也可进一步移植或推广程序。

为提高程序的可读性,设计用户程序时要尽可能注意层次性,经常调用的子程序,可以做成功能块,实现程序模块化结构。控制任务可按功能进行分段和分块处理,序单元在循环组织块的位置应按工艺流程顺序排列。此外,设备起停、保护、故障等共用功能可编制成功能块,作为整个程序框架,并在此基础上将程序分为自动、手动两大功能区。

如果程序比较复杂,所使用的 I/O 及软元件较多,建议使用符号表,不仅方便编写和阅读程序,而且可以防止时间过长造成遗忘。程序还需要加注释,系统注释说明整套程序的版权和用途;程序块注释阐明程序块主要用途和作者;段注释表明该段代码的用途;变量注释包含 I/O 注释、中间变量注释,注释要清晰明了、见名知义。

(5) 扩展性。

许多程序可能实验室都已经编制好,但现场调试时可能还需要添加联锁保护或扩展功能。为避免打乱既有的程序结构,硬件上留出足够的余量,每个程序单元需要预留一定的空间作为备用,以便添加或扩展程序。

(6) 完备性。

PLC 是专为工业环境而设计的控制装置,外部 I/O 设备的故障率一般远高于 PLC 本身的故障率。一旦出现故障,轻则停机,重则造成设备损坏和人身伤亡事故。因此,故障报警是用户程序的一个重要组成部分,用户程序除了要具备完善的联锁和保护功能程序,还应能实现故障自诊断和自处理。

一般应根据工艺控制过程和生产机械设备原理编写故障检测和报警程序,控制系统出现故障时,不仅要进行声光报警,最好还能记录和保持故障现象,这样可便于操作人员分析排查故障和确认复位。

综上所述,PLC 入门虽然容易,但要真正掌握并设计出安全可靠,同时简洁、易懂、可读性强的满足生产控制要求的用户程序,设计者就必须不断深入学习各种技术,不断仿真和调试,形成自己的编程习惯。

3.软件或硬件的调试

调试分为模拟调试和联机调试。

在软件构建完成之后,通常会进行模拟测试。利用仿真软件,能够对计算机中的程序进行调试。如果具备 PLC 硬件,可以利用开关或者按钮来模拟 PLC 的输入信号(如启动和停止)或者反馈信号(如限位开关的连接或断开)。可以通过观察输出模块上每个输出位的指示灯,来判断输出信号的有无,从而确定程序是否达到了设计要求。当需要模拟量 I/O 信号时,可以使用电位器和万用表来协同工作。在编程软件中可以用状态图表监视程序的运行或强制某些编程元件。

主要的硬件调试任务在于检验控制柜或操作平台的连接情况。可以通过在操作平台的接线端子上模仿 PLC 外部开关量输入信号,或者操控按钮的开关指令,来查看相应

PLC 的输入点的情况。通过使用编程软件，将输出点强制为 ON 或 OFF，观察 PLC 负载（如指示灯、接触器等）的运行情况，或接线端子的输出信号是否准确。

联机调试时，把编程好的程序下载到现场的 PLC 中。在进行调试时，将主电路断电，只对控制电路进行联机调试。通过现场的联机调试，可对发现的新问题或某些控制功能进行优化。

7.1.3　PLC 程序设计常用的方法

PLC 程序设计常用的方法主要有经验设计法、继电器控制电路转换为梯形图法、逻辑设计法、顺序控制设计法等。

1.经验设计法

经验设计法基于一些经典的控制电路程序，根据被控制对象的特定需求进行选择和组合，并通过多次调试，增加辅助触点和中间编程环节，以满足控制需求。这种方法没有固定模式，其所用的时间及品质都受到设计者的实践经历影响，因此称为经验设计法。可以使用经验设计法来进行基础的梯形图设计，使用经验设计法时，需要熟记一些常见的控制电路，如启保停电路、脉冲发生电路等。

2.继电器控制电路转换为梯形图法

经过多年的使用，继电器接触器控制系统已经形成了一套能够满足系统需求的控制功能且拥有通过了验证的控制电路图，PLC 控制的梯形图和继电器接触器控制电路图有着极高的相似性，因此能够直接将继电器接触器控制电路图转换为梯形图。主要步骤如下：

① 熟悉继电器控制线路图；

② 对照 PLC 的 I/O 端子接线图，将继电器控制线路图上的被控器件转换成 I/O 接线图上对应的输出点，将继电器控制线路图上的输入装置触点转换成 I/O 接线图上对应的输入点；

③ 利用 PLC 中的辅助继电器和定时器取代继电器控制线路图中的中间继电器和定时器；

④ 绘制所有梯形图，并进行简化和修改。

此方法适用于简单的控制系统，并不适用于复杂控制电路。

例 7.1　图 7.1 所示为电动机 Y/△ 减压启动控制主电路和电气控制的原理图。

（1）工作原理：按下启动按钮 SB2，KM1、KM3、KT 通电并保持，电动机将以 Y 方式启动，2 s 后，KT 动作，使 KM3 断电，KM2 通电吸合，电动机将以 △ 方式运行。按下停止按钮 SB1，电动机停止运行。

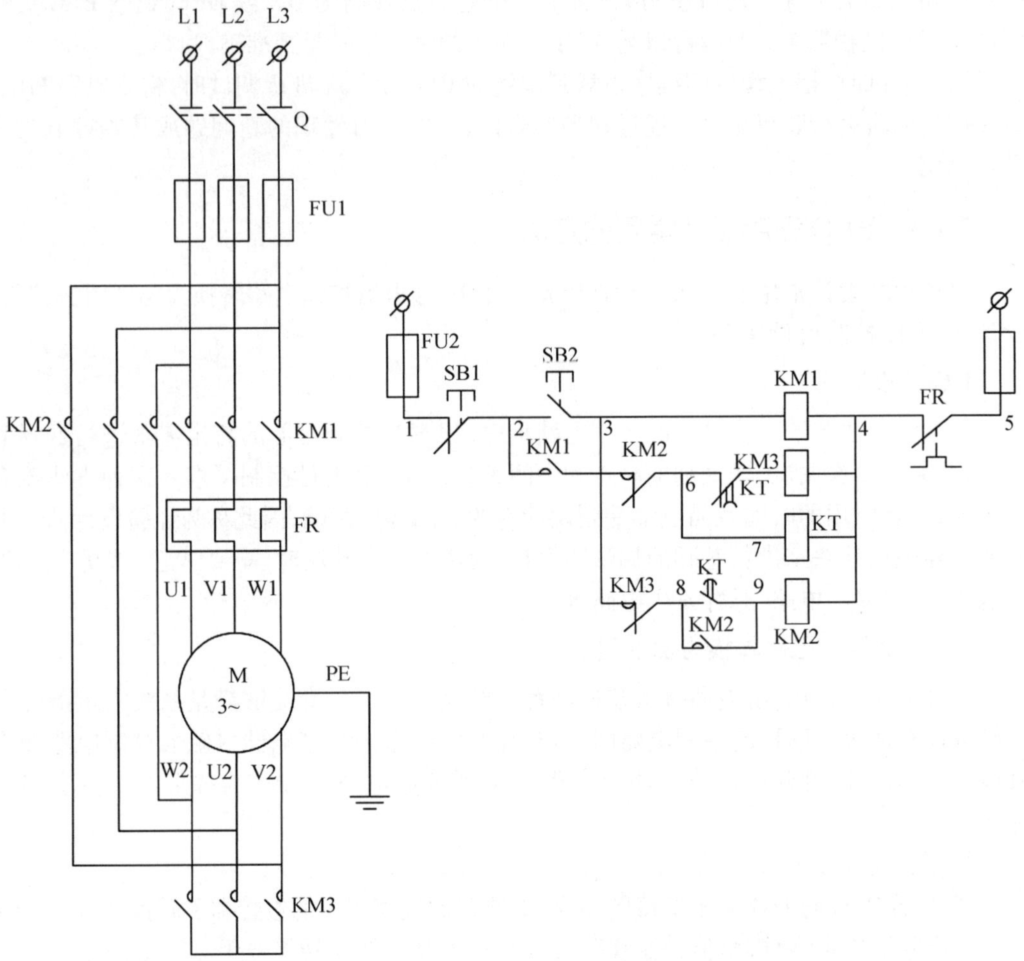

图 7.1　电动机 Y/△ 减压启动控制主电路和电气控制的原理图

(2)I/O 分配(表 7.1)。

表 7.1　I/O 分配表(电动机 Y/△ 减压启动控制)

序号	输入	输出
1	停止按钮 SB1:I0.0	接触器 KM1:Q0.0
2	启动按钮 SB2:I0.1	接触器 KM2:Q0.1
3	过载保护 FR: I0.2	接触器 KM3:Q0.2

(3) 梯形图程序。

图 7.2 所示为转换后的梯形图程序。为了简化电路,当多个线圈都受某一串并联电路控制时,可以在梯形图中设置位存储器进行电路控制,如 M0.0。简化后的梯形图程序如图 7.3 所示。

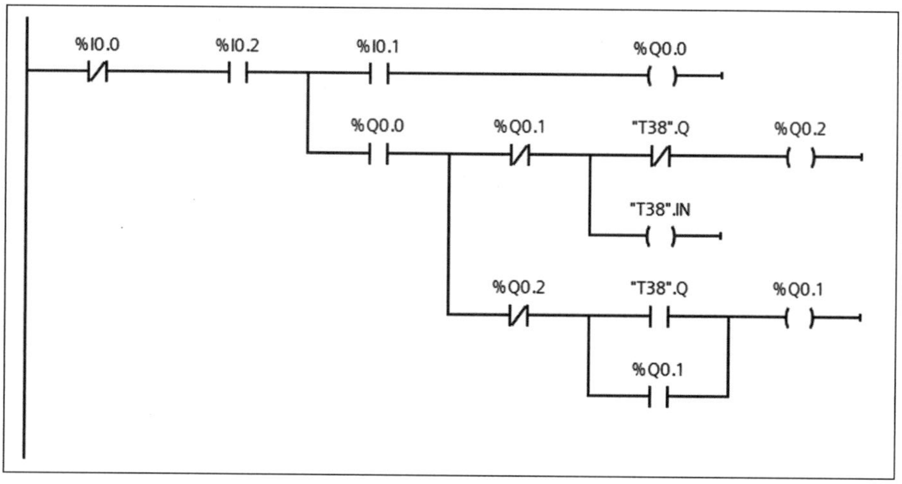

图 7.2　转换后的梯形图程序

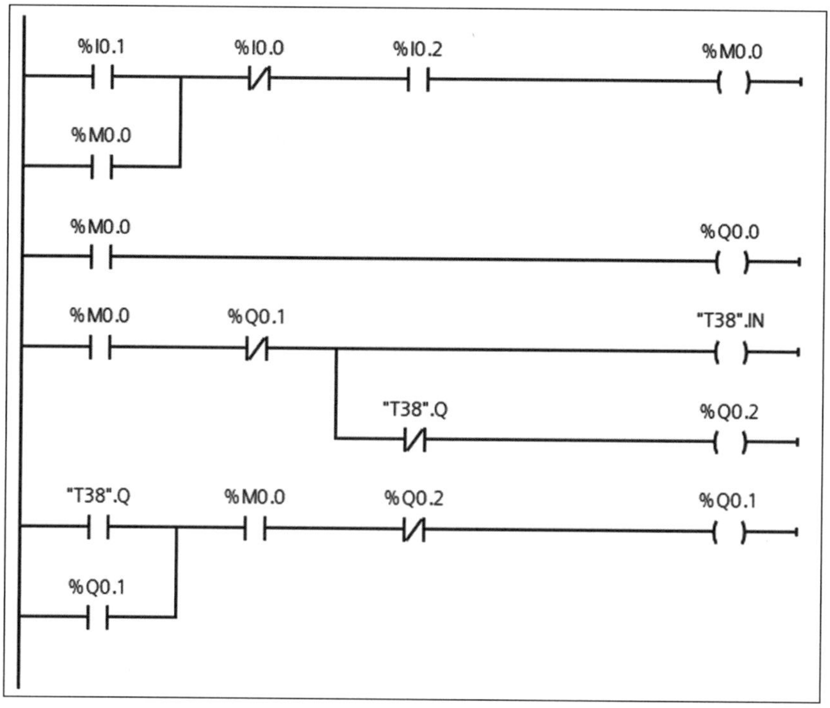

图 7.3　简化后的梯形图程序

3.逻辑设计法

逻辑设计法是通过观察生产流程中各个工步之间的检测元件(如传感器)状态变化情况,制定出相应的状态表,以确定所需的中间记忆元件,接着制定每个执行元器件的工序表,最终列写出检测元件、中间记忆元件及执行元件的逻辑表达式,并将其转化为梯形图。这种方法适用于单一的条件控制系统,但对于与时间相关的控制系统则不适用。

下面介绍一个交通信号灯的控制电路。

例 7.2　用 PLC 构成交通灯控制系统。

(1) 控制要求:如图 7.4 所示,启动后,南北红灯亮并保持 25 s。在南北红灯亮的同时,东西绿灯也亮,1 s 后,东西车灯即甲亮。到 20 s 时,东西绿灯闪亮,在 3 s 后熄灭,在东西绿灯熄灭后东西黄灯亮,同时甲灭。黄灯亮 2 s 后灭,东西红灯亮。与此同时,南北红灯灭,南北绿灯亮。1 s 后,南北车灯即乙亮。南北绿灯 25 s 后闪亮,3 s 后熄灭,同时乙灭,黄灯亮 2 s 后熄灭,南北红灯亮,东西绿灯亮,循环。

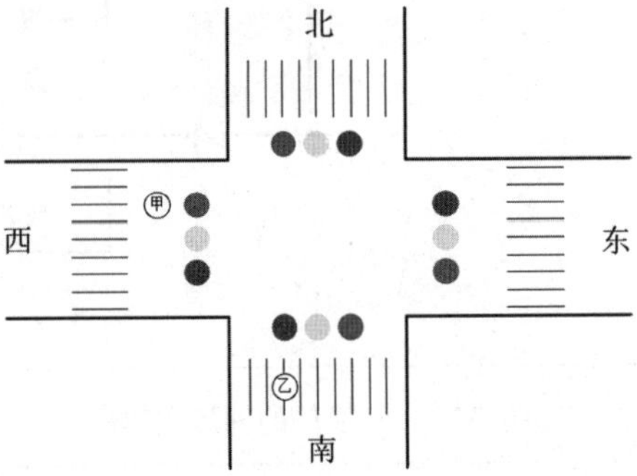

图 7.4　交通灯控制示意图

(2)I/O 分配(表 7.2)。

表 7.2　I/O 分配表(交通灯控制)

序号	输入	输出	
1	启动按钮:I0.0	南北红灯:Q0.0	东西红灯:Q0.3
2		南北黄灯:Q0.1	东西黄灯:Q0.4
3		南北绿灯:Q0.2	东西绿灯:Q0.5
4		南北车灯乙:Q0.6	东西车灯甲:Q0.7

(3) 程序设计。

根据控制要求,绘制十字路口交通信号灯的时序图,如图 7.5 所示。

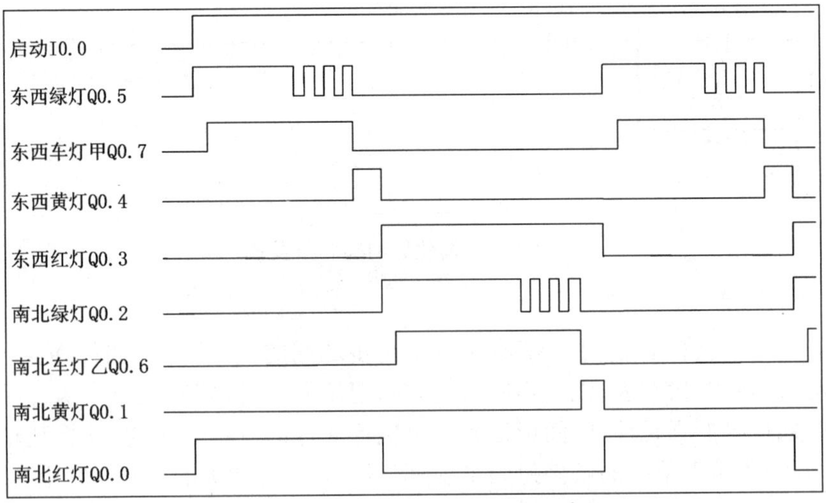

图 7.5　十字路口交通信号灯的时序图

4.顺序控制设计法

根据功能流程图，一步一步地进行设计，直到最终实现。这个方法的核心在于绘制功能流程图。根据输出状态的改变，把被控对象的运行流程划分成若干个步骤，同时明确各步骤中的转移条件及控制对象。这种功能流程图汇总了所有的数据，当进行程序设计时，可以利用中间继电器 M 来记住步骤，按照步进的方式进行，同样也能通过执行顺序控制指令来完成。

7.1.4　PLC 程序设计步骤

PLC 程序设计一般分为以下几个步骤。

(1) 程序设计前的准备工作。

① 了解控制系统的功能、规模、I/O 信号的种类和数量、控制方式、是否有特殊功能的接口、与其他设备的关系、通信内容与方式等；

② 将控制对象和控制功能按照响应要求、信号用途、控制区域进行分类；

③ 确定检测设备和控制设备的物理位置；

④ 了解每一个检测信号和控制信号的形式、功能、规模及之间的关系。

(2) 设计程序框图。

根据软件设计规格书的总体要求和控制系统的具体情况，确定应用程序的基本结构、按程序设计标准绘制出程序结构框图，然后根据工艺要求，绘制出各功能单元的功能流程图。

(3) 编写程序。

根据程序框图逐条编写控制程序，并及时给程序加注释。

(4) 程序调试。

在调试过程中，首先从各个功能单元开始，设定输入信号，然后观察输出信号的变化。在各个功能单元的调试工作完成之后，再进行整体程序的调试。程序调试可以虚拟仿真，也可以现场测试。在进行现场测试时，PLC 系统需要与现场信号保持隔离，可以断开 I/O 模板的外部电源，避免机械设备产生动作。在进行程序调试时，应当遵循“集中发现错误，集中纠正错误”的基本原则。

(5) 编写程序说明书。

在说明书中要对程序的控制要求、程序的结构、流程图等给予必要说明，并提供程序的安装步骤和使用方法等。

7.2　HMI 分类及使用

PLC 控制系统运行中，技术人员时常需要设置或实时监控系统工艺参数。为实现这些功能，就需要利用人机界面完成人和机器之间的数据交换。人机界面可在严苛的工业环境中长时间连续运行，是现代工业自动化控制领域中不可或缺的辅助设备。此外，安装在计算机上的组态软件其实也是一种人机界面。

7.2.1 功能与分类

1.HMI 的功能

① 显示设备工作状态，系统以指示灯、文字、图形、曲线等方式将工作参数和信息在触摸屏或显示面板上显示；

② 设定与控制参数，用户通过外部键盘或组态画面上的按钮、开关、文本框等组件进行相关参数的设定和控制；

③ 显示趋势图，触摸屏或组态软件以实时曲线、关系曲线、历史曲线的形式将有关单个参数随时间变化、两个参数之间随时间变化的历程显示在屏幕上；

④ 提供报表，触摸屏或组态软件将生产数据以报表形式存储并打印；

⑤ 提示报警，系统出现故障时，触摸屏或组态软件通过屏幕显示报警画面，也可对报警信息进行打印等；

⑥ 远程通信，触摸屏或组态软件通过网络或通信系统访问和控制远程数据。

2.HMI 的分类

① 文本显示设定单元（text display，TD）是一种小型紧凑型的低成本人机界面，只能进行最简单的参数设定和文字信息显示，不能显示画面，仅供操作员或用户与应用程序进行必要的交互。图 7.6(a) 所示为西门子 TD400C 文本显示器。

② 触摸屏（touch panel，TP）属于人机界面的一种，用户只需轻触触摸屏上的图像或文字，就能调整工作参数或输入操作指令，从而达到人与机器的信息交互。触摸屏的优点包括易于使用、坚固耐用、反应速度快、节省空间，同时图像上的按钮和指示灯可取代相应的硬件元件，从而减少 PLC 的 I/O 点数，进一步降低系统的成本，提高设备性能和附加价值，所以触摸屏也是 HMI 主流产品。图 7.6(b) 所示为西门子精简系列面板。

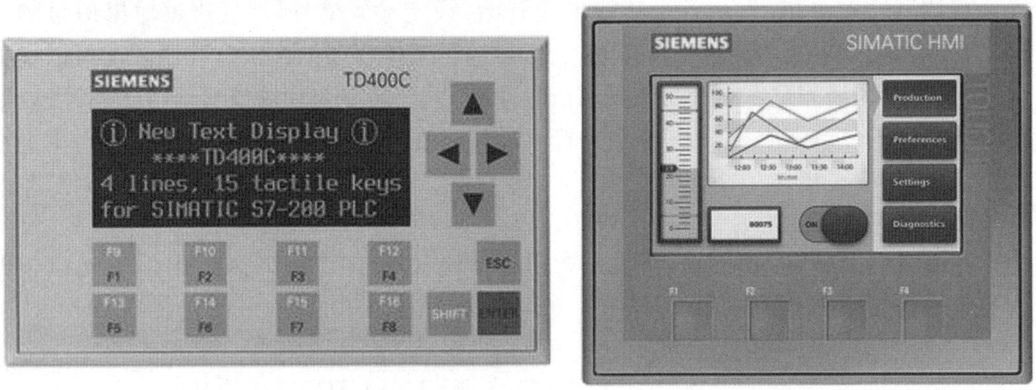

(a) TD400C文本显示器　　(b) 精简系列面板

图 7.6　西门子 HMI 产品类型

3.精简系列面板

SIMATIC S7－1200 系列 PLC 能够与精简系列面板完美兼容，为紧凑型自动化应用提供了一种简单的可视化和控制解决方案。

第一代精简系列面板有 KP300、KTP400、KTP600、KTP1000，尺寸有 3.6 in(1 in = 2.54 cm)、3.8 in、4.3 in、5.7 in、10.4 in 和 15.1 in，具有警报记录、配方管理、绘图、矢量图形和语言切换等所有必要的基本功能，通过集成的以太网接口或 RS485/422 接口可连接控制器。第一代精简面板使用 SIMATIC WinCC Basic/Comfort/Professional 或 SIMATIC STEP 7 Basic 进行组态。

第二代精简系列面板有 KP400、KTP700、KTP900、KTP1200 系列，具有 4.3 in、7 in、9 in 和 12 in 尺寸大小的高分辨率 64K 色 TFT 真彩液晶屏。电池电压额定值为 DC 24 V，有内部熔断器和内部的实时时钟，背光平均无故障时间 20 000 h，用户可用内存 10 MB，配方内存 256 KB。第二代精简系列面板配有 RS422/485 接口、以太网接口和 USB 2.0 接口，USB 2.0 接口能够连接键盘、鼠标或条码扫描器，并支持将数据简单地保存到 USB 闪存盘中，以及手动备份和恢复整个面板。

4.其他人机界面简介

高性能的精智系列面板有 4 in、7 in、9 in、12 in、15 in 的按键型和触摸面板，还有 19 in、22 in 更大尺寸的触摸面板，以及 7 in、15 in 精智户外型。精智系列面板配有 MPI、PROFIBUS、PROFINET、USB 接口，集成有归档、脚本、PDF/Word/Excel 查看器、网页浏览器、媒体播放器和 Web 服务器等高端功能，适用于要求苛刻的应用。

精彩系列面板 SMART LINE 提供了人机界面的标准功能，具有 7 in、10 in 两种尺寸，配备以太网、RS422/485 和 USB 2.0 接口。支持横向和竖向安装，经济适用，性价比高。全新一代精彩系列面板 SMART LINE V3 的功能得到了大幅度提升，与 S7 - 200 SMART PLC 组成了完美的自动化控制与人机交互平台。

7.2.2　精简系列面板的画面组态

WinCC 软件包含适用于操作面板的 WinCC Basic/Comfort/Advanced/Professional，以及基于计算机的可视化系统 WinCC Runtime Advanced/Professional。WinCC Basic 可用于精简系列面板的组态，不仅简单高效，而且功能强大。WinCC Comfort/Advanced/Professional 可对精彩系列以外的操作面板组态，精彩系列面板用 WinCC flexible SMART 组态。

S7 - 1200 PLC 与精简系列面板可在 TIA 博途的同一个项目中组态、编程和通信，WinCC 运行系统可对精简系列面板仿真。

1.添加设备

如图 7.7 所示，新建工程项目，双击项目树中的“添加新设备”，添加 CPU 1215C。再次双击“添加新设备”，单击 HMI 选项，删除复选框“启动设备向导”中的勾，添加 12" 显示屏 KTP1200 Basic PN，生成设备名称为“HMI_1” 的面板。

2.组态连接

CPU 1215C 和 KTP1200 Basic PN 默认的 IP 地址为 192.168.0.1 和 192.168.0.2，子网掩码均为 255.255.255.0。网络视图中，单击“连接” 按钮，使用下拉式菜单选择连接类型为“HMI 连接”。单击选择 CPU 1215C 以太网接口，按住鼠标左键不放，将其连接到 HMI 以

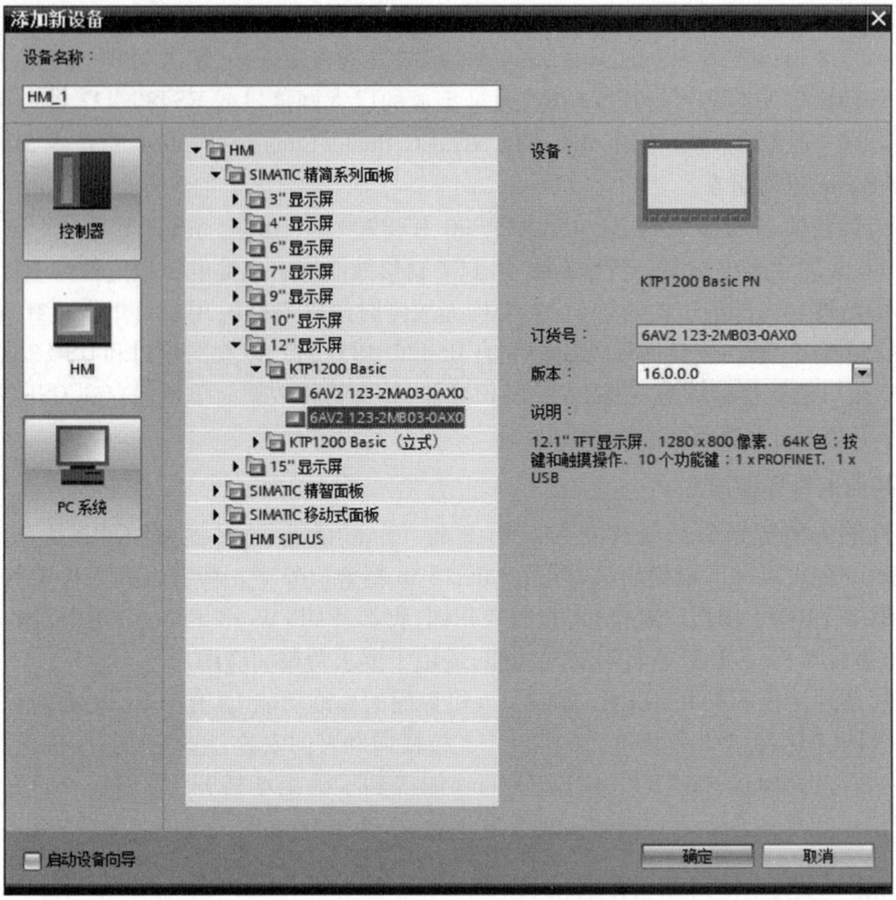

图 7.7　添加 HMI 设备

太网接口，松开鼠标左键，生成图 7.8 中的“HMI_ 连接 _1”。

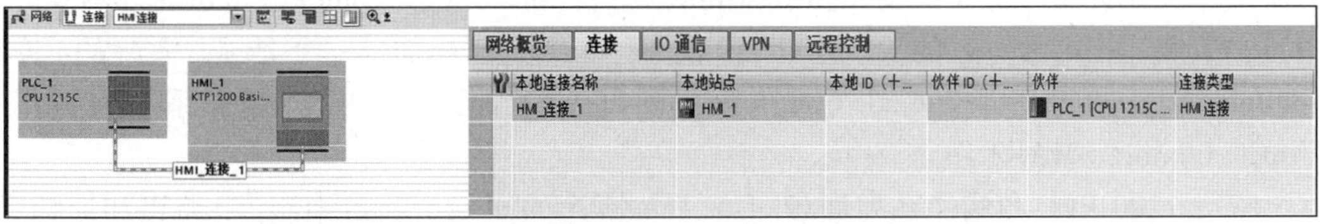

图 7.8　组态 HMI 连接

3.组态画面

添加 KTP1200 Basic PN 后，画面文件夹中自动生成名为“画面 _1”的画面，重命名为“主画面”。双击打开主画面，如图 7.9 所示，选中巡视窗口的“属性 → 常规”，用户可设置画面名称、编号、背景色和网格颜色等参数。

4.组态指示灯

组态指示灯用来显示“电动机”的状态。将工具箱的“基本对象”选项板中的圆拖动到画面上相应的位置，按住鼠标左键拖拉可改变圆的尺寸大小。选中生成的圆，在外观选项卡中，设置圆样式为实心，宽度为 1 个像素，背景色为绿色。布局选项卡中，可微调圆的位置和大小,如图 7.10 所示。

在巡视窗口的“属性 → 动画 → 显示” 面板中,选择“添加新动画”,在如图 7.11 所示的窗口中组态动画功能,指示灯连接至PLC 定义的外部变量“电动机” 变量值为0 和1时,指示灯分别为红色和绿色,代表电动机停止和启动。

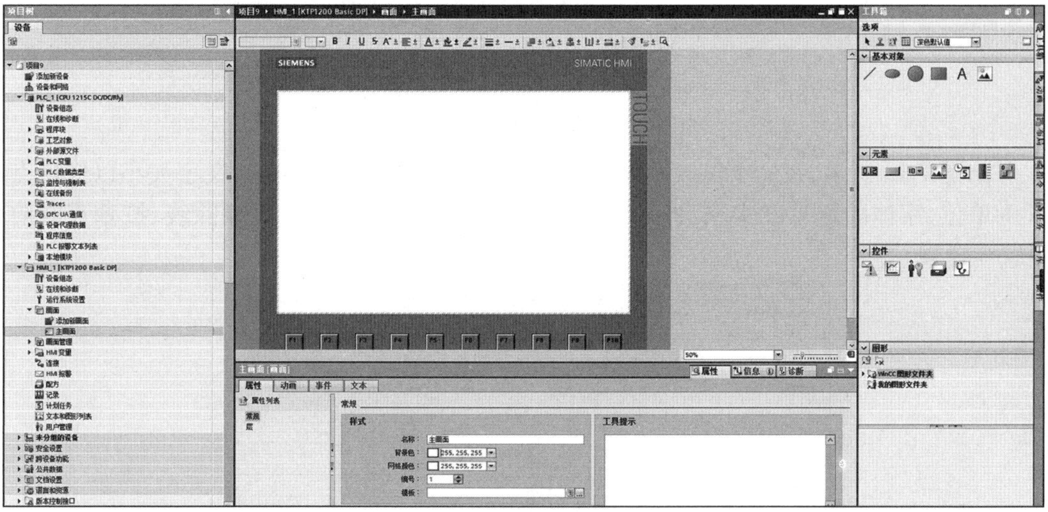

图 7.9　组态画面

图 7.10　组态指示灯的外观与布局属性

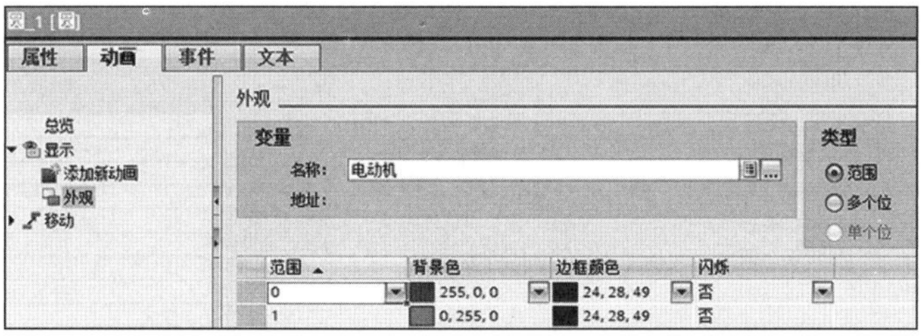

图 7.11　组态灯的动画功能

5.组态按钮

画面具有功能丰富的各种按钮,主要用于发布命令参与控制生产过程。用户可将工具箱“元素” 选项卡中的按钮拖动到画面上,并用鼠标调节按钮的位置和大小,设置填充图案为实心,背景色为浅灰色。本例添加了两个控制按钮,分别为启动按钮和停止按钮。

如图 7.12 所示,在常规选项卡中,设置按钮未按下时显示的文本为“启动”,勾选“按钮‘按下’ 时显示的文本”,可分别设置按下时显示的文本。

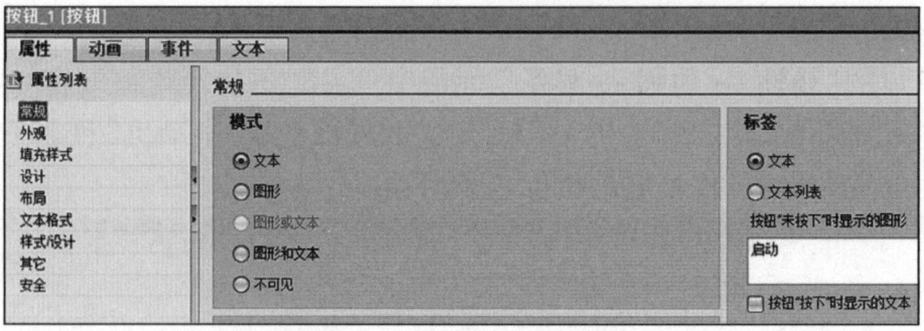

图 7.12　组态按钮的常规属性

如图 7.13 所示，在文本格式选项卡中，用户可定义按钮文本格式，文字大小以像素点 px 为单位，字体固定为宋体，不能更改，但可设置字形、大小、下划线、删除线、按垂直方向读取等效果。

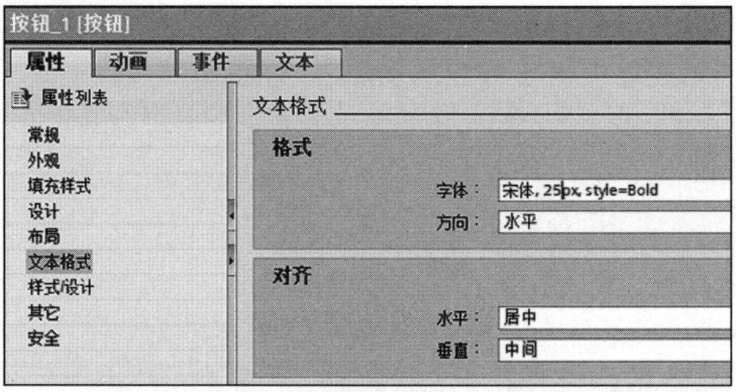

图 7.13　组态按钮的文本格式属性

如图 7.14 所示，在巡视窗口的“属性→事件→释放”选项卡中，单击“添加函数”右侧的下拉式按钮，在系统函数列表中选择编辑位中的“复位位”。单击“变量（输入/输出）”选择框右侧隐藏的 ，选择 PLC_1 默认变量表，添加变量“启动”按钮，释放该按钮时将复位为 0。巡视窗口的“属性→事件→按下”选项卡，在系统函数列表中选择编辑位中“置位位”，按下该按钮后将置位为 1。

图 7.14　组态按钮的事件属性

6.组态文本域

如图 7.15 所示，将工具箱的“文本域”拖动到画面上相应的位置，默认的文本为

“Text”。单击文本域,巡视窗口的“属性 → 常规 →” 选项卡,在文本框中键入“当前值”,样式属性和前面的设置类似。选中该文本域,执行复制和粘贴操作,再重新设置粘贴文本为“预设值”。

图 7.15　组态文本域

7.组态 I/O 域

共有 3 种模式的 I/O 域,具体如下。

① 输出域。输出域主要用于显示 PLC 变量输出值。

② 输入域。输入域主要用于设置 PLC 变量输入值。

③ I/O 域。I/O 域同时具有输入和输出功能,用户可修改并显示 PLC 变量值。如图 7.16 所示,将工具箱的“I/O 域” 拖动到画面上的合适位置,单击 I/O 域,在常规选项卡中,模式设置为输出,连接变量为“TON 当前值”,数据类型为 Time,显示格式使用默认的十进制,小数位数 3 位,格式样式为有符号数。

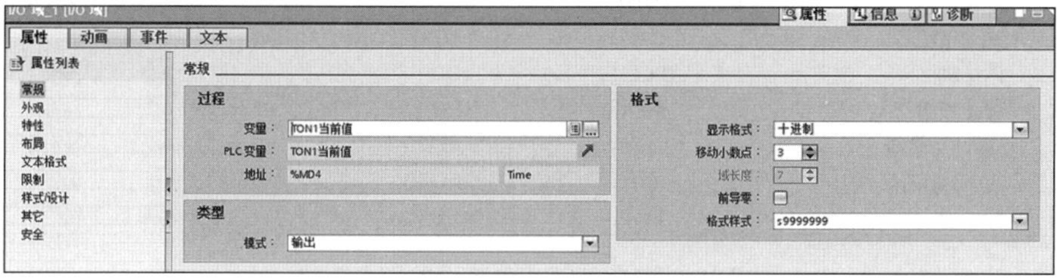

图 7.16　组态 I/O 域

如图 7.17 所示,外观属性将背景色设置为浅灰色,数值单位设置为 s,画面显示格式为“000.000 s”。

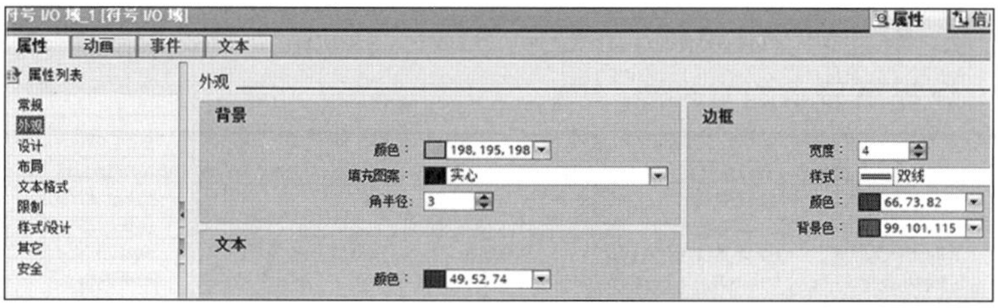

图 7.17　组态 I/O 域的外观属性

如图 7.18 所示,限制属性设置变量值超出上下限时,显示的颜色分别为红色和黄色。选中该 I/O 域,执行复制和粘贴操作,重新生成两个新的 I/O 域,连接变量分别为 TON2 当前值及预设值。预设值为“输入 / 输出”,数据类型为“Time”。

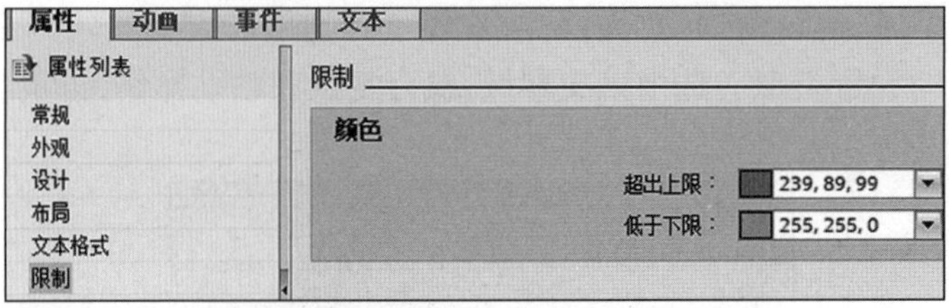

图 7.18　组态 I/O 域的限制属性

7.2.3　精简系列面板的仿真与运行

初学者如果没有触摸屏等硬件实验的条件，可在上位机安装仿真 / 运行系统组件，从而借助于 WinCC Runtime 进行仿真，还可监测 PLC 和 HMI 之间的通信和数据交换。这种仿真不需要 HMI 和 PLC 硬件，仅用计算机就能模拟 PLC 和 HMI 设备功能。

1.PLC 与 HMI 的变量表

HMI 的变量包含内部变量和外部变量。外部变量是 PLC 定义的存储位置映像，无论是 HMI 还是 PLC，都可对该存储位置进行访问。外部变量数据类型取决于 PLC，它是 HMI 和 PLC 进行数据交换的桥梁。图 7.19 所示为 PLC 外部变量表中的部分变量。

	名称	数据类型	地址	保持	从 H...	从 H...	在 H...
1	电动机	Bool	%Q0.0	☐	☑	☑	☑
2	TON1输出	Bool	%M3.0	☐	☑	☑	☑
3	TON2输出	Bool	%M3.1	☐	☑	☑	☑
4	定时器位	Bool	%M2.2	☐	☑	☑	☑
5	启动按钮	Bool	%M2.0	☐	☑	☑	☑
6	闪烁输出	Bool	%Q0.1	☐	☑	☑	☑
7	停止按钮	Bool	%M2.1	☐	☑	☑	☑
8	TON1当前值	Time	%MD20	☐	☑	☑	☑
9	TON2当前值	Time	%MD30	☐	☑	☑	☑
10	预设值	Time	%MD10	☐	☑	☑	☑

图 7.19　PLC 外部变量表中的部分变量

内部变量存储在 HMI 内存中，内部变量与 PLC 之间不具有连接，只有 HMI 能够对内部变量进行读写访问，仅用于 HMI 内部计算或执行其他任务。

图 7.20 所示为 HMI 默认变量表，访问模式为默认的符号访问（Symbolic），用户也可将访问模式改为绝对访问（Absolute）。变量 TON1 当前值、TON2 当前值、电动机采集周期改为 100 ms，以提高显示的实时性。

默认变量表

名称 ▲	数据类型	连接	PLC 名称	PLC 变量	地址	访问模式	采集周期
TON1当前值	Time	HMI_连接_1	PLC_1	TON1当前值		<符号访问>	100 ms
TON2当前值	Time	HMI_连接_1	PLC_1	TON2当前值		<符号访问>	100 ms
电动机	Bool	HMI_连接_1	PLC_1	电动机	%Q0.0	<绝对访问>	100 ms
启动按钮	Bool	HMI_连接_1	PLC_1	启动按钮		<符号访问>	1 s
停止按钮	Bool	HMI_连接_1	PLC_1	停止按钮		<符号访问>	1 s
预设值	Time	HMI_连接_1	PLC_1	预设值	%MD10	<绝对访问>	1 s

图 7.20　HMI 默认变量表

2.PLC 程序

图 7.21 所示为 OB1 程序，M2.0 值为 1，Q0.0 通电自锁。首次扫描时，M1.0 常开触点接通，预设值初始化为 10 s。两个定时器交替循环定时，构成振荡电路，预设值和当前值数据类型是 Time，I/O 域中被视为以毫秒为单位的双整数。选中 PLC_1，单击工具栏上的仿真按钮，打开 S7 - PLC SIM，将程序下载到仿真 CPU，PLC 自动切换到 RUN 模式。

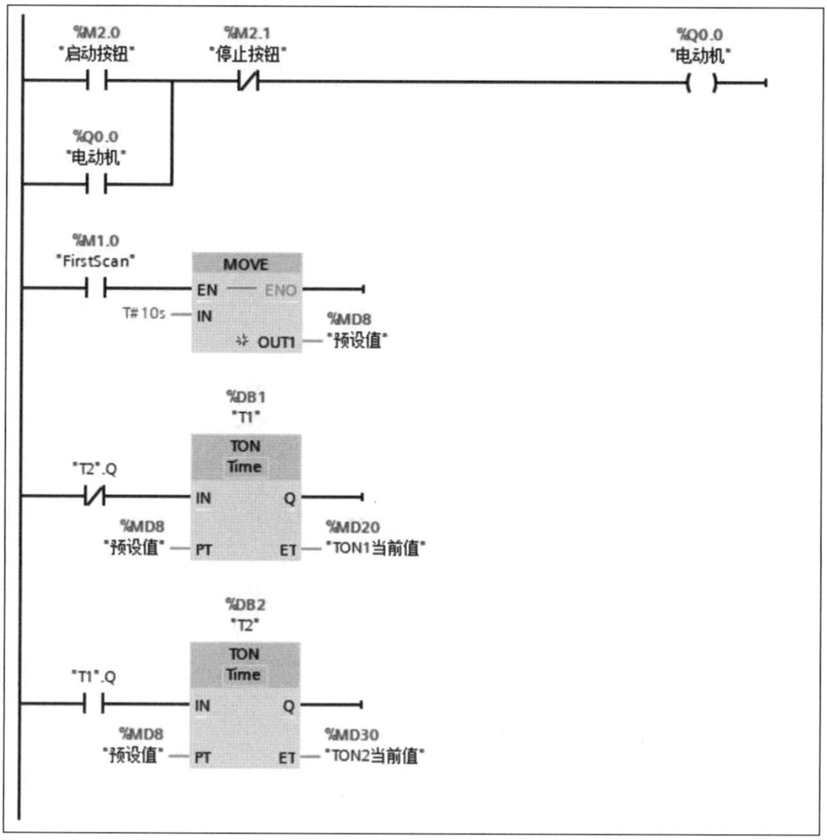

图 7.21　OB1 程序

如图 7.22 所示，打开 Windows 10 控制面板，双击“设置 PG/PC 接口”，在对话框中选中“为使用的接口分配参数(P)”列表框中的“PLCSIM.TCPIP.1”，并将其设置为应用程序访问点，单击“确定”按钮确认。

按下图 7.23 中的“启动”按钮，关联的 M2.0 为 1，Q0.0 通电自锁，与 Q0.0 相关联的指示灯点亮；按下“停车”按钮，关联的 M2.1 为 1，Q0.0 断电复位，指示灯熄灭。定时器 TON1 和 TON2 循环定时，两个定时器的当前值同时显示在画面上。单击画面上“预设值”右侧的输入/输出域，画面上出现一个数字键盘，如图 7.24 所示。操作人员可在该界面上输入系统参数。例如，用弹出的小键盘输入数据 5.0，按下回车键后，画面上预设值即变为 5.000 s，当前值的上限值变为 5 s。

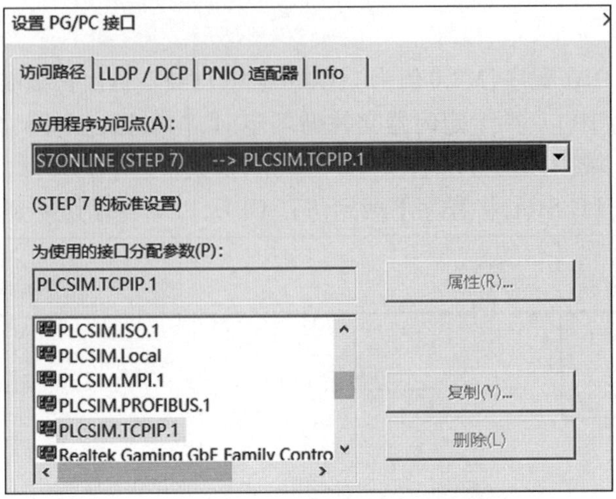

图 7.22　设置 PG/PC 接口

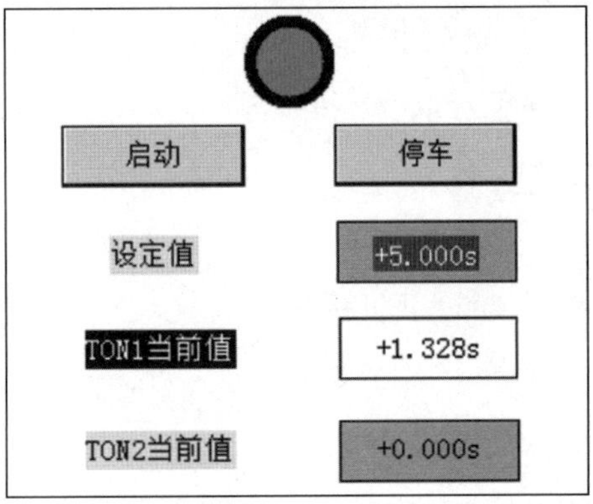

图 7.23　HMI 的仿真画面

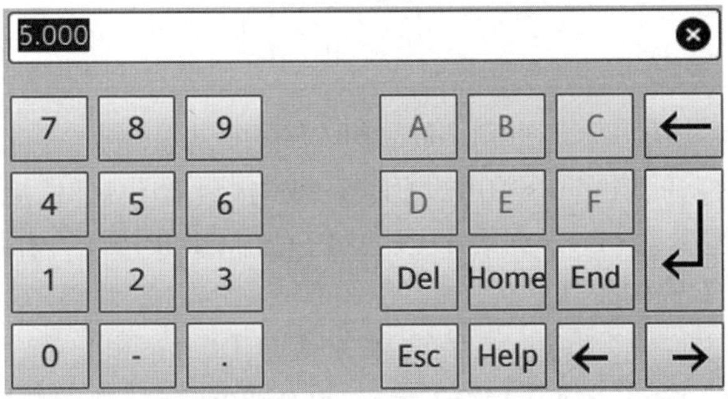

图 7.24　HMI 的数字键盘

7.3　PLC 控制系统综合设计

7.3.1　工件定位夹紧机构

在现代制造业中，自动化技术已经成为提升生产效率和产品质量的重要手段。本节介绍了一种通过西门子 S7 - 1200 PLC、六轴机械臂及工件定位夹紧操作台实现轴承端面自动倒角加工的综合解决方案。该方案旨在替代人工操作，提高轴承圈倒角作业效率，并避免较高成本的专用倒角机床开发与投入。轴承圈倒角系统示意图如图 7.25 所示。

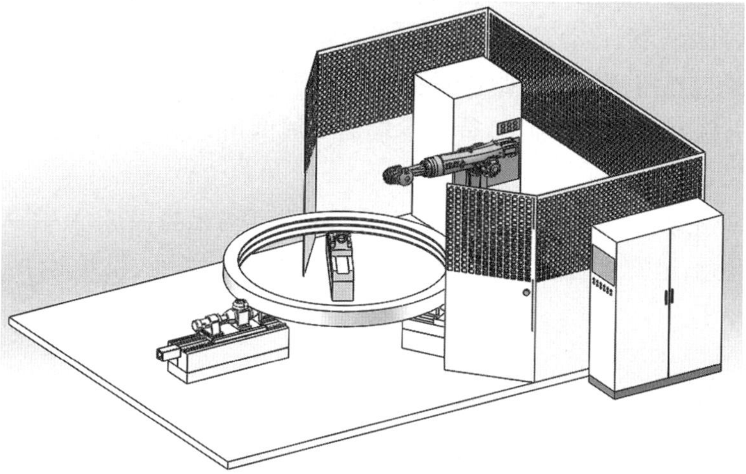

图 7.25　轴承圈倒角系统示意图

本方案由西门子 S7 - 1200 PLC 作为控制系统的核心，负责整个倒角过程的逻辑控制和协调。其主要功能包括控制工件定位夹紧机构动作、机械臂动作及实时监控和处理各类传感器数据。机械臂主要负责夹持电主轴并铣刀倒角加工，可以根据预设程序进行复杂的倒角路径规划和执行。以下重点讲解工件定位夹紧操作台及其控制过程。

工件定位夹紧操作台用于定位夹紧工件，确保加工过程中的稳定性和精度。如图 7.26 所示，操作台由 3 个动力滑台组成，分别均布在工件的径向位置(定义为 X 轴、X1 轴、X2 轴)。3 个动力滑台均由伺服电动机驱动，分别沿工件径向精确移动，可按控制系统要求定位，并可提供可靠的夹紧力。工件滑台设计有径向和轴向两组滚轮，其径向 3 个滚轮用于夹紧工件，轴向 3 个滚轮用于支撑工件。此外，X 轴上的轴向滚轮配有伺服电动机驱动(定位为 X3 轴)，以摩擦力带动轴承圈水平旋转，将轴承圈倒角位置送入机械臂的操作区域。

吊装工件时，3 个动力滑台退离工作位置，方便工件起吊；夹紧工件时，伺服电动机驱动滑台进给至适当位置，以径向滚轮夹紧工件，以轴向滚轮支撑工件。

1.控制要求

① 当系统接通电源时，按下使能按钮 I0.0，伺服输出 ON 信号（Q0.0、Q0.1、Q0.2、Q0.3）。

② 按下 X 轴、X1 轴、X2 轴回参考点按钮，3 个动力滑台向参考点方向移动，若参考点限位 I0.6、I0.7、I1.0 信号被激活，说明回参考点已完成，此时坐标位置为 0。

③ 输入放置工件尺寸，按下夹紧按钮，夹紧按钮灯闪烁，X 轴、X1 轴、X2 轴向工件方向移动，当轴移动到安全位置（离目标位置坐标 15 mm）时，停止移动，方便工人放置工件。

④ 工件放置完成后，按下夹紧按钮，X 轴、X1 轴、X2 轴从安全位置继续向工件方向移动，直至移至目标位置，移动完成后夹紧按钮指示灯常亮，表明工件已被夹紧。

⑤ 长按旋转按钮，X3 轴的轴向滚轮带动工件开始旋转，同时机械臂基于已规划路径夹持电主轴并铣刀进行倒角加工；待轴承端面一周倒角完成，松开旋转按钮，工件停止转动。

⑥ 倒角作业结束后，按下夹紧按钮，夹紧按钮指示灯保持闪烁，X 轴、X1 轴、X2 轴向工件反方向移动，至安全位置（离目标位置坐标 15 mm）后停止，松开工件，操作人员可将工件从台位吊下。

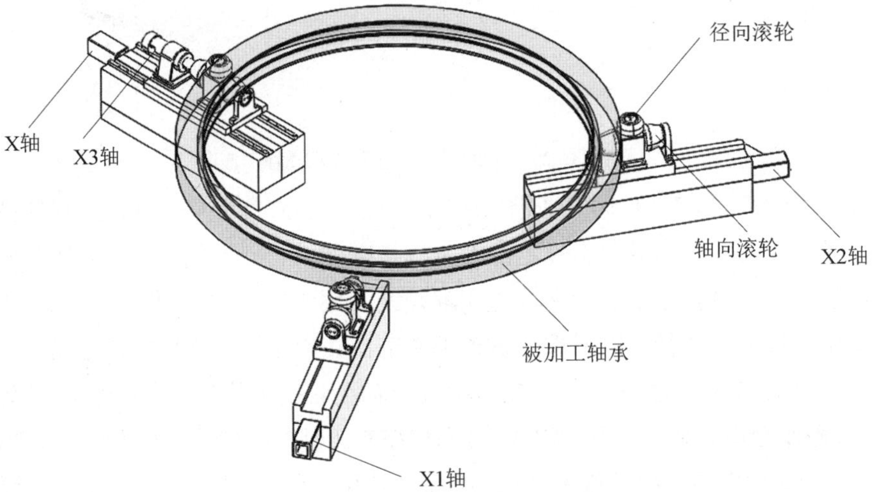

图 7.26　工件定位夹紧机构

2. I/O 分配(表 7.3)

表 7.3　I/O 分配表(包括 15 个输入信号和 5 个输出信号)

序号	输入		输出	
	名称与符号	输入地址	名称与符号	输出地址
1	使能按键	I0.0	伺服 ON - X	Q0.0
2	夹紧按钮	I0.1	伺服 ON - X1	Q0.1
3	X 轴伺服就绪	I0.2	伺服 ON - X2	Q0.2
4	X1 轴伺服就绪	I0.3	伺服 ON - X3	Q0.3
5	X2 轴伺服就绪	I0.4	夹紧信号灯	Q0.4
6	X3 轴伺服就绪	I0.5		
7	X 轴参考点	I0.6		
8	X1 轴参考点	I0.7		
9	X2 轴参考点	I1.0		
10	X 轴伺服故障	I1.1		
11	X1 轴伺服故障	I1.2		
12	X2 轴伺服故障	I1.3		
13	X3 轴伺服故障	I1.4		
14	急停按钮	I1.5		
15	旋转按钮	I1.6		

3.控制程序设计

根据控制要求首先设计出功能流程图,如图 7.27 所示。流程图是一个按顺序动作的步进控制系统,首先将整个工作流程分解为多个步,并在各个步中定义待执行的动作,以及步之间的转换条件。如果执行了所有动作之后,没有监控错误并满足转换条件,则将激活序列的下一步。如果存在监控错误或者不满足转换条件,则当前步仍处于活动状态,直到错误消除或者满足转换条件。函数块中输入引脚、输出引脚的参数说明见表 7.4、表 7.5。

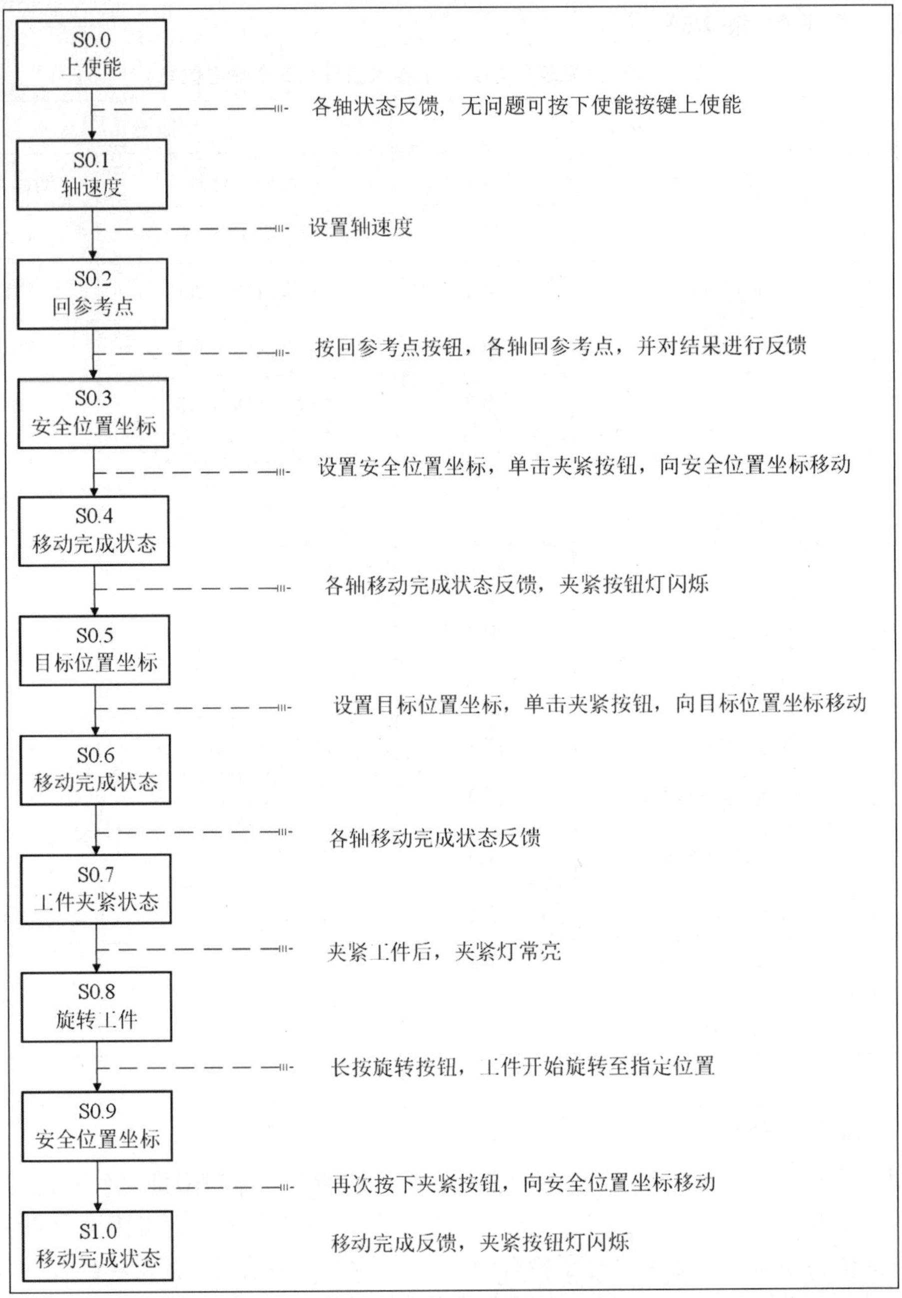

图 7.27　工件定位夹紧功能流程图

表 7.4　函数块中输入引脚的参数说明

参数	数据类型	说明
Enable	Bool	轴使能信号
Locking button	Bool	夹紧按钮
X_Axis_Ready	Bool	X 轴已就绪

续表7.4

参数	数据类型	说明
X1_Axis_Ready	Bool	X1 轴已就绪
X2_Axis_Ready	Bool	X2 轴已就绪
X3_Axis_Ready	Bool	X3 轴已就绪
Scram button	Bool	急停按钮
Rotary button	Bool	旋转按钮
Reference point	Bool	回参考点
Fault	Bool	故障信号
Reset	Bool	复位

表 7.5　函数块中输出引脚的参数说明

参数	数据类型	说明
X_Axis_Mobile completed	Bool	X 轴移动完成
X1_Axis_Mobile completed	Bool	X1 轴移动完成
X2_Axis_Mobile completed	Bool	X2 轴移动完成
Lock indicator light	Bool	夹紧指示灯
Reference point_Ready	Bool	回参考点就绪
Button count	Int	夹紧按钮按下次数
Axis Ready	Bool	轴就绪信号
X_Axis Enabled ON	Bool	X 轴使能
X1_Axis Enabled ON	Bool	X1 轴使能
X2_Axis Enabled ON	Bool	X2 轴使能
X3_Axis Enabled ON	Bool	X3 轴使能

4.调试

① 在 OB1 块中，调用 FB3 工件夹紧流程函数块（图 7.28），激活函数块；

② 复位故障，伺服就绪信号为 1，按下使能按键，驱动上使能；

③ 设置轴运行速度；

④ 操作人员在上位机按下回参考点指令，各轴自动执行回参考点命令，并进行反馈；

⑤ 设定安全位置坐标；

⑥ 操作人员第一次按下夹紧按钮，各轴开始移动至安全位置，夹紧按钮指示灯闪烁；

⑦ 各轴移动至安全位置后，各轴移动完成信号输出为 1；

⑧ 设定目标位置坐标；

⑨ 第二次按下夹紧按钮，各轴开始移动至目标位置，移动完成后，各轴移动完成信号输出为 1；

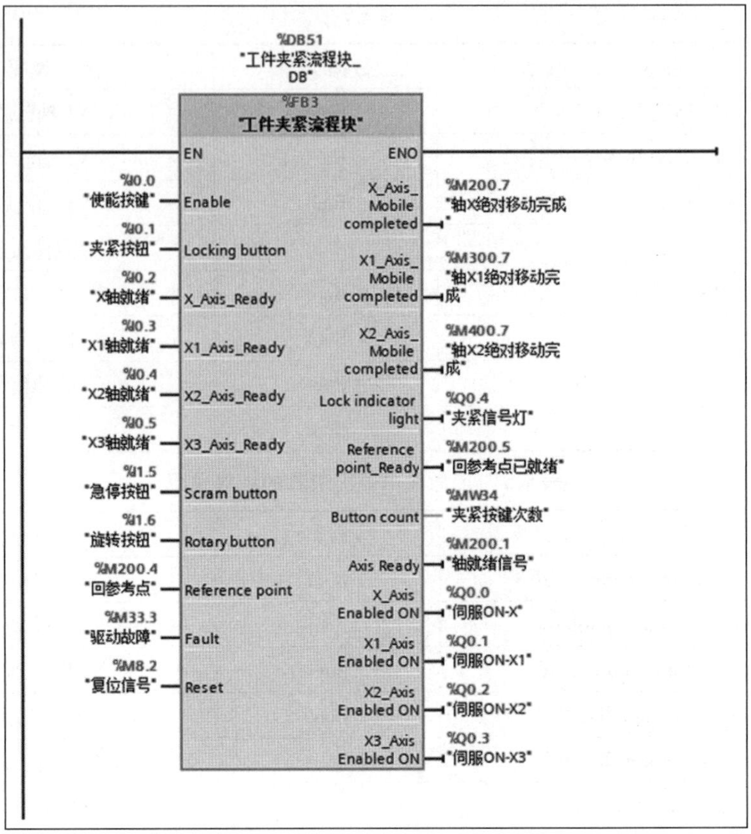

图 7.28　调用工件夹紧流程函数块

⑩ 夹紧工件,此时夹紧灯常亮;

⑪ 长按旋转按钮,轴向滚轮带动工件开始旋转,机械臂同时开始加工;

⑫ 倒角完成,松开旋转按钮,工件停止转动;

⑬ 第三次按下夹紧按钮,夹紧灯保持闪烁,各轴开始移动至安全位置,移动完成后,各轴移动完成信号输出为 1,此时工件已松开,方便工人吊装。

注:若遇紧急情况,可拍下急停按钮,此时设备紧急停止。

7.3.2　PID 闭环控制

在工业过程控制中,PID 控制系统通过实时采集被控对象的数据,将其与给定值进行比较。根据产生的误差,系统进行比例、积分和微分运算,从而实现对被控对象的有效控制。自 20 世纪 30 年代末期以来,PID 控制已成为模拟控制系统中技术最成熟、应用最普遍的一种控制方式。在工业过程控制中,由于难以建立被控对象的精确数学模型,系统的参数经常发生变化,所以运用控制理论分析综合代价比较大。而 PID 控制的基本架构相对简洁,可以轻松地调节各项参数,实际运行经验和理论研究表明,该方法可以对许多工业过程进行控制。

PID 被广泛应用于闭环过程控制中,适用于控制温度、压力、流量等物理量,其中的

P、I 和 D 分别指比例、积分和微分闭环控制算法。通过这些参数,可以使被控对象按照给定值进行变化从而使系统达到稳定,同时自动消除各种干扰对控制过程的影响。

PID 控制器的功能主要依靠 3 部分实现:循环中断组织块、PID 功能块、PID 工艺对象背景数据块。用户在调用 PID 功能块时需要定义其背景数据块,而背景数据块需要在工艺对象中添加,因此称为 PID 工艺对象背景数据块。PID 功能块与其相对应的工艺对象背景数据块组合使用,形成完整的 PID 控制器。PID 控制器结构如图 7.29 所示。

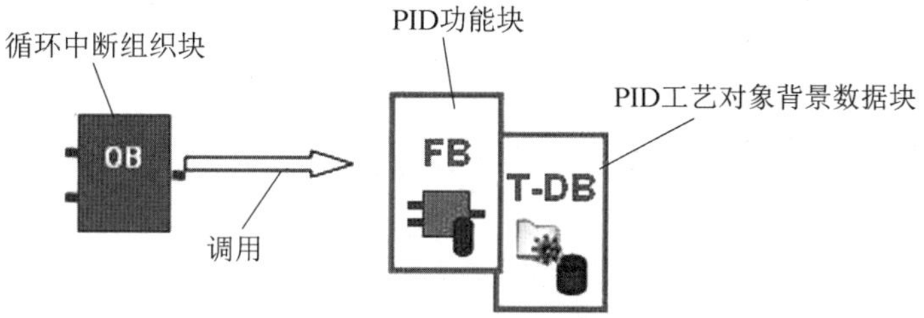

图 7.29　PID 控制器结构

循环中断组织块可按一定周期产生中断,执行其中的程序。PID 功能块定义了控制器的控制算法,随着循环中断组织块产生中断而周期性执行,PID 工艺对象背景数据块用于定义 I/O 参数、调试参数及监控参数。

1.控制要求

挖掘机作为一种重要的工程机械可以完成挖掘、拆除、搬运等多项任务,在旧城改造、道路施工等民生领域和矿山挖掘、港口建设等工业领域应用十分广泛。回转支承作为挖掘机工作的核心部件,其工作环境恶劣,且具有负载大、有冲击、需要连续工作等特点,容易出现故障。回转支承一旦发生故障就会导致整个挖掘机停止工作,对经济造成损失,同时也存在一定的安全隐患,严重时则会导致人员伤亡。因此需要设计一款模拟工作状态的挖掘机回转支承试验台,对回转支承进行各种类型的试验,复现故障,从而更好地提升挖掘机的质量。

试验台由装夹结构、配重块、加载臂、驱动模块、测控系统等组成。试验台三维模型如图 7.30 所示。实验台的载荷由 F_1 和 F_2 组合加载形成轴向力 F_a 和倾覆力矩 M,其中 F_1 通过比例减压阀调节油缸压力实现不同大小载荷,F_2 采用不同规格的配重块实现。由于要满足恒定力加载,因此需要对油缸加载采用 PID 闭环控制。

PID 闭环控制系统硬件如图 7.31 所示,系统上位机采用 NI 公司开发的 LabVIEW 开发环境,在工控机上编写程序作为人机界面,下位机采用西门子公司的 1214C PLC,执行器包括加载电动机、比例减压阀和压力传感器,通过控制加载电动机的启停来控制加载的开始与停止,通过比例减压阀调节油缸压力实现不同大小载荷,通过压力传感器对油缸压力进行实时监测并对实时压力进行反馈。

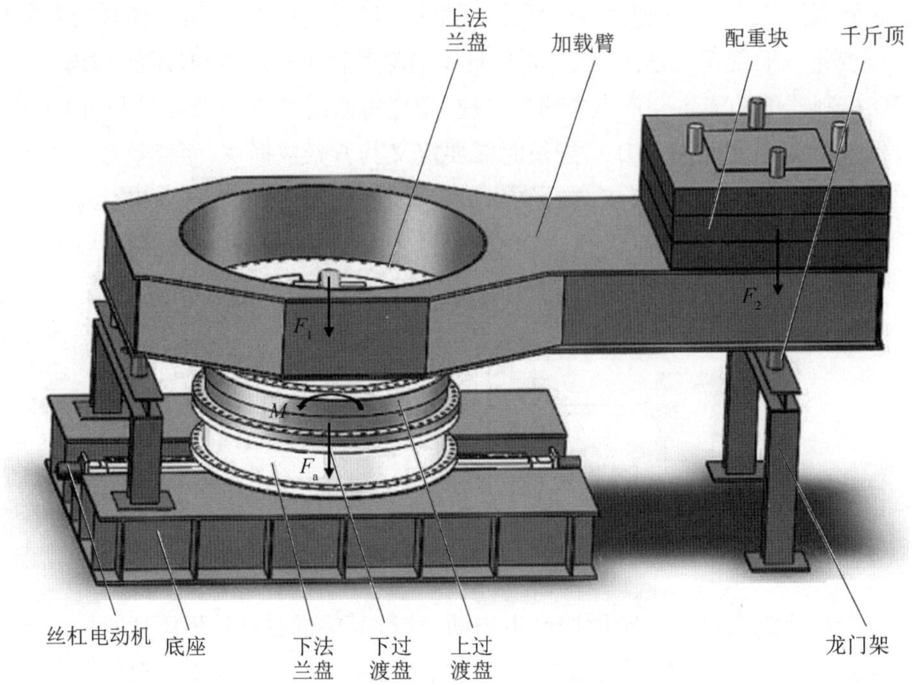

图 7.30　试验台三维模型

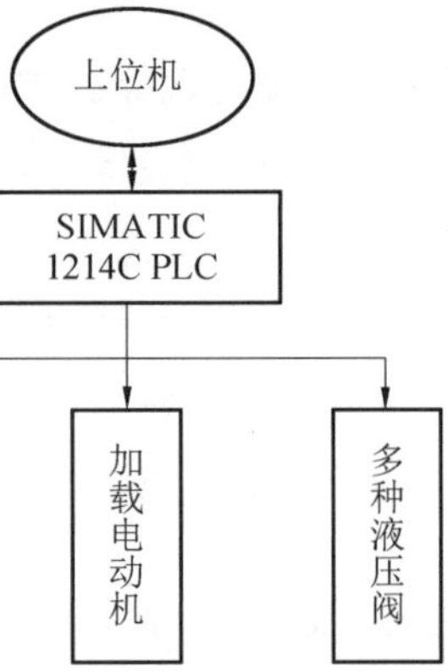

图 7.31　PID 闭环控制系统硬件

2.I/O 分配(表 7.6)

表 7.6 为 I/O 分配表,包括数字量 I/O 和模拟量 I/O。

表 7.6　I/O 分配表(PID 闭环控制)

序号	名称	描述	对象	数量	I/O 类型
1	上位机压力给定	上位机给定压力值	上位机输出,PLC 接收	1	AI
2	加载电动机启停	控制加载电动机启停	PLC 输出,电动机接收	2	DO
3	压力传感器输入	监测油压实际值	压力传感器输出,PLC 接收	1	AI

续表7.6

序号	名称	描述	对象	数量	I/O 类型
4	PID 输出	PID 控制比例减压阀	PLC 输出，比例减压阀接收	1	AO

3.控制程序设计

图7.32所示为PID闭环控制流程图，当实验开始后，操作人员在上位机输入设定压力值，由上位机传输给PLC，压力传感器将监测到的实际压力值传输至PLC。在PLC内置的PID过程控制模块内，压力的设定值与实测值进行比较，经比例调节、积分调节、微分调节，调整输出值并传输至比例减压阀，之后重复对比设定压力值与实时压力值直至二者近似相等。PID 控制程序的 PLC 编程如图 7.33 所示，调用 S7 - 1200 PLC 自带的PID_Compact 模块，实现简单编程。表 7.7 和表 7.8 为 PID_Compact 模块中输入与输出引脚的参数说明。

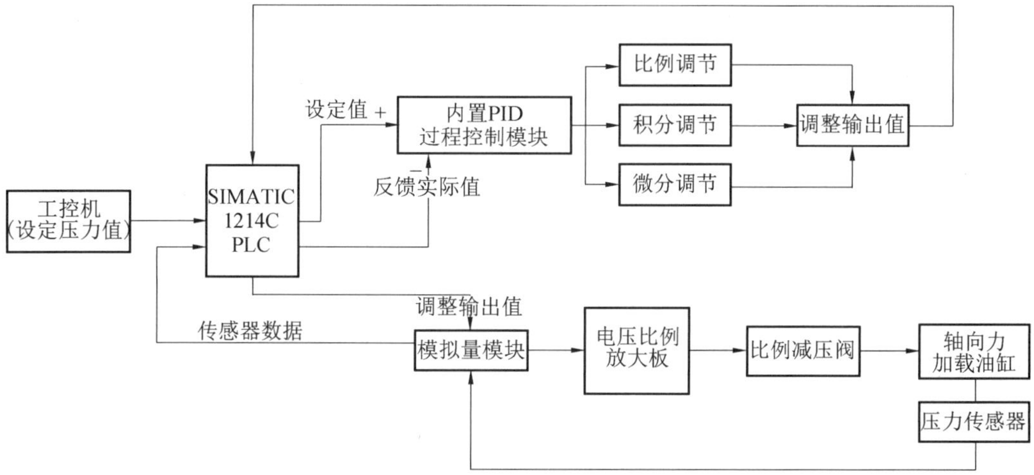

图 7.32　PID 闭环控制流程图

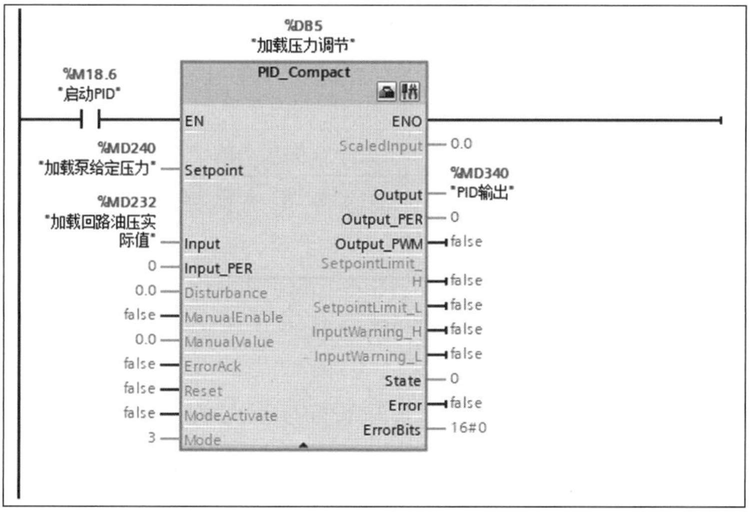

图 7.33　PID 控制程序的 PLC 编程

表 7.7　PID_Compact 模块中输入引脚的参数说明

参数	数据类型	说明
Setpoint	Real	PID 控制器自动模式下的设定值工程量(对应于 Input 反馈值类型)
Input	Real	PID 控制器反馈值(工程量,如 0.0 ~ 100.0)
Input_PER	Int	PID 控制器反馈值(模拟量,如 0 ~ 27 648)
Disturbance	Real	扰动变量或预控制值(一般为 0.0)
ManualEnable	Bool	启用或禁用手动操作模式(默认值为 FALSE)
ManualValue	Real	手动操作的输出值
ErrorAck	Bool	复位 Error 和 ErrorBits 及警告输出,上升沿有效
RESET	Bool	重新启动控制器
ModeActivate	Bool	PID_Compact 切换到保存在 Mode 参数中的工作模式
Mode	Int	Mode(Int)

表 7.8　PID_Compact 模块中输出引脚的参数说明

参数	数据类型	说明
ScaledInput	Real	标定的过程值(与 Input 相同),如 0.0 ~ 100.0
Output	Real	PID 的输出值(Real 形式)
Output PER	Int	PID 的输出值(模拟量)
Output PWM	Bool	PID 的输出值(脉宽调制)
SetpointLimit H	Bool	如果 SetpointLimit H = TRUE,则说明达到了设定值的绝对上限
SetpointLimit L	Bool	如果 SetpointLimit L = TRUE,则说明已达到设定值的绝对下限
InputWarning H	Bool	如果 InputWaming H = TRUE,则说明过程值已达到或超出警告上限
InputWaning L	Bool	如果 InputWaming L = TRUE,则说明过程值已达到或低于警告下限
State	Int	State 参数显示了 PID 控制器的当前工作模式,可使用输入参数 Mode 和 ModState 处的上升沿更改工作模式
Error	Bool	如果 Error - TRUE,则此周期内至少有一条错误消息是未决状态
ErrorBits	Dword	ErrorBits 参数显示了处于未决状态的错误消息

下面对 PID_Compact 参数组态进行详细说明,图 7.34 所示为组态参数基本设置,在控制器类型中可以选择温度、压力、长度、流量、亮度等,并且可以选择反转控制逻辑即随着 PID 控制器的偏差增大,输出值减小,Mode 可以选择手动模式、自动模式等。在 Input/Output 参数中可以定义 PID 过程值和输出值的内容,选择 PID_Compact 的 I/O 变量的引脚和数据类型。

图 7.35 所示为组态参数过程值设置,可以设定实验过程中的过程值上限与下限,如果过程值超过限制,就会报错。

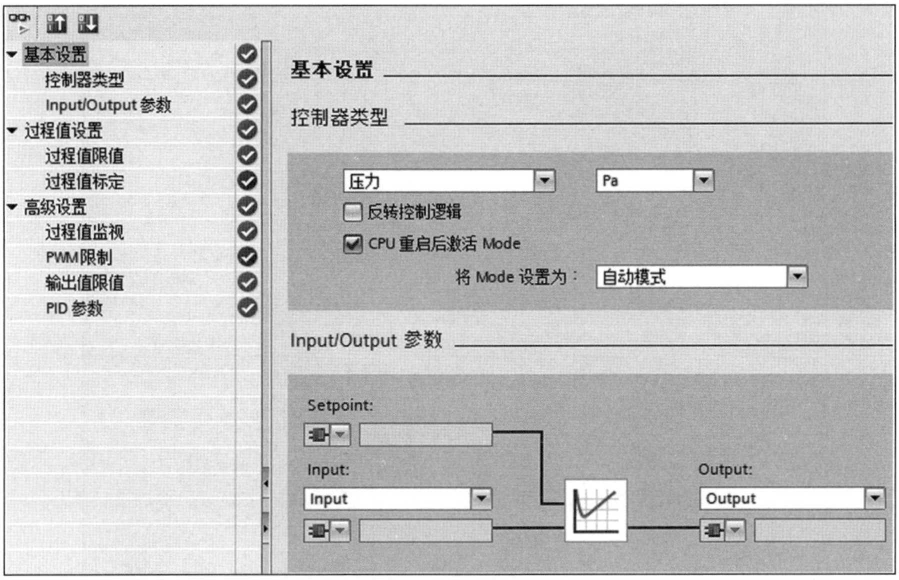

图 7.34　组态参数基本设置

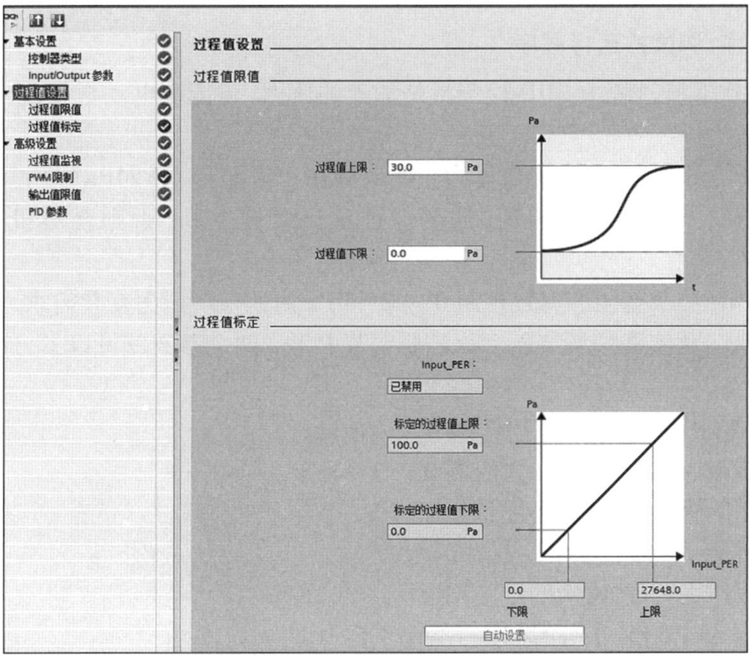

图 7.35　组态参数过程值设置

图 7.36 所示为组态参数高级设置，在过程值监视中可以设置警告值的范围，在 PWM 限制中，该设置影响指令的输出变量“Output_PWM”，PWM 的开关量输出受 PID_Compact 指令的控制，与 CPU 集成的脉冲发生器无关，输出值限制设置中可以设置输出变量的限制值，使 PID 输出的值不超过此范围，PID 参数设置中可以设置比例增益、积分作用时间、微分作用时间、微分延迟系数、比例作用权重、微分作用权重、PID 算法采用时间等参数，并且可以设置控制器结构选择 PID 或 PI 模式。

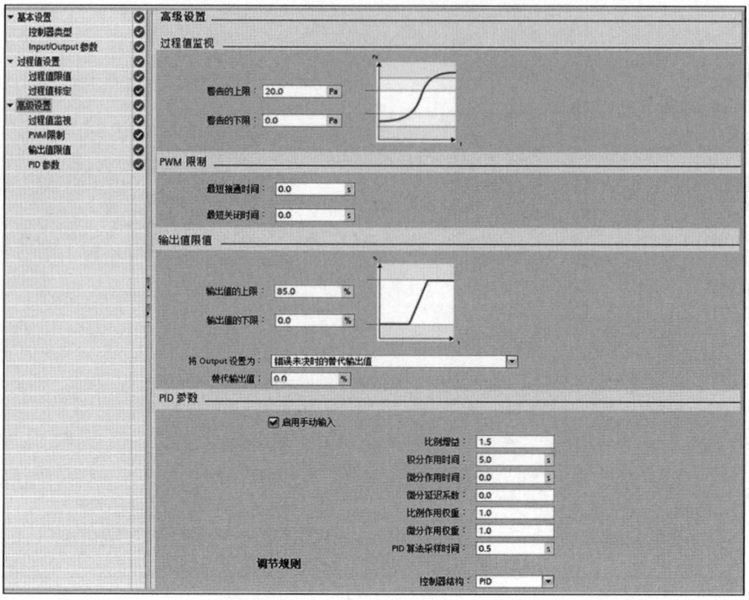

图 7.36　组态参数高级设置

4.输入程序,调试并运行程序

(1) 在某次实验过程中,PID 控制量是油液的压力,与传统电动机控制不同的是,其重点在于:

① 保证压力的稳定(要求加载压力控制范围在 2%FS,即 0.5 MPa 以内)。

② 刚开始时不能有压力超调,需要保证油压缓慢上升;否则会对机械部件造成损伤。

③ 一组 PID 参数就能够有效控制 0 ~ 25 MPa 内的任何压力变化需求。

另外,一般工程实践中调节压力只需要调节 P 和 I 两个参数就可以了,这降低了 PID 调节难度。

(2) 明确要求后,再来进行 PID 调节。方法是:

① 参数整定找最佳,从小到大顺序查;

② 先是比例后积分,最后再把微分加;

③ 曲线振荡很频繁,比例度盘要放大;

④ 曲线漂浮绕大弯,比例度盘往小扳;

⑤ 曲线偏离回复慢,积分时间往下降;

⑥ 曲线波动周期长,积分时间再加长。

(3) PID 调参过程如下:

①将积分时间 TI 放至最大位置上(TI = 0 即可)、把微分时间调至零(TD = 0),从小到大改变比例系数 P(即从大到小改变比例度),在此过程中,如果“曲线振荡很频繁,比例度盘要放大。曲线漂浮绕大弯,比例度盘往小扳”,如图 7.37 所示。通过调整比例系数,直至得到较好的控制过程曲线为止(只要求得到平稳上升,最终稳定的曲线即可)。

② 将上述比例系数乘 0.8(比例度放大 1.2 倍),从大到小改变积分时间。在调试中,

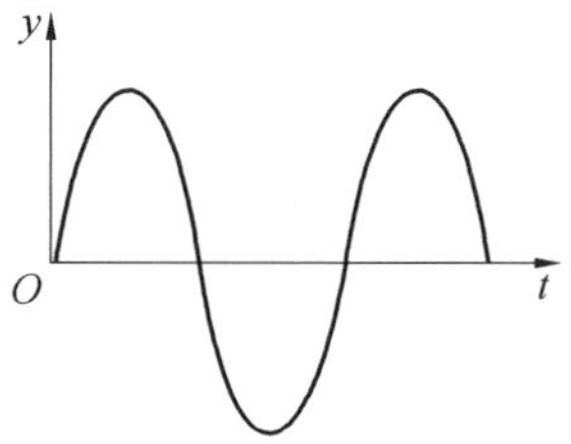

图 7.37　比例系数过大的曲线形式

如果“曲线偏离回复慢,积分时间往下降。曲线波动周期长、积分时间再加长”,通过调试来得到较好的控制过程曲线(要求得到平稳上升,最终稳定在设定值的曲线)。值得注意的是,积分时间过长会导致曲线上升慢,降低了系统的快速性;积分时间过短会导致曲线产生抖动甚至液压曲线发散,降低系统的稳定性。

③ 提高压力值,观察曲线波动情况。如果曲线随着设定值的提高而出现抖动频繁,那就保持积分时间 TI 不变,降低比例系数 P,直至不再抖动,然后继续提高压力值,如此反复直到在 0 ~ 25 MPa 内的任何压力变化下都能稳定于设定值(不会频繁抖动)。

④ 保持比例系数 P 不变,降低积分时间 TI 来提高系统的快速性,直至曲线出现抖动不能稳定。此时再缓慢提高积分时间,直到在 0 ~ 25 MPa 内的任何压力变化下都能稳定于设定值。如此得到了既稳定又兼顾快速的 PI 调节参数,如图 7.38 和图 7.39 所示,设定值从 17.5 MPa 变为 20 MPa 的压力变化曲线。

通过以上调节,能够使得系统可以在 15 s 内达到误差要求 0.5 MPa,40 s 内稳定于 0.1 MPa,1 min 之后误差在 0.06 MPa 左右。

考虑到油温可能对 PID 控制的影响,对 5 个回路均进行了不同油温下的测试,在此仅以第一个回路进行分析。在温度 16 ℃ 下和 51 ℃ 下发现,温度高的曲线会出现压力上升前期抖动幅度变大的现象,但中后期液压变化曲线区别不大,都可以达到实际要求,如图 7.40 和图 7.41 所示。

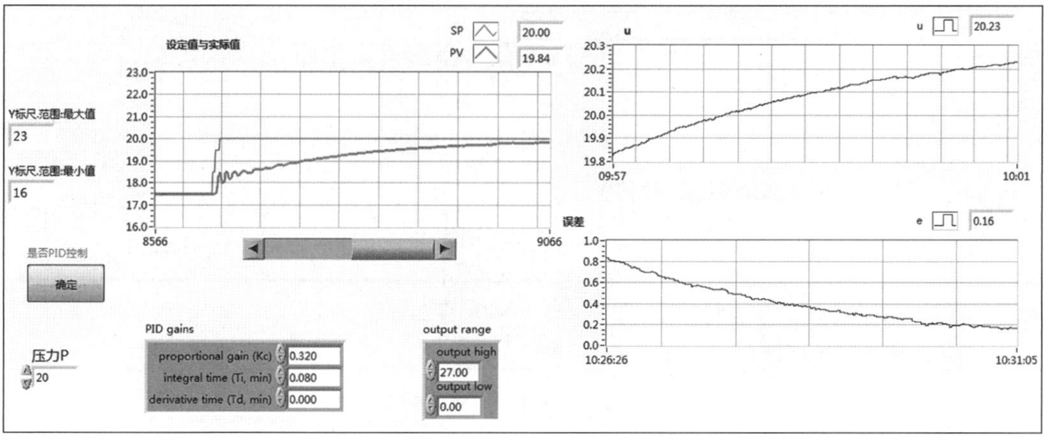

图 7.38　阶跃响应

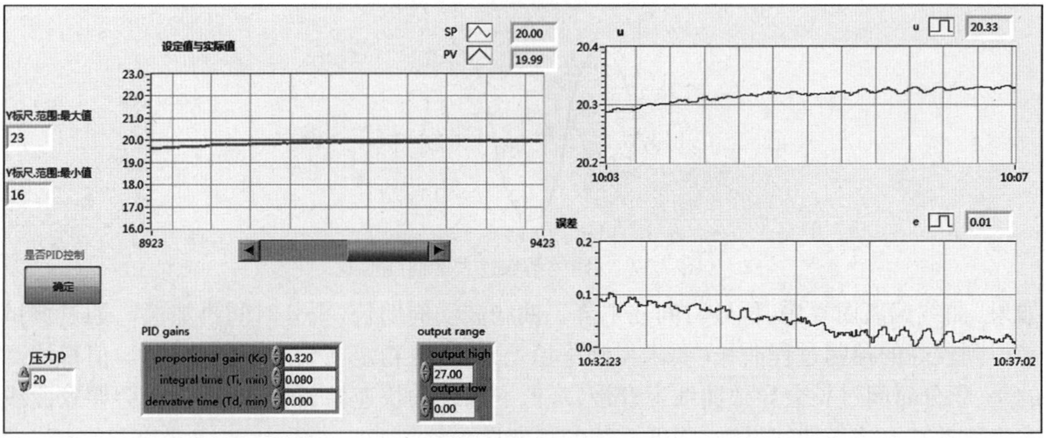

图 7.39　稳定时压力曲线

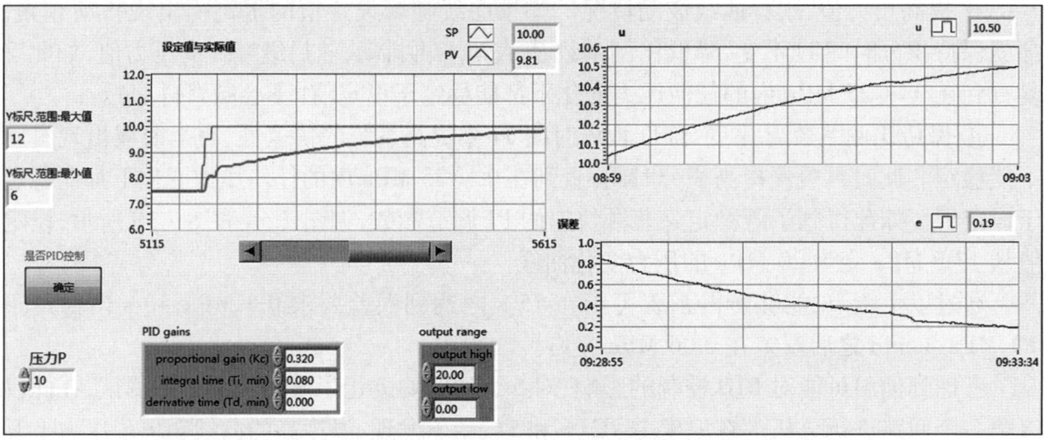

图 7.40　16 ℃ 下压力曲线

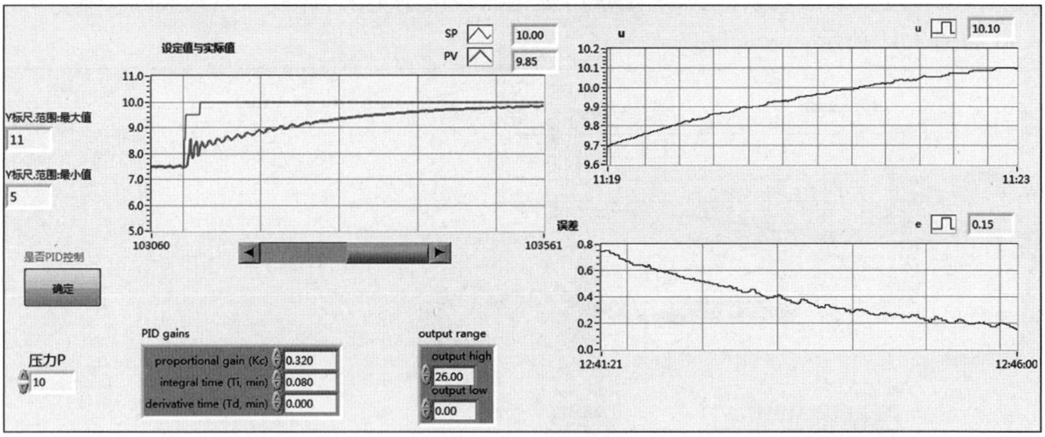

图 7.41　51 ℃ 下压力曲线

此外,在高压时,系统会因产生液压而难以完全稳定,总是会产生小幅振荡的情况,如图7.42 ~7.44 所示,猜测是硬件(阀门) 的原因。

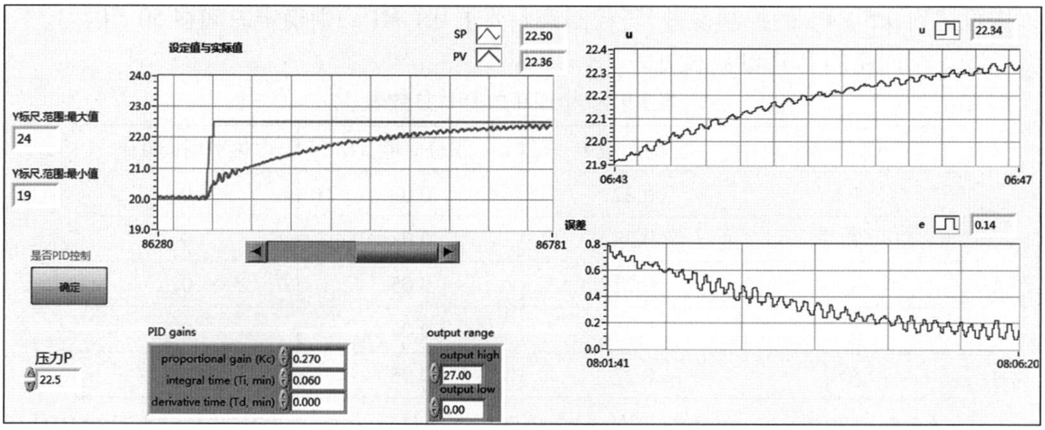

图 7.42　高压下压力振荡 1

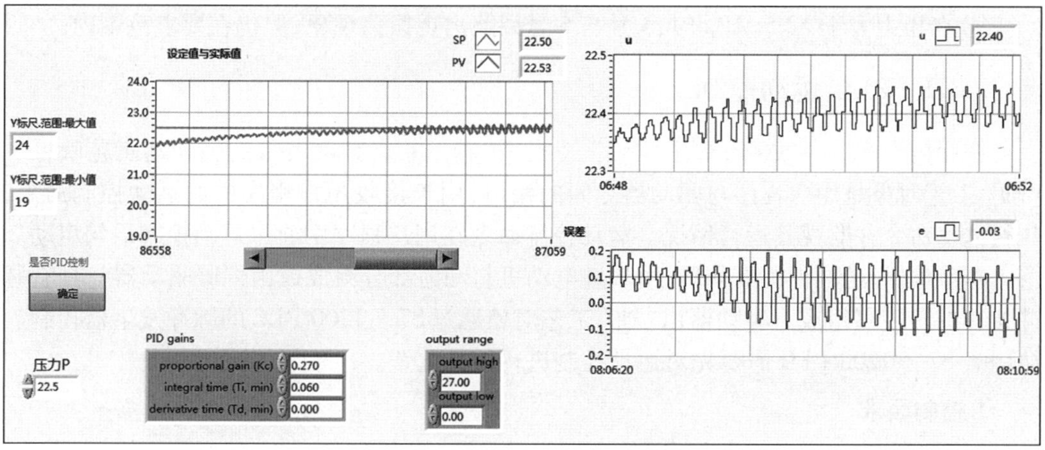

图 7.43　高压下压力振荡 2

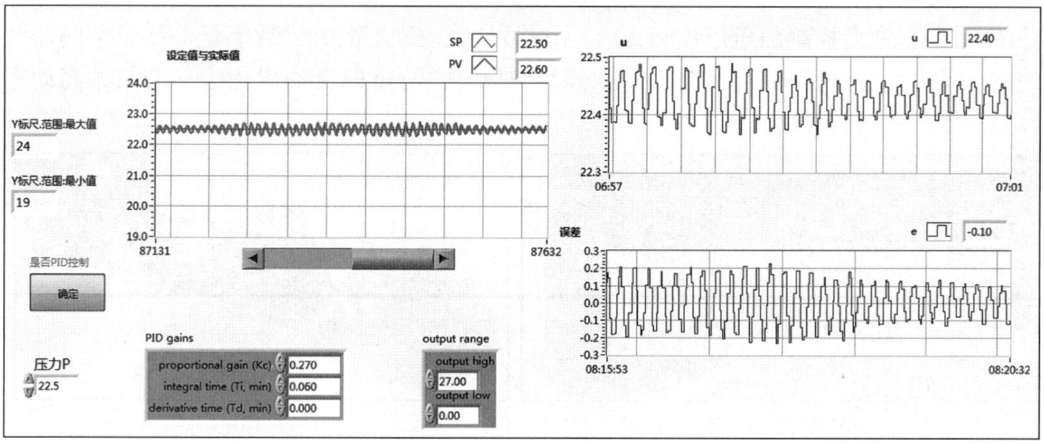

图 7.44　高压下压力振荡 3

综上,可得出以下结论:

① 在通过反复不断的 PID 参数调节后,5 个压力回路均实现了 PID 控制,压力在 15 s

以内可达到 0.5 MPa 的控制误差,若控制误差要求 0.1 MPa,则稳定时间在 50 s 以内。

② 5 个回路的 PID 参数表见表 7.9。

表 7.9　5 个回路的 PID 参数表

压力回路	比例系数 P	积分时间 TI	微分时间 TD
1	0.32	0.08	0
2	0.38	0.08	0
3	0.22	0.05	0
4	0.25	0.06	0
5	0.27	0.06	0

③ 对 5 个回路进行不同油温下的 PID 阶跃响应测试,发现本次实验中,油温对 PID 调节没有明显影响。

④ 在压力大于 22.5 MPa 时,3 号与 5 号回路出现振荡现象,但仍在要求范围内。

7.3.3　PLC 运动控制

在西门子 S7 - 1200 PLC 中,“轴” 特指用“轴” 工艺对象表示的驱动器工艺映像。“轴” 工艺对象是用户程序与驱动器之间的接口,用于接收用户程序中的运动控制命令、执行这些命令并监视其运行情况。运动控制命令在用户程序中通过运动控制语句启动。

“驱动器” 是一种机电装置,由步进电动机与动力部分组成或由伺服驱动器与具有脉冲接口的转换器组成。驱动器由“轴” 工艺对象通过 S7 - 1200 PLC 的脉冲发生器控制。西门子 S7 - 1200 PLC 需要先对运动控制进行硬件配置。

1.控制要求

SINAMICS V90 与 SIMOTICS S - 1FL6 伺服电动机结合,组成伺服驱动系统,如图7.45 所示,V90 设计用于运动控制以满足一般的伺服应用,支持内部设定值位置控制、外部脉冲位置控制、速度控制和扭矩控制,整合了脉冲输入、模拟量 I/O、数字量 I/O 及编码器脉冲输出接口。通过实时自动优化和自动谐振抑制功能,可以自动优化为一个兼顾高动态性能和平滑运行的系统。

(a) V90伺服驱动器　　(b) 伺服电动机

图 7.45　伺服驱动系统

SINAMICS V90 可以与西门子 S7 - 1200 PLC 配合使用,S7 - 1200 PLC 通过高速输出口输出脉冲 + 方向信号控制 SINAMICS V90 实现速度控制及位置控制。

SINAMICS V90 伺服驱动支持 9 种控制模式,包括 4 种基本控制模式和 5 种复合控制模式,见表 7.10。基本控制模式只能支持单一的控制功能,复合控制模式包含两种基本控制功能,可以通过 DI 信号在两种基本控制模式间切换。

表 7.10　SINAMICS V90 控制模式

控制模式	控制模式	缩写
基本控制模式	外部脉冲位置控制模式	PTI
	内部设定值位置控制模式	IPos
	速度控制模式	S
	转矩控制模式	T
复合控制模式	外部脉冲位置控制与速度控制切换	PTI/S
	内部设定值位置控制与速度控制切换	IPos/S
	外部脉冲位置控制与转矩控制切换	PTI/T
	内部设定值位置控制与转矩控制切换	IPos/T
	速度控制与转矩控制切换	S/T

SINAMICS V90 支持两种脉冲输入形式,两种形式都支持正逻辑和负逻辑:

①AB 相脉冲,通过 A 相和 B 相脉冲的相位控制旋转方向;

② 脉冲 + 方向,通过方向信号高低电平控制旋转方向。

控制系统使用的软硬件列表,见表 7.11。

表 7.11　控制系统使用的软硬件列表

序号	产品	数量
1	CPU 1214C DC/DC/DC	1
2	CB1241	1
3	SINAMICS V90	1
4	SIMOTICS 1FL6	1
5	电动机功率电缆	1
6	增量编码器电缆	1
7	STEP 7 Professional V16	1
8	PC	1

通过 PLC 控制伺服驱动器实现电动机的启、停,正、反转,速度控制,位置控制,回原点的功能。为便于观察现象,现将电动机与转台连接,通过转台的转动反映程序的功能。转台的分度采用齿轮、双导程蜗轮蜗杆副二级机械进给,转台速比为 1∶90。

2.I/O 分配

使用外部脉冲位置控制模式(PTI),运用 S7 - 1200 PLC 的 DQa.0 及 DQa.1 数字量输出通道,通过发出脉冲 + 方向的信号控制 SINAMICS V90 做定位运行。图 7.46 所示为 S7 - 1200 PLC 与 SINAMICS V90 的接线图,图 7.47 所示为 RS485 与 CB 1241 的接线图。

表 7.12 为数字量 I/O 分配表。

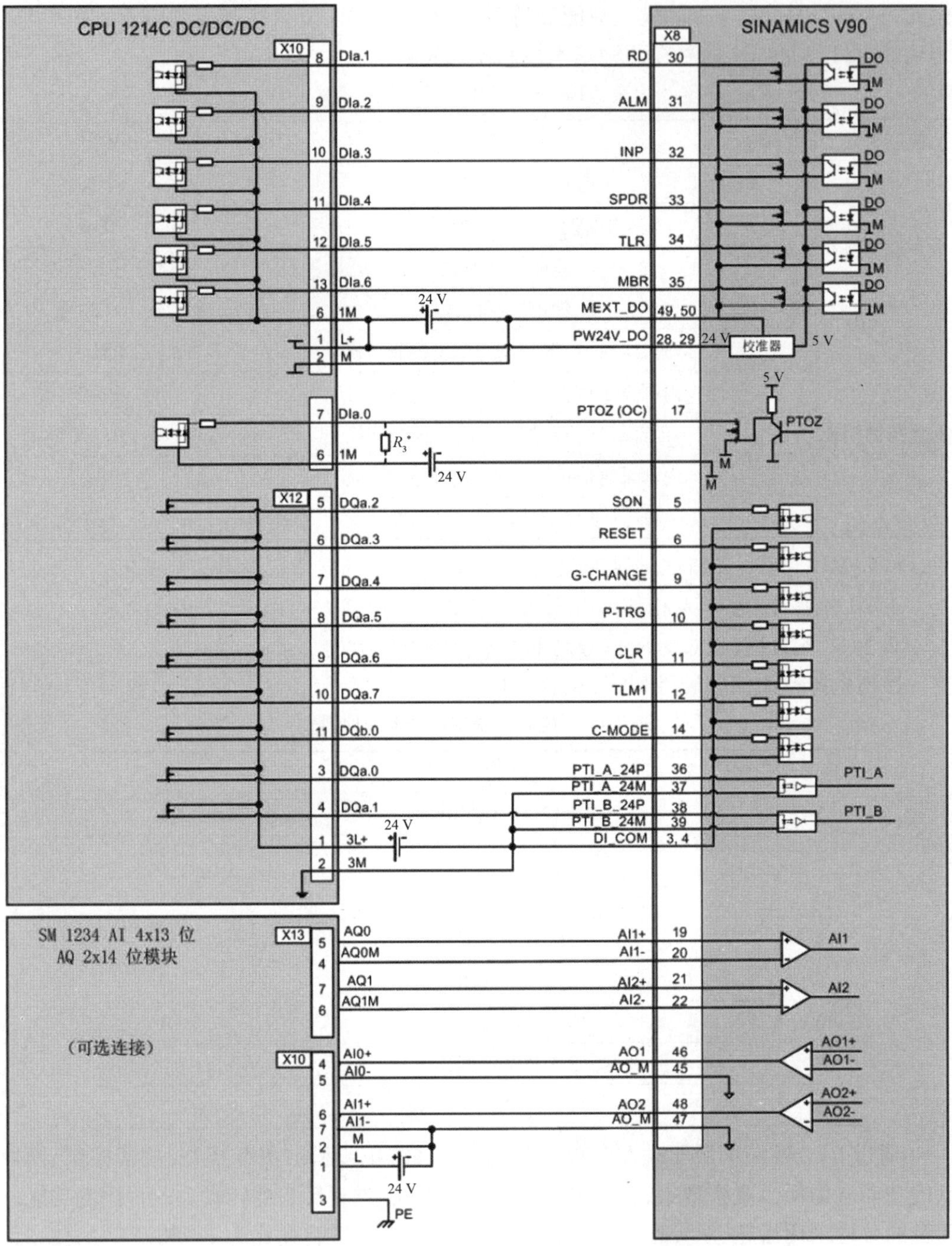

图 7.46　S7 - 1200 PLC 与 SINAMICS V90 的接线图

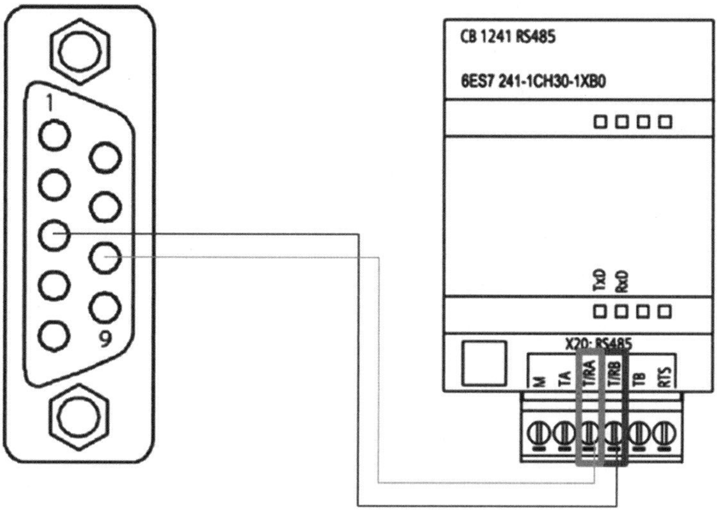

图 7.47　RS485 与 CB 1241 的接线图

注：RS485 协议用于伺服驱动器和 PLC 通信，传输编码器值，进而转换角度值，便于程序监测。

表 7.12　数字量 I/O 分配表

序号	输入		输出	
1	数字量输出 1RD	I0.1	A 相 24 V 脉冲输入，正向 PTI_A_24P	Q0.0
2	数字量输出 2 ALM	I0.2	B 相 24 V 脉冲输入，正向 PTI_B_24_P	Q0.1
3	数字量输出 3INP	I0.3	数字量输入 1 SON	Q0.2
4	数字量输出 4SPDR	I0.4	数字量输入 2 RESET	Q0.3
5	数字量输出 5TLR	I0.5	数字量输入 5 G - CHANGE	Q0.4
6	数字量输出 6MBR	I0.6	数字量输入 6 P - TRG	Q0.5
7	—	—	数字量输入 7 CLR	Q0.6
8	—	—	数字量输入 8 TLM1	Q0.7
9	—	—	数字量输入 10 C - MODE	Q1.0

3.控制程序设置

图 7.48 所示为 PTI 参数设置流程。

(1) 轴运动控制相关指令。

①MC_Power(启用、禁用轴)；

②MC_Reset(确认故障，重启工艺对象)；

③MC_Home(归位轴,设置归位位置);

④MC_Halt(停止轴);

⑤MC_MoveAbsolute(轴的绝对定位);

⑥MC_MoveRelative(轴的相对定位);

⑦MC_MoveJog(在点动模式下移动轴)。

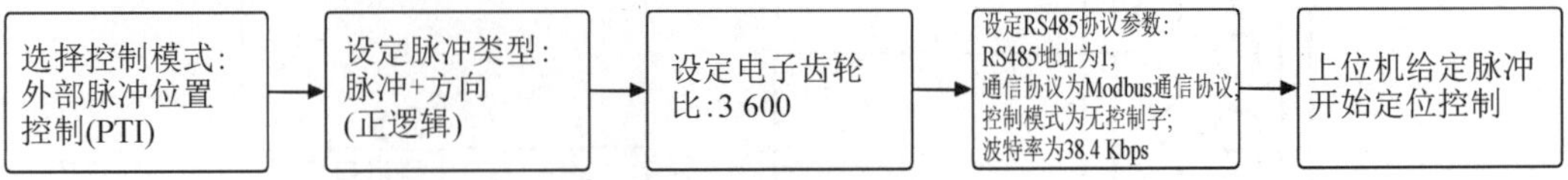

图 7.48　PTI 参数设置流程

注:RS485 协议用于伺服驱动器和 PLC 通信,传输编码器值,进而转换角度值,便于程序监测。

(2)PTI 模式下 S7 - 1200 PLC 中轴的组态。

① 配置 CPU 属性。打开软件,新建项目,插入 PLC 设备,设置 IP 地址为 192.168.1.20,启用脉冲发生器,选择信号类型为 PTO(脉冲 A 和方向 B),启用系统存储器字节,后续读取编码器数值需要用到。

② 配置轴工艺对象。具体操作步骤为:添加轴工艺对象、配置相关参数和进行手动调试,如图 7.49 ~ 7.57 所示。

图 7.49　添加工艺轴

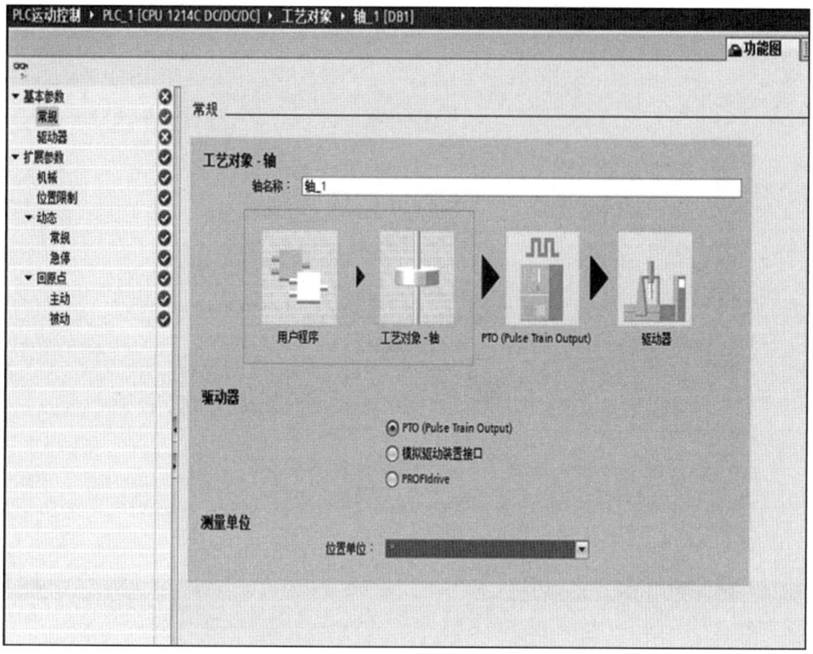

图 7.50　选择驱动器及测量单位

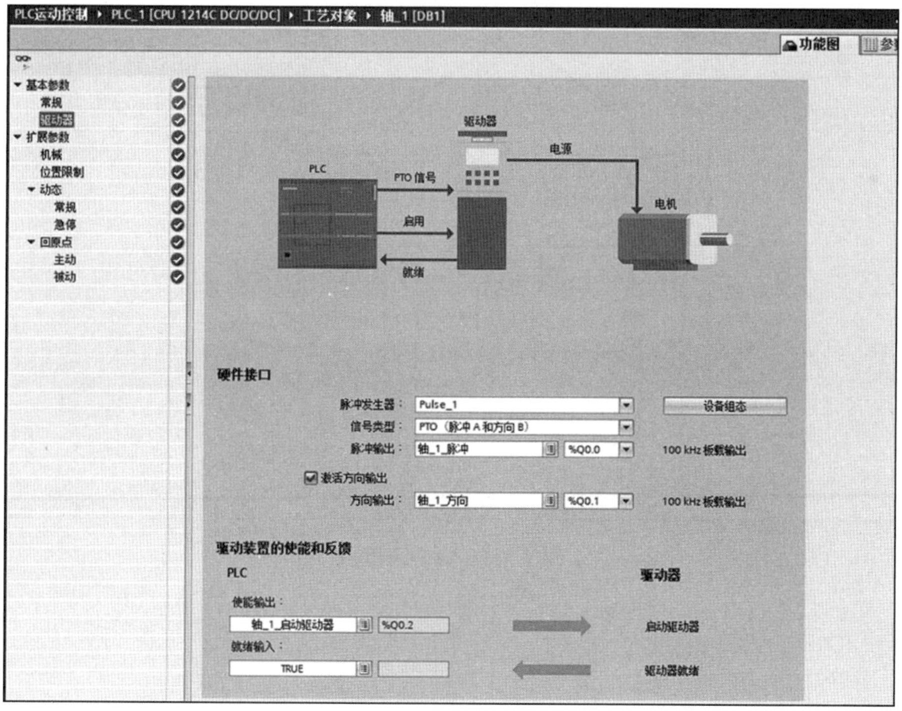

图 7.51　配置驱动器参数

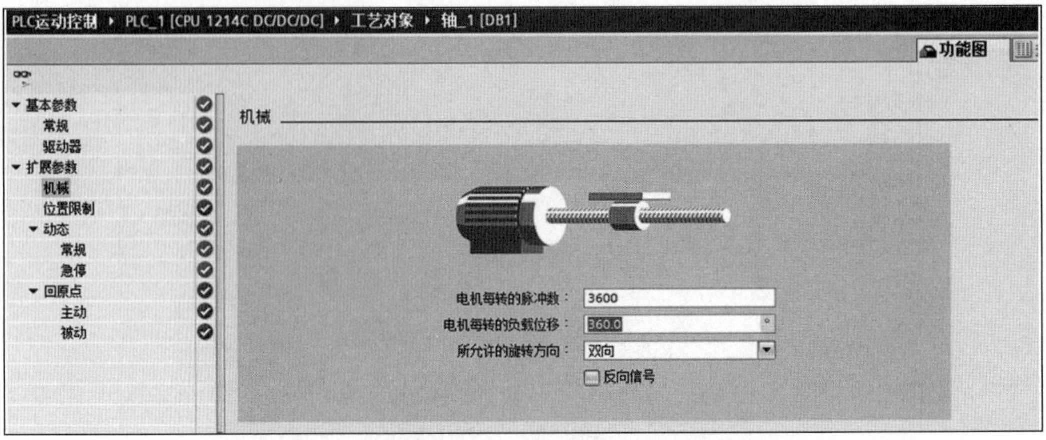

图 7.52　设置机械参数

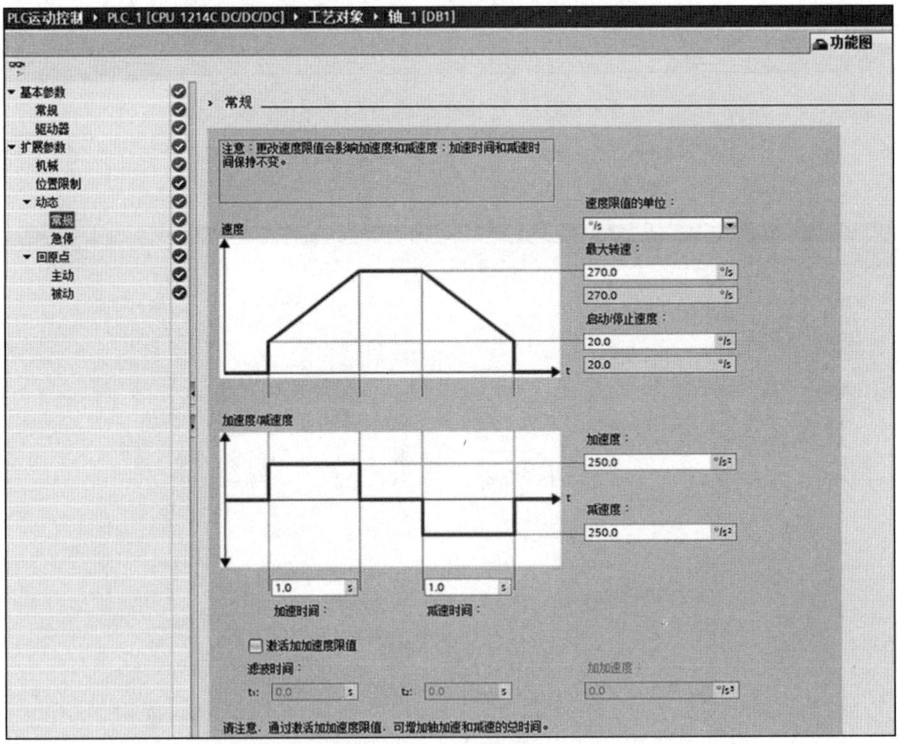

图 7.53　设置速度值

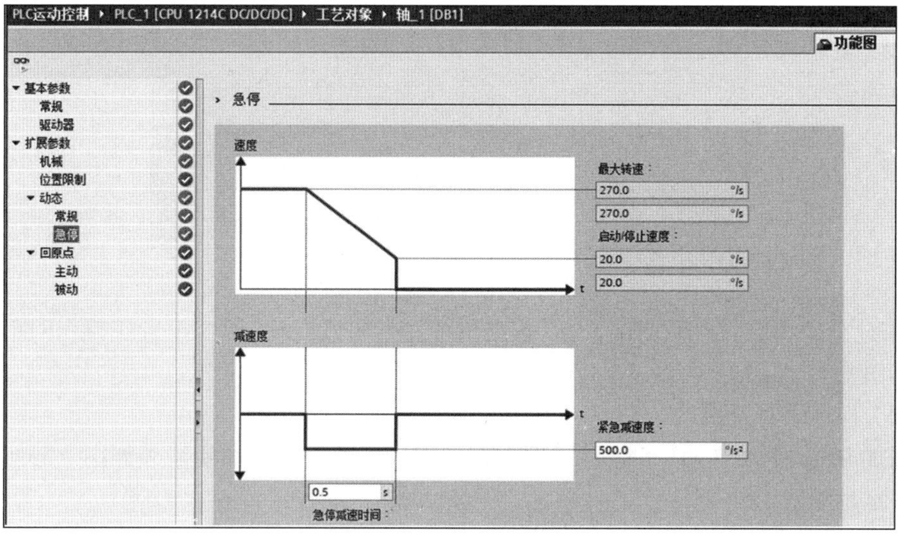

图 7.54　设置急停参数

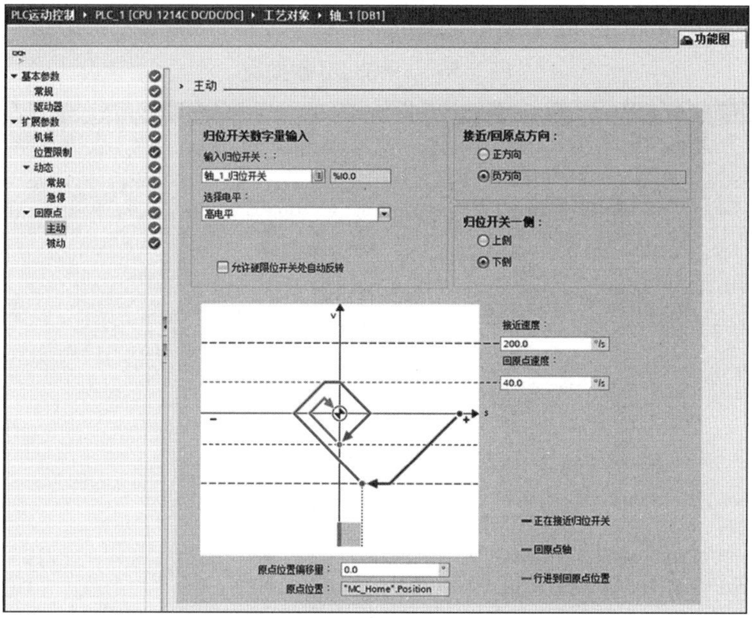

图 7.55　设置主动回原点参数

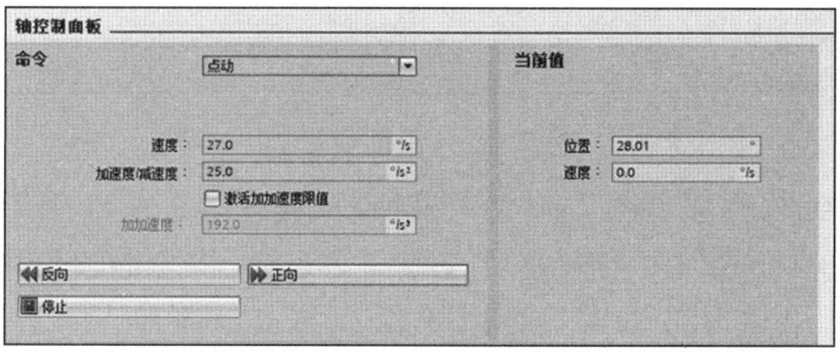

图 7.56　正向点动调试

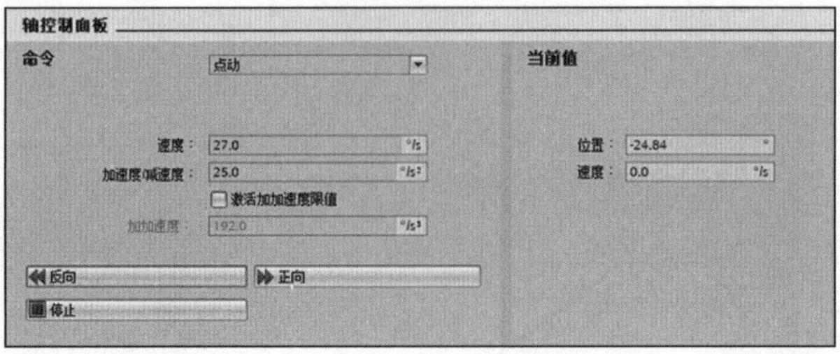

图 7.57　反向点动调试

通过正向和反向点动调试，可以看出位置发生明显变化，说明配置正确，下面可以进行代码编写。

(3) 程序编写及调试。

添加 DB 数据块如图 7.58 所示，用于存储编码器数值。添加变量表如图 7.59 所示，用于程序地址填入。

data_ptr

	名称	数据类型	偏移量	起始值	保持	从 HMI/OPC..	从 H...	在 HMI ...	设定值	注释
1	▼ Static				☐	☐	☐	☐	☐	
2	■ Static	DInt	0.0	0	☐	☑	☑	☑	☐	

图 7.58　添加 DB 数据块

PLC运动控制 ▸ PLC_1 [CPU 1214C DC/DC/DC] ▸ PLC 变量 ▸ 默认变量表 [57]

变量　用户常量

默认变量表

	名称	数据类型	地址 ▲	保持	从 H...	从 H...	在 H...	注释
1	轴_1_归位开关	Bool	%I0.0	☐	☑	☑	☑	
2	轴_1_脉冲	Bool	%Q0.0	☐	☑	☑	☑	
3	轴_1_方向	Bool	%Q0.1	☐	☑	☑	☑	
4	轴_1_启动驱动器	Bool	%Q0.2	☐	☑	☑	☑	
5	电机使能按钮	Bool	%M0.0	☐	☑	☑	☑	
6	原点记录按钮	Bool	%M0.1	☐	☑	☑	☑	
7	低速运动按钮	Bool	%M0.2	☐	☑	☑	☑	
8	高速运动按钮	Bool	%M0.3	☐	☑	☑	☑	
9	停止按钮	Bool	%M0.4	☐	☑	☑	☑	
10	绝对运动按钮	Bool	%M0.5	☐	☑	☑	☑	
11	相对运动按钮	Bool	%M0.6	☐	☑	☑	☑	
12	回原点按钮	Bool	%M0.7	☐	☑	☑	☑	
13	System_Byte	Byte	%MB1	☐	☑	☑	☑	
14	FirstScan	Bool	%M1.0	☐	☑	☑	☑	
15	DiagStatusUpdate	Bool	%M1.1	☐	☑	☑	☑	
16	AlwaysTRUE	Bool	%M1.2	☐	☑	☑	☑	
17	AlwaysFALSE	Bool	%M1.3	☐	☑	☑	☑	
18	低速度值	Real	%MD2	☐	☑	☑	☑	
19	高速度值	Real	%MD6	☐	☑	☑	☑	
20	绝对运动角度	Real	%MD10	☐	☑	☑	☑	
21	绝对运动速度	Real	%MD14	☐	☑	☑	☑	
22	相对运动角度	Real	%MD18	☐	☑	☑	☑	
23	相对运动速度	Real	%MD22	☐	☑	☑	☑	
24	回原点速度	Real	%MD26	☐	☑	☑	☑	
25	角度值	DInt	%MD30	☐	☑	☑	☑	
26	<新增>			☐	☑	☑	☑	

图 7.59　添加变量表

采用 LAD 语言编写程序如图 7.60 ~ 7.61 所示，程序段 9 ~ 11 用于传输编码器数据和角度值换算，不涉及执行操作。根据模块管脚定义要求，将之前设置的驱动器参数，正确填写在各个管脚处。设置正确即可下载到设备，进行运动控制。

程序段 1： 电机使能
程序段 2： 记录原点
程序段 3： 低速运动
程序段 4： 高速运动
程序段 5： 停止
程序段 6： 绝对运动
程序段 7： 相对运动
程序段 8： 回原点
程序段 9： 请求连接

图 7.60　运动程序段

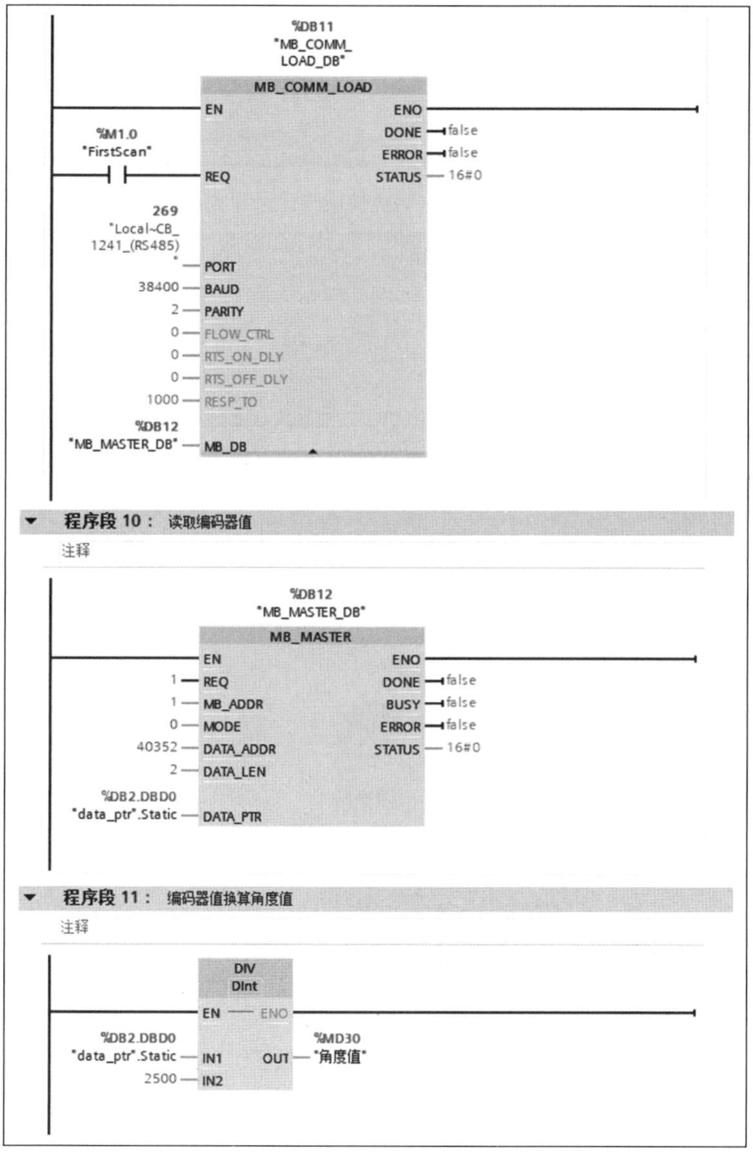

图 7.61　配置程序段

4.调试并运行程序

(1) 电动机上电并使能。

将 M0.0 置 1;记录原点,将 M0.1 置 1,以便后续执行回原点操作,监测角度值,如图 7.62、图 7.63 所示。

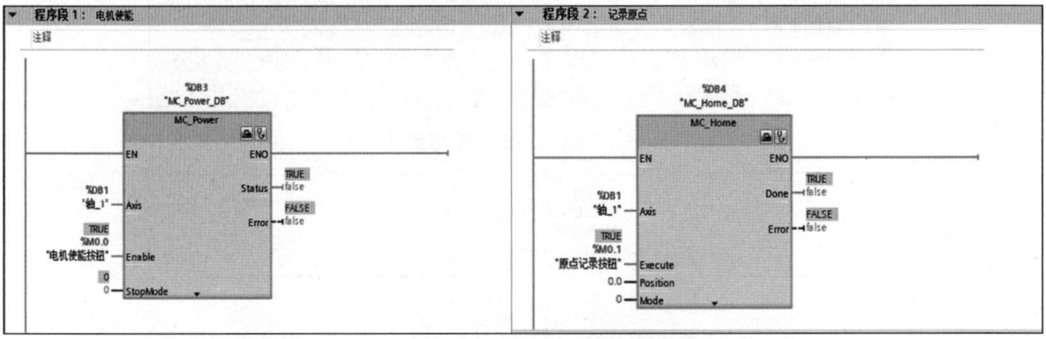

图 7.62　运行电动机使能与记录原点程序

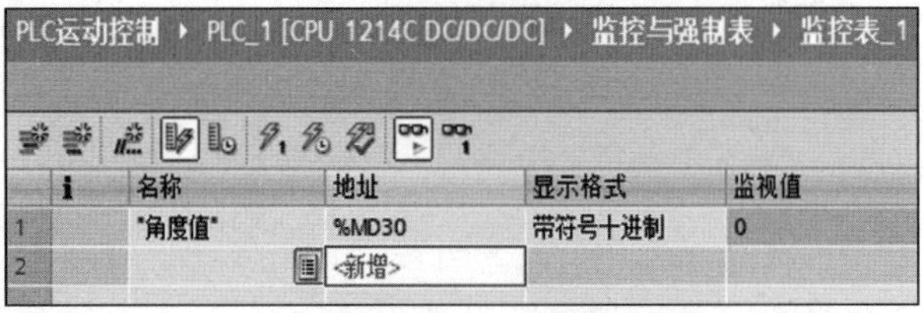

图 7.63　0° 位置处监控画面

(2) 速度运动控制。

设定运动速度为 20(前文提及速比为 1∶90,即电机转动 90° 转台转动 1°,速度设置 20 即转台以 0.2(°)/s 速度转动),并将 M0.2 置 1,监视角度值,如图 7.64、图 7.65 所示。

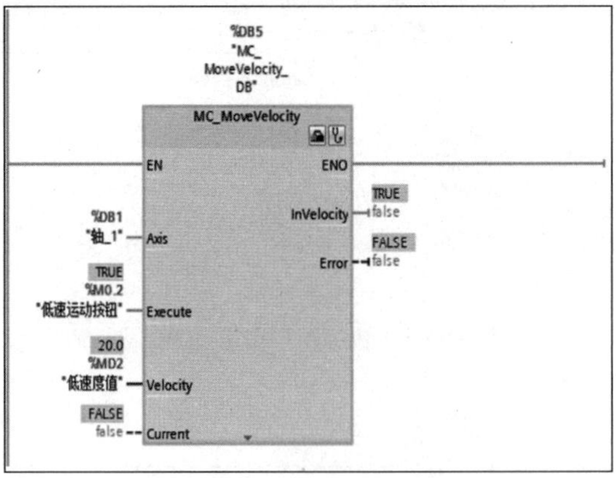

图 7.64　运行低速运动程序

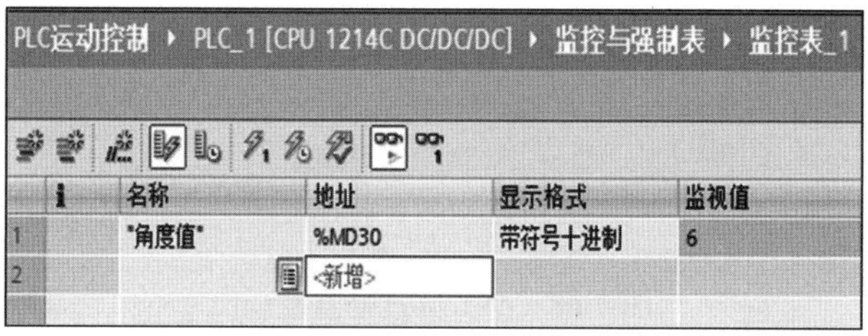

图 7.65　6° 位置处监控画面

(3) 停止运动控制。

将 M0.4 置 1 即可,如图 7.66 所示。

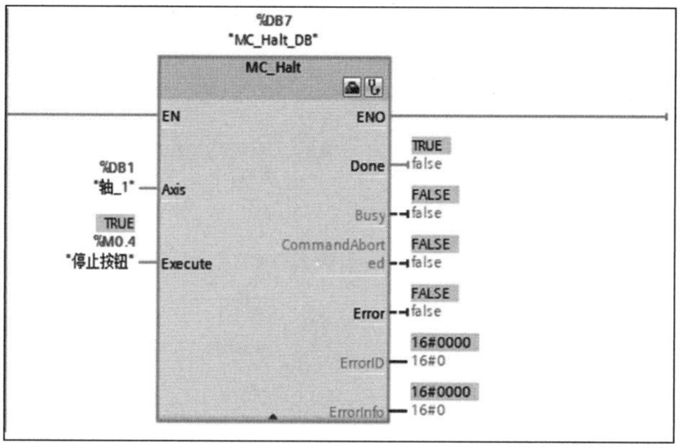

图 7.66　运行停止运动程序

(4) 绝对运动控制。

设置运动角度为 8 100(速比为 1∶90,因此转台转动 90° 需要电动机转动 8 100°),速度设置为 90,运行结束即相对于原点正向 90° 处,监测角度值,如图 7.67、图 7.68 所示。

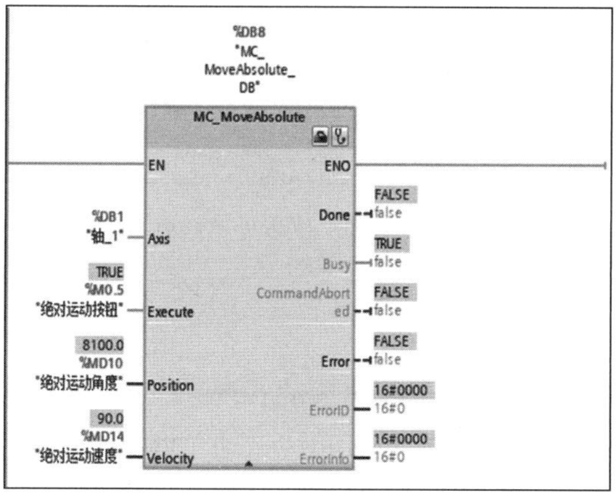

图 7.67　运行绝对运动程序

图 7.68　90° 位置处监控画面

(5) 相对运动控制。

设置运动角度为 8 100,即转台正向运动 90°,这是在第 4 步的基础上再加 90°,即运行结束后相对于原点正向 180° 处,监测角度值,如图 7.69、图 7.70 所示。

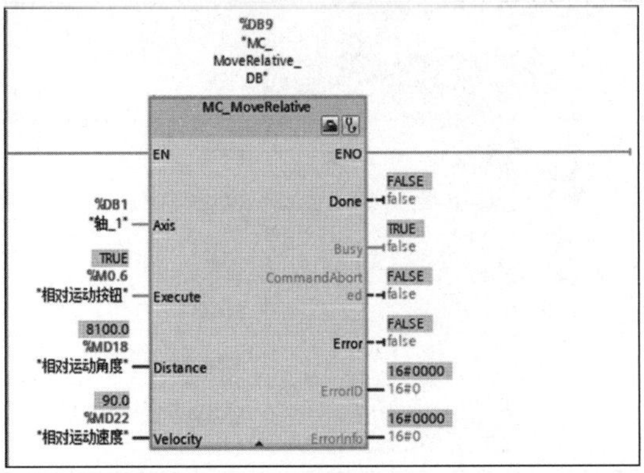

图 7.69　运行相对运动程序

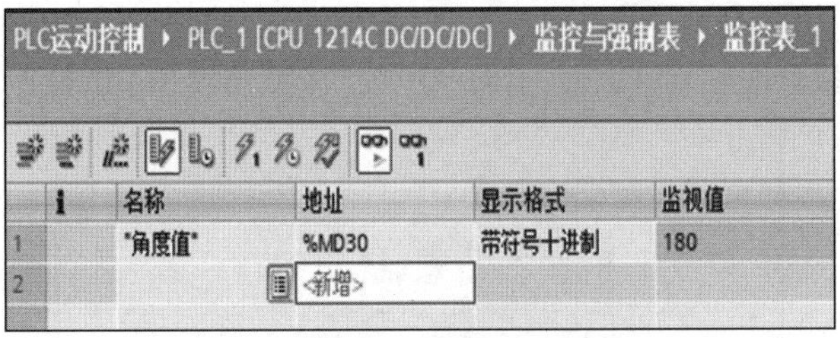

图 7.70　180° 位置处监控画面

(6) 反向运动控制。

反向运动控制可通过绝对运动或相对运动实现,更改运动角度即可。通过设置相对运动实现反向运动,在第 5 步基础上,设置相对运动角度 - 12 150 即反向运动 135°,运行结束即相对于原点正向 45° 处,监测角度值,如图 7.71、图 7.72 所示。

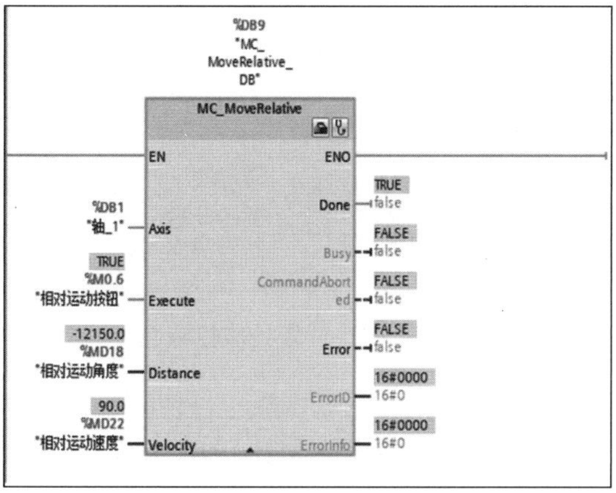

图 7.71　运行反向运动程序

图 7.72　45° 位置处监控画面

(7) 回原点控制。

设置速度值 90,位置值 0,并将 M0.7 置为 1,监测角度值,如图 7.73、图 7.74 所示。

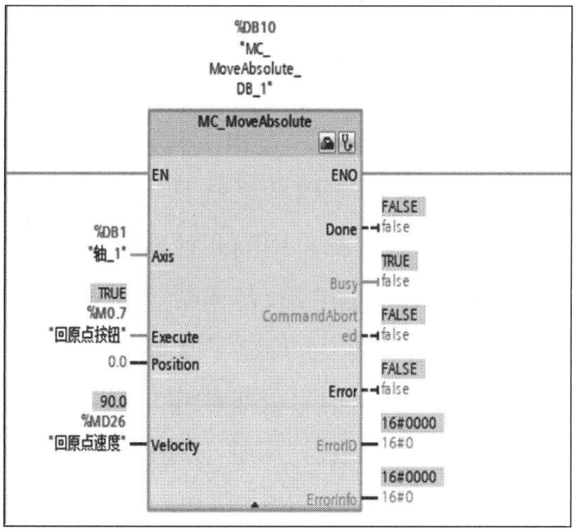

图 7.73　运行回原点程序

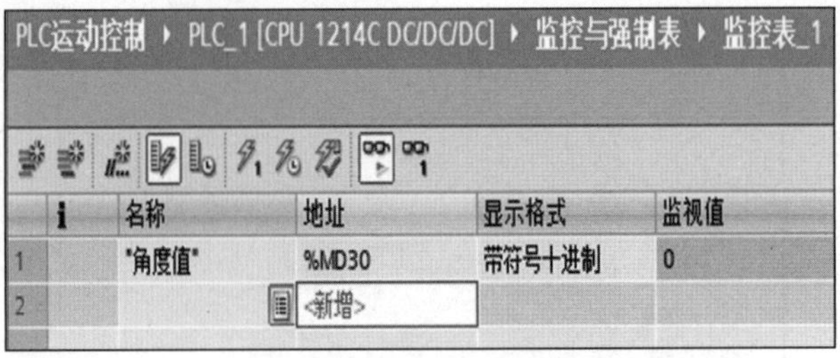

图 7.74　0° 位置处监控画面

7.4　PLC 控制系统的抗干扰性设计

虽然 PLC 适用于工业生产环境，有较强的抗干扰能力，但是如果环境过于恶劣，电磁干扰特别强烈或 PLC 的安装和使用方法不当，PLC 控制系统的安全和可靠性仍然存在风险。因此，在 PLC 控制系统设计中，还需要注意系统的抗干扰性设计。

7.4.1　抗电源干扰的措施

实践证明，PLC 控制系统的故障往往是由电源引入的干扰造成的。PLC 系统的正常供电源来自电网，由于电网覆盖范围广，受到空间电磁干扰而在线路上产生感应电压和电流，尤其是电网内部的变化、开关操作浪涌、大型电力设备启停、交直流传动装置引起的谐波、电网短路暂态冲击等，这些信号都会通过输电线路传到电源，为减少因电源干扰而造成的 PLC 控制系统故障，可采取以下措施。

(1) 采用性能优良的电源。

在 PLC 控制系统中，电源具有重要的地位，使用性能优良的电源能够抑制电网引入的干扰。电网干扰进入 PLC 控制系统主要通过以下途径：PLC 系统的供电电源（如 CPU 电源、I/O 电源等）、变送器供电电源和与 PLC 系统具有直接电气连接的仪表供电电源等。目前，大多数 PLC 系统的电源一般都采用隔离性能较好的电源，然而对于变送器和与 PLC 系统直接电气连接的仪表的供电电源，却未给予足够的关注，尽管采取了一定的隔离措施，但使用的隔离变压器分布参数大，抑制干扰能力差，经电源耦合而串入共模干扰、差模干扰。所以，对于变送器和共用信号仪表供电应选择分布电容小、抑制带大（如采用多次隔离和屏蔽及漏感技术）的配电器，以减小对 PLC 系统的干扰。另外，为保证电力供应的连续性，可使用不间断供电电源（UPS）供电，以增强供电的稳定性和可靠性。UPS 不仅具备优秀的干扰隔离能力，也是 PLC 控制系统的理想电源选择。

(2) 采取硬件滤波措施。

在干扰较强或可靠性要求较高的场合，应该使用带屏蔽层的隔离变压器对 PLC 系统进行供电。还可以在隔离变压器一侧串接滤波器，如图 7.75 所示。

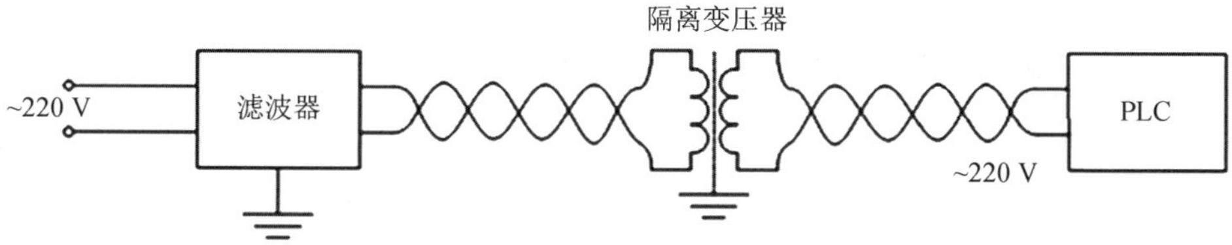

图 7.75　滤波器和隔离变压器同时使用

(3) 选择正确接地点,完善接地系统。

良好的接地可保证 PLC 可靠工作,避免偶然发生的电压冲击危害。接地的目的有两个,一是为了安全,二是为了抑制干扰。PLC 控制系统抗电磁干扰的重要措施之一是具有完善的接地系统,接地系统的接地方式一般可分为 3 种方式:串联式单点接地、并联式单点接地和多分支单点接地。

PLC 控制系统的地线包括系统地线、屏蔽地线、交流地线和保护地线等。接地系统混乱会对 PLC 系统产生干扰,主要是因为各个接地点电位分布不均,不同接地点间存在地电位差,引起地环路电流从而影响系统正常工作。如电缆屏蔽层必须一端接地,如果电缆屏蔽层两端都接地,就存在地电位差,有电流流过屏蔽层,当发生异常状态如雷击时,地线电流将更大。此外,屏蔽层、接地线和大地有可能构成闭合环路,在变化磁场的作用下,屏蔽层内又会出现感应电流,通过屏蔽层与芯线之间的耦合,干扰信号回路。若系统接地与其他接地处理混乱,所产生的地环流就可能在地线上产生不等电位分布,影响 PLC 内逻辑电路和模拟电路的正常工作。PLC 工作的逻辑电压干扰容限较低,逻辑地电位的分布干扰容易影响 PLC 的逻辑运算和数据存储,造成数据混乱、程序跑飞或死机。模拟地电位的分布将导致测量精度下降,引起对信号测控的严重失真和误动作。

7.4.2　防 I/O 干扰的措施

I/O 信号工作异常及测量的不准确可能因为信号的干扰而受到影响,如果情况严重,可能导致元器件的损坏。在隔离效果不佳的系统中,会引发信号之间的交叉干扰,引起共地系统总线回流,造成逻辑数据变化、误动作或系统崩溃,为降低 I/O 干扰对 PLC 系统的影响可采取以下措施。

(1) 从抗干扰角度选择 I/O 模块。

(2) 安装与布线时注意。

① 需要为动力线、控制线、PLC 的电源线和 I/O 线单独配线,隔离变压器与 PLC 和 I/O 之间的连线采用双绞线。如果 PLC 的 I/O 线和大功率线需要分开走线,可以在同一线槽内安装隔板。这种分槽走线方式不仅能够获得尽可能大的空间距离,还能将干扰降至最低。

② PLC 必须避免与电焊机、大功率整流装置及大型动力设备等强干扰源的接触,并

且不能将其与高压电器放置在同一个开关柜中。PLC 应当远离动力线,且两者之间的距离不应小于 200 mm。与 PLC 安装在同一个柜子里的电感负荷,如功率较大的继电器和接触器的线圈,应并联 RC 电路。

③ PLC 的输入与输出最好分开走线,开关量与模拟量也要分开敷设。在传输模拟量信号时应采用屏蔽线,屏蔽线一端需要接地,接地电阻应不能超过屏蔽线电阻的 1/10。

④ 交流输出线和直流输出线不要用同一根电缆,输出线需要尽可能地与高压线和动力线保持距离,避免并行。

(3) 考虑 I/O 端的接线。

输入线一般不要太长,如果环境干扰较小,电压降不大时,输入线可适当长些。I/O 线要分开。尽可能采用常开触点形式连接到输入端,使编制的梯形图与继电器原理图一致,方便阅读。但急停、限位保护等情况例外。

输出端接线分为独立输出和公共输出,在不同组中,可采用不同类型和电压等级的输出电压。但同一组中的输出只能用同一类型、同一电压等级的电源。由于 PLC 的输出元器件被封装在印制电路板上,并且连接至端子板,若将连接输出元器件的负载短路,将烧毁印制电路板。采用继电器输出时,所承受的电感性负载的大小,会影响到继电器的使用寿命,因此应合理选择使用电感性负载,或加隔离继电器。

习题与思考题

7.1 组态时怎样建立 PLC 和 HMI 之间的连接?

7.2 人机界面的内部变量和外部变量各有什么特点?

7.3 在画面上组态一个输出域,用 5 位整数显示 PLC 中 MW10 的值。

7.4 HMI 有哪几种仿真调试的方法? 各有什么特点?

7.5 怎样用 HMI 的控制面板设置 PN 接口的 IP 地址?

7.6 在画面上组态一个 I/O 域,用 5 位整数格式修改 PLC 中 MW10 的值。

7.7 为了实现 S7 - 1200 PLC 的 CPU 与 HMI 的以太网通信,需要做哪些操作?

7.8 怎样实现 PLC 和 HMI 的集成仿真调试?

7.9 PID 控制为什么会得到广泛的使用?

7.10 PID_Compact 指令采用了哪些改进的控制算法?

7.11 简述 PID 输出中的比例、积分和微分等部分有什么作用?

7.12 怎样确定 PID 控制器参数的初始值?

7.13 启动 PID 参数预调节应满足哪些条件?

7.14 从抗干扰角度如何选择 I/O 模块?

7.15 简述抗电源干扰的措施。

第 8 章　机床数控系统案例

本章将学习数控系统中刀库换刀的逻辑理论，运用S7－200 PLC配合NC数据程序调试，完成 SINUMERIK 828D 数控系统在车床和铣床上的刀库管理应用调试。

8.1　西门子 SINUMERIK 828D 数控系统简介

8.1.1　SINUMERIK 828D 特点

SINUMERIK 828D 展现了在复杂钻削和铣削操作方面的高效能力，特别是在加工任意倾斜的平面或圆柱形工件时，能够以最低的加工时间实现极高的表面光洁度。其车削功能也非常出色，不仅支持多样化的车削工艺，还能进行端面和圆周面的钻铣作业。通过配合使用副主轴，实现了一次装夹完成工件全面加工，极大地提高了生产效率。

此外，SINUMERIK 828D 的设计兼顾紧凑和一体化，整合了显示屏、NC 键盘和数控系统，简化了接口和电缆的需求，保证了系统的易用性和可靠性。操作面板采用压铸镁合金材质，确保了其在恶劣环境下的耐用性。它的无风扇和无须备用电池的设计实现了免维护，借助 NV－RAM 技术，即便长时间停机，加工程序也能安全保存。

1. 80 位浮点数计算精度

SINUMERIK 828D 和 SINAMICS 系统采用了前沿的处理器技术，在软件架构方面也位于同级产品的前列，浮点运算精度非常高，实现了卓越的轮廓控制和优化的工件精度。

2."精优曲面"—— 完美工件

SINUMERIK 828D 运用了"精优曲面" 技术，在模具加工这一对数控系统性能要求极高的应用领域能够有效应对挑战，不但具有较高的加工质量同时可以大幅缩短加工时间。其先进的"预读" 算法能够全面分析加工路径，确保在进行细小线段的模具加工时保持工件表面平滑。

3.基于加工平面的坐标转换

SINUMERIK 828D 的转换功能提供了全面的加工自由度，无论是进行圆柱工件的端面和柱面加工，还是在旋转工件上的铣削作业，都能轻松实现坐标系到加工平面的转换，从而简化编程并提高加工精确度。这种坐标转换过程在系统上自动完成，无须依赖 CAD/CAM 系统或其他辅助工具。

4.编程向导

在批量生产中，SINUMERIK 828D 采用"ProgramGUIDE" 编程向导，实现了灵活高级编程与便利循环编程。其 ShopMill / ShopTurn 工步式编程不但显著提高了编程效率，还确保了无论是大规模还是单件生产的加工编辑都易于操作。

8.1.2 PLC 程序与结构

1.PLC 程序结构

SINUMERIK 828D 的 PLC 采用循环扫描机制,有效管理输入到输出的过程,通过主控制程序 OB1 的顺序调用,PLC 执行用户定义的子程序,确保在每个扫描周期内完成任务并在周期结束时刷新输出状态,这种机制确保了 PLC 系统的高效运行。在每个扫描周期结束后,系统会将处理结果更新到输出映像寄存器中,从而控制 PLC 的实际输出设备,完成一个完整的扫描周期流程。图 8.1 所示为 PLC 基本程序结构(原理图)。

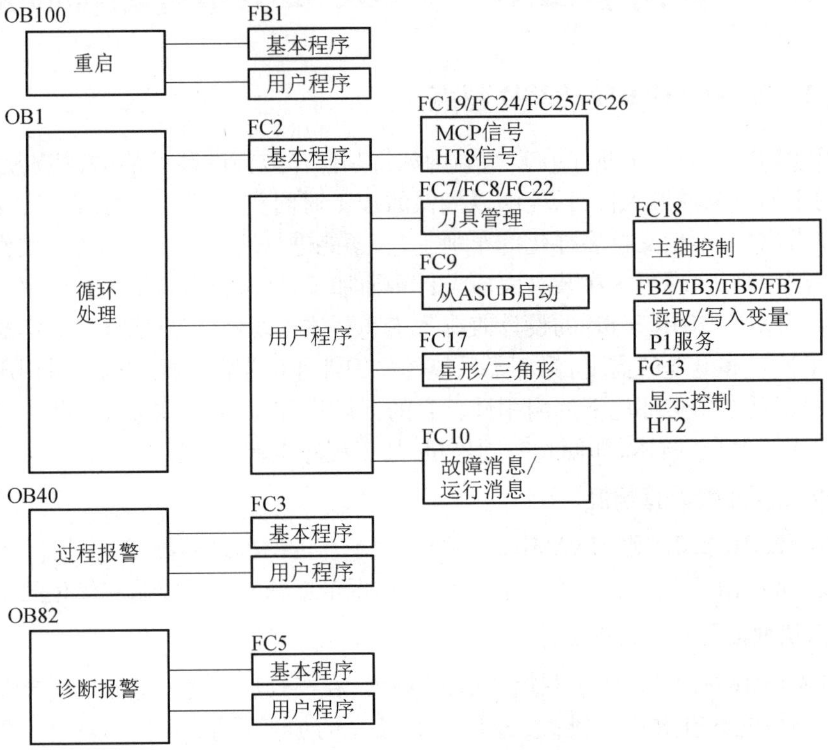

图 8.1　PLC 基本程序结构(原理图)

2.PLC 接口信号工作原理

通过 PLC 固件实现系统用户接口的创建, PLC 与 NC/HMI 通过该接口实现信号和数据的交换。这包括对 NCK、刀具管理、NC 通道、轴和主轴等的管理,通过数据和功能接口组织循环和位置相关的数据交换,增强了系统的交互性和效率。图 8.2 所示为用户接口简图。

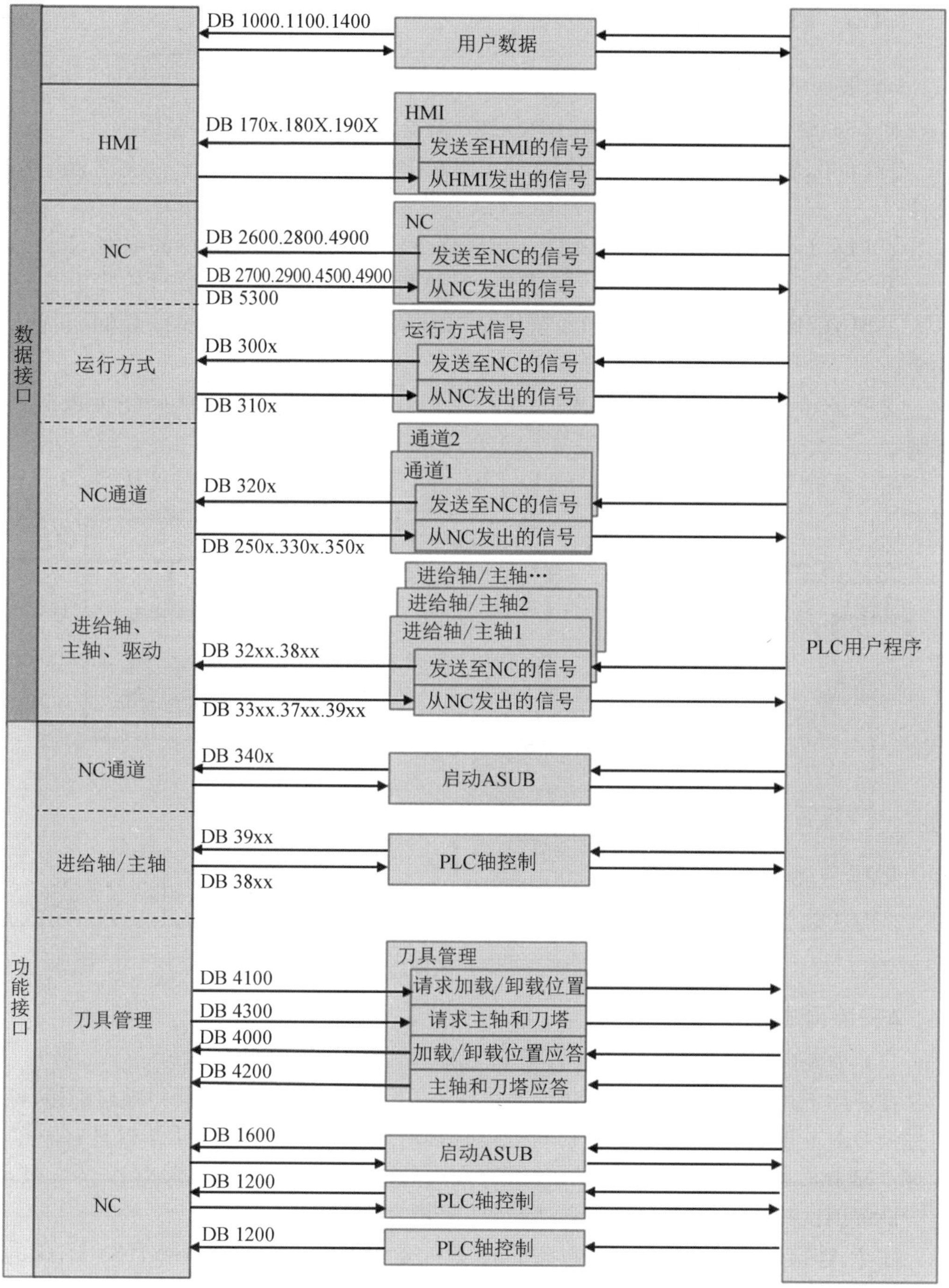
数据接口
功能接口
HMI
NC
运行方式
NC通道
进给轴、主轴、驱动
NC通道
进给轴/主轴
刀具管理
NC
DB 1000.1100.1400
DB 170x.180X.190X
DB 2600.2800.4900
DB 2700.2900.4500.4900
DB 5300
DB 300x
DB 310x
DB 320x
DB 250x.330x.350x
DB 32xx.38xx
DB 33xx.37xx.39xx
DB 340x
DB 39xx
DB 38xx
DB 4100
DB 4300
DB 4000
DB 4200
DB 1600
DB 1200
DB 1200
用户数据
HMI
发送至HMI的信号
从HMI发出的信号
NC
发送至NC的信号
从NC发出的信号
运行方式信号
发送至NC的信号
从NC发出的信号
通道2
通道1
发送至NC的信号
从NC发出的信号
进给轴/主轴…
进给轴/主轴2
进给轴/主轴1
发送至NC的信号
从NC发出的信号
启动ASUB
PLC轴控制
刀具管理
请求加载/卸载位置
请求主轴和刀塔
加载/卸载位置应答
主轴和刀塔应答
启动ASUB
PLC轴控制
PLC轴控制
PLC用户程序

图 8.2　用户接口简图

8.1.3 PLC 调试软件

1.安装调试软件

对于新手而言,在调试 SINUMERIK 828D 时会涉及以下主要软件工具:

① Config Data 828D(选用):含有部分 828D PLC 子程序和优化的检测程序示例文件;

② PLC Programming Tool(必用):用于开发和调试 828D PLC 程序的编程工具;

③ Access MyMachine(选用):实现个人计算机与 828D 系统间的文件传输功能;

④ SINUMERIK Commissioning(选用):提供驱动器调试、信号追踪和伺服优化等功能;

⑤ WKonvert Wizard(选用):Wkonvert 向导,用于生成 Tool Ident Connection 的转换规则。

这些软件工具都包含在 828D Toolbox 中。图 8.3 所示为 828D 硬件连接图。

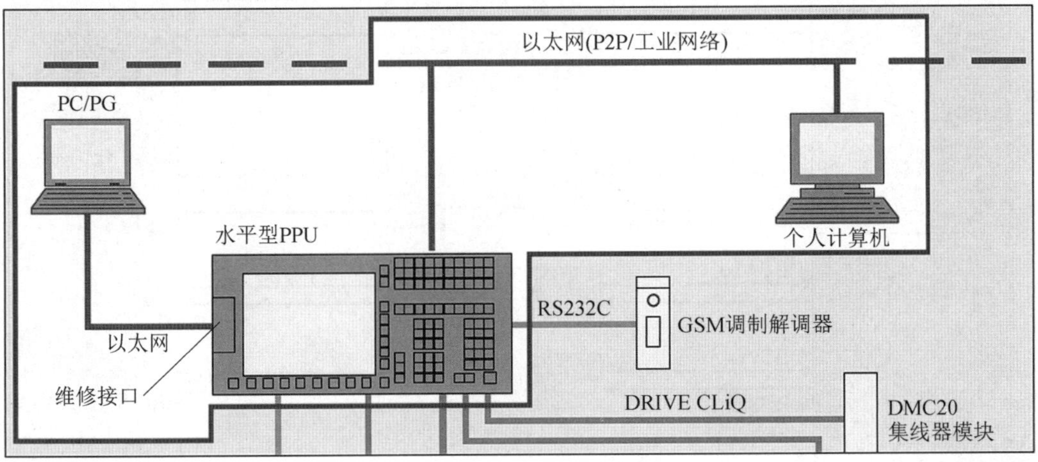

图 8.3 828D 硬件连接图

2.安装调试软件

(1) 个人计算机 IP 地址设置。

在使用上述软件进行调试时,建议通过系统 PPU 前面板的 X127 网络端口连接,该端口提供 DHCP 服务,能为连接的计算机或设备自动分配 IP 地址。X127 端口具有固定 IP 地址:192.168.215.1。

设置调试计算机的 IP 地址以自动获取(图 8.4)。

注意,连接后应验证计算机或设备的 IP 地址是否正确分配,应在 192.168.215.xx 的地址范围内;若不正确,尝试禁用并重新启用网络适配器以重新获取 IP 地址。

(2) 数据传输软件 AMM 的连接。

第一次打开软件时应首先设置密码,推荐使用"SUNRISE"。

打开软件后,单击左上角"连接" 按钮,在弹出的对话框内新建连接,IP 地址设置过程如图 8.4 所示。

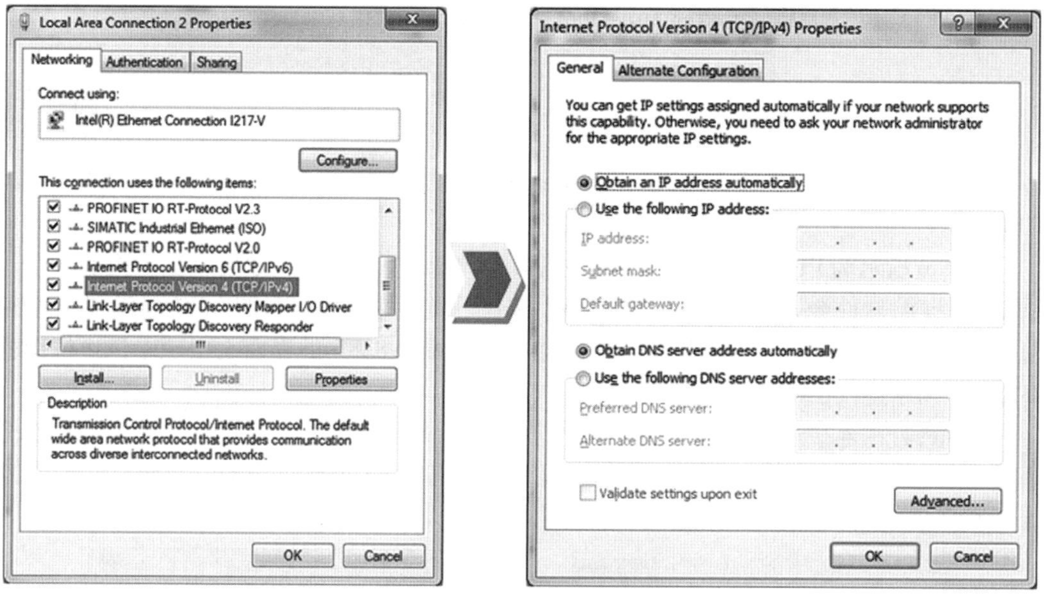

图 8.4　IP 地址设置过程

如图 8.5 所示，以 X127 端口为例，IP/ 主机名称设置为 192.168.215.1，端口设置为 22，用户名密码输入自己的信息，远程控制部分的端口设置为 5900。为了方便下次直接使用，设置完成单击“保存”，之后单击“连接”；连接完成后就可以直接读取系统 CF 卡的信息了。此外软件定义了常用的传输路径，可在书签处选择对应路径进行快速定位，方便数据查找。

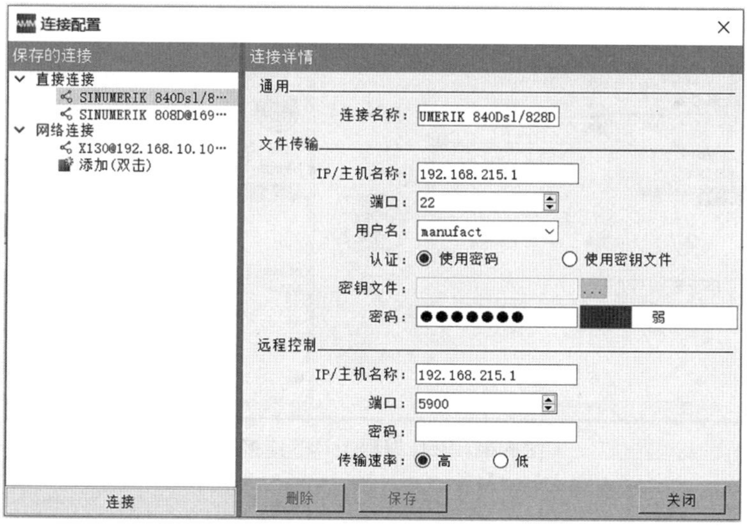

图 8.5　连接配置

(3)PLC 编程工具(Programming tool) 的连接。

双击桌面上的 

Programming tool 快捷方式,之后选择界面左下角 

“通讯”。

图 8.6 所示为 PLC 编程工具的连接过程,首先双击“地址:0”,之后根据本机的网卡选择对应选项,软件会表明指向,单击“确认” 按钮。接下来,输入 X127 端口的 IP 地址至通信的远程地址栏,并执行双击操作以刷新连接。当看到 828D 的界面上出现绿色边框图标时,表示网络连接已成功建立。

注意,若在连接过程中遇到错误,应检查计算机或其他设备的 IP 地址是否被正确分配至 192.168.215.xx 的网段内,并确保该地址能与 192.168.215.1 进行 ping 通。如果 IP 地址分配不正确,需要禁用网络适配器后再重新启用,以便重新正确分配 IP 地址。

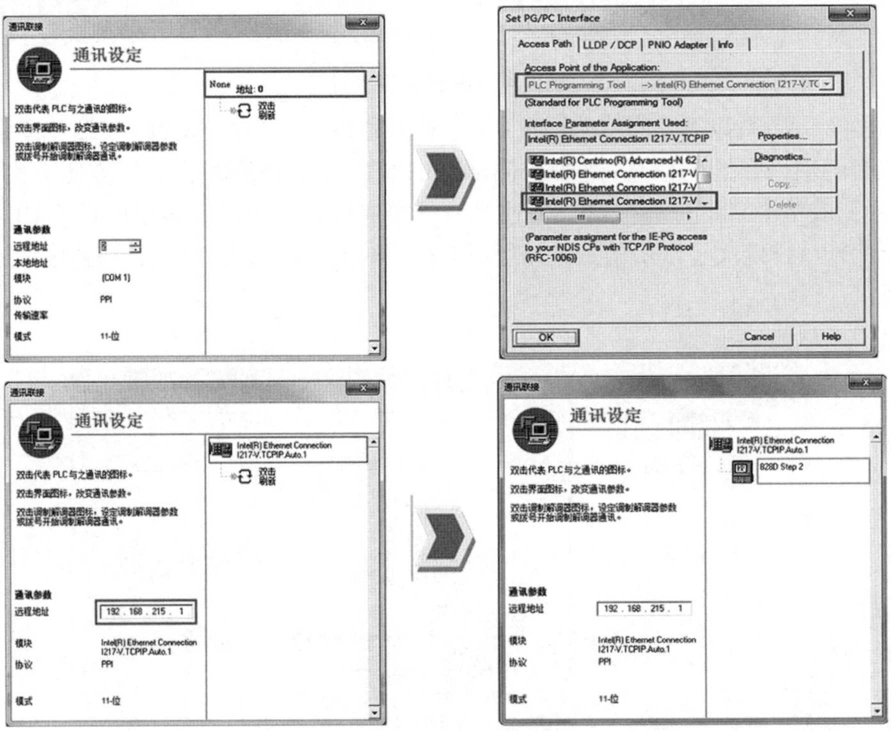

图 8.6　PLC 编程工具的连接过程

8.2　刀库管理

在数控机床的设计中,为了在一次装夹中完成多个加工步骤,减少辅助时间和由于多次装夹引发的误差,装备自动换刀装置是必需的。这样的装置需满足快速换刀、高刀具重复定位精度、足够的刀具储存容量、占地面积小及高安全性和可靠性等基本条件。

8.2.1　刀库管理

1.刀库简介

机床上常用的刀库类型大致可分为以下 3 种。

(1) 回转刀架。

回转刀架为数控车床中一种常用的换刀设备,常见的有圆盘式、四方式、六角式等多种样式。操作人员可以通过设置数控系统指令来控制回转刀架换刀。

在设计回转刀架时,必须确保其具有充分的强度和刚度,以应对粗加工过程中的高切削负荷。鉴于车削加工的精度主要取决于刀尖位置的准确性,且在数控车床的操作过程中不能手动调整刀具,因此挑选一个可靠的定位系统和进行精心的结构设计来保证换刀后能够实现高度重复的定位精度(精度范围通常为 0.001 ~ 0.005 mm)显得格外关键。

换刀过程在回转刀架中通常涉及提升刀架、旋转到新位置和锁紧刀具等步骤。

(2) 斗笠式刀库。

斗笠式刀库因类似伞状的圆形结构而得名,常见于体积较小的机床如精雕加工中心、钻攻中心等。换刀过程中,整个刀库向主轴移动以进行刀具更换,主轴将已装刀具移入刀库卡槽后上移脱离,随后刀库旋转。待新刀具与主轴对齐后,主轴下移使刀具进入主轴锥孔内并夹紧,最后刀库返回原位。斗笠式刀库的容量通常在 16 ~ 24 把刀之间,是一种相对较小的刀库类型。

(3) 带刀库的自动换刀系统。

由于回转刀架和斗笠式换刀装置的刀具容量限制,不能满足加工复杂零件的需求,因此采用带刀库的自动换刀系统的数控机床成为主流。这类换刀系统包括刀库和换刀机构,换刀过程更为复杂。所有刀具需先安装在标准刀柄上,并在机外进行尺寸预调整,然后以特定方式存入刀库中。换刀时,先从刀库中选刀,再由换刀装置取出刀具并进行更换,新刀装入主轴,旧刀返回刀库。带刀库的自动换刀系统不仅容量大,而且可安装于主轴箱侧面或上方。

另外,因刀库容量大,机床能够执行复杂零件的多道工序加工,提高了适应性和加工效率,适合在数控钻削中心和加工中心使用。

2.刀库初始化

SINUMERIK 828D 系统提供了一种刀库管理功能,它允许用户对机床的刀库和刀具进行统一的管理。在进行刀库初始化配置时,大多数实际刀库都可以映射为上述 3 种类型中的一种。

在刀库管理方面,为了更好地管理,除了将实际的刀库映射为一个刀库之外,刀库缓冲区和装刀点也被分别映射为一个虚拟的刀库。具体来说,刀库缓存区(虚拟刀库号:9998)包括所有可用于放置刀具的位置(如主轴、卡爪),而装刀点(虚拟刀库号:9999)用于在装刀和卸刀过程中临时存放刀具。

(1) 系统可管理的各种实际刀库的最大数量可参考 NC82 样本。

①SW24:真实刀库数量 = 1;

②SW26:真实刀库最大数量 = 1(磨床版最大为 2);

③SW28:真实刀库最大数量 = 2。

(2) 系统初次启动时,以下为刀库的缺省设置。

① 铣床:20 个刀位的机械手刀库,带有两个卡爪;

② 车床:12 个刀位的转塔刀架;

③ 磨床:无刀库管理功能,也无法激活刀库管理功能。

8.2.2 刀库配置

可以直接在 HMI 上对刀库进行初始化配置,配置过程如下。

(1) 进入刀库配置页面。

如图 8.7 所示,选择“主菜单 → NC → 刀具管理”,若出现如下提示信息,则先取消主轴当前激活的刀具。

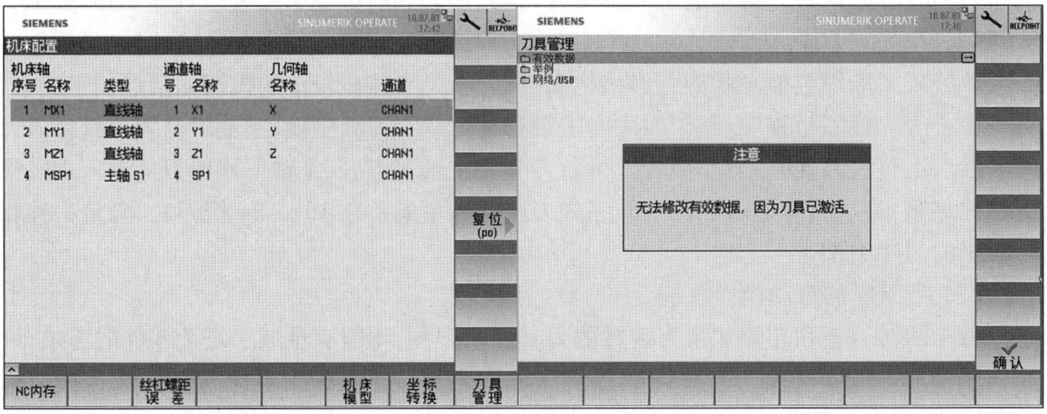

图 8.7　刀库配置界面

(2) 选择刀库模板。

如图 8.8 所示,在刀具管理页面中,“举例” 文件夹包含 3 种样本刀库配置。

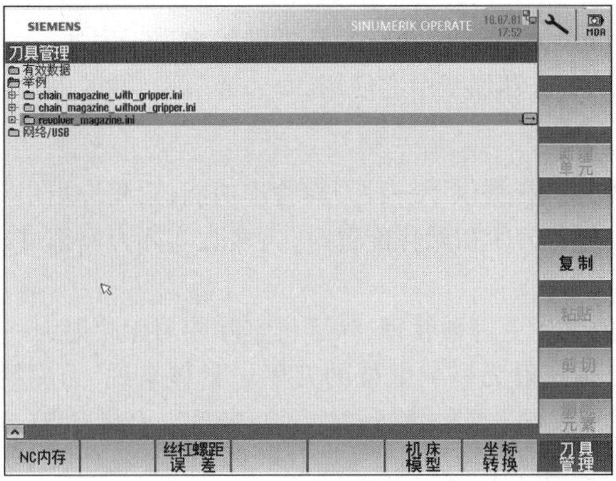

图 8.8　刀库模板

①Chain_magazine_with_gripper:带有卡爪的刀库(如链式刀库、机械手圆盘刀库);

②Chain_magazine_without_gripper:不带卡爪的刀库(如斗笠式刀库、夹臂式刀库);

③Revolver_magazine:刀塔刀库(适用于车床)。

(3) 刀库配置。

关于刀库配置,系统出厂时默认包含刀库配置。如果刀库类型与实际情况不符,可以通过以下两种方法来进行配置:

① 将“举例”中现有的模板数据复制到“有效数据”文件夹,然后根据需要修改“刀具单元”的具体配置;

② 使用“新建单元”来自定义刀具配置。在“有效数据”界面上单击右侧的“新建单元”软按键,以建立刀具单元,并根据需求具体配置“刀库单元”。

(4) 换刀相关子程序设计。

相关换刀子程序、程序段搜索处理等刀库文件可以在 TOOLBOX 光盘的 examples\\04.07\\Tool_management 路径下找到,并复制到系统数据的制造商循环文件中,包括如下文件:

①L6.SPF:换刀子程序,主要实现刀库的动作;

②TCA.SPF:刀具激活程序;

③CYCPE_MA.SPF:程序段搜索处理程序。

在换刀子程序 L6 中,首先判断预选刀号是否在主轴上、是否处于程序测试、模拟模式、卡爪上是否有刀,以确定是否继续执行换刀。然后通过 3 个浮点数用户数据接口分别控制 Y 轴、Z 轴、SP 主轴移动到换刀位置和定向停角度,并执行 M206 来进行换刀。

8.2.3　刀库管理响应

创建传输/响应步骤表的核心目标是确保刀具管理系统能准确获得关于任务完成情况的反馈及刀库目前进行的换刀动作的最新状态。在具有多个换刀步骤的链式刀库系统中,构建这样的步骤表变得尤为重要。这是为了确保在执行换刀操作的同时,能够有效地对应每一个步骤并及时向刀具管理系统报告当前刀具与刀库的状态。图 8.9 所示为 828D 刀具管理系统的传输/响应流程。

对于车床刀塔而言,由于其换刀动作仅涉及刀塔的一次旋转,换刀即完成,因此不需要设置传输/响应步骤表。换刀完成后,系统可以直接报告所有步骤已完成。相较之下,斗笠式刀库和机械手式刀库的换刀步骤更为复杂,必须创建传输/响应步骤表来在完成换刀操作的同时,及时反馈对应步骤的完成情况,从而让刀具管理系统掌握当前刀具和刀库的状态。

为此,在 828D 的 PLC 子程序库中,需要添加 3 个关键的数据块:DB9900(常量传递表)、DB9901(变量传递表) 和 DB9902(响应表)。在 DB9900 中,事先定义好新旧刀具的操作步骤;在 DB9902 中,规划换刀过程中的动作、换刀中断及换刀完成后的响应步骤;而 DB9901 则用于传达当前的刀位号和主轴刀号之间的信息,以及在异步还刀操作中,卡爪 2 刀号和刀库当前刀号之间的信息传递(指明卡爪 2 上的刀具需被放回刀库的具体位置)。系统会持续更新 DB9901 中的当前刀位号,以保持信息的最新状态。

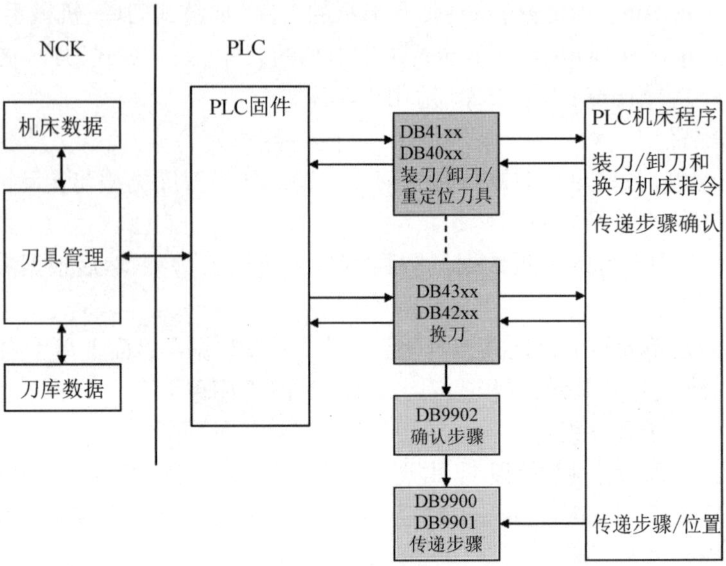

图 8.9　828D 刀具管理系统的传输 / 响应流程

通过在 PLC 程序中加入 3 个系统 DB 块——DB9900、DB9901 和 DB9902，能够详细定义刀具和刀库在各种可能场景下的状态，从而确保刀具管理系统能够接收到准确、及时的状态更新。

DB9900（常量传递表）的结构见表 8.1。

表 8.1　DB9900（常量传递表）的结构

步骤号	从哪个刀库来	从哪个刀位来	到哪个刀库去	到哪个刀位去
1	DBW0	DBW2	DBW4	DBW6
⋮	⋮	⋮	⋮	⋮
64	DBW504	DBW506	DBW508	DBW510

DB9901（变量传递表）的结构见表 8.2。

表 8.2　DB9901（变量传递表）的结构

步骤号	从哪个刀库来	从哪个刀位来	到哪个刀库去	到哪个刀位去
101	DBW0	DBW2	DBW4	DBW6
⋮	⋮	⋮	⋮	⋮
164	DBW504	DBW506	DBW508	DBW510

DB9902（响应表）的结构见表 8.3。

表 8.3　DB9902（响应表）的结构

步骤号	要响应的步骤号（新刀）	要响应的步骤号（旧刀）	要响应的状态
1	DBB0	DBB1	DBB2
⋮	⋮	⋮	⋮

续表8.3

步骤号	要响应的步骤号(新刀)	要响应的步骤号(旧刀)	要响应的状态
30	DBB116	DBB117	DBB118

刀库有 3 种类型:1 表示真实刀库;9998 表示缓冲区,包括主轴和卡爪;9999 表示装刀点。

对于描述刀具移动的过程,核心在于明确源地址和目标地址的概念。当涉及新刀具时,其将被安装至主轴上,因此其目标地址是预设的,即主轴位置。新刀具的起始位置则是刀库中的某个刀位,而这个刀位是不确定的,可能是刀库中的任意一个位置。对于旧刀具而言,其从主轴卸下后需要被返回至刀库,起始位置因此是确定的,即主轴,而其目标位置则是刀库中的某个刀位,这个刀位同样是不固定的,可能是任意一个位置。

在细化真实刀库中刀位的描述时,每个刀位通过刀位号进行标识,鉴于刀库中刀位数量众多,直接列出每个刀位具体情况不现实。因此,采用编码方式简化表示:使用"0,1"标识新刀的起始地址,其具体位置信息存储在 DB4300.DBW6 和 DB4300.DBW8 中;"0,2"用以标识旧刀的目标地址,具体位置信息则位于 DB4300.DBW18 和 DB4300.DBW20 中。

在缓冲区中,通过"9998,1""9998,2" 和"9998,3" 分别代表主轴、卡爪 1 和卡爪 2。通常,刀库的装刀点为主轴,标识为"9999,1",若存在第二个装刀点,则使用"9999,2" 表示。刀具地址解释及响应状态解释见表 8.4 与表 8.5。

表 8.4　刀具地址解释

刀库类型	刀库号	刀位号	编号含义
缓冲区	9998	1	主轴(sp)
	9998	2	卡爪 1(gp1)
	9998	3	卡爪 2(gp2)
装刀点	9999	1	装刀点 1(ld1)
真实刀库	0	1	新刀源地址(mag)
	0	2	旧刀目标地址(mag)
	1	n	n 号刀位(mag)

表 8.5　响应状态解释

响应类型	类型号	响应状态
同步响应	1	最终步骤,换刀完成
	3	换刀终止
	105	中间步骤,换刀未完成
异步响应	201	报告刀具移动
	204	报告刀库移动

换刀操作分为手动和自动两种方式,分别源自操作界面和 NC 程序的指令。手动操作命令包括装刀、卸刀等,可以通过多个接口读取。换刀自动命令读取接口见表 8.6。

表 8.6　换刀自动命令读取接口

DB4100 ~ DB41xx	NC → PLC 信号							
Byte	位 7	位 6	位 5	位 4	位 3	位 2	位 1	位 0
DBB y000	—	—	—	—	—	—	—	命令
DBB y001	—	—	—	—	刀库定位	刀具移位	卸刀	装刀
DBW y006	源刀库号(整数)							
DBW y008	源刀位号(整数)							
DBW y010	目标刀库号(整数)							
DBW y012	目标刀位号(整数)							

注:xx 代表装载点位置号;

y 代表刀具单元(TO) 号,一般而言一个通道一个 TO。

例 8.1　必须接收到换刀命令才能执行同步响应,否则系统将发出报警;而异步响应则可以随时执行,无须特定命令。

DB4101.DBX0.0:第一刀具单元(第一通道) 第二装载点对应命令信号;

DB4100.DBX1000.0:第二刀具单元(第二通道) 第一装载点对应命令信号;

对于单一刀库而言(xx = 0,y = 0):

DB4100.DBX0.0 是命令位,代表当前有命令。DB4100.DBB1 中的每一位对应不同的命令内容。DB4100.DBW6 和 DB4100.DBW8 是新刀源地址。DB4100.DBW10 和 DB4100.DBW12 是旧刀目标地址。

响应装刀、卸刀等手动操作时,可从表 8.7 中所列举的接口读取。

表 8.7　响应装刀、卸刀等手动命令读取接口

DB4000 ~ DB40xx	PLC → NC 信号							
Byte	位 7	位 6	位 5	位 4	位 3	位 2	位 1	位 0
DBB y000	7	6	5	4	3	2	1	所有步骤完成
DBB y001	15	14	13	12	11	10	9	8
DBB y002	23	22	21	20	19	18	17	16
DBB y003	保留	30	29	28	27	26	25	24
DBB y009	—	—	—	—	—	—	换刀状态中断应答	复位应答错误

注:xx 代表装载点位置号;

y 代表刀具单元(TO) 号,一般而言一个通道一个 TO。

例 8.2　DB4001.DBX9.0:第一刀具单元(第一通道) 第二装载点 复位应答错误信号;

DB4000.DBX1009.0:第二刀具单元(第二通道) 第一装载点 复位应答错误信号。

来自刀库管理的 PLC 反馈信号(1) 见表 8.8。

表 8.8　PLC 反馈信号(1)

DB4100. - 41XX.	来自刀具管理的信号 NCK → PLC (Read only)							
Byte	Bit 7	Bit 6	Bit 5	Bit 4	Bit 3	Bit 2	Bit 1	Bit 0
DBB y100	—	—	—	—	—	—	应答	应答
	—	—	—	—	—	—	错误	OK
DBB y104	应答的错误状态(字)							

故障时,在 DB41xx.DBBy104 中显示一个不等于零的诊断编号,含义如下:

0:无故障;

1:同时存在多个应答信号;

2:无任务应答;

3:无效的传输步骤编号;

4:定位设定无任务;

5:状态不允许更改刀位(已使用应答状态 0);

7:使用了不允许的应答状态;

其他值:该值相当于此次传输造成的、NC 中刀具管理的故障信息。

备刀、换刀等自动命令可以从表 8.9 列举的接口中读取。

表 8.9　备刀、换刀等自动命令读取接口

DB4300 ~ DB43xx	NC → PLC 信号							
Byte	位 7	位 6	位 5	位 4	位 3	位 2	位 1	位 0
DBB y000	—	—	—	—	—	—	—	命令
DBB y001	—	卸载手动刀具	装载手动刀具	无旧刀	T0	备刀 Txx	换刀 M206	固定点换刀
DBW y006	源刀库号(整数)							
DBW y008	源刀位号(整数)							
DBW y018	目标刀库号(整数)							
DBW y020	目标刀位号(整数)							

注:xx 代表 Tool holder 号;

y 代表刀具单元(TO) 号,一般而言一个通道一个 TO。

例 8.3　DB4301.DBX0.0:第一刀具单元(第一通道) 第二 Tool holder 命令信号;

DB4300.DBX1000.0:第二刀具单元(第二通道) 第一 Tool holder 命令信号。

对于单一刀库而言(xx = 0,y = 0):

DB4300.DBX0.0 是命令位,代表当前有命令。DB4300.DBB1 中的每一位对应不同的命令内容。DB4300.DBW6 和 DB4300.DBW8 是新刀源地址。DB4300.DBW18 和 DB4300.DBW20 是旧刀目标地址。

响应备刀、换刀等自动命令时,可从表 8.10 列举的接口中读取。

表 8.10　响应备刀、换刀等自动命令读取接口

DB4200 ~ DB42xx	PLC → NC 信号							
Byte	位 7	位 6	位 5	位 4	位 3	位 2	位 1	位 0
DBB y000	7	6	5	4	3	2	1	所有步骤完成
DBB y001	15	14	13	12	11	10	9	8
DBB y002	23	22	21	20	19	18	17	16
DBB y003	保留	30	29	28	27	26	25	24
DBB y009	—	—	—	—	—	—	换刀状态中断应答	复位应答错误

例 8.4　DB4201.DBX9.0：第一刀具单元(第一通道)第二 Tool holder 复位应答错误信号；DB4200.DBX1009.0：第二刀具单元(第二通道)第一 Tool holder 复位应答错误信号。

如图 8.10 所示，备刀、换刀等自动命令的响应也通过特定接口地址进行读取，并且只有在接收到命令时才执行同步响应，在一个 PLC 扫描周期内仅能响应一步操作。响应操作完成后，系统会在下一个 PLC 扫描周期自动复位相应的位。

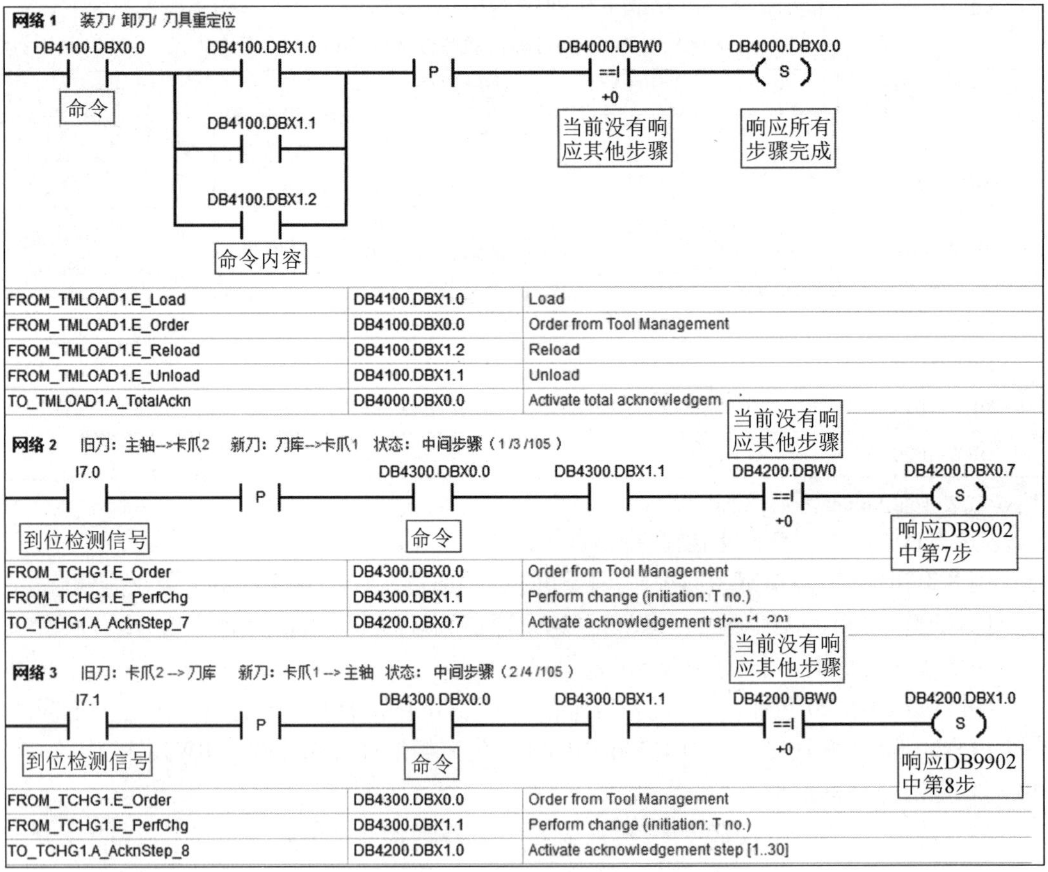

图 8.10　PLC 响应程序

来自刀库管理的 PLC 反馈信号(2) 见表 8.11。

表 8.11　PLC 反馈信号(2)

DB4300. - 43XX.	来自刀具管理的信号 NCK →PLC (Read only)							
Byte	Bit 7	Bit 6	Bit 5	Bit 4	Bit 3	Bit 2	Bit 1	Bit 0
DBB y100	—	—	—	—	—	—	应答	应答
	—	—	—	—	—	—	错误	OK
DBB y104	应答的错误状态(字)							

故障时在 DB43xx.DBBy104 中显示一个不等于零的诊断编号,含义如下:

0:无故障;

1:同时存在多个应答信号;

2:无任务应答;

3:无效的传输步骤编号;

4:定位设定无任务;

5:状态不允许更改刀位(已使用应答状态 0);

7:使用了不允许的应答状态;

其他值:该值相当于此次传输造成的、NC 中刀具管理的故障信息。

8.3　数控车床刀架应用

8.3.1　数控车床刀架类型

1.排式刀架

图 8.11 所示为排式刀架,排式刀架经常用于以加工棒料或盘类零件为主的小规格数控车床。

图 8.11　排式刀架

排式刀架的设计令不同功能的刀具被夹持并沿车床的 X 轴方向在横向滑板上顺序排列。排式刀架的布局和车床的调整都相对简单,便于根据加工需求组合多种功能的刀具。完成一道工序后,横向滑板仅需按预设程序移动到下一个位置,便能快速实现换刀,从而有效提升车床的工作效率。

2.回转刀架

图 8.12 所示为回转刀架,回转刀架是数控车床中最普遍采用的换刀装置之一,其换刀动作通常通过液压或电气系统自动完成。设计上可以为四方、六方或圆盘式刀架,可装载 4 把、6 把或更多刀具。换刀过程包括刀架升起、旋转至新位置和锁紧等步骤,这一系列动作由数控系统控制完成。回转刀架根据其旋转轴与安装底面的位置关系,可分为立式和卧式两种。

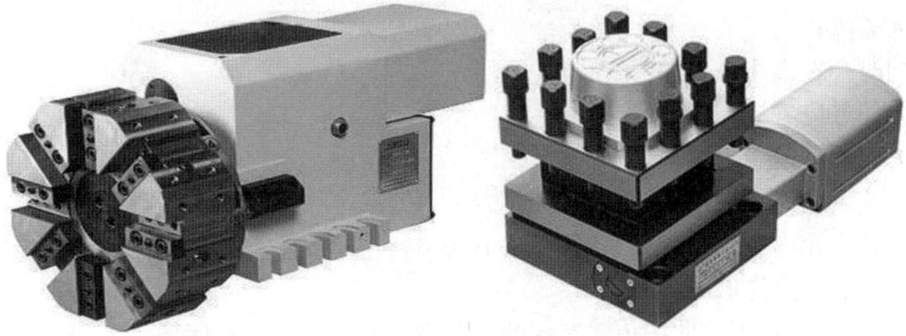

图 8.12　回转刀架

尽管排式刀架和回转刀架在设计上确保了换刀的便捷和快速,但它们所能装载的刀具数量有限。在需要使用更多刀具的情况下,选择配备有刀库的自动换刀系统将是更合适的解决方案。

8.3.2　液压刀架应用

1.刀架配置

刀架配置基本参数与扩展参数见表 8.12 与表 8.13。

表 8.12　刀架配置基本参数

基本参数	设定值	说明
MD10715[0]	6	调用换刀子程序的 M 代码(适用于斗笠、机械手刀库)
MD10716[0]	L6	调用换刀子程序的子程序名称(适用于斗笠、机械手刀库)
MD10717	TCHANGE	换刀子程序名称(适用于刀塔)
MD10760	Bit0 = 1	G53/G153/SUPA 指令关闭刀具长度补偿
MD20270	1/ - 2	1:缺省设置(适用于带机械手刀库和刀塔) - 2:执行 M206 不生效新刀沿,不进行读入禁止,直到 D 号(适用于斗笠式刀库)
MD22550	1	换刀的 M 功能开启(适用于斗笠、机械手刀库)
MD22560	206	换刀的 M 功能 M 代码(适用于斗笠、机械手刀库)

(1) 相关刀库文件。

TCHANGE.SPF:实现车床刀架自动换刀的换刀子程序(适用于刀塔);

PLCASUP1.SPF:手动刷新刀具异步子程序(适用于刀塔);

MAG_CONF.SPF:初始化刀库。

表 8.13　刀架配置扩展参数

扩展参数	设定值	说明
MD20310	Bit9	0:取消 PLC 模拟应答(有真实刀库) 1:激活 PLC 模拟应答(适用于无真实刀库)
MD52270	Bit7	通过 T 号创建刀具(T1,T2,…)(适用于刀塔)
	Bit8	隐藏"移位",刀具移位功能键在操作界面中隐藏
	Bit9	隐藏"刀库定位",刀库定位功能键在操作界面中隐藏

(2) 刀库文件装载。

将上述刀库文件拷贝到 828D 的系统卡路径下,选择"主菜单 → 调试 → 系统数据 → NC 数据 → 循环 → 制造商循环" 选项,重启系统生效,如图 8.13 所示。

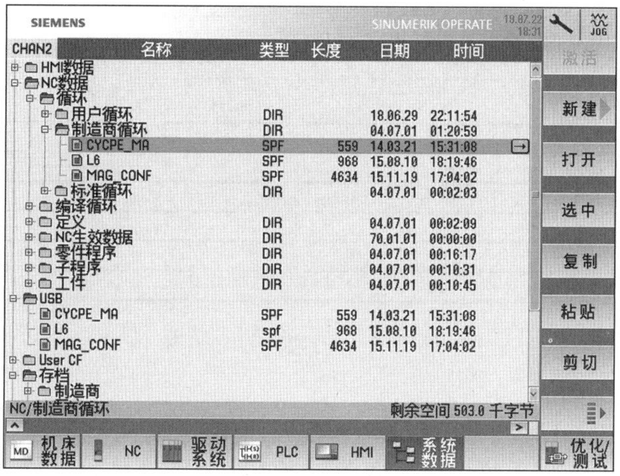

图 8.13　刀库文件装载

2.刀架换刀 PLC 设计

功能简介:支持 4 或 6 工位;单向找刀;电动松开 / 锁紧。

信号编码:"点对点",每个工位有单独输入信号。

手动换刀:单向累加换刀,通过异步子程序 1 刷新刀表。

如图 8.14 所示,标准 PLC 样例程序中 #51 子程序用于控制霍尔元件为刀位传感器的刀架,刀架电动机由 PLC 控制。

(1) 换刀过程。

在刀架寻找目标刀具时,会先进行正转操作,一旦找到目标刀具,刀架则进行反转以锁紧(其中反转的时间是可调节的)。如果在规定时间内未能找到目标刀具,则会触发报警系统。此外,该子程序还会检查刀架的反转和锁紧时间,确保其不超过 3 s,以避免刀架电动机的潜在损害。

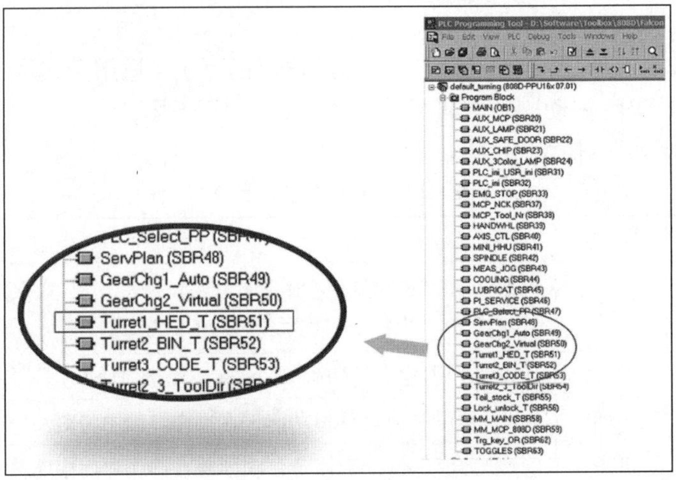

图 8.14　标准 PLC 样例程序

通过霍尔元件刀位传感器进行刀架换刀的时序图如图 8.15 所示。

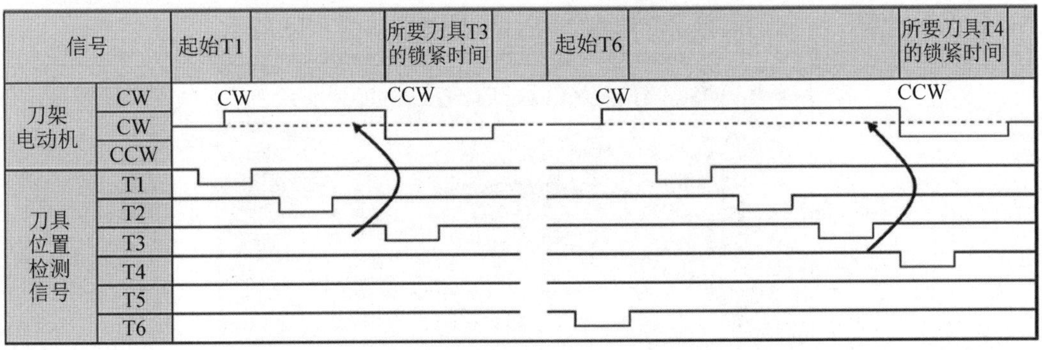

图 8.15　刀架换刀时序图

刀架换刀的步骤如下：

① 在自动或 MDA 模式下，T 功能触发换刀动作。

② 在 JOG 模式下，用户可以通过机床面板上的换刀键让刀架转动至下一个刀位。

③ 在换刀过程中 NC 接口信号“读入禁止”（DB3200.DBX6.1）和“进给保持”（DB3200.DBX6.0）置位，暂停零件程序的运行直到换刀完成。

④ 在急停、刀架电动机过载或程序测试 PRT（程序测试）及仿真时，禁止刀架转动。

（2）PLC 子程序调用及信号说明。

图 8.16 所示为 PLC 子程序调用程序样例。

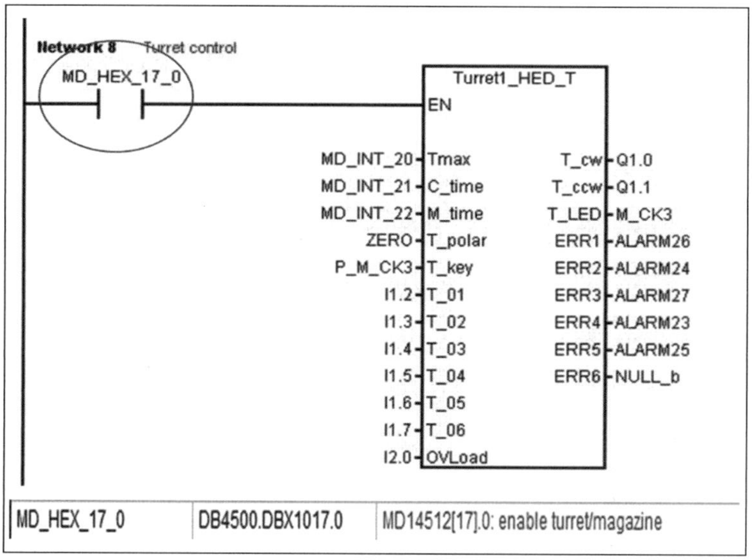

图 8.16　PLC 子程序调用程序样例

输入端局部变量定义见表 8.14。

表 8.14　局部变量定义(输入端)

名称	类型	说明
Tmax	Word	刀架最大刀具号
C_time	Word	刀架反转锁紧时间(单位 0.1 s)
M_time	Word	换刀监控时间
T_polar	BooL	刀位极性选择 0：刀位低电平有效 1：刀位高电平有效
T_key	BooL	手动换刀键(触发信号)
T_01 ~ T_06	BooL	刀位传感器(低电平有效)
OVload	BooL	刀架电动机过载(NC)

输出端局部变量定义见表 8.15。

表 8.15　局部变量定义(输出端)

名称	类型	说明
T_CW	Bool	刀架定位
T_CCW	Bool	刀架锁紧
T_LED	Bool	换刀过程状态显示
ERR1	Bool	刀架无刀位检测信号
ERR2	Bool	刀架无刀位检测信号
ERR3	Bool	未在指定时间内找到目标刀位

续表8.15

名称	类型	说明
ERR4	Bool	刀架电动机过载
ERR5	Bool	最大刀具数设置错误
ERR6	Bool	备用

赋值的全局变量定义见表 8.16。

表 8.16　赋值的全局变量定义

名称	类型	说明
T_cw_m	M156.0	刀架正转标记位
T_ccw_m	M156.1	刀架反转标记位
CcwDelay	M156.2	刀架反转延迟
K_active	M156.3	手动键有效
Tpos_ C	M156.4	刀架位置到位
Tp_eq_Tc	M156.5	编程刀具号等于当前刀具号
Tp_eq_0	M156.6	编程刀具号为零
T_P_INDX	MD160	JOG 方式下监控换刀缓冲区
T_CHL	M167.4	操作方式锁定
Tm1 _FindT	T15	找刀监控定时器
T_CLAMP	T13	刀架 1 锁紧定时器

PLC 子程序可激活下列报警:

① 报警 700022:刀架电动机过载;

② 报警 700023:编程刀具号大于刀架最大刀具号;

③ 报警 700024:刀架最大刀具号设置错误;

④ 报警 700025:刀架无刀位检测信号;

⑤ 报警 700026:未在指定时间内找到目标刀位。

3.刀架换刀程序设计

```
TCHANGE.SPF:
PROC TCHANGE SAVE SBLOF DISPLOF;
VERSION: 04.05.02;
CHANGE :02082014;
DEF INT _LANGUAGE;
IF $P_GG[47] == 2
  _LANGUAGE = 1
ELSE
  _LANGUAGE = 0
ENDIF
```

```
IF _LANGUAGE == 1              ; CALL IN ISO - MODE
   $C_MACPAR[1] = $C_T_VALUE
  G291
  T$1
  G290
ELSE
IF $C_T_PROG == 1              ; T is numeric
  IF $C_T == 0                 ; T = 0
    T = 0
  ENDIF
  IF $C_T > 0
      T = $C_T                 ; T - programming location number
                               ; insert here machine function for tool change
    IF $C_D_PROG == 1
      D = $C_D
    ENDIF
  ENDIF
ENDIF;
IF $C_TS_PROG == 1             ; T is string
    T = $C_TS                  ; T - programming without address expansion
                               ; insert here machine function for tool change
    IF $C_D_PROG == 1
      D = $C_D
    ENDIF
ENDIF
ENDIF;
M17
```

8.3.3　伺服刀架应用

1.刀架配置

伺服刀塔以其高刚性设计而著称,能提供快速稳定的换刀性能,确保在重切削条件下无乱刀现象,展现出优异的性能。本节描述的伺服刀塔利用西门子标准伺服电动机和分度轴功能,通过 PLC 控制快速实现换刀。

如图 8.17 所示,伺服刀塔轴只需要选用定位轴选项即可。

注意事项:① 刀塔轴也是伺服轴,刀塔旋转速度受参数 MD32060 控制,同时也受进给倍率开关的控制(标准 PLC 程序中),因此需要修改倍率控制部分 PLC 程序,取消进给倍率开关对刀塔伺服轴的控制。本样例程序是将刀塔伺服轴固定为 PLC 轴来控制,因此无法通过 NC 编程来控制轴运动。②MD36060 必须设置轴静止速度/转速,推荐值0.5,本样

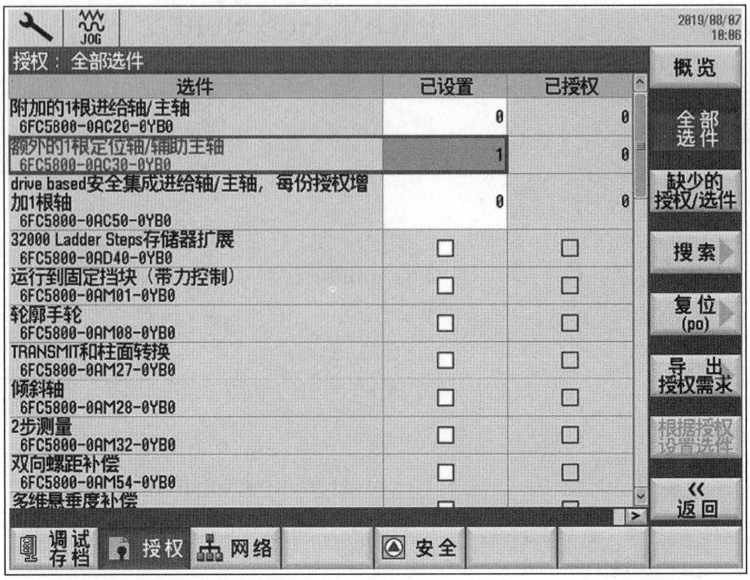

图 8.17　伺服刀塔轴选用定位轴

例 PLC 中串入了轴静止信号来检测刀塔是否旋转到位,从而输出刀塔锁紧信号,若不设此参数则可能导致刀塔换刀后无法锁紧。

(1) 设置刀塔伺服轴通用机床数据。

如图 8.18 所示,根据刀塔刀位数设置索引表 1。

例如,刀塔刀位数为 12,每隔 30° 设置一个分度位置。

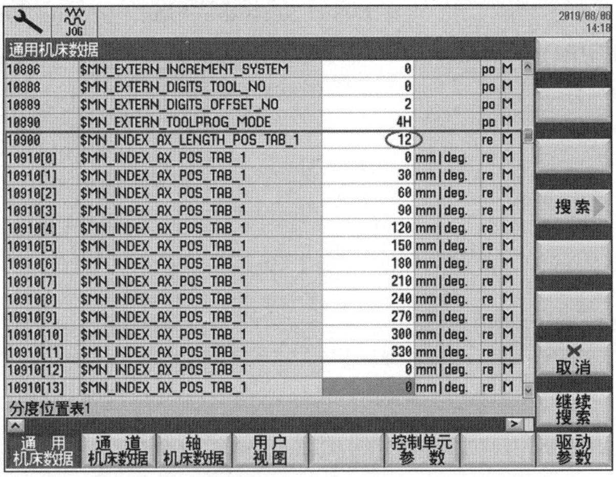

图 8.18　设置刀塔伺服轴通用机床数据

(2) 设置伺服刀塔轴车床数据。

① 设置轴为旋转轴,模态轴。

MD30300 $MA_IS_ROT_AX = 1

MD30310 $MA_ROT_IS_MODULO = 1

MD30320 $MA_DISPLAY_IS_MODULO = 1

MD30330 ＄MA_MODULO_RANGE = 360

② 设置轴为定位轴。

将 MD30460 BIT8 勾选"√"。

☑Bit 8: 定位轴/辅助主轴

③ 设置轴为固定 PLC 轴(不可通过 NC 来控制轴)。

将 MD30460 BIT5 勾选"√"。

☑Bit 5: 轴仅由PLC使用

④ 勾选轴"进给禁用特性",使得 DB3200.DBX6.0(进给保持) 不影响伺服刀塔轴。

将 MD30460 BIT6 勾选"√"。

☑Bit 6: 进给禁用特性

⑤ 勾选轴"所有轴停止方式",使得 DB3300.DBX4.3(所有轴停止) 不影响伺服刀塔轴。

将 MD30460 BIT7 勾选"√"。

☑Bit 7: "所有轴停止"方式

⑥ 设置轴为分度轴,分度位置存储在表 1 中。

MD30500 ＄MA_INDEX_AX_ASSIGN_POS_TAB = 1

⑦ 设置轴定位速度。

MD32060 ＄MA_POS_AX_VELO(单位 rpm/min)。

⑧ 设置轴静止速度/转速(推荐值 0.5)。

MD36060 ＄MA_STANDSTILL_VELO_TOL(单位 rpm/min)

⑨ 其他车床数据同一般伺服轴正常设置。

(3) 刀库数据设置。

刀库数据设置基本参数与拓展参数见表 8.17 与表 8.18。

表 8.17　刀库数据设置基本参数

基本参数	设定值	说明
MD10715[0]	6	调用换刀子程序的 M 代码(适用于斗笠、机械手刀库)
MD10716[0]	L6	调用换刀子程序的子程序名称(适用于斗笠、机械手刀库)
MD10717	TCHANGE	换刀子程序名称(适用于刀塔)
MD10760	Bit0 = 1	G53/G153/SUPA 指令关闭刀具长度补偿
MD20270	1/ - 2	1:缺省设置(适用于带机械手刀库和刀塔) - 2:执行 M206 不生效新刀沿,不进行读入禁止,直到 D 号(适用于斗笠式刀库)
MD22550	1	换刀的 M 功能开启(适用于斗笠、机械手刀库)
MD22560	206	换刀的 M 功能 M 代码(适用于斗笠、机械手刀库)

表 8.18　刀库数据设置拓展参数

扩展参数	设定值	说明
MD20310	Bit9	0:取消 PLC 模拟应答(有真实刀库) 1:激活 PLC 模拟应答(适用于无真实刀库)
MD52270	Bit7	通过 T 号创建刀具(T1,T2,…)(适用于刀塔)
	Bit8	隐藏“移位”,刀具移位功能键在操作界面中隐藏
	Bit9	隐藏“刀库定位”,刀库定位功能键在操作界面中隐藏

(4) 刀库文件。

① 相关刀库文件。

TCHANGE.SPF:实现刀架自动换刀的子程序(适用于刀塔);

PLCASUP1.SPF:手动刷新刀具表(适用于刀塔);

MAG_CONF.SPF:初始化刀库。

② 刀库文件装载。

如图 8.19 所示,将上述刀库文件拷贝到 828D 的系统卡路径下,选择“主菜单 → 调试 → 系统数据 → NC 数据 → 循环 → 制造商循环” 选项,重启系统生效。

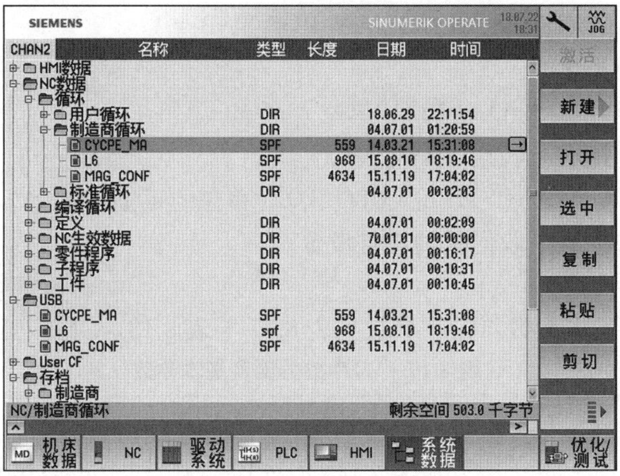

图 8.19　刀库文件装载界面

2.刀架换刀 PLC 设计

(1) 确认刀塔伺服轴参考点已同步编程如图 8.20 所示。

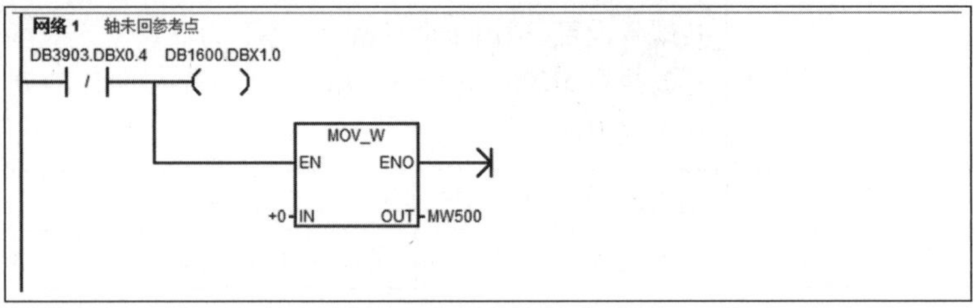

图 8.20　确认刀塔伺服轴参考点已同步编程

（2）选择最近路径定位的分度轴方式（就近换刀），编程刀号即为分度索引位置，就近换刀编程如图 8.21 所示。

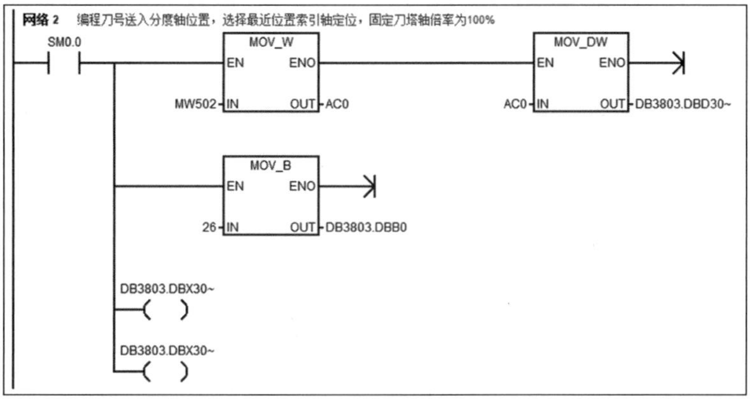

图 8.21　就近换刀编程

（3）读轴机床坐标，检测刀塔位置（留 ±5° 的范围）编程如图 8.22 所示。

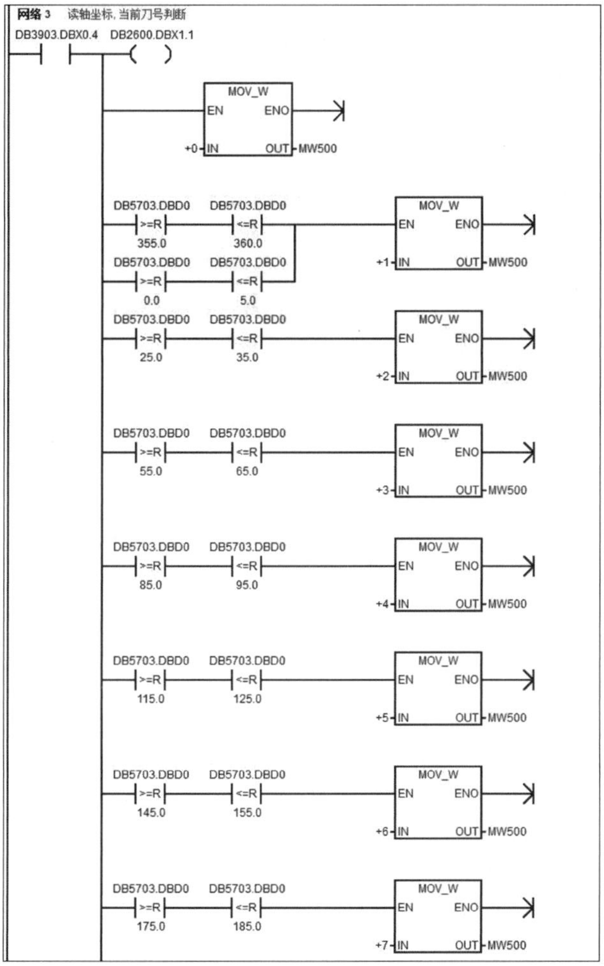

图 8.22　读轴机床坐标，检测刀塔位置编程

（4）自动换刀编程如图 8.23 所示。

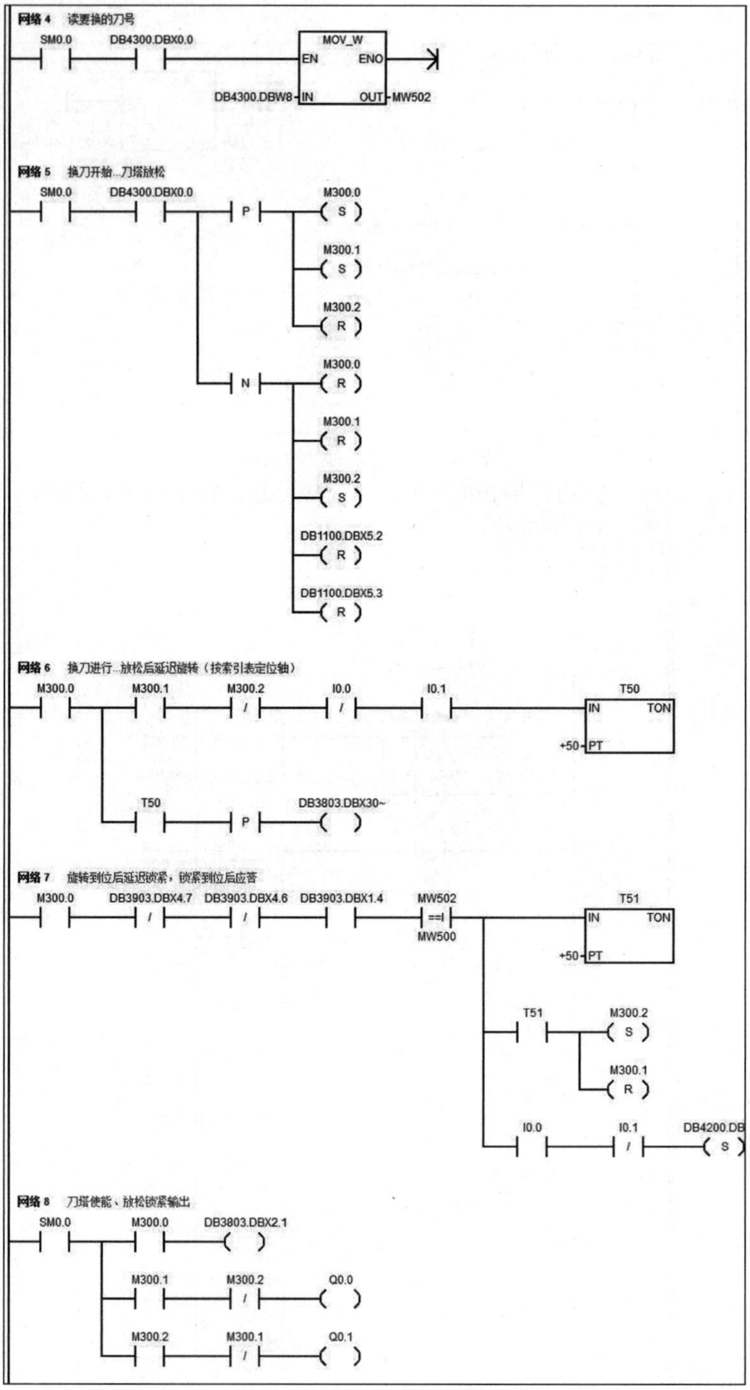

图 8.23　自动换刀编程

（5）手动换刀（异步子程序）编程如图 8.24 所示。

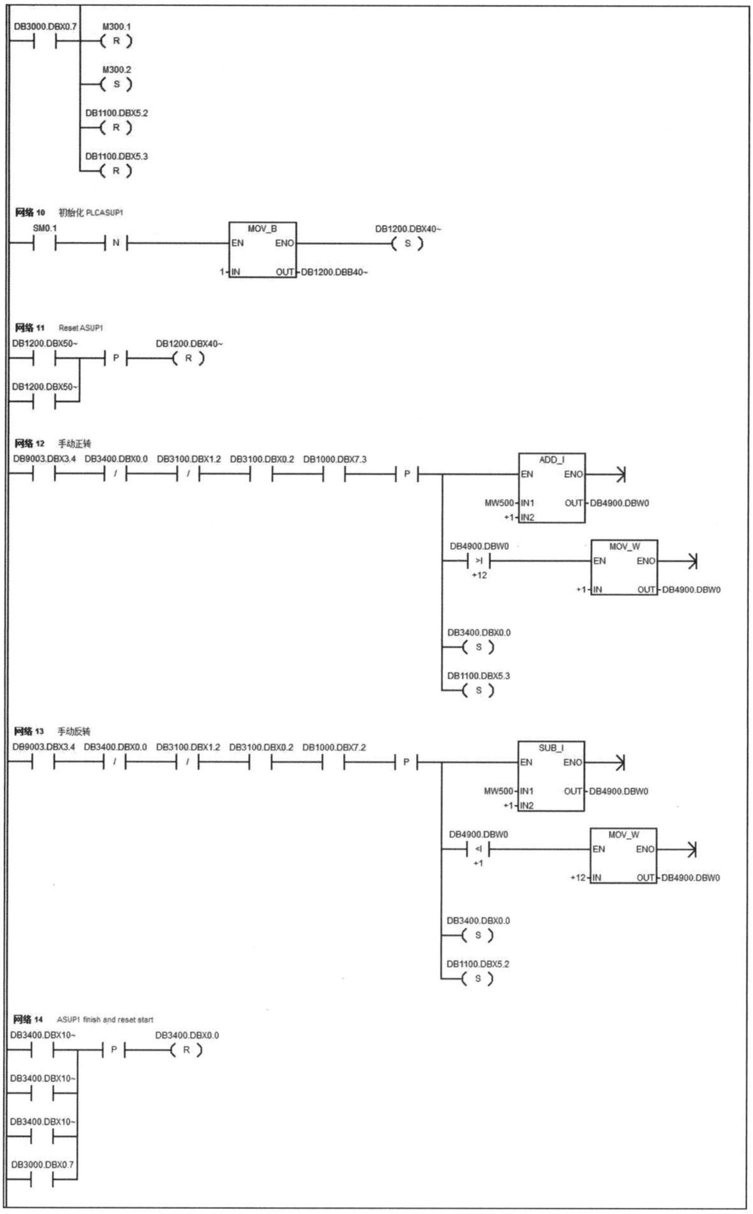

图 8.24　手动换刀编程

3.刀架换刀程序设计

出自文件 TCHANGE

```
PROC TCHANGE SAVE SBLOF DISPLOF;
VERSION：04.05.02;
CHANGE :02082014;
DEF INT _LANGUAGE
```

```
IF $P_GG[47] == 2
  _LANGUAGE = 1
ELSE
  _LANGUAGE = 0
ENDIF
IF _LANGUAGE == 1              ; CALL IN ISO - MODE
  $C_MACPAR[1] = $C_T_VALUE
  G291
  T$1
  G290
ELSE
IF $C_T_PROG == 1              ; T is numeric
  IF $C_T == 0                 ; T = 0
    T = 0
  ENDIF
  IF $C_T > 0
      T = $C_T                 ; T - programming location number
                               ; insert here machine function for tool change
    IF $C_D_PROG == 1
      D = $C_D
    ENDIF
  ENDIF
ENDIF;
IF $C_TS_PROG == 1             ; T is string
    T = $C_TS                  ; T - programming without address expansion
                               ; insert here machine function for tool change
    IF $C_D_PROG == 1
      D = $C_D
    ENDIF
ENDIF
ENDIF;
M17
```

8.4　数控铣床刀库应用

8.4.1　数控铣床刀库类型

1.斗笠式刀库

图 8.25 所示的斗笠式刀库因形状类似斗笠而得名，其可以容纳 16 ~ 24 把刀具，采用的是固定点换刀策略。在此系统中，一旦刀具被安装在特定的刀位上，无论更换多少次，它总会回到同一位置。斗笠式刀库的主要组成部分包括刀库的横向移动机构、用于选择刀具的分度机构，以及安装在主轴上的刀具自动装卸系统。

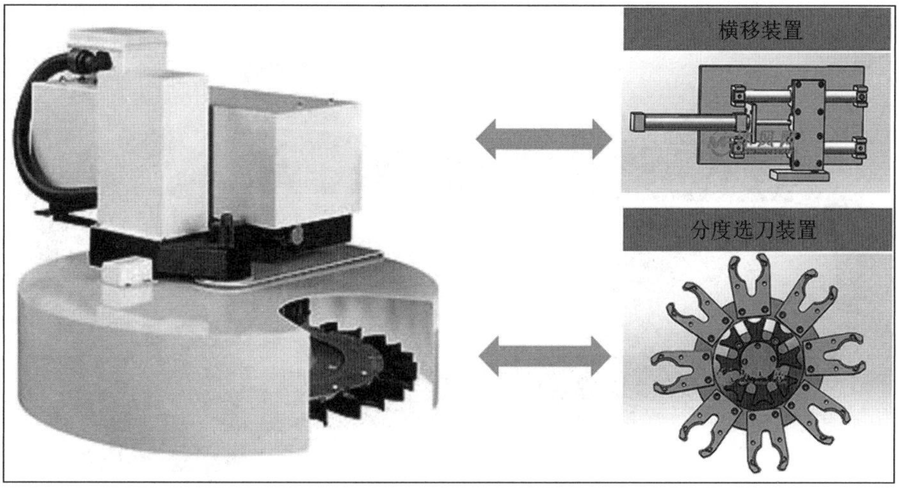

图 8.25　斗笠式刀库

2.机械手刀库

图 8.26 所示的机械手刀库通常用于立式加工中心，俗称为“盘式刀库”，这样的命名有助于与斗笠式和链条式刀库区分开来。盘式刀库的容量相对较小，最多存放 2 ~ 30 把刀具，并需要配合自动换刀机构（ATC）来执行刀具更换，使用随机地址换刀方式，每个刀套上没有固定的刀具，其最大的优点是换刀速度快且可靠。

3.链式刀库

图 8.27 所示的链条式刀库的特点是可以存储较大数量的刀具，通常超过 20 把，有的甚至可存放超过 100 把。通过链条将刀具移动到指定的换刀位置，然后由机械手将刀具安装到主轴上。

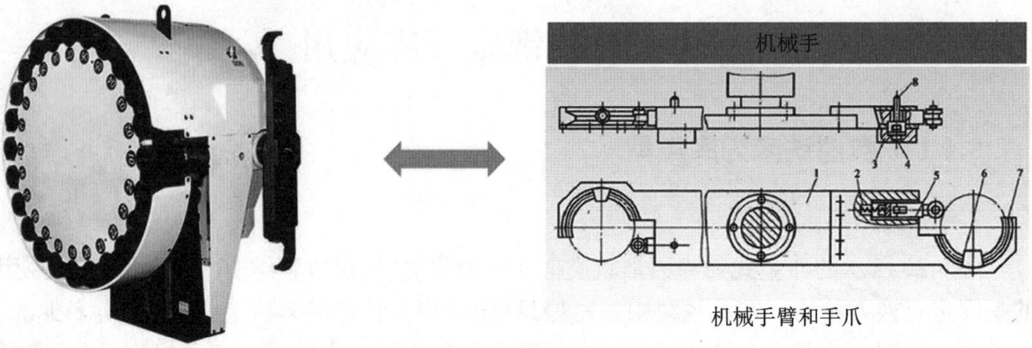

机械手臂和手爪

图 8.26　机械手刀库

1— 手臂;2、4— 弹簧;3— 锁紧销;5— 活动销;6— 锥销;7— 手爪;8— 长销

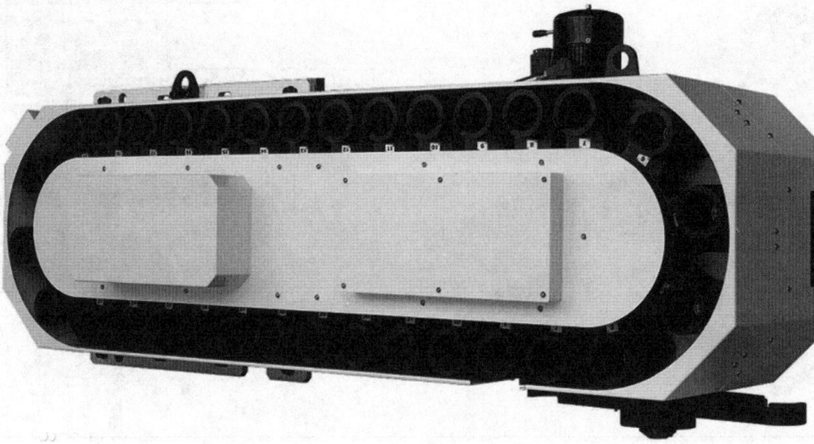

图 8.27　链条式刀库

8.4.2　斗笠式刀库应用

1.换刀过程

斗笠式刀库换刀过程图解见表 8.19。

表 8.19　斗笠式刀库换刀过程图解

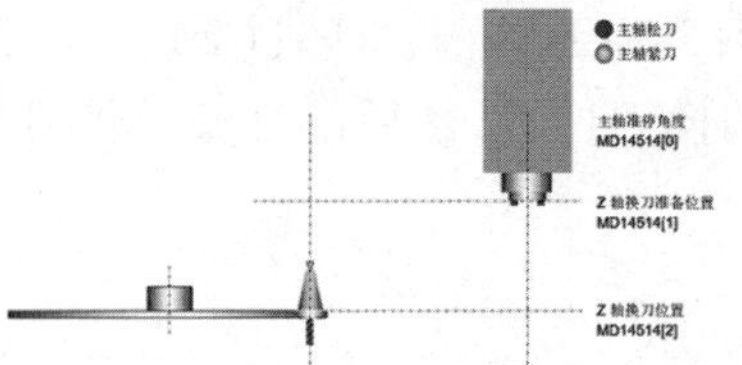 (1) 刀库将目标刀具转到换刀位置,Z 轴进入换刀准备位置	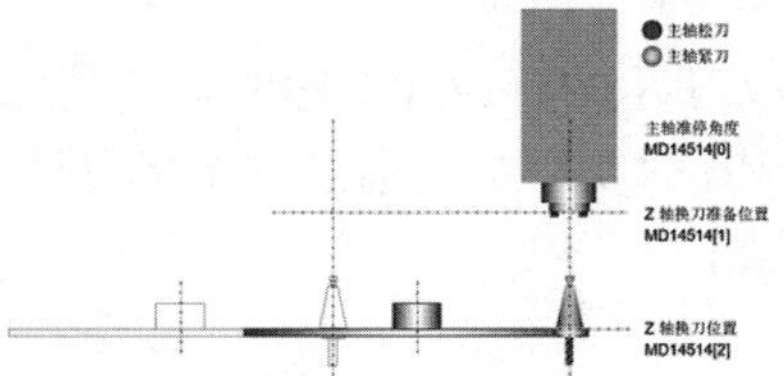 (2) 刀库进入换刀位置 注意:Z 轴未在换刀准备位置时,刀库禁止移动到换刀位

续表8.19

<table>
<tr>
<td>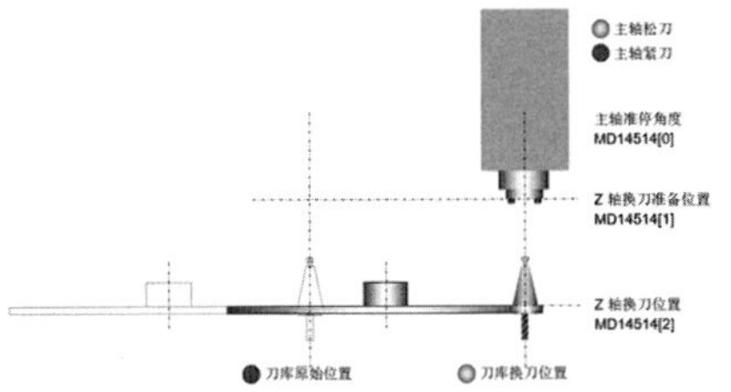

(3) 主轴准停、主轴松刀</td>
<td>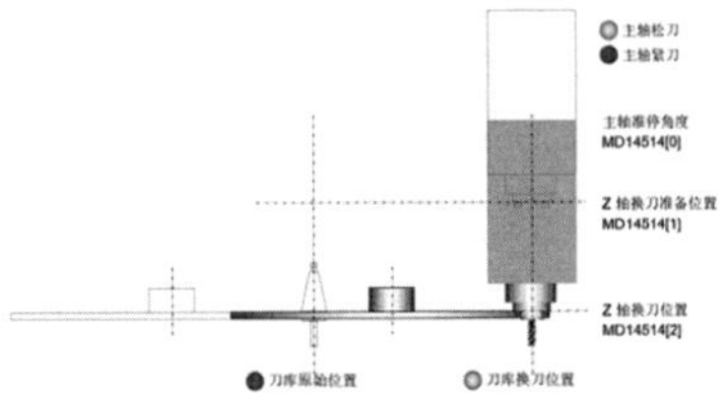

(4)Z 轴进入换刀位置(速度 MD14514)</td>
</tr>
<tr>
<td>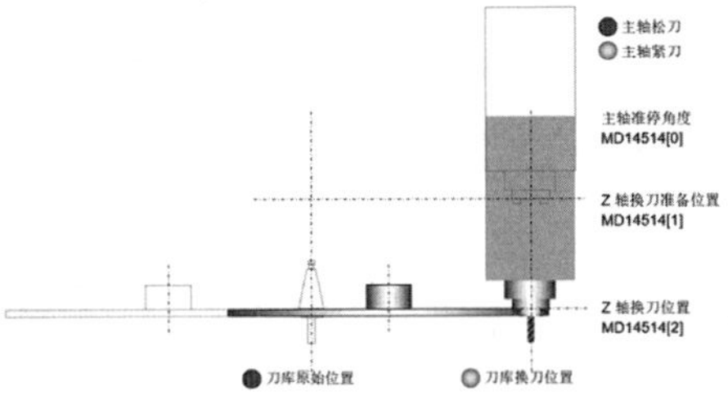

(5) 主轴紧刀</td>
<td>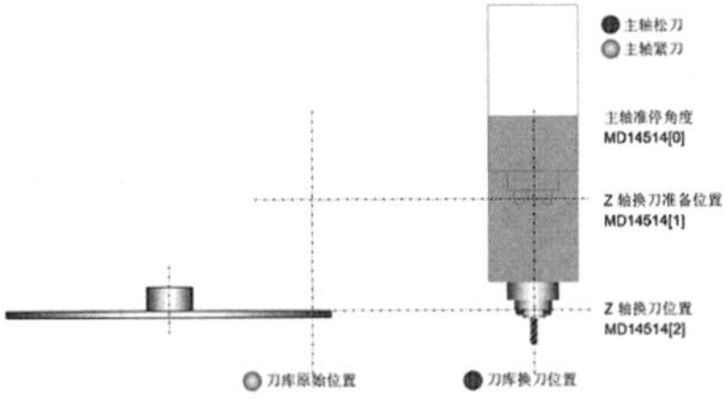

(6) 刀库退回原始位置,Z 轴返回换刀准备位置</td>
</tr>
</table>

斗笠式刀库取刀过程图解见表 8.20。

表 8.20　斗笠式刀库取刀过程图解

<table>
<tr>
<td>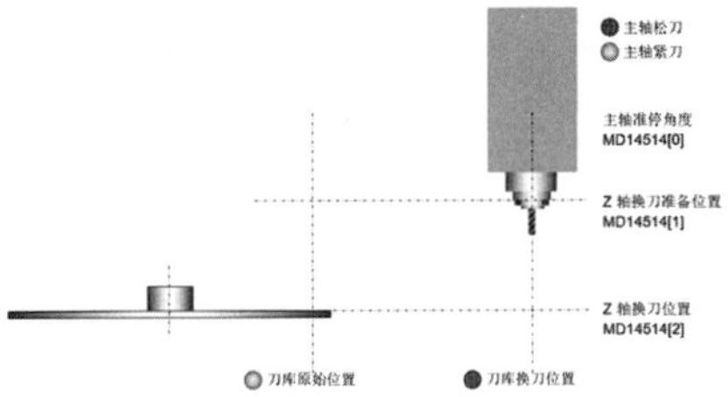

(1)Z 轴进入换刀准备位置</td>
<td>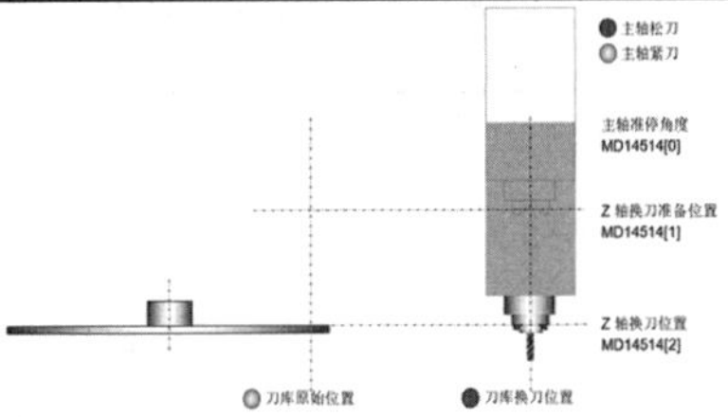

(2)Z 轴进入换刀位置(速度 MD14514[3]),主轴准停</td>
</tr>
<tr>
<td>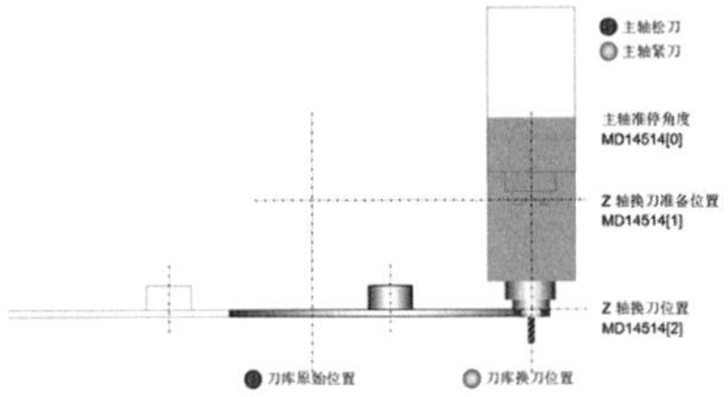

(3) 刀库进入换刀位置</td>
<td>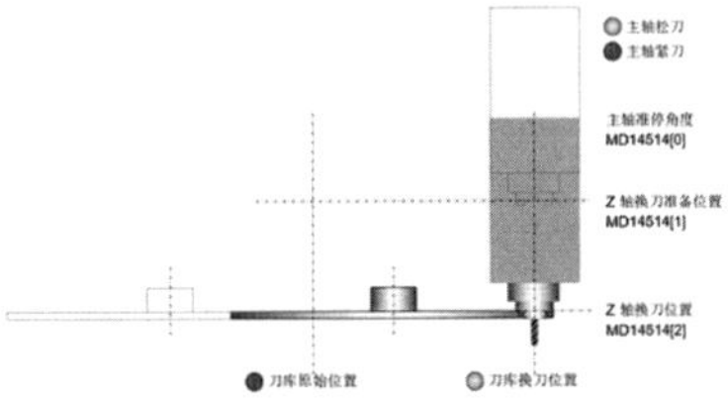

(4) 主轴松刀</td>
</tr>
</table>

续表8.20

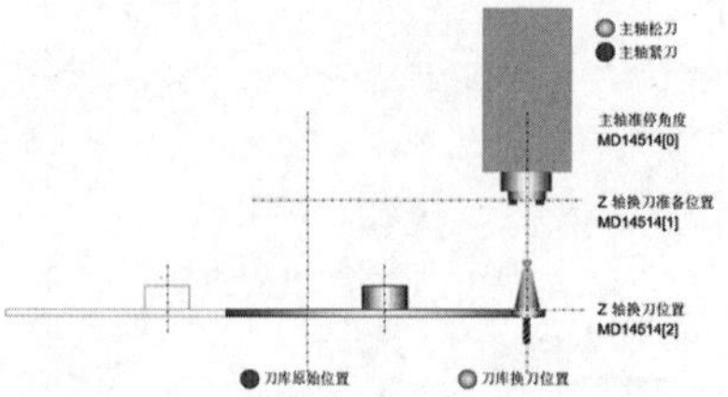 (5)Z 轴返回换刀准备位置	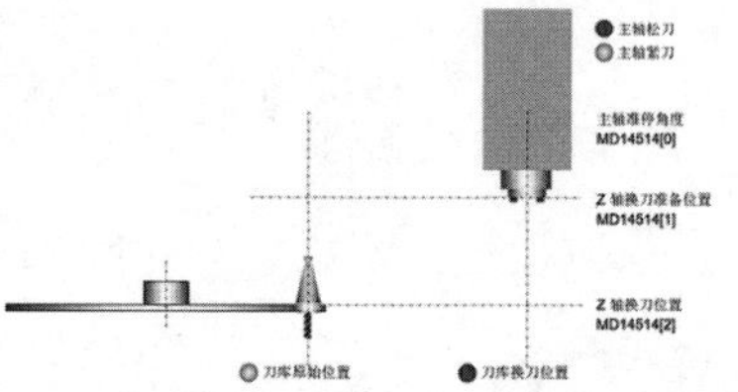 (6) 刀库退回原始位置,主轴紧刀

2.刀库配置

(1)NC 参数设置。

NC 参数解释见表 8.21。

表 8.21　NC 参数解释

参数	名称	单位	值	描述
MD22550	TOOL_CHANGE_MODE		1	使用 M 代码激活刀具参数
MD22560	TOOL_CHANGE_M_CODE		206	激活刀具参数的 M 代码
MD10715	M_NO_FCT_CYCLE[0]		6	使用 M6 调用标准循环
MD10716	M_NO_FCT_CYCLE_NAME[0]		DISK_MGZ	标准循环的名称
MD11450[1]	SEARCH_RUN_MODE		1	程序搜索后自动执行“CYCPE MA.SPF” 子程序

(2)PLC 参数设置。

PLC 参数解释见表 8.22。

表 8.22　PLC 参数解释

参数	单位	值	描述
MD14510[20]	把	24	刀具数量
MD14514[0]	度	100	主轴定位角度(根据实际情况设定)
MD14514[1]	mm	0	Z 轴换刀准备位置(根据实际情况设定)
MD14514[2]	mm	- 50	Z 轴换刀的位置(根据实际情况设定)
MD14514[3]	mm/min	1 000	抓刀速度(根据实际情况设定)
MD14514[4]	mm/min	1 000	抬刀速度(根据实际情况设定)
MD14512[19].3		0/1	1 为调试维护模式,0 为正常换刀模式

续表8.22

参数	单位	值	描述
MD14512[21].1	—	0/1	输入输出接口切换（0：使用 I0.0 ~ I2.7/Q0.0 ~ Q17 用于 PLC 样例程序中的标准输入 / 输出接线;1：使用 I6.0 ~ I7.7/Q4.0 ~ Q5.7 用于 PLC 样例程序中的标准 I/O 接线）

如图 8.28 所示，将上述刀库文件拷贝到 828D 的系统卡路径下选择"主菜单 → 调试 → 系统数据 → NC 数据 → 循环 → 制造商循环"选项，重启系统生效。

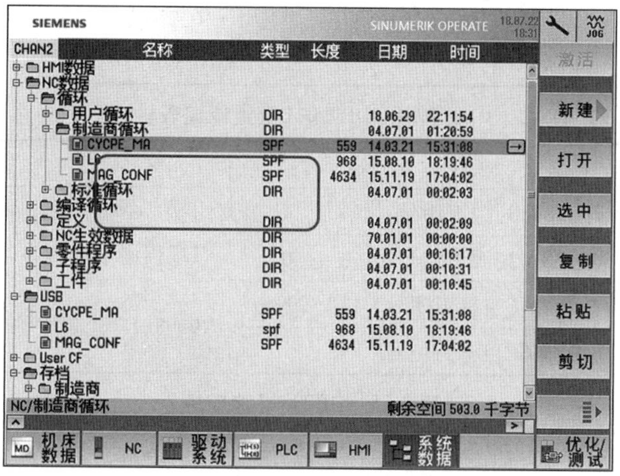

图 8.28　刀库文件装载界面

相关刀库文件如下：

L6.SPF：加工中心刀库的换刀子程序，实现刀库的主要动作（适用于斗笠、机械手刀库）；

TCA.SPF：刀具激活；

CYCPE_MA.SPF：程序段搜索处理程序；

MAG_CONF.SPF：用于初始化刀库；

刀库文件装载。

3.刀库管理响应

DB9900（常量传递表）见表 8.23，DB9901（变量传递表）见表 8.24，DB9902（响应表）见表 8.25。

表 8.23　DB9900(常量传递表)

步骤	地址	内容	注释
1.刀库 → 主轴	DBW0(源刀库号)	0	“0,1”代表源刀库号和源刀位号在DB4300.DBW6和DB4300.DBW8中
	DBW2(源刀位号)	1	
	DBW4(目标刀库号)	9998	“9998,1”代表主轴
	DBW6(目标刀位号)	1	
2.主轴 → 刀库	DBW8(源刀库号)	9998	“9998,1”代表主轴
	DBW10(源刀位号)	1	
	DBW12(目标刀库号)	0	“0,2”代表目标刀库号和目标刀位号在DB4300.DBW18和DB4300.DBW20中
	DBW14(目标刀位号)	2	

表 8.24　DB9901(变量传递表)

步骤	地址	内容	注释
101.刀库旋转	DBW0(源刀库号)	1	“1,0”代表刀库中的某个刀位,“0”会在PLC程序中修改为当前刀位号
	DBW2(源刀位号)	0	
	DBW4(目标刀库号)	9998	“9998,1”代表主轴
	DBW6(目标刀位号)	1	

表 8.25　DB9902(响应表)

步骤	地址	内容	注释
1	DBB0(新刀)	0	新刀:无动作
	DBB1(旧刀)	0	旧刀:无动作
	DBB2(状态)	3	换刀终止
2	DBB4(新刀)	0	新刀:无动作
	DBB5(旧刀)	0	旧刀:无动作
	DBB6(状态)	1	最终步骤,换刀完成
3	DBB8(新刀)	1	对应DB9900第1步,新刀:刀库 → 主轴
	DBB9(旧刀)	0	旧刀:无动作
	DBB10(状态)	105	中间步骤,换刀未完成
4	DBB12(新刀)	0	新刀:无动作
	DBB13(旧刀)	2	对应DB9900第2步,旧刀:主轴 → 刀库
	DBB14(状态)	105	中间步骤,换刀未完成
5	DBB16(新刀)	101	对应DB9901第101步,刀库:刀位 → 主轴
	DBB17(旧刀)	0	—
	DBB18(状态)	204	状态204代表刀库的某个刀位转到换刀位对着主轴

4.刀库换刀 PLC 设计

输入变量解释见表 8.26。

表 8.26　输入变量解释

名称	类型	说明
nodef	Byte	预留
MgzCnt	Bool	刀库计数器
MgzRef_k	Bool	通过此键设刀库中的当前刀具号为 1
MgzCw_k	Bool	刀库正转键
Mgzccw_k	Bool	刀库反转键
MgzSp_k	Bool	刀库进入主轴位置键
MgzOrg_k	Bool	刀库的原始位置键
MgzSp_pos	Bool	刀库到达主轴位置
MgzOrg_pos	Bool	刀库到达原始位置
T_rel_pos	Bool	主轴松刀位置
T_lck_pos	Bool	主轴锁刀位置
T_rel_k	Bool	主轴松刀键
T_rel_EnK	Bool	松刀使能键

输出变量解释见表 8.27。

表 8.27　输出变量解释

名称	类型	说明
MgzCW_o	Bool	刀库正转输出
MgzCcW_o	Bool	刀库反转输出
MgzSp_o	Bool	刀库到达主轴位置输出
MgzOrg_o	Bool	刀库原始位置输出
SpRelT_o	Bool	主轴松刀
RelT_En_o	Bool	松刀使能工作灯
MgzSp_LED	Bool	刀库到达主轴位置
MgzOrg_LED	Bool	刀库到达原始位置
MgzRef_LED	Bool	设刀库输出中的当前刀具号为 1

标准 PLC 程序 SBR 60 - Disk_MGZ_M,如图 8.29 所示。

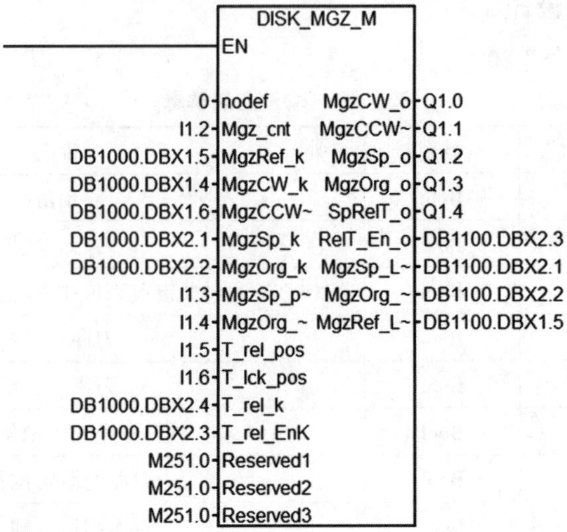

图 8.29　标准 PLC 程序 SBR 60 - Disk_MGZ_M

5.刀库换刀程序设计

换刀子程序如下：

MD14514[0] 主轴定位角度；

MD14514[1] Z 轴换刀点位置；

MD14514[2] 用于刀库旋转的 Z 轴位置；

MD14514[3] Z 轴安全位置；

N10 PROC L6 SAVE DISPLOF SBLOF

N20 DEF INT T_SP,T_ORDER

N30 T_SP = $TC_MPP6[9998,1]

N40 GETSELT(T_ORDER)

N50 STOPRE

;* * * * * * * * * * * * tool change analysis * * * * * * *

N60 IF(($P_SIM == 1) OR ($P_ISTEST == 1)) GOTOF END1;程序模拟,程序测试激活

N70　IF(($P_SEARCH < > 0) OR ($P_DRYRUN == 1)) GOTOF END1;程序段搜索,空运行激活

N80　IF(($P_SEARCH == 0) AND (T_SP == T_ORDER) AND (T_SP > 0) AND (T_ORDER > 0)) GOTOF INFO1

N90　IF(($P_SEARCH == 0) AND (T_SP == T_ORDER) AND (T_SP == 0) AND (T_ORDER == 0))　GOTOF INFO1

N100 IF $A_DBW[0] == 5 GOTOF INFO2;5 = 刀库未回零,不能换刀

N110 IF $A_DBW[0] == 4 GOTOF INFO3;4 = 轴未回零,不能换刀

N120 IF $A_DBW[0] == 6 GOTOF INFO4;6 = 刀库调试模式激活,不能换刀

N130 IF $MN_USER_DATA_FLOAT[4] == 0 GOTOF INFO5;MD14514[4] = 0,换刀速度未设置,不能换刀

N140 D0

N150 STOPRE

N160 M206; 换刀命令生效

N170 IF(($A_DBW[0] == 2) OR ($A_DBW[0] == 3)) GOTOF T_RET ;2 = T0 3 = 交换刀

N180 IF $A_DBW[0] == 1 GOTOF T_NEWLOC;1 = 只抓新刀

N190 STOPRE

N200 T_RET:;还旧刀

N210 M05;主轴停止

N220 MSG(“主轴定向”)

N230 SPOSA = $MN_USER_DATA_FLOAT[0]

N240 MSG(“Z 轴回到换刀位”)

N250 SUPA G00 G90 Z = $MN_USER_DATA_FLOAT[1] ;Z 轴定位到换刀点

N260 WAITS

N270 MSG(“刀库推出”)

N280 M62;刀库推出

N290 G4 F1

N300 MSG(“主轴松刀”)

N310 M58;主轴松刀

N320 G4 F2

N330 MSG(“Z 轴退到刀库旋转安全位置”);

N340 SUPA G00 G90 Z = $MN_USER_DATA_FLOAT[2] ;Z 轴返回刀库旋转的安全位置

N350 IF $A_DBW[0] == 3 GOTOF T_GET;交换刀具,先还旧刀,再抓新刀

N360 MSG(“主轴抓刀”)

N370 M59;主轴拉刀

N380 STOPRE

N390 MSG(“刀库退回”)

N400 M63;刀库退回

N410 MSG(“Z 轴退到安全位置”)

N420 SUPA G00 G90 Z = $MN_USER_DATA_FLOAT[3] ;Z 轴返回安全位置

N430 GOTOF END

N440 T_NEWLOC:;只抓新刀

N450 M05;主轴停止

N460 MSG(“主轴定向”)

N470 SPOSA = $MN_USER_DATA_FLOAT[0]

N480 MSG(“Z 轴回到刀库旋转安全位置”)

N490 SUPA G00 G90 Z = $MN_USER_DATA_FLOAT[2] ;Z 轴定位到刀库能旋转的安全位置

N500 WAITS

N510 MSG(“刀库推出”)

N520 M62;刀库推出

N530 G4 F1

N540 MSG(“主轴松刀”)

N550 M58;主轴松刀

N560 G4 F2

N570 GOTOF T_GO_ON;继续抓刀

N580 T_GET:

N590 MSG(“刀盘旋转”);抓新刀

N600 M55;刀库旋转指令

N610 STOPRE

N620 T_GO_ON:;继续抓刀

N630 MSG(“Z 轴扣刀”)

N640 SUPA G01 G90 Z = $MN_USER_DATA_FLOAT[1] F = $MN_USER_DATA_FLOAT[4];Z 轴定位到换刀点

N650 MSG(“主轴抓刀”)

N660 M59;主轴紧刀

N670 G4 F2

N680 MSG(“刀库退回”)

N690 M63;刀库退回

N700 MSG(“Z 轴退到安全位置”)

N710 SUPA G00 G90 Z = $MN_USER_DATA_FLOAT[3] ;Z 轴返回安全位置

N720 SETPIECE(1);刀具计数加 1 用于刀具寿命监控

N730 END:

N740 MSG("")

N750 D1

N760 $A_DBW[0] = 0

N770 M05

N780 STOPRE

N790 M17

N800 END1:

N810 M206

N820 GOTOB END

N830 INFO1:MSG(“无换刀动作,原因:编程刀具号 = 主轴刀具号”)

```
N840        $ A_DBW[0] = 0
N850        G04F3
N860        MSG("")
N870        M17
N880 INFO2:MSG("刀库未回零,不能换刀")
N890        $ A_DBW[0] = 0
N900        G04F1
N910        GOTO INFO2
N920        M17
N930 INFO3:MSG("轴 X、Y、Z 未回零,不能换刀")
N940        $ A_DBW[0] = 0
N950        G04F1
N960 GOTO INFO3
N970 M17
N980 INFO4:MSG("刀库调试模式激活,不能换刀")
N990 $ A_DBW[0] = 0
N1000       G04F1
N1010       GOTO INFO4
N1020       M17
N1030 INFO5:MSG("换刀速度 MD14514[4] = 0,不能换刀")
N1040       $ A_DBW[0] = 0
N1050       G04F1
N1060       GOTO INFO5
N1070       M17
```

8.4.3　机械手刀库应用

1.换刀过程

机械手刀库换刀过程详细图解见表 8.28。

表 8.28　机械手刀库换刀过程详细图解

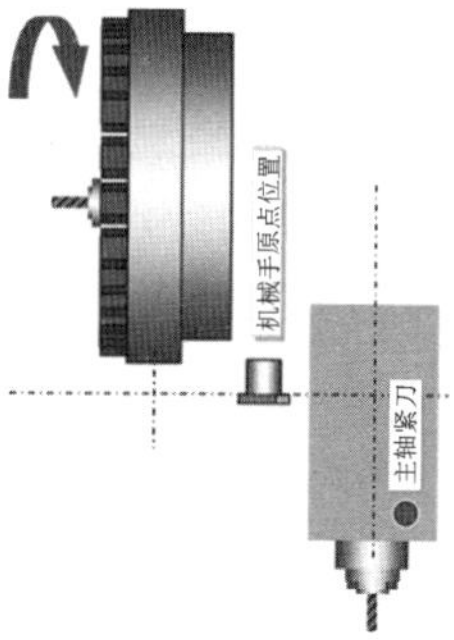 (1) 程序中 T 代码激活刀库就近方向找刀	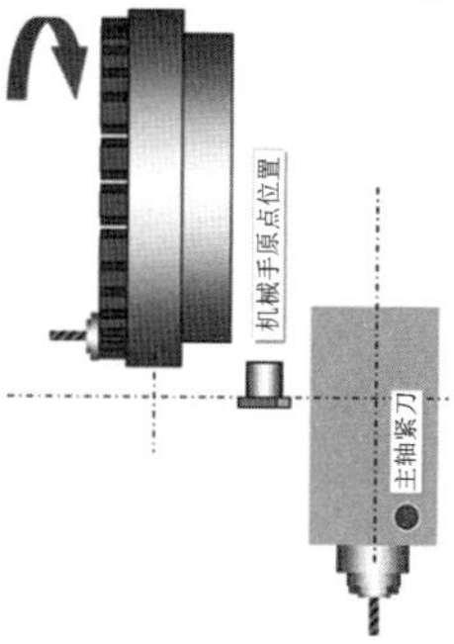 (2) 刀库旋转时,刀套禁止垂直倒刀

续表8.28

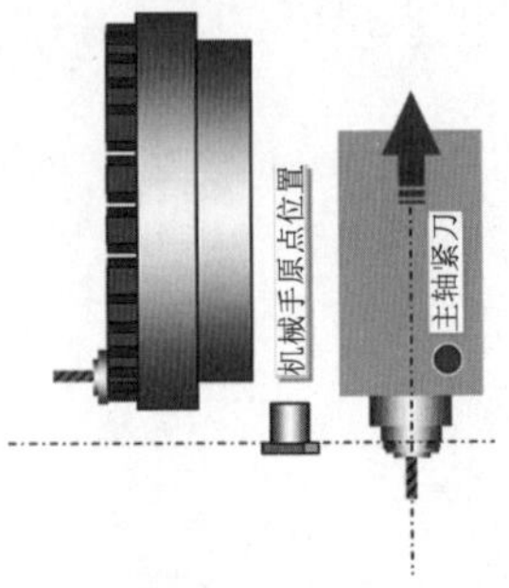

(3)Z 轴进入换刀位置:MD14514[1]

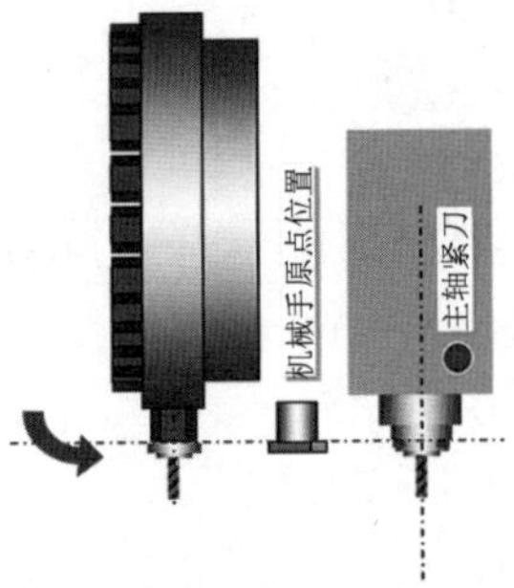

(4) 刀库中的目标刀套倒刀

注意:机械手不在原点位置时,Z 轴禁止移动。刀套倒刀垂直位置时,刀盘禁止旋转

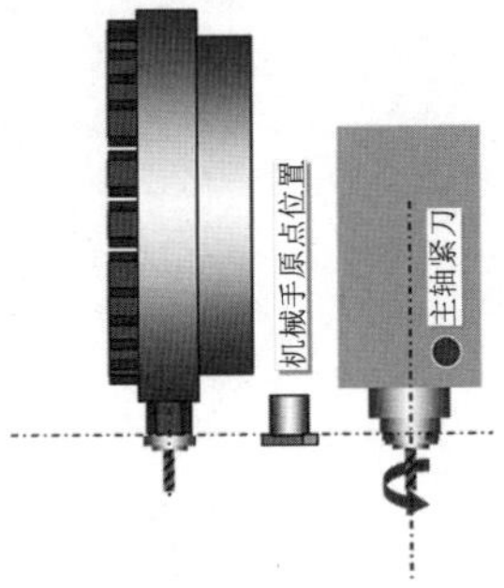

(5) 主轴准停(主轴准停角度:MD14514[0])

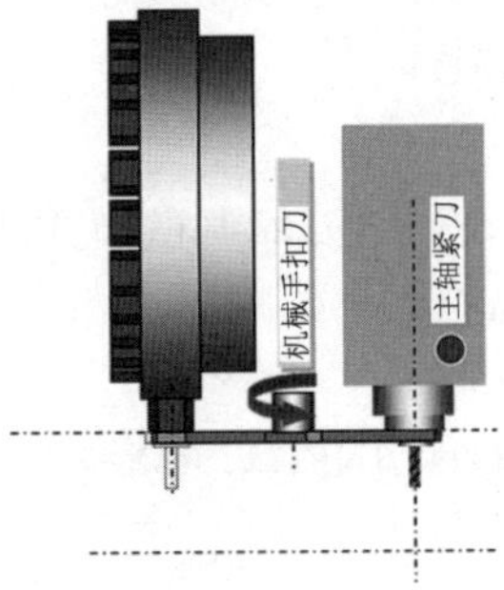

(6) 机械手扣刀

注意:机械手处于抓刀位置时,主轴禁止准停。Z 轴不在换刀位置,机械手禁止旋转扣刀。主轴未准停,机械手禁止旋转扣刀

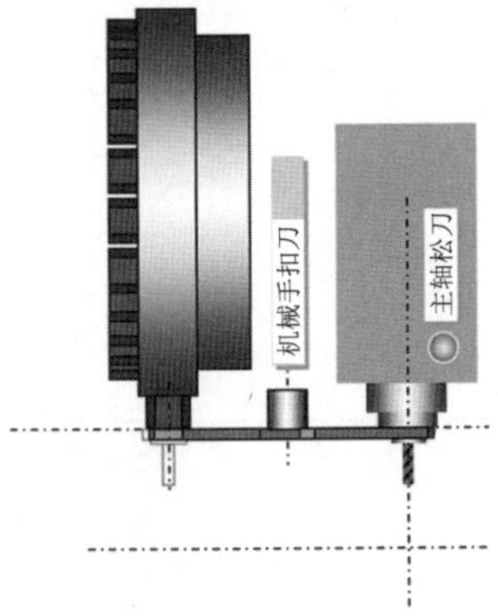

(7) 主轴松刀

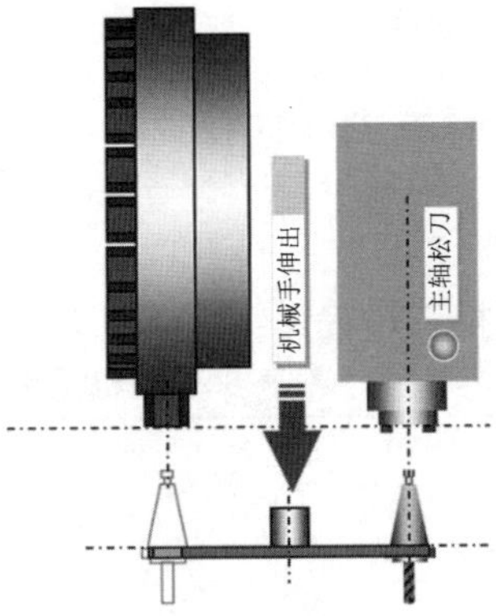

(8) 机械手动作(机械手伸出)

注意:机械手未扣刀到位,主轴禁止松刀。主轴未松刀到位,机械手禁止拉刀伸出

续表8.28

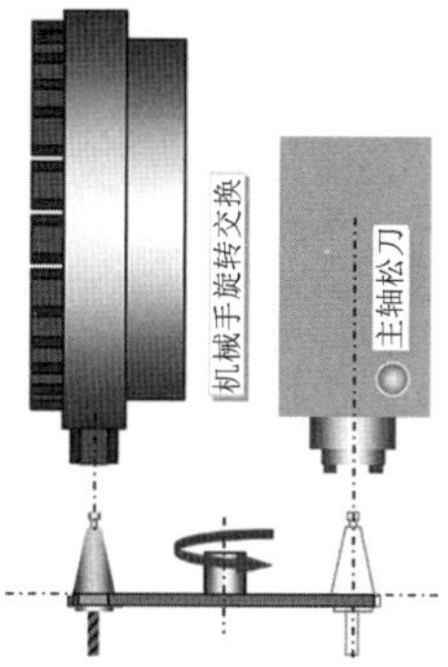

(9) 机械手动作(机械手旋转交换)

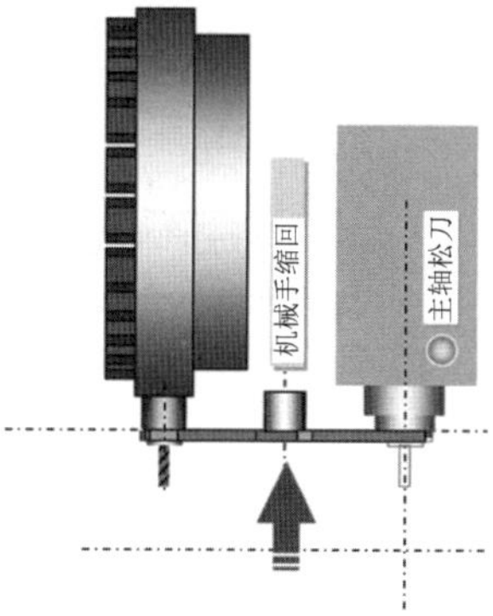

(10) 机械手动作(机械手缩回)

注意:主轴未松刀到位,机械手禁止缩回

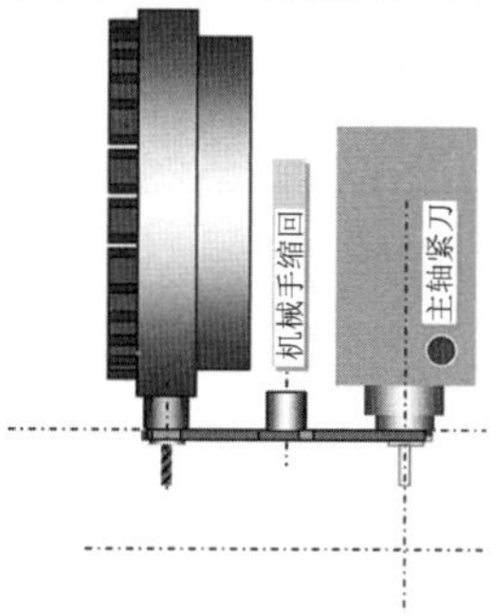

(11) 主轴紧刀

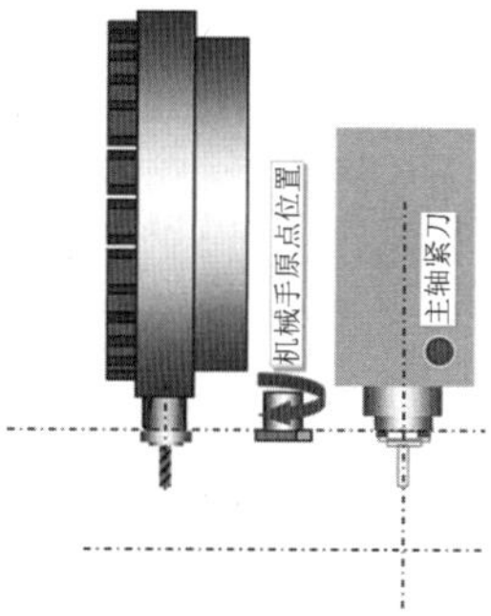

(12) 机械手回原点位置

注意:机械手换刀未到位,主轴禁止紧刀。主轴未紧刀到位,机械手禁止旋转返回原点

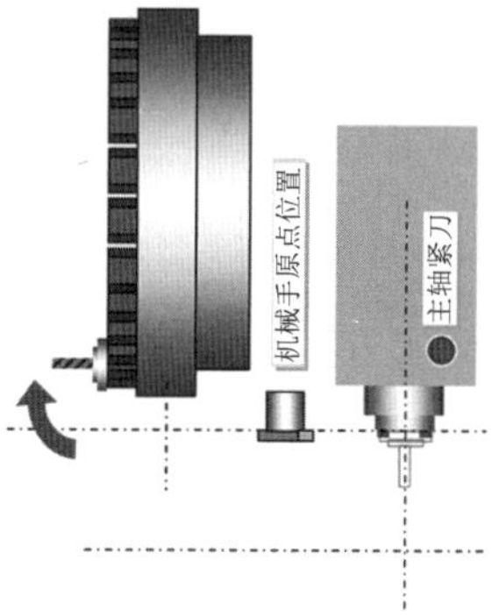

(13) 刀库刀套回位

注意:机械手返回原点位置,刀套回位后,换刀完成,Z 轴可以移动,主轴可以旋转

2.刀库配置

刀库配置文件 _T 号执行流程图如图 8.30 所示。

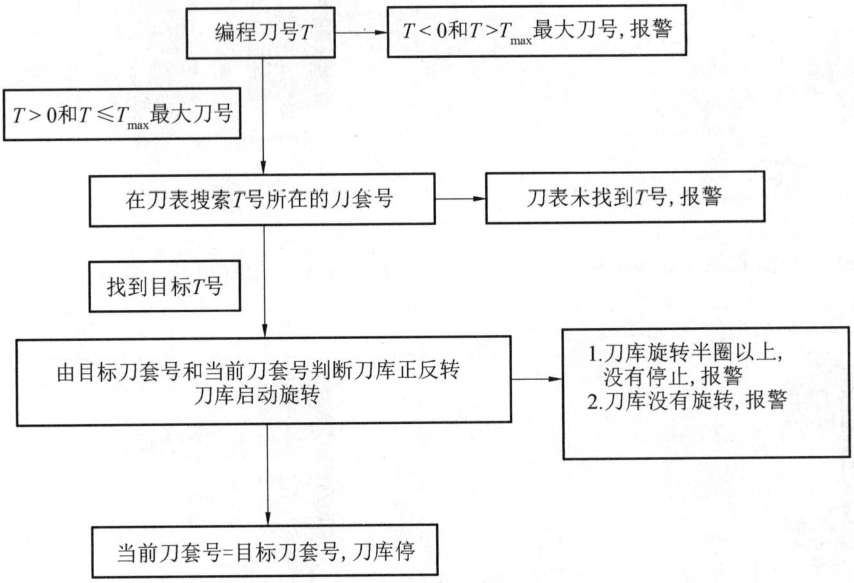

图 8.30　刀库配置文件 _T 号执行流程图

附加说明：

①PLC 实时检测刀表数值，若刀表数值出错，立即给出报警。

②PLC 通过计时器，检测计数信号，在刀库旋转时，当计数信号漏记时，立即给出报警。

刀库配置文件 _M 号执行流程如图 8.31 所示。

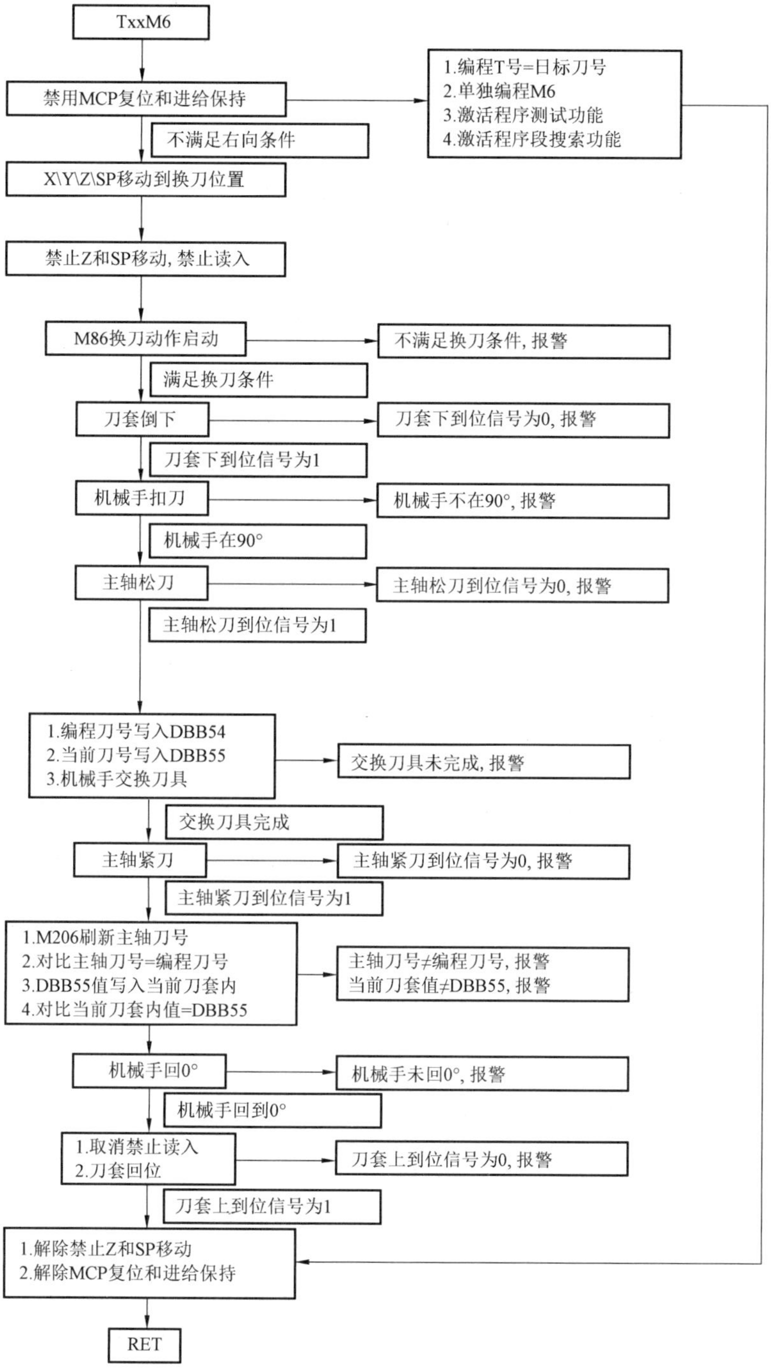

图 8.31　刀库配置文件 _M 号执行流程图

(1)NC 参数设置。

NC 参数解释见表 8.29。

表 8.29　NC 参数解释

参数	名称	值	描述
MD22550	TOOL_CHANGE_MODE	1	使用 M 代码激活刀具参数
MD22560	TOOL_CHANGE_M_CODE	206	激活刀具参数的 M 代码
MD10715[0]	M_NO_FCT_CYCLE[0]	6	使用 M6 调用标准循环
MD10715[1]	M_NO_FCT_CYCLE[1]	35	使用 M35 调用刀库初始化循环
MD10716[0]	M_NO_FCT_CYCLE_NAME[0]	TOOL	标准循环的名称
MD10716[1]	M_NO_FCT_CYCLE_NAME[1]	MGZINI	刀库初始化循环的名称

(2) PLC 参数设置。

PLC 参数解释见表 8.30。

表 8.30　PLC 参数解释

参数	单位	值	描述
MD14510[1]	—	24	刀具数量
MD14514[0]	度	100	主轴定位角度(根据实际情况设定)
MD14514[1]	mm	0	Z 轴换刀准备位置(根据实际情况设定)
MD14514[2]	mm	- 50	Z 轴换刀的位置(根据实际情况设定)
MD14514[3]	mm/min	1000	抓刀速度(根据实际情况设定)
MD14514[4]	mm/min	1000	抬刀速度(根据实际情况设定)
MD14512[19].3	—	0/1	1 为调试维护模式,0 为正常换刀模式

如图 8.32 所示,将上述刀库文件拷贝到 828D 的系统卡路径下选择“主菜单 → 调试 → 系统数据 → NC 数据 → 循环 → 制造商循环”选项,重启系统生效。

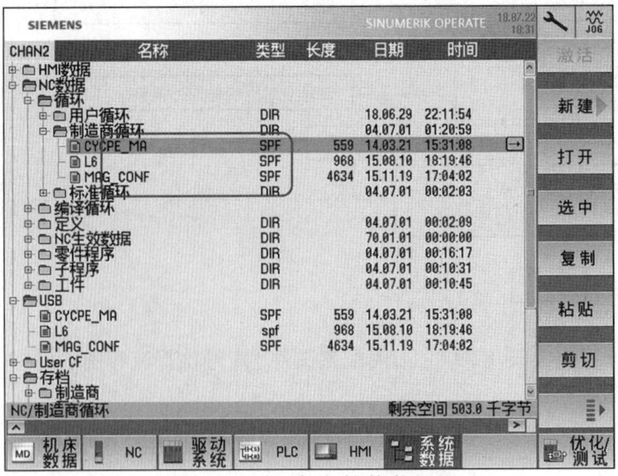

图 8.32　刀库文件装载界面

相关刀库文件如下：

L6.SPF：加工中心刀库的换刀子程序，实现刀库的主要动作（适用于斗笠式、机械手刀库）；

TCA.SPF：刀具激活；

CYCPE_MA.SPF：程序段搜索处理程序；

MAG_CONF.SPF：用于初始化刀库；

刀库文件装载。

3.刀库管理响应

传输／响应步骤表如下：

表 8.31 所示为 DB9900（常量传递表），表 8.32 所示为 DB9901（变量传递表）。

表 8.31　DB9900（常量传递表）

步骤	地址	内容	注释
1.刀库 → 卡爪 1	DBW0（源刀库号）	0	“0，1”代表源刀库号和源刀位号在 DB4300.DBW6 和 DB4300.DBW8 中
	DBW2（源刀位号）	1	
	DBW4（目标刀库号）	9998	“9998，2”代表卡爪 1
	DBW6（目标刀位号）	2	
2.卡爪 1 → 主轴	DBW8（源刀库号）	9998	“9998，2”代表卡爪 1
	DBW10（源刀位号）	2	
	DBW12（目标刀库号）	9998	“9998，1”代表主轴
	DBW14（目标刀位号）	1	
3.主轴 → 卡爪 2	DBW16（源刀库号）	9998	“9998，1”代表主轴
	DBW18（源刀位号）	1	
	DBW20（目标刀库号）	9998	“9998，3”代表卡爪 2
	DBW22（目标刀位号）	3	
4.卡爪 2 → 刀库	DBW24（源刀库号）	9998	“9998，3”代表卡爪 2
	DBW26（源刀位号）	3	
	DBW28（目标刀库号）	0	“0，2”代表目标刀库号和刀位号在 DB4300.DBW18 和 DB4300.DBW20 中
	DBW30（目标刀位号）	2	

表 8.32　DB9901（变量传递表）

步骤	地址	内容	注释
101.刀库旋转	DBW0（源刀库号）	1	“1，0”代表刀库中的某个刀位，“0”会被 PLC 程序修改为当前刀位号
	DBW2（源刀位号）	0	
	DBW4（目标刀库号）	9998	“9998，1”代表主轴
	DBW6（目标刀位号）	1	

表 8.33 所示为 DB9902(响应表)。

表 8.33　DB9902(响应表)

步骤	地址	内容	注释
1.	DBB0(新刀)	0	新刀:无动作
	DBB1(旧刀)	0	旧刀:无动作
	DBB2(状态)	3	换刀终止
2.	DBB4(新刀)	0	新刀:无动作
	DBB5(旧刀)	0	旧刀:无动作
	DBB6(状态)	1	最终步骤,换刀完成
3.	DBB8(新刀)	1	对应 DB9900 第 1 步,新刀:刀库 → 卡爪 1
	DBB9(旧刀)	0	旧刀:无动作
	DBB10(状态)	105	中间步骤,换刀未完成
4.	DBB12(新刀)	2	对应 DB9900 第 2 步,新刀:卡爪 1 → 主轴
	DBB13(旧刀)	0	旧刀:无动作
	DBB14(状态)	105	中间步骤,换刀未完成
5.	DBB16(新刀)	0	新刀:无动作
	DBB17(旧刀)	3	对应 DB9900 第 3 步,旧刀:主轴 → 卡爪 2
	DBB18(状态)	105	中间步骤,换刀未完成
6.	DBB20(新刀)	0	新刀:无动作
	DBB21(旧刀)	4	对应 DB9900 第 4 步,旧刀:卡爪 2 → 刀库
	DBB22(状态)	105	中间步骤,换刀未完成
7.	DBB24(新刀)	1	对应 DB9900 第 1 步,新刀:刀库 → 卡爪 1
	DBB25(旧刀)	3	对应 DB9900 第 3 步,旧刀:主轴 → 卡爪 2
	DBB26(状态)	105	中间步骤,换刀未完成
7.	DBB28(新刀)	2	对应 DB9900 第 2 步,新刀:卡爪 1 → 主轴
	DBB29(旧刀)	4	对应 DB9900 第 4 步,旧刀:卡爪 2 → 刀库
	DBB30(状态)	105	中间步骤
9.	DBB32(新刀)	101	对应 DB9901 第 101 步,刀库:刀位 → 主轴
	DBB33(旧刀)	0	—
	DBB34(状态)	204	状态 204 代表刀库的某个刀位转到换刀位对着主轴

4.刀库换刀 PLC 设计

表 8.34 所示为输入变量定义表。

表 8.34　输入变量定义表

名称	类型	变量地址（根据实际情况）
刀库计数点	Bool	16.0
刀库参考点位置	Bool	16.1
机械手 0° 位置	Bool	16.5
机械手 90° 位置	Bool	16.6
机械手停止位置	Bool	16.4
主轴松刀到位位置	Bool	13.7
主轴紧刀到位位置	Bool	13.6
刀套水平到位位置	Bool	16.2
刀套垂直到位位置	Bool	16.3
主轴松刀按键	Bool	13.5
刀库正转按键	Bool	DB1000.DBX1.4
刀库反转按键	Bool	DB1000.DBX1.6
机械手旋转按键	Bool	DB1000.DBX3.6
刀套垂直 / 水平按键	Bool	DB1000.DBX2.3
刀库回参考点按键	Bool	DB1000.DBX1.5

表 8.35 所示为输出变量定义表。

表 8.35　输出变量定义表

名称	类型	变量地址（根据实际情况）
刀库正转输出	Bool	Q2.3
刀库反转输出	Bool	Q2.4
刀套移到水平位置输出	Bool	Q2.6
刀套移到水平位置输出	Bool	Q2.5
机械手旋转输出	Bool	Q2.7
主轴松紧刀输出	Bool	Q3.2
刀库正转灯	Bool	DB1100.DBX1.4
刀库反转灯	Bool	DB1100.DBX1.6
刀套动作灯	Bool	DB1100.DBX2.3
刀库回参考点灯	Bool	DB1100.DBX1.5

图 8.33 所示为刀库换刀示例程序。

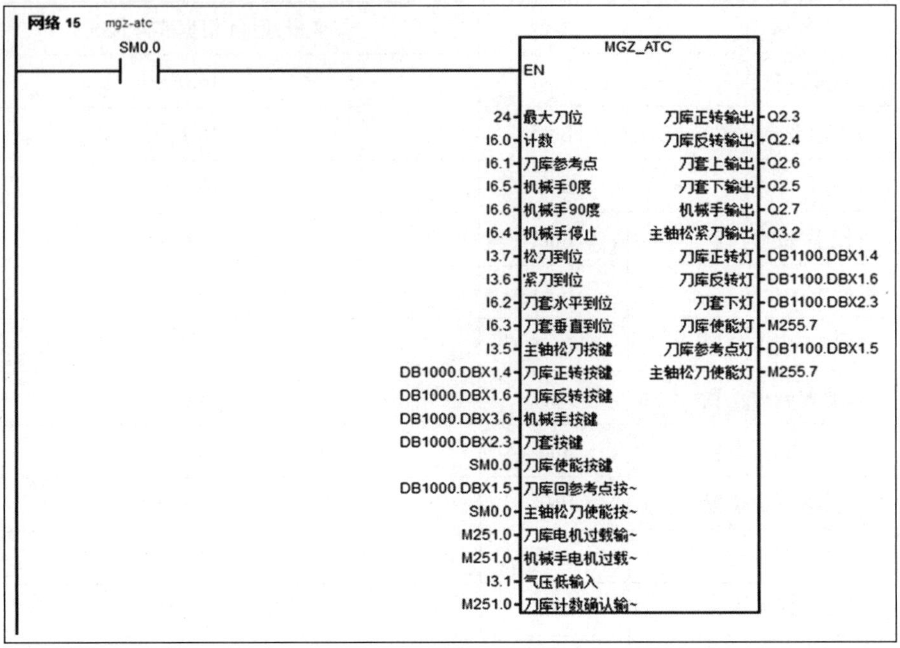

图 8.33　刀库换刀示例程序

5.刀库换刀程序设计

换刀子程序如下:

```
;L6.SPF
N10 PROC L6 SBLOF DISPLOF SAVE
N20 DEF INT _ACT,_NWT ; Integer Active Tool Data
N30 STOPRE
N40 GETSELT(_NWT) ; Order Tool Number
N50 _ACT = $TC_MPP6[9998,1] ; Current Tool Number
N60 IF(($P_SIM == 1) OR ($P_ISTEST == 1)) GOTOF END1
N70 IF (($P_SEARCH == 0) AND (_NWT == _ACT) AND (_NWT > 0) AND (_ACT > 0)) GOTOF INFO1
N80 IF (($P_SEARCH == 0) AND (_NWT == _ACT) AND (_NWT == 0) AND (_ACT == 0)) GOTOF INFO2
N90 IF (($TC_MPP4[9998,2] <> 0) AND ($TC_MPP4[9998,3] <> 0)) GOTOF NOERR
N100 MSG("*** 机械手上有刀具,不能运行程序。请取下机械手上的刀具 ***")
N110 LOOP
N120 G4F1
N130 ENDLOOP
```

```
N140 NOERR:
N150 STOPRE
N160 MCALL
N170 G40
N180 D0
N190 SPOSA = $MN_USER_DATA_FLOAT[0]
N200 G153 G0 G90 Z = $MN_USER_DATA_FLOAT[1]
N210 WAITS
N220 STOPRE
N240 M206 ; Tool Change Order
N250 STOPRE
N260 SETPIECE(1)
N270 M17
N230 END1:
N240 M206 ; Tool Change Order
N250 STOPRE
N270 M17
N280 INFO1:MSG("*** 无换刀动作原因:编程刀具号 = 主轴刀具号 ***")
N290 G04F3
N300 MSG("")
N310 M17
N320 INFO2:MSG("*** 无换刀动作原因:主轴上无刀 ***")
N330 G04F3
N340 MSG("")
N350 M17
```

习题与思考题

8.1　简述西门子 SINUMERIK 828D 数控系统的特点。

8.2　简述刀库配置流程。

8.3　备刀、换刀等自动命令中 DBW y006、DBW y008、DBW y018、DBW y020 代表什么含义?

8.4　数控铣床刀库通常有哪几种类型?

8.5　简述斗笠式刀库换刀流程。

参 考 文 献

[1]黄永红,张新华. 低压电器[M]. 北京:化学工业出版社,2007.

[2]王永华. 现代电气控制及 PLC 应用技术[M]. 5 版. 北京:北京航空航天大学出版社,2019.

[3]郁汉琪. 电气控制与可编程序控制器应用技术[M]. 3 版. 南京:东南大学出版社,2019.

[4]王阿根. 电气可编程控制原理与应用[M]. 4 版. 北京:清华大学出版社,2018.

[5]龚运新,赵厚玉,戚本志. PLC 技术及应用——基于西门子 S7-200[M]. 北京:清华大学出版社,2009.

[6]段礼才. 西门子 S7-1200 PLC 编程及使用指南[M]. 2 版. 北京:机械工业出版社,2020.

[7]廖常初. S7-1200 PLC 编程及应用[M]. 4 版. 北京:机械工业出版社,2021.

[8]朱文杰. S7-1200 PLC 编程设计与应用[M]. 2 版. 北京:机械工业出版社,2017.

[9]王明武. 电气控制与 S7-1200 PLC 应用技术[M]. 2 版. 北京:机械工业出版社,2022.

[10]刘华波,马艳,何文雪,等. 西门子 S7-1200 PLC 编程与应用[M]. 2 版. 北京:机械工业出版社,2020.

[11]郑海春. 电气控制与 S7-1200 PLC 应用技术教程[M]. 北京:机械工业出版社,2022.

[12]王淑芳. 电气控制与 S7-1200 PLC 应用技术[M]. 北京:机械工业出版社,2016.

[13]张安洁,应再恩. S7-1200 PLC 编程与调试项目化教程[M]. 北京:北京理工大学出版社,2020.

[14]于福华,熊国灿. S7-1200 PLC 项目化教程[M]. 北京:北京邮电大学出版社,2018.

[15]王时军. 零基础轻松学会西门子 S7-1200[M]. 北京:机械工业出版社,2014

[16]王阿根. PLC 控制程序精编 108 例[M]. 2 版. 北京:电子工业出版社,2015.

[17]廖常初. 西门子人机界面(触摸屏)组态与应用技术[M]. 3 版. 北京:机械工业出版社,2018.

[18]廖常初. 西门子工业通信网络组态编程与故障诊断[M]. 北京:机械工业出版社,2009.

[19]SIMATIC S7-1200 入门手册设备手册[EB/OL].(2014-12-08)[2024-08-14]. https://cache.industry.siemens.com/dl/files/145/39710145/att_5793/v1/s71200_easy_book_zh-CHS_zh-CHS.pdf

[20]SIMATIC S7 S7-1200 可编程控制器系统手册[EB/OL].(2019-11-08)[2024-08-14]. https://cache.industry.siemens.com/dl/files/940/109772940/att_1002414/v1/s71200_system_manual_zh-CHS_zh-CHS.pdf

[21] S7-1200 可编程控制器产品样本[EB/OL].(2023-09-08)[2024-08-14]. https://strcsstatic. blob. core. chinacloudapi. cn/downloadcenterproduction/Upload/DocFiles/20096/3401/tb/4080_2023.pdf

[22]SINUMERIK 828D PPU 和组件设备手册[EB/OL].(2024-06-25)[2024-08-14]. https://cache. industry. siemens. com/dl/files/441/109972441/att_1290342/v1/828D_hardware_equip_man_0624_zh-CHS.pdf

[23]SINUMERIK 828D PLC Function Manual[EB/OL].(2023-05-15)[2024-08-14]. https://cache.industry.siemens.com/dl/files/851/109820851/att_1142000/v1/828D_plc_fct_man_0123_en-US.pdf

[24]SINUMERIK 828D 简明调试手册[EB/OL].(2018-06-07)[2024-08-14]. https://cache. industry. siemens. com/dl/files/066/109763066/att _ 970553/v1/5101 -SINUMERIK_828D_.pdf